电力电子新技术系列图书

电力电子系统
电磁兼容设计基础

陈恒林　钱照明　编著

机械工业出版社

本书系统、全面地分析了现代电磁干扰源、干扰耦合途径、电磁干扰抑制基本原理和电磁兼容设计基础、测量基础及试验方法，结合国内外在电磁兼容领域的最新研究成果，系统、详细地阐述了电力电子电路和系统的电磁干扰分析、建模以及抑制方法。

本书既考虑到电磁兼容技术在各应用领域的共性，又充分考虑到其在电力电子装置和系统中的特殊性，适用于电气工程、机械电子工程、通信与信息系统、测量及仪器学科的研究生课程，也可作为电气工程及其自动化、电子信息工程、自动化、电子科学与技术等本科专业高年级大学生的选修教材，还可作为在智能电网、电子信息、新能源汽车、轨道交通、航空航天、机器人等行业从事实际工程开发工作的有关工程技术人员的参考书。

图书在版编目（CIP）数据

电力电子系统电磁兼容设计基础/陈恒林，钱照明编著. —北京：机械工业出版社，2024.4

（电力电子新技术系列图书）

ISBN 978-7-111-75492-3

Ⅰ.①电…　Ⅱ.①陈…　②钱…　Ⅲ.①电力系统-电子设备-电磁兼容性-设计　Ⅳ.①TN03

中国国家版本馆 CIP 数据核字（2024）第 066211 号

机械工业出版社（北京市百万庄大街 22 号　邮政编码 100037）

策划编辑：罗　莉　　　　　　责任编辑：罗　莉
责任校对：孙明慧　李小宝　　封面设计：马精明
责任印制：单爱军

北京虎彩文化传播有限公司印刷

2024 年 7 月第 1 版第 1 次印刷

169mm×239mm·20.25 印张·413 千字

标准书号：ISBN 978-7-111-75492-3

定价：88.00 元

电话服务　　　　　　　　　　网络服务

客服电话：010-88361066　　机 工 官 网：www.cmpbook.com
　　　　　010-88379833　　机 工 官 博：weibo.com/cmp1952
　　　　　010-68326294　　金 书 网：www.golden-book.com
封底无防伪标均为盗版　　机工教育服务网：www.cmpedu.com

前　　言

　　电磁兼容（EMC）是指设备或系统在其电磁环境中符合要求运行并不对其环境中的任何设备产生无法忍受的电磁干扰的性能。当前电力电子技术正朝着高频、高速、集成化、大功率化方向发展，一方面电路中开关过程产生的 di/dt 和 du/dt 会引起很大的传导干扰，有些高频大功率设备会产生强电磁场辐射，电磁环境日益复杂，电磁干扰问题日益突出，另一方面各种产品对可靠性的要求越来越高，电磁兼容已经成为了研究人员在设计过程中必须考虑的问题。电磁兼容作为一门起源于解决实际工程中遇到的电磁干扰问题的学科，经过几十年的研究，已经发展成为包含分析方法、测量技术、建模仿真技术等多方面内容的综合性和实用性极强的学科，涉及的对象几乎包括了一切用电或涉及电磁的设备和系统。为了适应当前电力电子技术发展的形势，加强电磁兼容基础的学习十分必要。

　　本书主要依据 2021 年教育部"电气工程一级学科研究生核心教材指南"进行编写，主要参考钱照明、程肇基编著的《电力电子系统电磁兼容设计基础及干扰抑制技术》，在该书的基础上加入了作者多年教学经验和所在课题组近 20 年来积累的研究经验和研究成果，在保持理论体系完整性和系统性的前提下，删去了部分过时的内容和部分繁杂的推导公式，使结构更紧凑，内容更实用。针对电力电子领域，本书新增了从元器件到电力电子系统级的电磁干扰分析和抑制的章节，注重理论和应用相结合，通过具体电路和系统的分析来帮助读者更好地理解电磁兼容设计的原则、方法和流程。

　　本书共 10 章，内容主要包括电磁兼容测量与试验基本方法，滤波、屏蔽和接地三种常用的干扰抑制技术，电力电子系统电磁兼容分析设计方法三个部分。第 1 章介绍了电磁兼容的基本概念，阐述了电磁兼容学科背景、电磁干扰三要素、电磁兼容技术发展现状；第 2 章详细介绍了电磁干扰源的分类，分析了各种干扰源产生干扰的机理和特性；第 3 章介绍了电磁干扰的耦合途径，分析了传导耦合和辐射耦合的原理；第 4 章介绍了瞬态电磁干扰的产生、危害和防护以及电磁敏感性试验，内容涉及浪涌、脉冲群、静电放电等方面；第 5 章介绍了滤波技术，重点介绍了 EMI 滤波器的分类、性质和设计方法；第 6 章介绍了屏蔽技术，详细介绍了电磁干扰屏蔽的原理、屏蔽体的设计方法和原则；第 7 章介绍了接地技术，内容主要为接地系统的分类和性质、地线的干扰分析和抑制；第 8 章介绍了电力电子电路的电磁干扰分析方法，阐述了元器件高频特性和建模方法，并结合开关电源和逆变电路，对电力电子电路的电磁干扰源、耦合途径进行分析；第 9 章介绍了电力电子装置的谐波及开关瞬态干扰抑制方法，针对电力电子装置的谐波、开关瞬态等干扰，介绍了有源滤波、缓冲吸收、基于调制算法的电磁干扰抑制方法；第 10 章结合电机驱动系统和光伏发电系统两种常见的电力电子系统，详细分析了电磁干扰产生机理、耦合方式，阐述了系统建模方法，介绍了电磁干扰抑制方法，最后形成了成体系的电力电子系统电磁干扰建模及抑制方法。

本书由陈恒林、钱照明两位教授编著，实验室课题组成员陈磊、钟兆成、周捷、高景龙、张峻华、刘冠辰、孙静、王涛、朱自立、周天翔、叶世泽参与了文稿的整理工作。在本书编写过程中，参考了国内外有关单位和学者的著作和文献，在此谨表衷心感谢；对浙江大学电气工程学院各位同仁的关怀和支持也深表感激之情；同时感谢机械工业出版社为本书出版所做的大量工作。

由于作者水平有限，书中难免有不足之处，希望广大读者批评指正并提出宝贵意见。

编著者

2023 年 10 月于浙江大学

目　　录

第1章

绪论

1.1 电磁兼容的基本概念

目前，随着各种电子电路和电力电子技术在家庭、工业、交通、国防领域日益广泛被应用，电磁干扰（electromagnetic interference，EMI）和电磁敏感度（electromagnetic susceptibility，EMS）已成为现代电气工程设计和研究人员在设计过程中必须考虑的问题。一方面这是因为当前电子技术正朝着高频、高速、高灵敏度、高可靠性、多功能、小型化的方向发展，导致了现代电子设备产生和接受电磁干扰的概率大大增加；另一方面，随着电力电子装置本身功率容量和功率密度的不断增大，电网及其周围的电磁环境遭受的污染也日益严重。所以，EMI 已成为许多电子设备与系统能否在应用现场正常可靠运行的主要障碍之一。为此，世界各国对电气电子设备的电磁兼容性（electromagnetic compatibility，EMC）均制定了相应的标准。特别在西欧，从 1996 年 1 月起，已强制严格执行其相应标准，凡不符合欧洲电磁兼容标准的电子产品，一律不准进入欧洲市场。目前，整个欧洲和美国进入到了一个电磁兼容领域研究的白热化状态。自 2015 年起，欧洲又颁布了新的电磁兼容指标，投放到欧盟市场的所有电气设备和系统都必须符合电磁兼容性指令 2014/30/EU，尤其是汽车和电子行业很多产品的电磁兼容参数都不达标，面临着新的测试开发。因此，今天对 EMI 和 EMC 的研究已不再像以前那样，主要局限于通信领域和军用设备与系统，而是已经或正在迅速地扩展到与电子技术应用相关的工业、民用的各个领域。

所谓电磁兼容性包括两方面的含义：

1）电子设备或系统内部的各个部件和子系统、一个系统内部的各台设备、相邻几个系统，在它们自己所产生的电磁环境及在它们所处的外界电磁环境中，能按原设计要求正常运行。换句话说，它们应具有一定的电磁敏感度，以保证它们对电磁干扰具有一定的抗扰度（immunity to a disturbance）。

2）该设备或系统自己产生电磁噪声（electromagnetic noise，EMN）必须限制在一定的电平，由它所造成的 EMI 不致对它周围的电磁环境造成严重的污染和影响其他设备或系统的正常运行。

下面以无线电接收为例，进一步具体地阐明电磁兼容的含义。图 1-1 所示为接收机的原理图，并标明了各种内部噪声：各级之间的级联传导噪声、地电流流经公共阻抗产生的公共阻抗耦合噪声和电磁场辐射噪声。

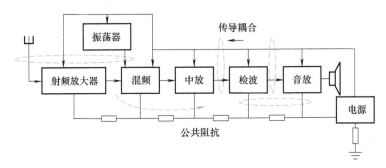

图 1-1　无线电接收机内部诸电路部件之间存在的各种电磁干扰

从图 1-1 可见，该接收机本身产生的电磁环境已经相当复杂。为了保证该接收机能得到良好的性能，必须通过适当的电路设计和合理的结构、工艺设计，将上述各种 EMN 产生的寄生耦合减弱到最低限度，即将该接收机本身内部的 EMI 抑制到最小。即使做到这点仍旧是不够的，这是因为该接收机在实地运行时，还可能受到外界电磁环境的影响。例如：接在交流电网上的各种电气设备所产生的传导噪声电流将通过电网的内阻抗耦合到接收机中，产生传导型的 EMI，若接在电网上的电气设备存在高频电流，则还会通过输电线产生间接的辐射噪声。此外，接收机周围还存在着各种电磁波辐射源，它们都会通过接收机的天线进入接收机产生干扰，示意图如图 1-2 所示。

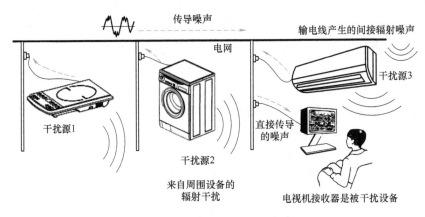

图 1-2　电视机接收器受到周围电磁环境中各种电磁干扰源的干扰

如前所述，接收机还必须与它周围的设备与系统兼容，也就是说它本身产生的电磁噪声也必须限制在一定电平。例如，接收机内部产生的本机振荡信号如处理不当，可能泄漏到周围空间，对周围的电视机、飞机上的通信设备等产生辐射干扰，如图 1-3 所示。因此，设计时还必须对接收机的电磁波辐射进行屏蔽。

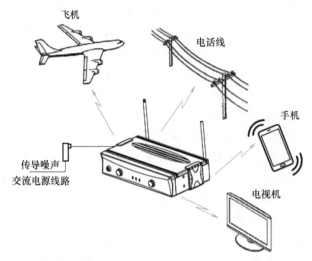

图 1-3　无线电接收机产生的电磁噪声对周围空间电子设备的辐射耦合示意图

　　EMI 危害最严重的例子是于 1967 年 6 月发生在越南美军基地的一起事故。据报道，当时美军一艘军舰上的高功率雷达发射的射频能量，耦合到一个装在飞机导弹上的电机驱动电路，导致该电机起动，将导弹火箭点火，并引爆了停在航空母舰飞行甲板上的其他导弹。这起爆炸事故，使 134 人丧生，损失了 27 枚导弹，造成严重的经济损失。1980 年左右，德国报道一个陆地发射台发射的射频能量，干扰了一台航空电子设备，曾导致一架军用航空飞机爆炸。1982 年马岛战争期间，英国海军"谢菲尔德"号驱逐舰因雷达天线与通信天线之间存在同频电磁干扰的问题，因此在实施通信时短暂关闭了警戒雷达，而正是因为这个举动导致了该舰被阿根廷的"飞鱼"反舰导弹重创并最后沉没，教训可谓沉重。1991 年海湾战争的"沙漠风暴"行动实施后，多国部队的多种电子战飞机首先升空，与其他电子对抗设备一起对伊军的电台雷达和通信设备进行压制性电磁干扰，使伊军的通信联络中断，电子设备失去作用，雷达显示器上一片杂波，从而为之后的获胜奠定了胜利基础。而这一战也让世人看到了电磁干扰及抗干扰能力在军事战争中的重要地位，各国开始纷纷加速研发新一代电子战装备，而这些电子战装备的列装，让本就复杂的电磁环境变得更为复杂难以掌控，对电磁兼容性能提出了更高要求。2001 年，"9·11"事件发生后，美军入侵阿富汗，无人机技术首次得到大范围应用，但美军多次因为通信频谱电磁干扰问题，而不得不限制无人机的使用数量和次数。2011 年，伊朗国家广播电视台发布了一段运用电磁干扰技术诱捕美国 RQ-170"哨兵"隐身无人机的视频，之后美方证实该机所携带的先进技术因电磁抗干扰问题而存在泄露，后续美方无人机型号都特别重视电磁抗扰度设计。2016 年，叙利亚战争爆发后，俄国 Su-35 战机进入叙利亚展开实战测试，从 Su-35 型机在叙利亚战争中的表现来看，其装备的"雪豹"雷达电磁抗扰度能力差，航电系统经常由于敌对势力的电磁干扰而产生故障。2019年，法国"戴高乐"号航母的一架"阵风"舰载机在飞抵叙利亚近海途中，受到不明方的电磁干扰装置影响，导致机载火控系统失灵而被迫取消任务返航。如今，随着国际局势的加剧，各国军事上的电磁对抗愈发激烈，军用设备的电磁抗扰度问题也越来越受到国家重视，军用及通信电子设备的设计部门，早已把EMC设计当作了设计和生产质量控制过程的一个重要组成部分。

可是，长期以来电磁兼容设计问题在一般工业部门并未引起人们足够的重视，不少设计工程师们误认为电磁兼容问题主要是军事、通信及有关部门的事。事实上并非如此，近几十年来，随着数字计算技术、微处理器和电力电子装置在商业、工业、民用部门的广泛应用，EMC已变成人们当前必须认真对待的问题。例如，1991年意大利在阿尔卑斯山新建了一条双线的缆车道，设计了两台晶闸管相控2MW的直流电动机调速装置，由附近的一个功率容量不大的20kV电网供电。可是在实地试验时发现，该系统运行时造成的谐波电磁干扰，使该电网的电压畸变高达18%，调速装置无法正常运行。直到后来采用了12脉整流系统，这一问题才得以解决。又如1992年1月一家很大的法国保险公司的一座大楼里新建了一个大型的计算机系统，该系统通电不久，主电路断路器即跳闸，切断了整个系统的电源。工程技术人员花费了很多时间和金钱，终于发现了它的断电原因是，该系统中使用的开关电源造成的高次电磁干扰谐波，致使零线电流竟达到相电流的65%。2009年，据美国福克斯广播公司报道，一辆轿车在下雨时，因刮水器电机起动而产生的电磁干扰误触发了灵敏的ABS系统，导致后车追尾事故，因此该型号轿车实施了召回处理。2010年，据法国新闻社报道，一架从南非起飞载有104人的利比亚航班在首都的黎波里机场附近坠毁，事故原因是受电磁波干扰使飞机仪器仪表工作失灵，导致飞机不能按照正常的指令来执行。2014年，据美国水星新闻报道，加利福尼亚州有关部门通过了对某公司光伏产品的召回议案，原因是该型号光伏逆变系统工作一段时间后会由于电磁干扰而导致设备使用寿命缩短。2016年，据英国AFX新闻有限公司报道，印度加尔各答一个制钢厂的工业电磁搅拌器因逆变器电磁兼容问题引起设备误动作，导致钢水溢出引发火灾。2019年，巴西卫生监督局通过对一批进口医疗器械进行电磁兼容测试，发现设备系统在输出2.5kV电涌时会复位并失去通信，因此该批医疗器械被退回。如今，随着电动汽车、直流输电系统及高频开关电源等的大量应用，造成了大量的电磁干扰，电磁兼容问题已经越来越引起人们的重视。企业也清楚地认识到，如果要使公司的产品能参与本国、本地区乃至世界市场的竞争，好的电磁兼容设计是至关重要的。

为了保证一个电子设备或系统具有良好的电磁兼容性，在新产品的设计阶段就应当首先进行电磁兼容设计，而不是到样机试验阶段甚至到现场试验阶段，发现了EMI问题以后才采取措施。否则不但会浪费时间，而且必须付出昂贵的代价。因为对一个设计工程师来说，在新产品的全开发过程（设计-试验-批量生产）中，越是到后面阶段，他可以用来抑制噪声、防止受干扰的手段越少，因而为此所付的代价也越高，这一关系可用图1-4加以形象地说明。

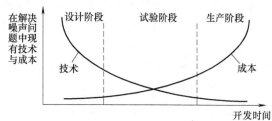

图1-4　电磁兼容性设计成本和可采用的技术手段在开发过程各阶段的关系

通常，电磁兼容设计（包括事先采用必要的抑制EMI措施）成本只占总开发成本的5%左右，如果人们在产品设计初期就进行EMC设计的话，只要适当地选择元器件和材料，在每台售出设备上因之附加的元器件成本通常很少，在批量生产情况下，甚至可以忽略不计。所以，任何电子产品在设计初期，首先进行EMC设计是十分必要的。

1.2　电磁干扰三要素

电磁干扰三要素通常指：干扰源、耦合途径、敏感设备。电磁干扰源，指产生电磁骚扰的元件、器件、设备或自然现象；耦合途径或称耦合通道，指把能量从干扰源耦合到敏感设备上，并使该设备产生响应的媒介；敏感设备，指对电磁干扰产生响应的设备。举个例子，传染病流行需要具备传染源、传播途径、易感人群三个要素；而同理干扰源、耦合途径、敏感设备三者一起有可能会导致EMC问题的发生。为了分析和设计用电设备的电磁兼容性，排除电磁干扰故障，首先必须分清干扰源、干扰途径和敏感设备三个基本要素。在简单的系统中，干扰源和干扰途径比较好确定，例如家用电吹风工作时，是电视机屏幕出现"雪花"的干扰。然而在现代电子设备的复杂系统中，干扰源和干扰途径并不一目了然，干扰源和干扰途径尤其难以寻找与鉴别。有时一个元器件，它既是干扰源，同时又被其他信号干扰；有时一个电路有多个干扰源同时作用，难分主次；有时干扰途径来自几个渠道，既有传导耦合，又有辐射耦合，因此确定电磁干扰三要素是研究电磁兼容的基本前提，如图1-5所示。

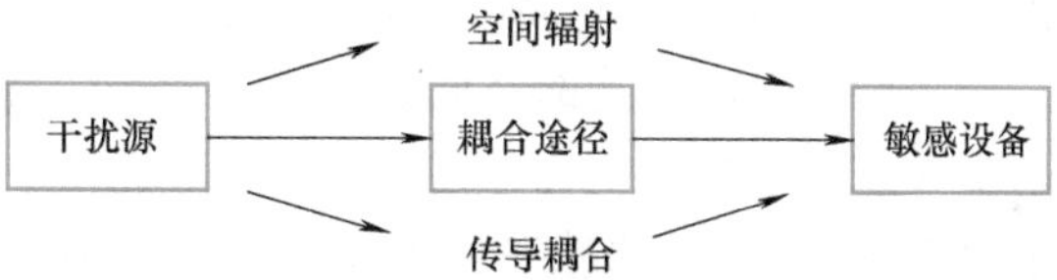

所谓电磁干扰源，就是产生电磁噪声的源头。例如，生活中，来自雷雨天气的打雷闪电、冬天脱毛衣时发生的啪啪啪产生的拉弧与声音、用音响听歌时在

空间辐射

干扰源 → 耦合途径 → 敏感设备

传导耦合

图1-5　电磁兼容三要素

旁边接手机打电话时出现的嘟嘟嘟的声音，或者在用搅拌机、冲击钻、电吹风等带电动机电器的时候会出现电视的画面条纹、闪烁等干扰。这些都是一些电磁干扰现象。对于电磁干扰源，我们可以减小、或尽量降低电磁干扰源，例如，降低电压电

流变化率、降低频率、降低电压、电流，减小功率，在满足性能的条件下尽量用模拟芯片与电路，这样能从根本上大大降低干扰源的强度。所谓电磁传播路径，是指电磁骚扰源，通过其他介质对外传播的一个路径，这个途径呈现出多种方式，例如：空气、大地、公共电网、容性耦合、感性耦合、各类其他串扰等，让电磁干扰源从一个地方传播到另外一个地方的路径，都称为电磁传播路径。例如，在家用环境中，我们的220V插座接入的公共电网，与邻居、整个小区都是同一个公共电网进行供电，那么如果其中谁家的电器产品电磁兼容性不佳，可能就会产生非常大的电磁干扰，让附近邻居的电器受到干扰，又或者电器本身的电磁干扰没有做保护的条件下，其本身抗干扰往往会更加差，可能经常时不时就坏掉了，或者使用过程中出现异常的情况，例如突然失灵、突然失效、不动作、过一会儿就工作了现象。又例如，雷雨天气打雷的时候，实际上雷电并没有击中家用电器，为何还把家里的电器烧掉了呢？因为雷电可以通过电网还有接地线进入，还有在雷击的同时产生的感应雷，也可能导致电器损坏。所谓电磁敏感设备，就是在电磁环境中（有电子电器产品工作的环境）易受电磁干扰影响的设备，例如家里面就有电视、音响、路由器、机顶盒、计算机等这些都可能算是敏感设备（可能设计不合格以及没有过认证的产品）。微观上看，就是那些小信号、小电压以及模拟信号，例如，脑电波、心电波、心率、脉搏、手机芯片、CPU等一些低电压工作的产品与信号，我们要尽量进行保护它们，不让它们受到外界的干扰。就比如手机内部的信号就是很微弱的信号，就需要加屏蔽罩进行防护。

电磁兼容三要素在电磁兼容的分析中缺一不可，缺少任何要素，电磁干扰的过程都不会发生，对于我们厘清复杂系统的电磁干扰问题非常有帮助。因此，电磁兼容设计的任务概括起来说就是：削弱干扰源的能量，隔离或减弱噪声耦合途径及提高设备对电磁干扰的抵抗能力。为了针对具体工作现场情况和用户要求采用最有效、简单和低成本的EMC方案，设计一个好的产品，电磁兼容设计工作者的首要任务就是要熟悉系统工作现场各种可能的电磁干扰源（电磁噪声）和电磁噪声耦合途径，然后才有可能提出有针对性的EMC设计方案。产生电磁干扰的方式和途径不一，其中电磁辐射、传导是产生电磁干扰的主要电磁活动方式或途径。有的电磁干扰既以辐射方式也以传导方式传播。为了分析研究电磁干扰的性质、影响等，必须确定电磁干扰的空间、时间、频率、能量、信号形式等特性。因此通常采用以下参数描述电磁干扰：频率、电平、波形、出现率、极化、方向等。这些特性与电磁干扰三要素密切相关。电磁干扰可以存在，三个要素缺一不可，因此只要消除其中任何一个要素，就解决了电磁干扰问题。

1.3　电磁兼容术语

至今，许多文献和教科书对电磁兼容问题中的许多专用术语仍用得比较混乱，所以，这里很有必要根据国内外有关标准，对经常用到一些专用术语，加以严格定义。

噪声（noise）：电路中，除了希望信号以外的任何电信号，均定义为噪声。但是由电路非线性导致的失真电信号，虽然也不是人们希望的信号，但是它不被称为噪声，因为它不是真正的噪声问题，而是属于电路设计问题，它们可以通过合理的电路设计加以消除。

干扰（interference）：由噪声导致的不希望的结果称之为干扰。人们常常把噪声和干扰混淆，其实两者的区别是十分明显的：噪声是原因，干扰是后果；噪声是无法消除的，它只能被削弱到一定程度，直到它不产生干扰。

敏感度（susceptibility）：一台设备或一个电路承受噪声能量的能力，称为敏感度。

为了更专业地描述电磁骚扰与电磁兼容性，需要引入许多名词术语，根据国家标准 GB/T 4365—2003《电工术语　电磁兼容》，这里我们仅选其中的一部分介绍给大家：

电磁骚扰（electromagnetic disturbance）：任何可能引起装置、设备或系统性能降低或者对生物或非生物产生不良影响的电磁现象。

电磁兼容性（electromagnetic compatibility，EMC）：设备或系统在其电磁环境中能正常工作且不对该环境中任何事物构成不能承受的电磁骚扰的能力。

电磁干扰（electromagnetic interference，EMI）：电磁骚扰引起的设备、传输通道或系统性能的下降。

辐射发射（radiated emission，RE）：通过空间传播的、有用的或不希望有的电磁能量。

传导发射（conducted emission，CE）：沿电源或信号线传输的电磁发射。

电磁敏感性（electromagnetic susceptibility，EMS）：在有电磁骚扰的情况下，装置、设备或系统不能避免性能降低的能力。

辐射敏感度（radiated susceptibility，RS）：对造成设备性能降级的辐射骚扰场的度量。

传导敏感度（conducted susceptibility，CS）：当引起设备性能降级时，对从传导方式引入的骚扰信号电流或电压的度量。

电磁环境（electromagnetic environment，EME）：指存在于给定场所的所有电磁现象的总和。给定场所即空间，所有电磁现象包括全部时间与全部频段。

电磁噪声（electromagnetic noise，EN）：是指不带任何信息，即与任何信号都无关的一种电磁现象。它可能与有用信号叠加或组合。

1.4　计量单位及换算关系

由电力电子设备产生的电磁发射通常是带宽连续的，其频率范围从工作频段到几兆赫，通常传导 EMI 应该在这一频率范围内被测量。由于多数国家和国际标准只关心 150kHz~30MHz 的频率范围内确定的传导发射，因此多数情况下的单位换算也主要考虑传导测试。

EMC 领域主要的物理量见表 1-1。

表 1-1　EMC 领域主要的物理量

物理量	单位	单位符号	物理量	单位	单位符号
电压	伏特,简称伏	V	电场	伏每米	V/m
电流	安培,简称安	A	磁场	安培每米	A/m
功率	瓦特,简称瓦	W	功率密度	瓦特每平方米	W/m^2

EMC 领域中量程的取值范围相当大，所以 EMC 单位使用分贝（dB）表示，分贝具有压缩数据的特点。在电磁兼容测量和电磁兼容标准中，常常使用不同的量纲，单位也不尽相同。因此，需要了解其常用的基本单位及其相互换算关系。在电工技术中，通常用功率来表示信号的幅度，在射频研究中也经常采用这一个惯例。为了表示宽的量程，常常引用两个相同量的常用对数，以"贝尔"（B）为单位，对于功率则为

$$P_B = \lg \frac{P_2}{P_1} \tag{1-1}$$

式中，P_1、P_2 为两个采用相同的单位的功率值。

为了使用上的方便，采用"贝尔"的 1/10，即分贝（dB）系统，因此有

$$P_{dB} = 10\lg \frac{P_2}{P_1} \tag{1-2}$$

同时应该明确 dB 仅仅为两个量的比值，是无量纲的，但是随着 dB 表示式子中参考量的单位的不同，dB 在形式上可以带有某种量纲。如当表示功率时，若参考量 P_1 为 1W，即 1W 为 0dB，P_2/P_1 是相对于 1W 的比值。此时，是以带有功率量纲的 dBW 表示为 P_2，则为

$$P_{dBW} = 10\lg \frac{P_W}{1W} \tag{1-3}$$

式中，P_W 为所测量得到的功率，单位为 W。

由于电磁兼容研究中常常需要处理小信号，因此在许多的应用中将 mW 作为功率基准会更为方便。因此，以 1mW 为 0dB，则 P_2 也是应该以 mW 为单位，则可与表示成：

$$P_{dBm} = 10\lg \frac{P_{mW}}{1mW} \tag{1-4}$$

式中，P_{dBm} 为功率分贝值，单位为 dBm；P_{mW} 为功率，单位为 mW。很明显，0dBm = -30dBW。

频谱分析仪以 dBm 表示其输入的电平，其他使用 dBm 系统表示的还有信号发

生器输出校准、接收机灵敏度及传输损耗等。

在 EMC 应用中，功率很少被作为标准，往往更加关注信号的噪声幅度，因此测量时常以电压作为传导测量的基本单元。对于纯阻性负载

$$P = \frac{U^2}{R} \tag{1-5}$$

式中，P 为功率，单位为 W；U 为降在电阻 R 上的电压，单位为 V；R 为电阻，单位为 Ω。

如果以 dB 表示，那么式（1-5）可以写为

$$P_{\text{dBW}} = 10\lg\frac{P_2}{P_1} = 10\lg\frac{U_2^2/R_2}{U_1^1/R_1} = 20\lg\frac{U_2}{U_1} - 10\lg\frac{R_2}{R_1} \tag{1-6}$$

式中，U_1 为基准电压；U_2 为想要表示的电压，两者单位均为 V。在电磁兼容测量中，更加常用的基准电压是 1μV，则电压的分贝值以 dBμV 为单位可以表示为

$$U_{\text{dB}\mu\text{V}} = 20\lg\frac{U_2}{U_1} = 20\lg\frac{U_{\mu\text{V}}}{1\mu\text{V}} \tag{1-7}$$

式中，$U_{\mu\text{V}}$ 为想要表示的电压，单位为 μV。显然，$0\text{dB}\mu\text{V} = -120\text{dBV}$。

在工程实际中，常常需要把所得到的结果在 dBm 和 dBμV 之间进行转换，由以上几个式子可以很容易推导得到 dBm 和 dBμV 之间的关系为

$$P_{\text{dBm}} - 30 = U_{\text{dB}\mu\text{V}} - 120 - 10\lg\left(\frac{R_\Omega}{1}\right) \tag{1-8}$$

式中，R_Ω 是以 Ω 为单位的电阻值，即有

$$P_{\text{dBm}} = U_{\text{dB}\mu\text{V}} - 90 - 10\lg R \tag{1-9}$$

对于 50Ω 的系统，则有

$$P_{\text{dBm}} = U_{\text{dB}\mu\text{V}} - 107 \tag{1-10}$$

对于宽带连续信号而言，也经常用幅值密度函数来描述其性质，幅值密度的单位通常是 V/Hz，这里 V/Hz 被称为带宽单位，在电磁兼容测量中，μV/MHz 是更加合适的单位，以 dBV/Hz 表示的函数可以按照式（1-11）转变为 dBμV/MHz

$$A_{\text{dB}\mu\text{V/MHz}} = A_{\text{dBV/Hz}} + 240 \tag{1-11}$$

式中，$A_{\text{dB}\mu\text{V/MHz}}$ 和 $A_{\text{dBV/Hz}}$ 为幅值密度，单位分别为 dBμV/MHz 和 dBV/Hz。

有些传导电磁干扰限值以电流作为标准，常常以 dBμA 为单位，即

$$I_{\text{dB}\mu\text{A}} = 20\lg\frac{I_2}{I_1} = 20\lg\frac{I_{\mu\text{A}}}{1\mu\text{A}} \tag{1-12}$$

干扰电流和干扰电压之间的关系式为

$$I_{\text{dB}\mu\text{A}} = U_{\text{dB}\mu\text{V}} - 20\lg(R_3) \tag{1-13}$$

式中，R_3 是个假设的小电阻，串联在了 EMI 源的输出侧上；$U_{\text{dB}\mu\text{V}}$ 就是接收机在这一个小电阻上测量得到的电压参数。

尽管可以按照上面的步骤得到干扰电流的大小，但是在实际的使用过程中由于

各种不同的原因一般不在线路中串联电阻，而是采用电流探头进行有关的测量工作，这种情况下，可以表示为

$$I_{dB\mu V} = U_{dB\mu V} - Z_{dB\Omega} \qquad (1\text{-}14)$$

式中，$Z_{dB\Omega}$ 代表电流探头的转移阻抗。

1.5 电磁兼容标准与测量

1.5.1 电磁兼容标准

电力电子装置的样机制作完毕以后以及用于现场时，都必须对装置或系统的 EMI 进行测试和考核。为此，世界上许多国家很早就开始着手建立 EMC 考核标准，并建立了一些有关的国际组织。至今，许多国家都遵循有关国际组织制订的 EMC 国际标准，结合本国情况，制订和颁布了一系列的 EMC 国家标准。这些标准详细地规定了测试条件、内容、方法、步骤和技术指标等。随着现代科学技术的迅速发展，电磁环境污染的问题日益严重，各国对电磁兼容的要求必然也会变得更加严格。

国际电工技术委员会（IEC）在 20 世纪 60 年代初期，开始参加 EMS 标准的研究工作，后来专门成立了一个相应的专委会——TC65 专委会专门负责这方面的工作。该专委会是 IEC 中专门研究工业自动化和过程控制系统中 EMC 问题的一个技术委员会，它下设了一个 WG4 工作组，该工作组自 1979 年成立以来，陆续提出了一套分阶段出版的 EMS 测试标准——IEC 60801 标准。TC65/WG4 制订的 IEC 60801 标准，是当今世界上，在 EMS 测试方面极具影响力的一项国际标准，不断为其他制订有关电气和电子设备标准的国际和国家标准所引用。

由于 IEC 801 标准的内容与 IEC TC77 专委会的工作内容部分重叠，所以，TC65 和 TC77 两个专委会的主席在 1990 年会晤后一致认为，当今标准已有广泛的实用性，已具备了编制 IEC 基础标准的条件，决定由 TC77 专委会负责制定一套完整的电磁兼容性基础标准——IEC 1000 标准。这样就从确立标准的基础性出发，扩大了它的适用范围。作为一个基础性标准，必须要有它的基础性，因此，在 EMS 标准方面，除了它应反映已有的 IEC 801 标准反映的内容外，还编进了一些诸如讨论谐波干扰、衰减振荡波干扰、磁场干扰等内容，以供在这方面有要求的产品及行业标准编制时选用。

我国对电磁干扰防护及电磁兼容标准的制订和建立也十分重视，因为标准化是科学管理的重要组成部分，也是组织现代化生产、提高科学和国防水平、促进技术进步及与发达国家进行技术交流的技术依据。

我国首份 EMC 标准，是由原第一机械工业部于 1966 年颁布的部标 JB 854—66 《船用电气设备工业无线电干扰端子电压测量方法及允许值》。20 世纪 70 年代后

期，由原国家标准局主持成立了无线电干扰标准化工作组。1983 年 10 月 31 日颁布了首份 EMC 国家标准 GB 3907—1983《工业无线电干扰基本测量方法》。之后又相继颁发了 GB 4343—1984《电动工具、家用电器和类似器具无线电干扰特性的测量方法和允许值》、GB 4365—1984《无线电干扰名词术语》、GB 4859—1984《电气设备抗干扰特性的基本测量方法》等 30 余项国家标准，这些标准的基本依据是 IEC/CISPR 标准、IEC/TC77 或 IEC/TC65 制订的有关标准。1986 年正式成立由国家技术监督局领导的全国无线电干扰标准化技术委员会，挂靠在上海电器科学研究所，由该所负责 EMC 标准的宣传贯彻工作。后来，根据国内工作需要，又相继成立了与 IEC/CISPR/A. B. C. D. E. F. G 分会相对应的分技术委员会。目前，我国已形成了全面的 EMC 标准体系，可分为基础标准、通用标准、产品类标准、专用标准。

1.5.2 电磁兼容测量基础

电磁兼容测试的内容分辐射测试和传导测试两大类，而在每一类测试中，又分别包括测量设备电磁干扰发射电平的 EMI 测试和测量设备抗电磁干扰（敏感度）的 EMS 测试两方面的内容，其示意图如图 1-6 所示。

1. 传导干扰测试

电力电子装置产生的电磁发射（electromagnetic emission，EME）通常是宽带相干的噪声信号，其频率范围从工作频率直到几个兆赫，所以传导型干扰发射的测量通常在

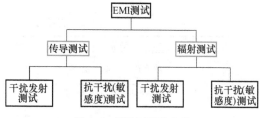

图 1-6 EMC 测试分类

这个频率范围进行。正如许多国际及国家标准所规定的，传导型 EME 仅局限在 0.15 ~ 30MHz 范围中。近年来，在 10 ~ 150kHz 范围内 EME 的测量与抑制日益得到了人们的关注。而在这一频率范围的测量与在 0.15 ~ 30MHz 频率范围的测量是完全类似的。

前已述及，电磁扰动常表现为共模和差模电压和电流分量的形式，其定义可参看图 1-7。从图可见，在网端测得的共模（U_c、I_c）和差模分量（U_d、I_d）分别定义为

$$U_d = U_1 - U_2, \ I_d = \frac{I_1 - I_2}{2} \tag{1-15}$$

$$U_c = \frac{U_1 + U_2}{2}, \ I_c = I_1 + I_2 \tag{1-16}$$

从图 1-7 可见，差模电流分量在电源相线和中线中流通，因此，差模电压分量可以在相线中测量。而共模电流分量则分别从相线和中线流向"地"，图 1-7b 是

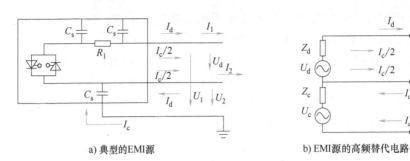

a) 典型的EMI源　　　　　　　　　　　　b) EMI源的高频替代电路

图 1-7　差模/共模电压和差模/共模电流分量

EMI 噪声源的等效电路，其中 Z_c 等效为接地部分及电路之间的分布电容的容抗。从图可见，共模 EMI 电流、电压与 EMI 噪声源电压 U_c，电网的阻抗和 Z_c 均有关系。所以，测量时必须严格根据 EMC 标准规定的测试条件进行，才有可比性。而且必须对差模及共模分量分别进行测量。

测量电力电子装置的传导型 EMI，通常不需要屏蔽室，需要的主要测量仪器有 EMI 测量接收机，阻抗稳定网络（LISN），各种电压电流探头，频谱分析仪，示波器等。这些仪器简介列于表 1-2 中。

表 1-2　测量传导型 EMI 的仪器

设备名称	功能	测量频率	特点
EMI 测量接收机	测量传感器的输出电压	9kHz～3GHz	可调谐、频率可选择、具有准确幅频响应
频谱分析仪	在频域里显示输入信号的频谱特性	30Hz～30GHz	频率覆盖最宽的测量仪器之一
线路阻抗稳定网络 LISN	隔离电波干扰，提供稳定的测试阻抗，并起滤波作用	150kHz～30MHz	恰当地设计、选择和正确地使用滤波器，是实现 LISN 功能的关键
电压探头和电流探头	精确测得电压或电流波形	30Hz～1GHz	常与示波器、EMI 接收机、频谱分析仪等设备配合使用
测量接收机	电平测量、信号频谱分析、模拟和数字信号解调分析	20Hz～26.5GHz	最早的 EMI 检测工具

CISPR 规定仅在 150～160kHz 频率范围内，测量纯差模噪声电压，该电压应采用具有对称输入端的 EMI 仪器进行测量，并且该仪器的输入端应当用一个屏蔽的平衡变压器将被测端隔离，该平衡变压器在测量频率范围内的输入阻抗应高于 1000Ω。为了使不对称输入的 EMI 仪器也能进行这项测量，CISPR 建议采用 Δ-LISN。差模电压标准测量线路如图 1-8 所示，图中 Δ-LISN 的相移不能大于 200，其串联阻抗（通常是个扼流圈）在整个测量频率范围中应大于 1000Ω，而对电网频率和额定电流，它上面的压降不能超过 5%。

当测量电力电子设备的 EMI 电信号时，共模 EMI 电压通常是主要的噪声电压成分，虽然差模 EMI 也存在，但是通常它们能满足大多数的 EMI 标准。测量共模 EMI 电压，要求 EMI 测量仪器具有非平衡的输入端。CISPR 规定其输入阻抗最好

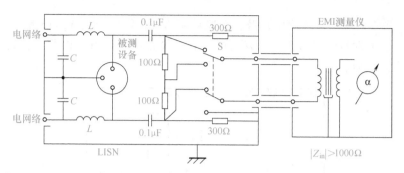

图 1-8　用 CISPR 标准规定的 Δ-LISN 及平衡输入隔离的 EMI 传导 EMI 电压

是 50Ω，并规定了好几种用于共模 EMI 电压测量所需要的 LISN 的技术要求。图 1-9 所示为用单相 CISPR 50Ω/50μH V-LISN 测量共模 EMI 电压。

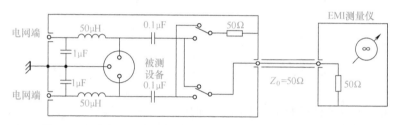

图 1-9　用单相 CISPR 50Ω/50μH V-LISN 测量共模 EMI 电压

2. 辐射干扰测试

随着信息技术的发展，人们无时无刻不暴露在电磁辐射的环境之中。人们在享受高科技带来的通信便利的同时，越来越关心电磁场的长期暴露是否严重影响人体健康，因此产生了大量的有关电磁辐射方面的纠纷。我们国家不断制定相应的标准，也有相应的部门来专门监测公众的电磁环境安全。

辐射型 EMI 及 EMS 测量与传导型 EMI 及 EMS 测量的不同点在于：它们是由在空间传播的电磁波引起的，我们面对的问题是场而不是路。由于空间电磁波无处不在，因此辐射型 EMI 及 EMS 的测量具有其固有的特点：①对测试场地有更加严格的要求——必须完全隔绝空间的杂散电磁波；②主要的电磁场传感器为天线，针对不同的测试要求和测试频率范围，必须采用相对应的不同形式的天线；③电场和磁场分量是需要分别进行测量的。

无论是进行辐射干扰或辐射敏感度测量，都要求只接收直接来自被测辐射噪声源的电磁波，或被测设备只接受抗干扰试验的电磁波。因此，我们必须要将所有的其他杂散的电磁波排除在外，这就对试验场地提出了十分苛刻的要求。目前用于进行辐射型 EMI 及 EMS 测量的试验场地主要有：开阔试验场、电波暗室、横向电磁波室（TEM）、屏蔽室、混响室等。在用 TEM 室进行 EMC 测试时，所需的主要测试设备为射频功率信号发生器，射频 EMI 接收机、电磁场探头和射频功率测量仪。在用电磁波暗室及在开阔场进行 EMC 测试时，除上述设备以外，还需要各频段对应的各种接收天线（EMI 测试）及各频段对应的各种发射天线（EMS 测试）。图 1-10 所示为辐射发射测试布置图，有关这些测试设备和测量方法的详细描述可参阅 EMC 标准出版物。

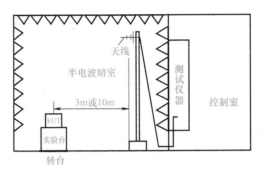

图 1-10　辐射发射测试布置图

1.6　电磁兼容技术的发展趋势及知识领域

虽然国际上很早就已开始了电磁兼容的研究工作，然而大部分工作都集中于通信系统中的辐射干扰。在早期研究中，主要的电磁干扰源是一些大功率的电机及一些机动车辆的点火装置，故电磁兼容的研究对象也是针对这些装置的。到了 20 世纪 70 年代，电力电子装置被广泛使用以替换以前的汞弧整流器，人们才开始注意到电力电子系统中的电磁干扰问题。进入 20 世纪 90 年代后，随着电力电子技术的发展，功率器件开始集成化、集成电路功率化。21 世纪后出现了各种新型电力电子器件，如 SiC、GaN，同时电力电子设备的开关频率越来越高，功率越来越大，控制线路也越来越复杂。目前电力电子设备中开关器件的 du/dt 已达每微秒数十千伏，di/dt 也已达每微秒数千安，开关的工作频率也已达到了数十千赫兹。若不采取措施，电力电子设备带来的传导和辐射干扰将严重影响电网的供电品质。

自 20 世纪 90 年代中期起，世界各国都对电子产品的 EMC 制定了强制性标准，如欧共体规定的从 1996 年 1 月 1 日起实施的欧盟 CE 认证电磁兼容指令 89/336/EEC 等，各国学者也开始对电力电子系统中干扰的产生机理、抑制方法、干扰测量等进行了研究。目前在 EMC 设计技术方面，美国是 EMC 研究机构最多、标准与规范最多、配套最齐全并系列化的国家。美国已形成了健全的 EMC 管理机构，并已制定了一系列成套的技术标准与规范及手册，尤其是美国军用标准及军用手册。而且，随着电磁环境的日趋复杂和恶化，美军的 EMC 标准与规范也越来越完善和考虑周详细致。就全球范围而言，美军 EMC 标准是一套完整的、应用广泛的标准。所以，世界各国的 EMC 军用标准基本上通用美国军用标准、规范及手册。1965 年，针对美国各军兵种自行制定了各自的标准，给实际使用带来许多难以克服的困难状况，美陆海空三军联合制订了 MIL-STD-460 系列标准，其中，461 和 462 标准于 1967 年 7 月正式发布，从而形成了美军第一代配套的 EMC 标准和规范；20 世纪 60 年代末至 70 年代初，美军又修订和颁布了 MIL-STC-461 A 等标准，形成美军第二代 EMC 标准和规范；1980 年 4 月，颁布了 MIL-STD-461 B 与 MIL-STD-462 配套使用，成为美军第三代 EMC 标准和规范；1986 年 8 月颁布了 MIL-STD-461 C；1991 年海湾战争后，美军经过总结和修订，于 1993 年 1 月颁布了 MIL-STD-461 D 和 462D，与以前的版本相比较，已经发生了实质性的变化。

相对于国外的研究而言，国内对电力电子系统的电磁兼容研究起步较晚，直到 20 世纪 90 年代才开始。电磁兼容研究主要集中在一些测试技术及抑制措施上面。尽管国内外学者在电力电子系统的 EMI 测量技术、建模仿真技术和抑制技术等方面进行了许多研究，并取得了一些成果，但由于影响系统电磁兼容的因素很多，并且电力电子技术仍在不断发展进步，电力电子系统电磁兼容技术也在不断发展。本书从电磁兼容技术研究与工程实践中择其要点，使读者能够了解目前电磁兼容的分析方法、建模仿真方法、测试方法以及优化设计方法等方面的研究成果。

很长时间以来，人们曾错误地认为干扰抑制技术是纯经验的实验技巧。诚然，它的确涉及许多实践经验，但是时至今日，EMC 技术已经融入各个行业，发展成为一门原理清晰、测试方法可行、标准可用、设计与评价方法不断发展的学科分支。人们只有从基本理论的高度来认识它，全面掌握它的科学原理和规律，才可能真正地做好 EMC 设计。解决 EMC 问题涉及许多知识领域和技能，EMC 设计工程师必须根据设计要求，将这些知识加以融合，以合理的成本提出解决 EMC 问题的有效方案。下面罗列与 EMC 有关的知识领域和技能。

（1）电气工程

电气和电子工程师们必须掌握下列与 EMC 设计有关的各种知识：

1）模拟和数字电路设计，接口电路设计，基本天线理论；

2）半导体器件工艺技术，数据母线和接口电路设计；

3）无线电波传输理论（特别是近场效应），频域和时域傅里叶变换；

4）射频接收机和发射机原理，光隔离技术。

➢ 瞬态抑制器件与电路；

➢ 线路板设计；

➢ 元部件选择：工作极限，可靠性和成本；

➢ 结构设计中电磁设计部分（通过缝、孔、铰链等泄漏），接地和连接阻抗；

➢ 屏蔽理论和屏蔽设计，屏蔽罩中隙缝和电缆的辐射；

➢ 功率产生，分配和开关系统；

➢ 电气安全和雷电防护滤波器和浪涌吸收器；

➢ 接地技术；

➢ 差模和共模电缆耦合；

➤ 传输线理论。

其中1）~4）部分，通常在大学课程中已专门安排为应用基础课。

（2）物理学

为了理解实际 EMI 情况下发生的各种复杂过程，分析射频电流与电磁波之间电磁能量交换的物理学是十分重要的。描述和分析电磁波与它们和物体相互作用的麦克斯韦物理方程式构成了真正理解 EMI 问题和寻求解决方案的基础。这些方程通常用大型的三维有限元、有限差分、边界元计算机代码求解。除此以外，EMC 工程师们还必须同时考虑电磁波在近场和远场的传播以及驻波现象和无线电波的吸收和反射现象等。由于在解决实际 EMI 问题时，往往会碰到复杂的物理形状和边界条件，所以，实际求解对从事 EMC 测量的物理学家来说也是十分具有挑战性的。

（3）数学建模

大型项目通常要求在开发的所有阶段均要考虑 EMC 设计，常需要用到大量的计算机模型。EMC 问题通常很难用传统的电磁数值计算技术（比如格林函数动量法等）求解，因为无论是从结构、激励源或者是从材料成分的观点来看，边界条件都非常复杂。相反地，有限法，例如有限差分法和有限元法要比积分方程技术优越：首先，有限法可以十分容易和灵活地处理非常复杂的几何边界条件；其次，有限法的原始输出数据可以不经任何处理，而直接用来形象地显示场强的时域变化。这就使人们通过"看到"辐射场的变化，而加深对所建模型的理解，从而可以对主要的辐射源加深理解和进行预测。因此，EMC 设计者（或管理者）需要熟悉各种不同的模型。这些模型包括：

1）各种物理过程的模型，例如：由电磁场感生的射频电流在各种结构中的分布；波场到传输线的耦合；任意源和负载阻抗下，电路中集中和分布滤波器的特性等。

2）为了阐明由于不希望的频率匹配、噪声源设备、过于灵敏的接收电路或者子系统过于靠近而引起的高电平的寄生耦合，以及因之造成潜在的 EMI 问题，必须建立内部和系统与系统之间兼容体的模型。

3）用来监视和控制大量 EMC 行为的程序管理软件。

（4）一定的化学知识

有时，好的简单且便宜的 EMI 解决方案，却因为某些化学方面的原因，而不能采用。例如，处于潮湿、充满盐分或腐蚀气体的环境下，不同金属接触会造成射频密封垫圈的腐蚀，这时不能用它们来解决 EMI 问题，以免导致设备外壳和容器严重的破坏，所以就不得不采取其他的解决方案。

（5）系统工程

前已述及，当开始商定某电气设备的开发和供应合同时，就必须考虑 EMC 设计问题。因此，客户在一开始就应当清楚阐明他们的要求，特别是对 EMC 特性总的要求。然后，再将这些总体要求分配到对每个子系统乃至每个元件对 EMC 的要求上。因此，EMC 工程设计人员必须具有一定的系统工程设计知识。

（6）EMC 标准

为了规范电子产品的电磁兼容性，许多国家都制定了 EMC 标准。EMC 标准规定了各种设备的电磁干扰发射和电磁抗扰度的限值，涉及无线电、车辆、消费电子产品等各个领域。掌握 EMC 标准对于确保产品合规、提高产品质量具有重要作用，是电子产品设计和制造过程中不可忽视的关键因素之一。

（7）EMC 测量

显然，EMC 测量工程师必须熟悉 EMC 标准和 EMC 特性的测量。而 EMC 设计工程技术人员必须对 EMC 测量的各个方面有较好的认识，这样才可能与测量工程师具有共同讨论和分析问题的语言，才可能理解得到的测量结果，和寻求最终良好的设计方案和结果。

（8）实际技能

成功的 EMC 设计人员常常还需要具有第一手开发设备和解决头疼的 EMI 干扰问题的实际工程经验，这些经验往往有助于提出简单、有效且成本低的 EMC 解决方案。

第2章

电磁干扰源

2.1 电磁干扰源的一般分类

广义地说，电磁场存在于宇宙各处（包括太空、大气层、地球表面及地下），人类生活在某种特定的电磁环境中。这就是说，任何地方均存在着电磁噪声，不同的干扰源对人们生产生活的影响不尽相同。在实际工作中我们通常需要找出那些影响最大，威胁最严重的电磁干扰源，并对它们进行特定的防范，使之不致影响设备、系统的正常运行。为此，人们从不同的侧重点出发，常将电磁干扰源作如下的分类：

按施加干扰者主观意向分为：有意干扰和无意干扰；按其来源可分为：自然干扰源和人为干扰源；按其干扰频、时域特征可分为：连续干扰和瞬态干扰；按其耦合方式分为：传导干扰和辐射干扰。

本书从实际工程需要出发，讨论的电磁干扰和电磁兼容主要是指：无意电磁干扰和在实际工作现场的电磁兼容。

2.2 自然干扰源

所谓自然电磁干扰源，是指由于大自然现象造成的各种电磁噪声，主要有以下几种来源：

（1）大气层噪声

当大气层中发生电荷分离或积累时，会随之产生充电、放电现象。雷电属于是其中最常见的，也是最严重的电磁干扰源。它的闪击电流很大，最大可达兆安培量级，电流的上升时间为微秒量级，持续时间可达几毫秒乃至几秒，它所辐射的电磁场频率范围大致为 $10Hz \sim 300kHz$，主频达数千赫兹。雷击的直接破坏范围虽然只有几平方米到几十平方米，但是它产生的电磁干扰，却能传播到很远的距离。

（2）宇宙噪声

宇宙噪声的来源可以是太阳、月亮、行星以及银河系中的其他天体。由于这些天体的质量、能量、与地球距离远近等因素存在巨大差异，它们对地表设施的影响程度也不尽相同。其中最主要的是太阳射电噪声，例如，严重的太阳黑子爆发会导致地球表面的磁暴，造成无线通信阻断。次要一些的宇宙噪声源则包括了月亮、木星和仙后座-A 等。图 2-1 对大气层噪声源和宇宙噪声源发射的相对强度和频率范围作了比较。

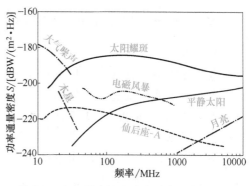

图 2-1　大气噪声源和宇宙噪声源电平比较

2.3　人为干扰源

人为电磁干扰源来源于各种电气设备，涉及的范围十分广泛。根据这些干扰源的物理本质，可大致分为五类：元器件的固有噪声、物理或化学噪声、放电噪声、电磁波辐射噪声、半导体开关过程引起的噪声等。

2.3.1　元器件固有噪声

众所周知，所有的元器件均存在固有噪声，主要有热噪声（thermal noise）、散粒噪声（shot noise）、接触噪声（contact noise）和爆米花噪声（popcorn noise）几类。这些噪声在处理微弱信号为主以及以信号变换为主的通信、宇航、遥感遥测、图像信息处理、生物等工程应用中有比较重要的影响。但是在以处理能量变换为主的电力电子应用中不太重要，所以这里只作简要的介绍，详细的讨论与分析读者可以参阅有关专著。

（1）热噪声

热噪声又称奈奎斯特噪声，是由导体内载流子热运动产生，存在于所有电路中的一种元器件固有噪声。其大小与施加在导体两端的电压大小无关，随温度上升而变大。在一些敏感电子设备（如无线电接收器）中，热噪声可能会淹没微弱信号，甚至成为提高电气测量仪器灵敏度的限制因素。理想电阻器中的热噪声近似表现为白噪声波形，其开路噪声电压（有效值）为

$$U_t = \sqrt{4KTBR} \tag{2-1}$$

式中，K 为玻尔兹曼常数，1.38×10^{-23} J/K；T 为绝对温度，单位为 K；B 为被分析系统（电路）的等效噪声带宽或系统等效电压增益平方带宽，单位为 Hz；R 为电阻器的电阻，单位为 Ω。

以一个低通电路为例，其实际电压增量平方特性及等效噪声带宽如图 2-2 所示，则

$$B = \frac{1}{|A_0|^2} \int_0^\infty |A(f)|^2 \mathrm{d}t \quad (2\text{-}2)$$

式中，A 为电压增益。

在电路分析中，热噪声可用电压源或电流源等效电路来描述，它们的等效电路分别示于图 2-3b 和 c。需要注意的是，虽然电阻热噪声的有效值噪声电压具有明确的定义，但由于热噪声是随机的白噪声信号，它的瞬时值只能通过概率定义。一般情况下，我们认为其具有高斯正态分布的特征。

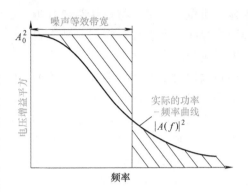

图 2-2 低通电路功率-频率
曲线及噪声等效带宽

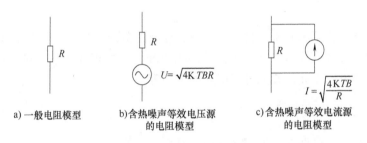

a) 一般电阻模型　　b) 含热噪声等效电压源　　c) 含热噪声等效电流源
　　　　　　　　　　　的电阻模型　　　　　　　的电阻模型

图 2-3　含热噪声的电阻等效模型

（2）散粒噪声

散粒噪声又称泊松噪声，是由直流电流随机波动产生的噪声，它主要存在于电子管和半导体器件中。在电子管中，热阴极电子发射存在着随机性，在半导体器件中，载流子越过势垒的扩散电流和漂移电流以及在长基区中电子空穴对的产生和复合过程也是随机的，这些载流子的随机性造成了电流的随机波动。

散粒噪声电流有效值 I_{sh} 定义为

$$I_{\mathrm{sh}} = \sqrt{2qI_{\mathrm{DC}}B} \quad (2\text{-}3)$$

式中，q 为电子电荷，1.6×10^{-19}C；I_{DC} 为流过器件的直流电流，单位为 A；B 为噪声带宽，单位为 Hz。

在通常的电子电路中，散粒噪声和热噪声相比不是那么显著，往往可以忽略不计。然而，在一些高频、低温环境下，散粒噪声则可能会成为主要的元器件固有噪声源。例如，在微波电路中，散粒噪声的值就可能达到直流电流的十分之一。

（3）接触噪声

当两种材料接触时，接触不良造成的电导率的波动将会造成这种接触噪声。它存在于两块导体相接触的任何场合，例如：继电器和开关的触头，晶体管和集成电路芯片电极引出部，合成电阻，碳质麦克风等。

接触噪声在电阻器中，又称为剩余噪声（excess noise），在电子管中常称为闪烁噪声（flicker noise），在半导体器件中，由于它独特的频率特性，又称为 $1/f$ 噪声或低频噪声。因为当频率很低时，该噪声具有下述的频率特性为

$$\frac{I_f}{\sqrt{B}} = \frac{kI_{DC}}{\sqrt{f}} \tag{2-4}$$

式中，I_{DC} 为通过器件直流电流的平均值，单位为 A；f 为频率，单位为 Hz；k 为与材料及电极几何形状有关的常数；B 是频率 f 为中心的频带，单位为 Hz。

它在低频电路中是最主要的噪声源。

（4）爆米花噪声

爆米花噪声又称随机电报噪声、脉冲噪声，主要存在于半导体二极管和集成电路中，它的特点是在热噪声背景上叠加以不规则的脉冲噪声，如果输出接扬声器，会产生爆裂声。这种噪声主要起因于半导体器件的 P-N 结中的金属杂质造成的缺陷。若用示波器观察，这种噪声的主要特征是干扰脉冲的脉宽在微秒到秒的范围中变化，并呈现非周期性的、每秒几百个脉冲到每分钟一个脉冲的变化率，它的干扰电压幅值通常是热噪声的 2～100 倍；它的功率密度具有 $1/f^n$ 的频率特性（n 通常等于 2）。它在高阻抗电路中（如运算放大器的输入级）具有特别重要的影响。

2.3.2 物理或化学噪声源

在弱信号电路中，还有些由于物理或化学原因造成的干扰源也是必须考虑的，它们主要有：原电池噪声，电解噪声，摩擦电噪声和导线移动造成的噪声等。

（1）原电池噪声

我们知道，如果将两块不同的金属相互接触，并且其间隙中存在着潮气或水的话，则它们会构成一个化学湿电池系统。该电池的端电压大小取决于两块金属材料及它们在原电池序列表中的位置。原电池序列表示于表 2-1。表中的金属可分成五组，若必须用不同金属相互接触时，最好采用同一组中的两种金属，因为两种不同金属在表中的位置离开得越远，原电池产生的电压越高，原电池效应的影响也越严重。原电池效应除了会产生噪声电压以外，它还会带来金属腐蚀的问题。因为原电池会导致正离子从一种金属阳极迁移到另一种金属阴极，从而逐渐造成阳极金属板的腐蚀和损坏。阳极腐蚀的速度取决于环境湿度和两电极金属在原电池序列表中所处位置的差距。两者位置离得越远、离子迁移率越大、腐蚀速度也越快。最不理想的、但又是最常见到的情况是人们常常采用铝和铜这样的金属组合，结果是铝将被腐蚀掉。如果在铜板上再涂上一层铅-锌焊料，由于铝和铅-锌焊料在原电池表中位置比较接近，由原电池效应造成的腐蚀速度将大大缓解。

（2）电解噪声

两块相同的金属相互接触，当接触面间存在有电解液（如带弱酸的水汽等），并且流过直流电流时，将产生电解反应。结果在产生电解噪声的同时，也会造成金

属的腐蚀，腐蚀率则取决于流过电流的大小和电解液的导电率。很显然，这种电解效应主要造成金属腐蚀和损害，特别在大功率电力电子装置中，由于广泛采用流过大电流的接线排，设备的工作环境通常比较恶劣，上述电解效应是不容忽视的。

（3）摩擦及导线移动造成的噪声

通常，导线中的金属芯线与其绝缘外套不可能保持固定的紧密接触，以致当弯曲电缆线时，两者相互摩擦会产生感应电荷，造成摩擦噪声，它的表现形式也是随机的。减小这种噪声的办法，是避免电缆过度弯曲或采用特殊的化学处理，使绝缘介质上建立电荷的可能性大大减小。

此外，当一根导线在磁场中移动时，因切割磁力线会在导线两端产生感应电压。通常，电源线和大功率电力电子装置功率回路导线中常流过较大的电流，所以它的周围空间里存在着相当强的杂散磁场，如果低电平的信号线移动的时候，就必然会因之产生感应干扰信号，这种干扰在存在着强烈机械振动的装置上表现得特别突出。

2.3.3 放电噪声

这类干扰源的共同特征是，它们起源于放电过程。

在一个大气压的空气中，曲率半径较小的两电极之间加上电压，当电压慢慢加高时，最初电流很小（称之为暗流），但是，当电极的尖端因局部电场强度达到空气电离的临界值时气体电离，满足下列气体击穿条件：

$$\gamma(e^{\int_0^d \alpha dx} - 1) = 1 \tag{2-5}$$

式中，d 为两电极之间的距离；α 为一个电子沿着阴极向阳极方向运动单位路程时与气体原子碰撞所产生的电离次数；γ 为一个正离子轰击阴极表面时从阴极逸出的二次电子数。

式（2-5）表明，阴极的一个电子在飞向阳极的过程中共产生（$e^{\int_0^d \alpha dx} - 1$）次电离碰撞，因而产生同样数目的正离子，这些正离子打上阴极后，将产生（$e^{\int_0^d \alpha dx} - 1$）个二次电子，而这些二次电子的数目仍为 1。这样就保持了放电的自持特性。

开始时，在该尖端附近产生电晕放电（正常辉光放电段 BC），若电压继续加高，则继而形成火花放电（异常辉光放电段 CD），最后过渡到弧光放电（DE 段）。图 2-4 示出了这几种气体放电的全伏-安放电特性。

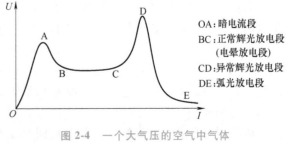

OA：暗电流段
BC：正常辉光放电段
　　（电晕放电段）
CD：异常辉光放电段
DE：弧光放电段

图 2-4　一个大气压的空气中气体放电的全伏安特性示意图

在放电过程中，属于持续放电的有电晕放电（辉光放电）和弧光放电。属于瞬态放电的有静电放电和火花放电。伴随着上述这些放电过程产生的放电噪声，通常均会产生电磁干扰，有时乃至对电路、装置造成危害。所以，放电噪声是 EMC 设计必须面对的重要干扰源。

（1）静电放电（electrostatic discharge，ESD）

静电早为人们所知，并被广泛应用于静电复印、静电除尘、静电喷涂等许多场合，可是，未经控制的静电放电 ESD 自 20 世纪 60 年代以来，已经日益成为一个对电子工业造成危害的重要干扰源。

物理知识告诉我们，两种材料互相摩擦和紧随着的分离会产生静电。这些材料可以是固体、液体或气体。当两块非导体（绝缘体）相互接触并摩擦时，一些电荷（电子）从一块材料转移到另一块上。当这两块材料分开时，由于载在绝缘体上的电荷不易移动，所以这些电荷就难以回到原来材料中，从而导致这两块材料各带正、负电。

这种产生静电的方法称之为摩擦效应。自然界中一些材料容易吸附电子，而另一些则易于放出电子。表 2-1 按照材料电子亲合力的次序列出了一些典型材料的摩擦序列表。表中处于顶部的材料易于放出电子，因而摩擦后生成正电，底部材料则易于吸附电子而带负电。

表 2-1　电子亲合力序列表

正极性	18. 硬橡皮
1. 空气	19. 聚酯薄膜
2. 人的皮肤	20. 环氧玻璃
3. 石棉	21. 镍，铜
4. 玻璃	22. 黄铜，银
5. 云母	23. 金，铂
6. 人的头发	24. 泡沫聚苯乙烯
7. 尼龙	25. 聚丙烯
8. 毛	26. 聚酯
9. 皮	27. 赛璐珞
10. 铅	28. 奥纶（orlon）
11. 丝绸	29. 泡沫聚氨酯
12. 铝	30. 聚乙烯
13. 纸	31. 聚丙烯
14. 棉花	32. 聚乙烯基塑料
15. 木头	33. 硅
16. 钢	34. 四氟乙烯
17. 封蜡	负极性

两种材料在表 2-1 中所处位置相差越远，并不代表摩擦后生成的静电荷越多，因为摩擦后生成的静电荷多少，不仅取决于它们在表中的位置，而且还与材料表面的光洁度、接触的压力和摩擦后两者分离的速度密切相关。表 2-2 列出了在不同条件下，人体活动产生静电电压的一些例子。

表 2-2　典型的静电电压

产生静电的途径	静电电压/V	
	10%～20%相对湿度	65%～90%相对湿度
在地毯上行走	35000	15000
在乙烯地板上行走	12000	250
移动一张工作台	6000	100
打开一个乙烯袋子	7000	600
拎起一个普通的聚乙烯袋子	20000	12000
坐在椅子上	18000	1500

以人体为例说明静电放电可能造成的危害。人体的等效电容和电阻及其静电放电的等效电路如图 2-5a 和 b 所示。其中 C_b 为等效人体电容，它的大小取决于人体与周围环境条件，其值在 $50～250\text{pF}$ 之间，R_b 为等效人体电阻，它与人体产生静电放电的具体部位有关，其大小在 $500\Omega～10\text{k}\Omega$ 之间，等效电感用以等效放电电流的上升时间，通常不大于 $0.1\mu\text{F}$。U_b 用以等效人体因静电感应积累的等效电荷效应，在工业部门常用的人体静电放电模型中，等效存贮能量视具体情况在几毫焦耳至几十毫焦耳之间，U_b 的数值通常认为在 $0～20\text{kV}$ 之间。

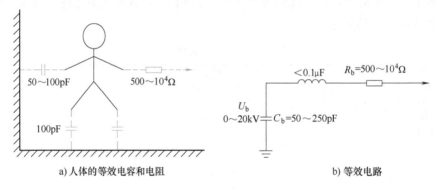

a) 人体的等效电容和电阻　　　　　　　　　　　　b) 等效电路

图 2-5　人体的静电放电模型

显然，如果此时人体接触一块电路板或电子装置的某一部分，就可能造成静电放电。U_b 小于 3500V 时，静电放电电流可能不一定为人们感觉到，但一些现代场控器件，甚至因几百伏的静电放电就可能损坏。

（2）电晕放电

电晕放电噪声主要来自交流高压输电线，它属于一种持续的放电干扰源。它的放电本质是输电线附近空气产生电离，发生辉光（电晕）放电。伴随着放电过程，产生电磁波辐射干扰。实验数据表明，在输电线垂直方向上电晕噪声强度的衰减与距离的 2 次方成反比，而在 15kHz～400MHz 的频率范围内，其衰减则和频率成反比。电晕放电噪声，主要对电力线载波电话、低频航空无线电以及调幅广播等产生干扰，对于电视和调频广播则影响不大。

（3）辉光放电（glow discharge）

辉光放电是一种电流通过气体形成等离子体的现象，通常是通过在含有低压气体的玻璃管中的两个电极之间施加电压而产生的。当两个电极间的电压超过一个称为击穿电压的值时，气体电离就可以自我维持，管中就会发出彩色的光。这种现象目前已被广泛应用于霓虹灯、荧光灯和等离子电视等光源中。与电晕放电情况类似，它属于辐射性质的干扰。通常，这种放电是发生在设备内部，其干扰比电晕放电的影响要更为明显和严重。除此以外，在人们所处的电磁环境中，还存在一些不控的辉光放电干扰源，例如：电气开关接通（或断开）瞬间，当开关两触头间的距离由"分开"（或"零"）过渡到"零"（或"分开"）状态时，在某一定的触头距离内，触头之间也会产生"辉光放电"现象。所以，辉光放电噪声引起的干扰，可能是持续的，也可能是瞬态的，它的特点是中压小电流。

（4）弧光放电

持续弧光放电的典型应用是电弧焊接和高压气体放电灯等。除此以外，与辉光放电类似，当电气开关换接时，开关两接头之间在"开""关"瞬刻也会产生不控的弧光放电过程，这一过程会导致断续的电磁干扰。弧光放电的典型特点与辉光放电的特点相对偶——低压、大电流，它与辉光放电在物理本质上的根本区别是它源于阴极电子发射而与气体电离无关。

弧光放电从物理本质上讲，分热阴极弧光放电和冷阴极弧光放电两种。如前所述，在图2-4气体放电全伏安特性示意图中的DE段为弧光放电区，该特性表明，当两电极产生辉光放电以后，如果继续增加电流，由于电流密度和阴极位降加大，正离子数量和动能不断增加，致使阴极温度升高而产生热电子发射。这种由辉光放电过渡产生的弧光放电，称之为热阴极弧光放电。还有一种弧光放电是源自阴极材料的大量蒸发，在阴极附近极薄的范围内，产生很高的气压，形成极强的正空间电荷区，从而导致强电场发射。在这一过程中，气体放电电流逐渐增大，从而由辉光放电过渡到弧光放电。由于这时阴极工作温度并不高，所以称之为冷阴极弧光放电。大多数弧光放电的电光源，均是基于上述原理做成的。除此以外，还存在一种所谓"接触弧光放电"，它是在电气设备的触头发生"通""断"时产生的一种弧光放电。这种弧光放电是瞬态的，干扰强度很大。下面着重对这种弧光放电现象加以解释。

如前所述，弧光放电可能起源于场致电子发射，这时它要求高约0.5MV/cm临界电压梯度。在电气设备的触头"通"或"断"的瞬刻，触头间距极小，触头间的电压梯度常常超过这个临界值。这时，弧光放电一旦形成，场致电子常常从阴极电场强度最强的某一块很小的面积上发射出来。微观来看，触头的整个表面都是粗糙的，阴极表面最凸出的尖端点电压梯度最高，而成为场致电子发射源，如图2-6所示。阴极产生的场致电子流流过触头间隙，最后轰击阳极。显然，该点电流密度极高，功率损耗 I^2R 使触头发热，这时温度可高达几千开尔文。这样高的温度足以使触头金属产生蒸发。这样就由电子流的场发射弧光放电过渡到了金属蒸气弧光放电。这一转换通常是在 1ns 内发生的。一旦出现了金属蒸气，在两触头之间即形成了一个导电的"桥"。流过金属蒸气桥的电流大小，取决于外电路的电源电压和电路的阻抗。只要外电路能提供足够高的电压，用以克服阴极接触电势，并提供足够大的电流来蒸发阴极或阳极的金属，则该电弧放电就可继续维持。当两触头间隙继续加大时，金属蒸发桥收缩，最终中断。因此，维持弧光放电，需要一个最低弧光

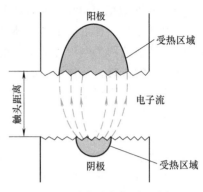

图 2-6　弧光放电起弧示意图

电压（U_A）。和一个最低弧光电流（I_A），当电压或电流低于临界值时，电弧熄灭。

由此可见，弧光放电所引起的电磁干扰，主要是辐射干扰，其干扰强度一般要比辉光放电干扰要大。

（5）高频电火花干扰

在实际工业现场和日常生活中，除了前述那些持续的或断续的辉光、弧光放电造成的电磁辐射干扰以外，还有许多电力电子设备（如汽车发动机点火装置、电焊机、高频电火花切割机等）更是直接的电磁干扰源，这些设备的电火花能量很大，电磁干扰的强度也很强。

综上所述，各种放电均是人们必须面对的电磁干扰源，它们大部分直接表现为辐射噪声，而对一些电力电子装置而言，在它们放电的同时也表现为网侧电流中出现高频分量或脉冲电流和电压，它们通过电源供电系统对接在系统中的各种电子设备造成干扰。因此，如何抑制放电干扰，是 EMC 设计必须考虑的重要问题之一。

2.3.4　电磁波辐射噪声

辐射噪声的特点是由干扰源辐射能量，通过介质以电磁波和电磁感应的形式和规律传播。因此，构成辐射干扰源必须具备两个条件：一个是有产生电磁波的源；另一个是能将这个电磁波能量辐射出去。并非所有装置都能辐射电磁波。辐射干扰源的设备结构必须是开放式的，几何尺寸和电磁波的波长必须在同一量级。显然，各种天线是辐射和接收电磁波的最有效设备。除此之外，导线、迹线、电缆等因为和天线有着类似的结构，也能起到发射和接收电磁波的作用。

常见的辐射干扰源有：发射设备、本地振荡器、非线性器件和核电磁脉冲等。

（1）发射设备

这里的发射设备指各种能通过发射天线、编织屏蔽层、通风管道或连接电缆对外辐射能量的设备。雷达系统、电视和广播发射系统、射频感应及介质加热设备、射频及微波医疗设备、各种电加工设备、通信发射台站、卫星地球通信站、大型电

力发射站、输变电设备、高压及超高压输电线、地铁列车及电气火车、大多数家用电器等，都可以成为各式各样的电磁辐射源。

（2）本地振荡器

振荡器、放大器和发射机是用于产生预定或设计频率上的电磁能量的。但实际工作中，它们发射的能量覆盖了一个以预定频率为中心的频段。此外，发射机还发射谐波，在某些情况下还会发射预定频率的分谐波。有源器件的非线性和发射机中的调制器是这种无意发射的主要来源。

（3）电子设备功能非线性产生的辐射

电路中非常典型的非线性应用实例是二极管检波器。此外，放大器、调制器、解调器、限幅器、混频器和开关电路或脉冲电路，则是在其他应用场合非常常见的有源非线性电路。

几乎每一电子设备的电路中都可以看到有源器件的应用，这些器件的伏安特性具有非线性性质。非线性伏安特性可以表示成无限多项谐波成分组合成的傅里叶级数。傅里叶级数中的高次谐波项将导致两个或多个信号频率发生混频。这种混频会产生出原来信号中没有的全新频率分量。这些新的频率分量作为电磁噪声出现在输出端，对不需要该信号的接收设备造成干扰。

整流器、混频器、逻辑与数字电路等都依赖非线性的伏安特性或脉冲信号工作，而脉冲信号使用很宽的频带。丙类放大器、检波器等也都工作在器件的非线性状态，它们输出不希望的谐波分量和互调产物，经电路传导后，一旦满足辐射发射所需的条件，就以电磁波的形式向空间辐射。

（4）核电磁脉冲辐射

核电磁脉冲是一种能量很大的特殊辐射干扰源。核爆炸时，核辐射和周围环境互相作用，使带电粒子强烈运动，产生核电磁脉冲。其突出特点是：脉冲上升时间极短，仅有10ns左右；频谱很宽，从超长波到微波波段的低端；脉冲场强极强，释放能量极大，可达 4×10^9J。这样强的核电磁脉冲产生的干扰和破坏力是极其严重的，干扰电子设备或系统的有用信号，或使设备遭到破坏。核爆炸的同时产生 X 射线、γ射线、p粒子和核电磁脉冲等使大气发生异常电离，形成附加电离区和骚扰电离层，其结果造成电波传输的衰减、折射和反射等，严重影响通信设备工作，甚至使控制系统失灵。核电磁脉冲能传播很远的距离，比核辐射本身的距离还远，具有极大的干扰和破坏力。

2.3.5 半导体器件开关过程引起的噪声

随着电力电子技术的迅速发展，利用各种现代功率半导体快速开关特性构成的各种半导体变流装置，日益广泛地应用于工业、商业、医疗、家电中。它们带来的电磁环境污染问题，已引起了人们广泛的关注。这些半导体器件工作时，通常会使电压电流产生不需要的畸变，这些畸变的电压电流除了通过传导的方式流入电路中其他部分影响系统的正常工作，还可能将导线、电缆、母排等作为天线以辐射的方式对外传播电磁噪声。这些装置的工作频率可能并不太高，但是因为它们的功率容量很大，造成的电磁干扰常常是很强的，不能轻易忽视。下面就与这类装置有关的一些典型噪声源加以阐述。

（1）功率二极管开关造成的噪声

开、关过程中，功率二极管电流、电压波形分别如图 2-7a 和 b 所示。其中，U_b 为开通前二极管两端的电压，$-U_r$ 为关断后二极管两端的电压。

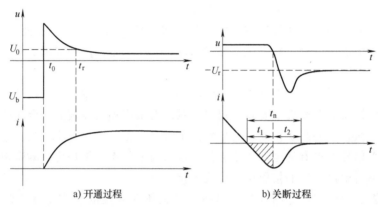

a) 开通过程　　　　　　　　　　　b) 关断过程

图 2-7　功率二极管开关过程中的电压电流波形

图 2-7a 表明，$t_0 = 0$ 时二极管导通，二极管的电流迅速增长，但是其管压降不是立即下降，而会出现一个快速的上冲，其原因是在开通过程中，二极管 PN 结的长基区注入足够的少数载流子，发生电导调制需要一定的时间 t_r，t_r 时二极管两端压降为 U_0。该电压上冲会导致一个宽带的电磁噪声。而在关断时，存在于 PN 结长基区中的大量过剩少数载流子需要一定时间恢复到平衡状态，从而导致了很大的反向恢复电流，当 $t = t_1$ 时，PN 结开始反向恢复，在 $t_1 \sim t_2$ 时间内其他过剩载流子，则依靠复合中心复合，而回到平衡状态。这时管压降又出现一个负尖刺。通常 $t_2 \ll t_1$，所以该尖刺是个非常窄的尖脉冲，产生的电磁噪声比开通时还要强。实际上，功率二极管反向脉冲电流的幅度、脉冲宽度和形状，与二极管本身的特性及电路参数相关。由于反向恢复电流脉冲的幅度和 di/dt 都很大，它们在引线电感和与其相连接的电路中，会产生很高的感应电压，从而造成强的宽频的瞬态电磁噪声。

（2）SCR、GTO、BJT、IGBT 在开、关过程中造成的噪声

从本质上说，这些器件与功率二极管一样，同属于少子半导体器件，因此它们的开、关过程也与二极管类似，无论在开通或关断时，都会产生瞬态电压和电流，也会通过引线电感，形成宽频的电磁噪声。

但是基于这些开关器件自身的特性，从 EMI 分析的角度，它们彼此之间又有所差异。以 SCR 为例，由于它包含了 3 个 PN 结，因此在关断后的反向恢复电

流，要比二极管的小得多；而在开通时，由于门极触发的帮助，管压降的下降要比二极管的快得多。因此对 SCR 而言，开通时造成的电源噪声，要比关断时大。图 2-8a 为 SCR 开通时电流电压示意图，图 2-8b 为 SCR 产生的 EMI 与其电流容量的关系。

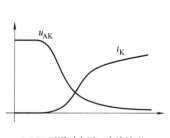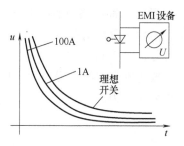

a) SCR开通时电压、电流波形　　　　b) SCR开通时产生的噪声电压和电流的关系

图 2-8　SCR 的开关过程造成瞬态噪声

GTO 晶闸管（后简称 GTO）开、关过程中的阴极阳极电压 u_{AK}、电流 i_A、i_K 波形及门极电压 u_G、电流 i_G 波形，分别示于图 2-9。从图可见，它造成的阳极电压、电流瞬态噪声与 SCR 类似，但是，由于它依靠门极反向抽流关断，门极的低电流增益（通常小于 5）导致了它在关断时，门极电流和电压也会产生陡峭的大电流和电压脉冲，有时还会因门极电路寄生电容和电感的影响而产生振荡。因此，门极电路产生的电磁噪声，常常变成 GTO 中 EMI 问题的主要方面。

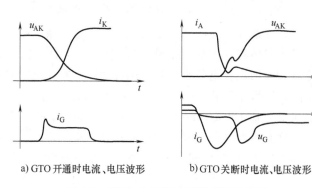

a) GTO开通时电流、电压波形　　　　b) GTO关断时电流、电压波形

图 2-9　GTO 的开关过程造成瞬态噪声

BJT 的情况与 GTO 情况类似，只是它的开关速度比 GTO 快，开关时间在微秒量级，所以它的集电极电流和电压变化造成的瞬态电磁噪声要比 GTO 严重。

IGBT 属多子少子混合器件，开关速度比 BJT 更快（开关时间在几百纳秒至 $1\mu s$），所以其电流变化造成的瞬态电磁噪声比 BJT 更大，但是由于它是场控（电压控制）器件，所以它的门极电路所造成的瞬态电磁噪声可以忽略不计。

（3）功率场效应晶体管（MOSFET）在开、关过程中造成的噪声

MOSFET 属于多子器件，不存在反向恢复问题，但是它的开关速度很高，开关过程中产生的 di/dt 可达到很高的数值，因而作用在电路中的寄生电感（电容）上，会产生很高的瞬态电压、电流和引起振荡。所以，它和高速数字脉冲电路中所用的高速门电路一样，产生的瞬态电磁噪声是不容忽视的。

（4）高速数字脉冲电路中的门电路造成的开关噪声

一块逻辑门数字集成电路工作时，虽然只抽取几毫安的电流，似乎它不会造成什么噪声，可是，由于它们的开关速度很高，加上与它连接的那些导线的引线电感，使它们也成为不可忽视的噪声源。因为当门电路的电流流过这些引线电感时，在它上面产生的电压为

$$U = L \frac{di}{dt} \tag{2-6}$$

其中，L 为引线电感的数值，di/dt 为流过门电路的电流变化率。如果一个典型的逻辑门，在"开通"状态，从直流电源抽取 5mA 的电流，而在"关断"状态抽取 1mA 的电流，则开关时刻的电流变化为 4mA，设其开关时间为 2ns，电源的引线电感为 500nH，当这一个门开关转换时，在电源线上就会产生约 1V 的瞬态脉冲电压。一个典型的系统实际上包含有许多这样的门。如果综合考虑的话，这些门电路在工作时，电源线上产生的瞬态电压有时可高达数十伏，远远超过其电源电压（5V）。所以，对它们的开关过程造成的瞬态噪声是必须认真考虑的。

2.3.6 宽禁带半导体器件应用中的噪声

宽禁带（wide bandgap，WBG）半导体器件凭借更高的禁带宽度、击穿电场、最大允许结温等优点，逐渐在智能电网、电动汽车、轨道交通、航空航天等领域得到广泛应用。宽禁带半导体器件主要包括碳化硅（SiC）器件、氮化镓（GaN）器件等，它们极间电容和反向恢复电荷小，开关损耗大幅下降，但同时电磁兼容问题更加突出。开关瞬态期间的高 du/dt、di/dt、寄生参数引起的电压和电流高频（HF）振铃现象（最高可达 100MHz）使其在工作中产生了比硅基半导体器件更严重的电磁干扰问题。宽禁带器件的高开关速度和独特结构也带来了功率变换器的可靠性问题。通常认为，宽禁带器件会带来比硅基器件更严重的电磁噪声。

因此，这里简单介绍宽禁带半导体器件工作中可能引起的 EMI 噪声。

（1）SiC 肖特基二极管

如前所述，由于关断时漂移区的载流子不能马上消失，在硅基二极管两端施加反向电压时会导致出现较大的反向恢复电流，从而导致功率损耗及 EMI 问题。为解决这一问题，肖特基二极管（schottky barrier diode，SBD）应运而生。与一般的二极管不同，肖特基二极管属于单极性器件，漂移区无电导调制效应，也不存在反向恢复问题。与普通的硅基二极管相比，这极大减小了因反向恢复电流引起的损耗。另一方面，肖特基二极管为了保持较低的导通电阻，硅肖特基二极管的漂移区

就得做得很薄。所以，击穿电压成为硅肖特基二极管的限制。

SiC 材料在这一状况下展现出极大的优势。如前所述，在相同的击穿电压下，SiC 材料的导通电阻远小于 Si 材料。同时，因为肖特基二极管不存在反向恢复电流，由反向恢复引起的 EMI 问题可以得到改善。

有学者比较了在经典半桥结构中使用 3 种不同反并二极管（Si 二极管、快恢复二极管、SiC 肖特基二极管）时，流经二极管电流的频谱包络情况，结果如图 2-10 所示。

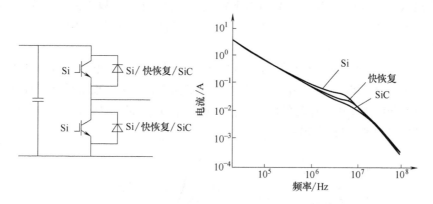

图 2-10 使用不同类型二极管时流过二极管的电流频谱

从电流频谱可以很容易地看出，SiC 二极管在工作时具有最低的 EMI。但是必须要注意的一点是，因为反向恢复电流在总电流中所占的比例始终相对较小，使用 SiC 代替普通二极管来降低 EMI 的好处终究是有限的，实际工作中通常需要充分考虑系统各方面的影响。这也从侧面反映了电磁兼容设计是一个系统性、综合性工程。

（2）SiC 场效应晶体管

根据前面的讨论我们可以知道，在相同的击穿电压条件下，由宽禁带材料制成的开关器件可以有比硅基器件更小的芯片尺寸。在更小的芯片尺寸下，开关器件的结电容可以变得很小。表 2-3 列举了一些商用半导体开关器件的结电容。

表 2-3 部分商业半导体开关器件的结电容

开关管	容量	输入电容/pF	输出电容/pF	反向传输电容/pF
SiC MOSFET （SCT20N120）	1200V 20A	650	65	14
Si MOSFET （IXFX 20N120）	1200V 20A	7400	550	100
GaN HEMT （IGLD60R070D1）	600V 60A	380	72	0.3
Si MOSFET （SiHG70N60AEF）	600V 60A	5348	238	7

在开关动作时，由于结电容和栅极电阻的大小共同决定了开关速度，更小的结电容显然会使器件的开关速度变得更快，从而实现更高的开关频率和小型化的目标。然而，更小的结电容除了带来更快的开关速度和更高的开关频率外，也使 SiC MOSFET 开关瞬态期间的电压和电流振铃现象比 Si 器件更为严重。振荡的频率可近似表示为 $f = 1/(2\pi\sqrt{L_{para}C_j})$，其中 L_{para} 是线路上的寄生电感，C_j 是开关器件的结电容。寄生电感值通常小于 50nH，具体大小取决于布局，功率器件的结电容小于 1nF，见表 2-3。因此，振荡频率通常高于几兆赫兹，在某些情况下甚至高达数百兆赫兹。因此，增加的 EMI 噪声将出现在高频。由于 EMI 滤波器的高频性能受到磁性材料和滤波器寄生参数的限制，这类高频 EMI 噪声通常很难滤除。

图 2-11 所示为 SiC MOSFET 和 Si MOSFET 开关过程中的电压、电流波形。如前所述，和普通的 Si 二极管相比，SiC 肖特基二极管在很大程度上消除了反向恢复电流，因此 SiC 器件在开通时的电流峰值要远小于 Si 器件。同时，SiC 器件的开关速度更快，振铃现象也更加显著。

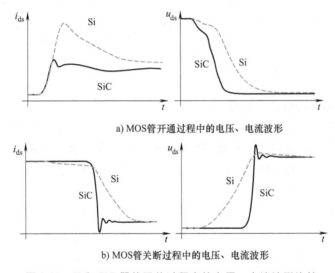

a) MOS管开通过程中的电压、电流波形

b) MOS管关断过程中的电压、电流波形

图 2-11　Si 和 SiC 器件开关过程中的电压、电流波形比较

图 2-12 和图 2-13 说明了不同的开关速度和振铃现象对频谱的影响。图 2-12 所示为三种不同形状的梯形波时域波形，图 2-12a 和 b 波形上的区别仅在于它们的上升时间和下降时间不同，图 2-13c 与 a 中波形的上升时间、下降时间相同，但在波形上升沿有一个小幅度振荡。图 2-13 所示为这三种梯形波的频谱包络线。包络线的转折频率 f_c 取决于脉冲宽度和开关速度，第一个转折频率 f_{c1} 由脉冲宽度决定，在脉冲宽度相同的情况下三者相同；第二个转折频率 f_{c2} 取决于上升、下降时间，对于梯形波来说，有 $f_{c2} \approx 1/[\pi \times \min(t_r, t_f)]$，因此，由于图 2-12a 中波形的上升下降时间过短，转折频率更高，频谱中的高频分量要明显地高于图 2-12b。另一方

面，对比图 2-12a 与 c，由于振铃现象的存在，在振荡频率附近将导致一个小的频谱尖峰。

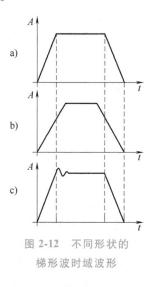

图 2-12 不同形状的
梯形波时域波形

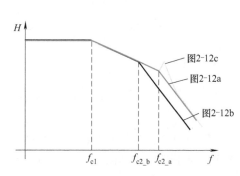

图 2-13 三种梯形波的频谱包络线情况

由图 2-13 可知，更快的开关速度以及开关动作时的振铃现象将会导致噪声电压的增加。由于 SiC MOSFET 比 Si 器件具有更高的开关速度、更高的工作频率和更高的振铃，其产生的电磁噪声将显著高于 Si 器件，这对电磁兼容防护设计提出了更高的要求。

（3）GaN 高电子迁移率晶体管

相较于 Si 和 SiC 器件，GaN 高电子迁移率晶体管（GaN HEMT）具有更高的电子迁移率、饱和电子速度和击穿电场，宏观上表现为更小的导通电阻和更快的开关速度，因此更适合于高频应用场合，对提升变换器的效率和功率密度非常有利。

与 MOSFET 类似，GaN HEMT 可以按其工作方式分为增强型（常闭）和耗尽型（常开）两类。对于耗尽型 GaN 器件，通常通过串联低压 Si MOSFET 来控制高压 GaN 器件的开通关断状态，形成目前广泛使用的共源共栅结构。然而，两个器件的串联使封装变得更加复杂，同时增加了线路上的寄生电感，某些情况下有可能影响器件的开关性能。耗尽型 GaN HEMT 的电气符号示于图 2-14。

由于 GaN HEMT 的结构与通常的 MOSFET 十分相似，SiC MOSFET 应用中可能出现的高振铃现象在将 SiC MOSFET 替换成 GaN HEMT 后仍会出现。除此之外，由于结构上的特殊性，对于共栅共源结构 GaN HEMT，在大电流关断的情况下还存在一种特殊的因电容失配引起的振荡现象，如图 2-15 所示。在这种情况下，GaN HEMT 关断期间的漏-源极间电压和漏极电流将不再逐渐趋于稳态，而是发散振荡开来，振荡电压和振荡电流的周期和幅值随时间逐渐变大，可能造成器件损坏的同时也成为十分严重的电磁干扰源。

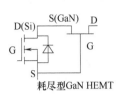

图 2-14　耗尽型 GaN HEMT 器件电气符号

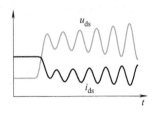

图 2-15　大电流关断下 GaN
器件的发散振荡现象

2.4　脉冲类信号的频谱估算

我们知道，对具有脉冲序列性质的信号进行谐波分析的主要数学工具是傅里叶变换。对于常用波形的傅里叶变换，有经验的工程师可能通过口算就可以得出，但是对于一些复杂的波形的频谱，通常需要编制程序交给计算机处理。考虑到在分析电力电子电路的电磁噪声时，我们感兴趣的主要不再是噪声信号频谱中各个频率分量的具体准确数值，而是对噪声信号频谱的总宽度以及各频率分量的限度，这为简化分析提供了可能性。因此，在本章的最后，我们介绍一种图解谐波分析方法来对脉冲类信号频谱进行快速估算。

图解谐波分析的基础是由傅里叶变换推导而来的几个不等式，这些不等式从最不利的情况出发给出了脉冲信号频谱的限制值（包络）：

$$|F(j\omega)| \leqslant \int_{-\infty}^{+\infty} |f(t)| dt \tag{2-7}$$

$$|F(j\omega)| \leqslant \frac{\int_{-\infty}^{+\infty} |f^{(n)}(t)| dt}{\omega^n} \quad n = 1,2,3\cdots \tag{2-8}$$

可以看出，在应用以上这些不等式来确定一个干扰发射的频谱时，实际上只需要计算函数（或各阶导数）曲线与横轴围成的面积。用一个例子来说明如何运用式（2-7）和式（2-8）进行图解谐波分析。

图 2-16 所示为待分析信号的时域波形及其一、二阶导数，在电磁敏感度测试中常用这种 1.2/50μs 脉冲信号作为测试信号，所以了解这一信号的频谱包络也是很有意义的。图 2-16 中，t_r 是三角波的上升时间，t_f 是三角波的下降时间，U 是三角

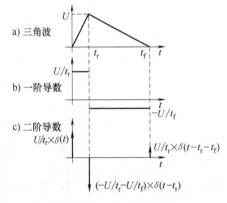

图 2-16　三角波时域波形
及其一、二阶导数

波的峰值。

低频部分的频谱包络用时域波形图 2-16a 计算，不等式表示为

$$F_1(f) \leqslant \frac{U(t_r + t_f)}{2} \tag{2-9}$$

频谱包络的其他部分用式（2-8）确定。

当 $n=1$ 时，计算一阶导数和横轴围成的面积可得

$$F_2(f) \leqslant \frac{\dfrac{U}{t_r} \times t_r + \dfrac{U}{t_f} \times t_f}{\omega} = \frac{U}{\pi f} \tag{2-10}$$

由式（2-9）、式（2-10）可以计算得到频谱的第一个转折频率 f_1：

$$f_1 = \frac{2}{\pi(t_r + t_f)} \tag{2-11}$$

当 $n=2$ 时，计算二阶导数和横轴围成的面积可得

$$F_3(f) \leqslant \frac{\left(\dfrac{U}{t_r} + \dfrac{U}{t_f}\right) \times 2}{\omega^2} = \frac{U\left(\dfrac{1}{t_r} + \dfrac{1}{t_f}\right)}{2\pi^2 f^2} \tag{2-12}$$

同样，第二个转折频率也可以通过求解两个包络线的交点得到

$$f_2 = \frac{1}{2\pi}\left(\frac{1}{t_r} + \frac{1}{t_f}\right) \tag{2-13}$$

至此，可以得到待分析三角波全频段频谱的包络线。将以上各频段包络线改写成对数坐标形式。假设电压单位为 V，时间单位为 μs，并取 $20\lg\pi \approx 10$，则各频段频谱（单位为 dBμV/MHz）包络的表达式为

$$A_1(f) = 114 + 20\lg[U(t_r + t_f)],\ f \leqslant f_1 \tag{2-14}$$

$$A_2(f) = 110 + 20\lg U - 20\lg f,\ f_1 \leqslant f \leqslant f_2 \tag{2-15}$$

$$A_3(f) = 94 + 20\lg\left[U\left(\frac{1}{t_r} + \frac{1}{t_f}\right)\right] - 40\lg f,\ f_2 \leqslant f \tag{2-16}$$

对于一些非线性的波形，可以用一些多项式曲线（如 2 次方、3 次方等）来逼近时域波形，然后参照上述方法获得其频谱包络。实践证明，这种近似引起的误差是非常小的。

第3章

电磁干扰的耦合途径

如前所述，电磁干扰要产生作用需同时具备三个要素：干扰源、耦合路径和敏感设备。无论多复杂的系统，缺少其中任一条件都不会产生干扰。上一章中介绍了电磁干扰源的种类及产生机理，而本章将对电磁噪声的传播路径加以详细阐述。

干扰源把噪声能量耦合到被干扰对象有两种方式：传导方式和辐射方式，如图 3-1 所示。

传导耦合是指电磁噪声的能量在电路中以电压或电流的形式，通过金属导线或其他元件（如电容器、电感器、变压器等）耦合至被干扰设备（电路）。根据电磁噪声耦合特点，

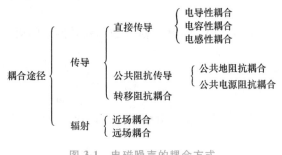

图 3-1　电磁噪声的耦合方式

传导耦合可分为直接传导耦合、公共阻抗耦合和转移阻抗耦合三种。

直接传导耦合是指噪声直接通过导线、电阻器、电容器、电感器或变压器等实际或寄生元件耦合到被干扰设备（电路）。

公共阻抗传导耦合，是指噪声通过印制板电路和机壳接地线、设备的公共安全接地线以及接地网络中的公共地阻抗产生公共地阻抗耦合；噪声通过交流供电电源及直流供电电源的公共电源阻抗，产生公共电源阻抗耦合。

转移阻抗耦合是指干扰源发出的噪声，不是直接传送至被干扰对象，而是通过转移阻抗，将噪声电流（或电压）转变为被干扰设备（电路）的干扰电压（或电流）。从本质上说，它是直接传导耦合和公共阻抗传导耦合的某种特例，只是用转移阻抗的概念来分析比较方便。

辐射耦合是指电磁噪声的能量，以电磁场能量的形式，通过空间辐射传播，耦合到被干扰设备（电路）。根据电磁噪声的频率、电磁干扰源与被干扰设备（电路）的距离，辐射耦合可分为远场耦合和近场耦合两种情况。在讨论电力电子系统的电磁兼容性问题时，绝大多数是"近场"或感应场的耦合问题。

综上所述，我们可以把电磁噪声耦合途径归纳表示为图 3-2 所示。

严格地说，上述分类并不是绝对的，而是相互联系的，例如：公共地阻抗耦合

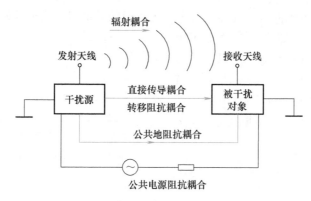

图 3-2　电磁噪声传播途径示意图

从本质上讲，是属于电导性直接传导耦合的一种特例。又如，在电容性传导耦合中，若电容为分布电容，而不是人为接的电容器或在电感性传导耦合中，耦合电感为两电路之间的寄生磁耦合电感—互感，而不是人为接的一个电感器或变压器，则这种所谓直接传导耦合只是一种等效电路分析的概念，严格地讲，它们的物理本质仍应当属于近区电磁场辐射耦合。

理论上，分析任何电路的性能时，最精确的解应当通过求解麦克斯韦方程组得到。然而，这种方法通常十分费时力。为了避免这种因过于严格而造成的不必要的复杂性，人们在从事大多数工程设计时，通常均采用人们熟知的近似分析技术——"电路分析"。

电路分析不考虑空间变量 (X, Y, Z)，只考虑一个时间变量，可以大大地简化计算。但用"电路分析"时必须满足下列三个条件：所有电场均集中在电容器中；所有磁场均集中在电感器中；电路的几何尺寸要比噪声波长短得多。这时，原来解分布参数电磁场的问题，可简化成为解集总参数的电路问题。幸运的是，在大多数工业系统的 EMI 问题中，上述第三点假设是容易满足的。例如，1MHz 信号对应的波长约为 300m，而 300MHz 信号对应的波长约为 1m，所以在进行电路板设计时，当成简化成集总参数的电路问题来处理通常是合理的。当然，当噪声频率很高或被分析系统尺寸很大时，可能必须用场的概念进行分析，但是这时往往实际设备的边界条件十分复杂，是很难求解的。

3.1　传导耦合

3.1.1　直接传导耦合

1. 电导性耦合

在电路分析中，人们常习惯性把连接在两元件或设备（系统）间的导线、铜排、电缆等当作零电阻理想导体或具有一定阻值的纯电阻，这种近似在频率不高的情况下是可行的。然而，在考虑 EMC 问题时，必须考虑导线不但具有电阻 R_t，而且有电感 L_t、漏阻抗 R_p 以及杂散电容 C_p 等，如图 3-3 所示。显然，在高频时它们将构成一个谐振回路，其谐振频率为

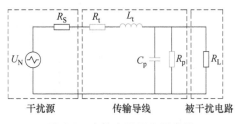

图 3-3　直接电导耦合示意图

$$f_0 = \frac{1}{2\pi\sqrt{L_t C_p}} \qquad (3-1)$$

以一根直径为 2mm，长度为 10cm，离地高度为 5mm 的铜导线为例，其直流电阻约为 550μΩ，等效电感 L_t 约为 0.46μH，等效杂散电容 C_p 约为 24pF，则谐振频率约为 480MHz，在这一谐振点上电感和电容的阻抗 $|Z_{Lt}| = |Z_{Cp}| = 1387\Omega$。通常，工作频率多低于 f_0，因此该导线一般呈感性。但是即使频率低至 25kHz，感抗仍高达 15.7mΩ，远高于导线自身电阻。值得指出的是，由于趋肤效应，导线的等效电阻 R_{tAC} 是频率的函数。此外，如果噪声是与导线自身谐振频率相接近的高频噪声，或是信号为高速高频脉冲列时，还必须把导线当作传输线来处理。

正因为导线、电缆等连接线具有上述这些复杂性，所以，在考虑一个电路或系统（设备）的 EMC 问题时，就不能把它们作简单化或原理性的处理。为此下面对导线的阻抗作进一步的讨论。

（1）导线的直流电阻 R_{DC}

$$R_{DC} = \rho\frac{l}{A} = \frac{l}{A\sigma} \qquad (3-2)$$

式中，l 为导线的长度，单位为 m；A 为导线的截面积，单位为 m^2；ρ 为导线的电阻率，单位为 $\Omega\cdot m$；σ 为导线的电导率，单位为 S/m。

（2）导线的交流电阻 R_{AC}

在高频时，由于趋肤效应的作用，导线中流动的电流趋向表面，从导线的表面向里电流按指数分布，此时导线载流的有效面积小于导线本身的截面积，导致导线的高频电阻（或交流电阻）R_{AC} 要比它的直流电阻 R_{DC} 大，即

$$R_{AC} = R_{DC}\frac{A}{A_{eff}} \qquad (3-3)$$

式中，A_{eff} 为导线载流的有效面积。

值得注意的是，不同类型的导线的有效面积不同。

对于圆截面导线，$A_{eff} \approx \pi D\delta$，其中，$D$ 为导线半径，δ 为趋肤深度，其交流电阻为

$$R_{AC} = R_{DC}\frac{D}{4\delta} \qquad (3-4)$$

而对于印制板上一条厚度为 t 的铜箔条，交流电阻则为

$$R_{AC} = R_{DC} \frac{t}{\delta} \tag{3-5}$$

趋肤深度和频率负相关，工程上常用 $\delta = 1/\sqrt{\pi f \mu \sigma}$ 做近似计算。可以看出，当骚扰信号的频率升高时，趋肤深度 δ 将减小，交流电阻变得更大。以一条直径 0.2mm，长度 10cm 的铜导线为例说明，当频率低于 1MHz 时，趋肤深度 $\delta > 0.067$mm，可以不用考虑趋肤效应影响，这时导线的直流电阻为 55mΩ，频率高于 1MHz 时，该导线的交流电阻值列于表 3-1。

表 3-1　直径 0.2mm，长度 10cm 的铜导线的电阻值

$R_{DC}/\text{m}\Omega$	$R_{AC}/\text{m}\Omega$			
	$<10^6\,\text{Hz}$	$10^7\,\text{Hz}$	$10^8\,\text{Hz}$	$10^9\,\text{Hz}$
55	55	137.5	410.4	1370

（3）导线的等效电感 L_t

如前所述，导线存在着等效电感，它对电路中噪声和瞬态信号的影响十分重要，甚至在低频下，一根导线的感抗，也可能会大于它们自身的电阻。一根导线的总电感量 L_t，等于它的外电感量 L_W 和内电感量 L_R 之和，即 $L_t = L_W + L_R$。内电感是用来描导体内部磁场效应的，通常要比外电感量小得多，特别在高频时，趋肤效应使电流集中在导线外表流过，这时内电感更小，所以，通常一根导线的等效电感量可用其外电感量决定。

1）外电感 L_W：一根直的圆导线，若直径为 D，离地面的高度为 h，且 $h > 1.5D$，则该导线单位长度的外部电感（单位为 μH/m）为

$$L_W = \frac{\mu}{2\pi} \ln\left(\frac{4h}{D}\right) \tag{3-6}$$

自由空间的磁导率 $\mu = 4\pi \times 10^{-7}$H/m，代入上式可得

$$L_W \approx 0.2\ln\left(\frac{4h}{D}\right) \tag{3-7}$$

若该导线为印刷板上的铜箔条，则

$$L_W \approx 0.2\ln\left(\frac{2h}{w+t}\right) \tag{3-8}$$

式中，w 为铜箔的宽度；t 为铜箔的厚度。

当用两根平行导线，均匀流过大小相等方向相反的电流时，忽略内电感，其自感量

$$L \approx 0.394\ln\left(\frac{2d}{D}\right) \tag{3-9}$$

式中，d 为两导线的中心距离；D 为导线的直径。

对其他各种几何结构的平行导线电感量的计算可自行查找相关文献。

2）内电感 L_R：内电感是用来描述导线内部的磁场效应的，它的大小与导线的尺寸及与地平面的距离无关，但与其截面形状和电流频率有关。和外电感相比通常要小得多，多数时候可以忽略。用扁平的导线，空心的铜管均可以有效地减小内电感的大小。

（4）导线的特征阻抗 Z_0

从上面讨论可见，高频时连接导线（电缆）的阻抗主要是感抗，即使在低频时，当连接电缆很长时（例如几十米至几百米），感抗也是很大的。这对于信号的传输不但不利，而且会增强高频噪声的传导耦合。

为了有效地减小导线电感对信号传输的不良影响及减小噪声传导耦合，良好的 EMC 设计应将连接导线制成均匀传输线的形式（单位长度电感、电阻、分布电容均匀一致）并使传输线的特征阻抗与负载阻抗匹配。表 3-2 给出了几种常见传输线结构的特性阻抗。

表 3-2　几种常见传输线的特性阻抗

类型	图示	特性阻抗
圆直导线—地平面	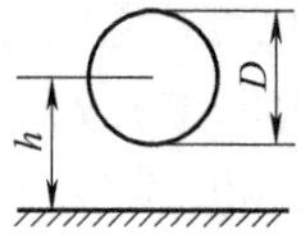	$Z_0 = \dfrac{60}{\sqrt{\varepsilon_r}} \mathrm{arccosh}\left(\dfrac{2h}{D}\right)$
条状导线—地平面	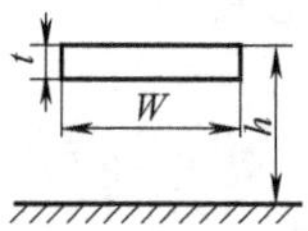	$Z_0 = \dfrac{377}{\sqrt{\varepsilon_r}} \dfrac{h}{W}$ $(t = h = W)$
平行圆直导线	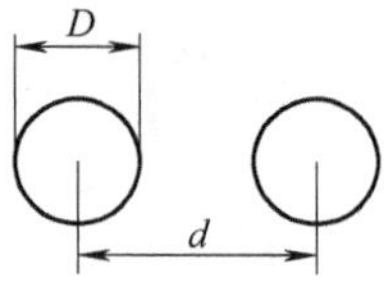	$Z_0 = \dfrac{120}{\sqrt{\varepsilon_r}} \mathrm{arccosh}\left(\dfrac{d}{D}\right)$
同轴电缆	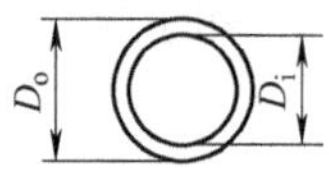	$Z_0 = \dfrac{60}{\sqrt{\varepsilon_r}} \ln\left(\dfrac{D_o}{D_i}\right)$

2. 电感性耦合

（1）电感性耦合模型

电感性耦合，又称磁性耦合，是指干扰源产生的噪声磁场与被干扰回路产生磁通交链，以互感的方式产生传导性干扰。

假设穿过一个闭合面积为 A 的闭合回路的噪声磁场磁通密度为 B，则在该回路中感生干扰电压 U_N 为

$$U_N = -\frac{\mathrm{d}}{\mathrm{d}t} \int_A \vec{B}\,\mathrm{d}\vec{A} \tag{3-10}$$

如果该闭合回路固定不变，磁通密度为单一频率的正弦波，上式积分后可得

$$U_N = j\omega BA\cos\theta \tag{3-11}$$

式中，A 为闭合回路的面积（见图 3-4）；B 为角频率为 ω 的正弦磁通密度的有效值；U_N 为感应电压的有效值。

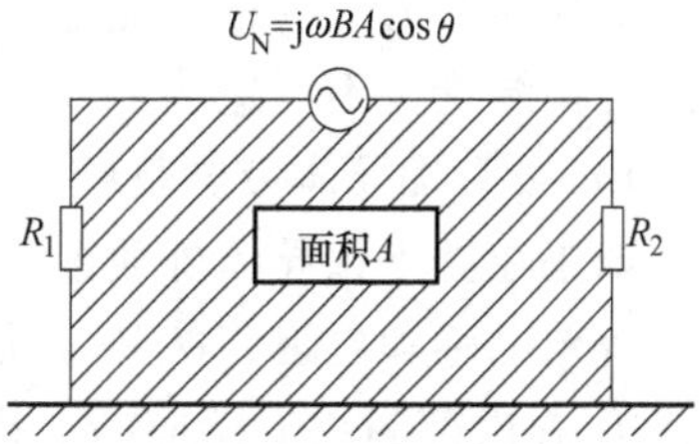

这一关系也可以用两个电路之间的互感 M 来表示，如图 3-5 所示，其中 I_1 为干扰电路中流过的电流。

$$U_N = j\omega MI_1 = M\frac{\mathrm{d}i_1}{\mathrm{d}t} \tag{3-12}$$

图 3-4 噪声磁场在被干扰电路
的闭合回路中感生噪声电压

式（3-11）和式（3-12）是描述两个电路之间磁耦合的基本方程。从这两个方程可见，为了减小感生的噪声电压，可以通过减小 B、A 或 $\cos\theta$ 实现，而且噪声电压大小还直接与频率成正比。

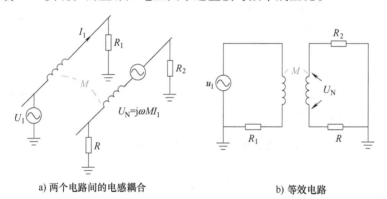

a) 两个电路间的电感耦合　　　　　　　　　　b) 等效电路

图 3-5 两个电路通过互感产生磁耦合

（2）屏蔽体对电感性耦合的作用

为抑制因电感性耦合引起的噪声电压，一种有效的方法是加屏蔽层。因此，这一小节中我们讨论加入屏蔽层对电感性耦合噪声的抑制作用。

为了分析屏蔽层的影响，首先研究屏蔽层与内导体之间的耦合。

如图 3-6 所示，若管状导线中均匀流过电流 I_S，由安培环路定理可知，管子的内部将不存在磁场，磁场线分布在管子外部，如果把另一导体置于该管状导线的内部，管状导线中流过的电流 I_S 产生的磁场同时包围管子和内部导体。根据电感的定义，外部管状导线的自感 $L_S = \Phi/I_S$，管状导线和内部导体间的互感 $M = \Phi/I_S$，因此

$$M = L_S \tag{3-13}$$

式（3-13）揭示了一个十分重要、人们经常引证的结论，即屏蔽层与内导体之间的互感等于屏蔽层的电感（自感）。这个结论的推导中没有规定内导体的位置，

因此不只局限于同轴电缆。然而，值得注意的是，这一结论适用的前提是管状导线必须是圆柱形的，且导线中流过的电流均匀分布。否则，对于一些形状不对称、不规则的导线，内腔中是可能存在磁场线的，内部芯线的磁通将不完全等于外磁通，因此这一结论也不再适用。

1）被干扰导体带屏蔽层的情况。

如果在被干扰导体外放置一管状屏蔽体，如图 3-7 所示。其中 L_S 和 R_S 为屏蔽层的等效电感和电阻，U_S 为其他电路在屏蔽层上引起的噪声电压。则屏蔽导体的电流 I_S 在内部芯线上感应的干扰电压为

$$U_N = j\omega M I_S \tag{3-14}$$

图 3-6　管状导线中电流产生的磁场

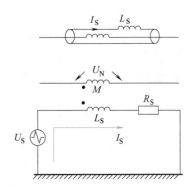

图 3-7　屏蔽导线的等效电路

根据图 3-7 中的等效电路，噪声电流 I_S 可以表示为

$$I_S = \frac{U_S}{j\omega L_S + R_S} \tag{3-15}$$

考虑到 $M = L_S$，U_N 可以写成

$$U_N = \frac{j\omega}{j\omega + \dfrac{R_S}{L_S}} U_S \tag{3-16}$$

频率特性示于图 3-8，其中 $\omega_C = R_S/L_S$ 定义为屏蔽层的截止角频率。从图中可见，当 $\omega \geq 5\omega_C$ 时，$U_N \approx U_S$。

2）干扰源带屏蔽层的情况。

当干扰源带有一管状屏蔽层时，其干扰耦合与屏蔽层的接地方式有关，当屏蔽层两端同时接地时，如图 3-9 所示。

根据图 3-9 中回路可列出方程：

$$j\omega M I_1 = (j\omega L_S + R_S) I_S \tag{3-17}$$

考虑到 $M = L_S$，由式（3-17）可得

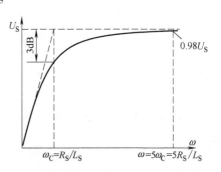

图 3-8　屏蔽层电流引起的
内部芯线上的感应电压

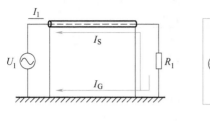
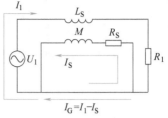

a) 干扰源带屏蔽　　　　　　　　　　b) 等效电路

图 3-9　干扰源带屏蔽层且双端接地的情况

$$I_S = \frac{j\omega L_S}{j\omega L_S + R_S}I_1 = \frac{j\omega}{j\omega + \dfrac{R_S}{L_S}}I_1 = \frac{j\omega}{j\omega + \omega_C}I_1 \qquad (3\text{-}18)$$

当 $\omega \gg \omega_C$ 时，有 $I_S \approx I_1$，即屏蔽体上的电流 I_S 与芯线上的电流 I_1 大小相同，方向相反，因此产生的磁场互相抵消，屏蔽体外不再有磁场存在，进而抑制了电感耦合。但是这种措施仅在频率高时能起到作用，当频率较低时，$I_S < I_1$，两者产生的磁场不能完全抵消。为了解决这一问题，可将屏蔽层与负载相连后接地，如图 3-10 所示。

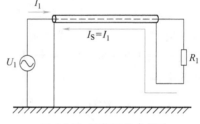

3. 电容性耦合

（1）电容性耦合模型

电容耦合又称电场耦合或静电耦合，是由于分布电容的存在而产生的一种耦合方式。

图 3-10　屏蔽层单点接地

两个导体之间的电容耦合，可用图 3-11 简单地示意。其中电容 C_{12} 是导线 1 与 2 之间的杂散电容。电容 C_{1G} 和 C_{2G} 分别是导体 1 和 2 与地之间的总电容（包括杂散电容及外接电容），R 为导体 2 对地外接的电阻。

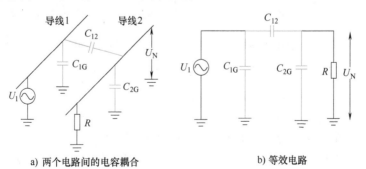

a) 两个电路间的电容耦合　　　　　　　　b) 等效电路

图 3-11　两个导体之间的电容耦合

假设加在导线 1 上的电压 U_1 是干扰源，导线 2 为被干扰电路。被干扰电路由于电容耦合，在导体 2 对地之间产生的噪声电压 U_N 可以表示为

$$U_N = \frac{j\omega C_{12}R}{1+j\omega R(C_{12}+C_{2G})}U_1 \tag{3-19}$$

由于寄生电容一般很小，通常情况下

$$R = \frac{1}{j\omega(C_{12}+C_{2G})}$$

式（3-19）可以近似为

$$U_N \approx j\omega RC_{12}U_1 \tag{3-20}$$

式（3-20）表明，由电容耦合而产生的噪声电压与干扰源的频率、被干扰电路的输入电阻、干扰源及被干扰电路之间的杂散电容及噪声电压成正比。若 U_1、ω 不变，为了减小电容耦合引起的传导干扰，就必须减小 R 和 C_{12}。R 常常是电路本身要求所决定的，C_{12} 则可以通过增大两导体之间的距离、减小导体本身的直径或调整导线方向使二者互相垂直来实现。

（2）屏蔽体对电容性耦合的作用

现在来考虑被干扰导体外有一管状屏蔽层时的电容性耦合，如图 3-12 所示。其中 C_{12} 表示导线 2 延伸到屏蔽层外的部分与导线 1 之间的电容，C_{1G} 表示导线 1 的对地电容，C_{2G} 表示导线 2 延伸到屏蔽层外的部分的对地电容，C_{1S} 表示导线 1 与屏蔽层之间的电容，C_{2S} 表示导线 2 与屏蔽层之间的电容，C_{SG} 表示屏蔽层与地之间的电容。

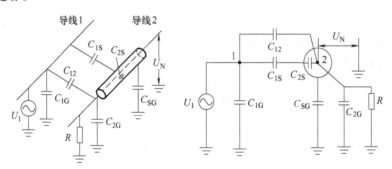

a) 含屏蔽层的电容耦合模型　　　　　　　b) 等效电路

图 3-12　被干扰导体带屏蔽层时的电容性耦合模型

首先考虑导线 2 悬空且完全屏蔽的情况，此时导线 2 的对地电阻 R 无穷大，C_{12}、C_{2G} 均为零，等效电路如图 3-13 所示。由图可知，此时屏蔽层上的噪声电压为

$$U_S = \frac{C_{1S}}{C_{1S}+C_{SG}}U_1 \tag{3-21}$$

由于没有耦合电流流过 C_{2S}，所以这种情况下导线 2 上的噪声电压为

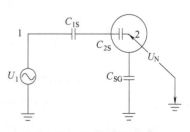

图 3-13　导线 2 悬空且完全屏蔽时的等效电路

$$U_N = U_S \tag{3-22}$$

也就是说，这时被干扰的导线虽然加了屏蔽，但是由于屏蔽层没有接地，屏蔽效果非常差。如果将屏蔽层接地，则 $U_S = 0$，进而 $U_N = 0$。另一方面，如果屏蔽十分理想的话，使导线 2 与导线 1 之间电容 C_{1S} 为零的话，导线 2 上的噪声电压 U_N 也将为零。

实际上，上述理想情况并不存在，因为芯线总是会有一部分暴露在屏蔽层之外。此时，C_{12}、C_{2G} 均需要考虑。

屏蔽层接地，且导线 2 对地电阻无穷大时的等效电路如图 3-14 所示。根据图 3-14 可以计算出导线 2 上的噪声电压为

$$U_N = \frac{C_{12}}{C_{12}+C_{2G}+C_{2S}}U_1 \tag{3-23}$$

C_{12} 的值取决于导线 2 延伸到屏蔽层外的那一部分的长度。良好的屏蔽必须满足两个条件：①被屏蔽导体延伸到屏蔽层外的长度最小；②提供屏蔽层的良好接地。如果导线或电缆的长度小于一个波长，单点接地就可以实现良好的屏蔽层接地。对于长电缆，多点接地是必需的。

进一步考虑导线 2 的对地电阻是有限值的情况，等效电路如图 3-15 所示。根据图 3-15 计算出导线 2 上的噪声电压为

$$U_N = \frac{j\omega R C_{12}}{1+j\omega R(C_{12}+C_{2G}+C_{2S})}U_1 \tag{3-24}$$

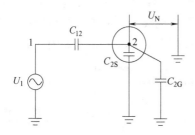

图 3-14　导线 2 悬空，屏蔽层不完全
屏蔽但接地时的等效电路

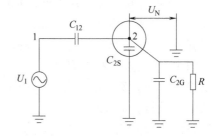

图 3-15　导线 2 对地电阻有限值，屏蔽层
不完全屏蔽但接地时的等效电路

当 $R \ll 1/[j\omega(C_{12}+C_{2G}+C_{2S})]$ 时，式（3-24）可以简化为

$$U_N \approx j\omega R C_{12} U_1 \tag{3-25}$$

该式与式（3-20）屏蔽层不接地时的情况完全相同，但是由于此时导线 2 被屏蔽，C_{12} 的值取决于导线 2 延伸到屏蔽层外的部分的长度，和之前相比已大大减小，进而降低了噪声电压 U_N。

3.1.2　公共阻抗耦合

当干扰源的输出回路与被干扰电路存在一个公共阻抗时，两者之间就会产生公

共阻抗耦合。干扰源的电磁噪声,将会通过公共阻抗耦合到被干扰电路而产生干扰。公共阻抗耦合主要包括公共地阻抗耦合和公共电源阻抗耦合。所谓"公共阻抗"常常不是人们故意接入的阻抗,而是由公共地线和公共电源线的引线电感所造成的阻抗和不同接地点间的地电位差造成的寄生耦合,这是讨论公共阻抗耦合的重要立足点。

1. 公共地阻抗耦合

最简单的公共地阻抗耦合的例子示于图3-16。图中,电路2为干扰源的相关电路,电路1为被干扰电路的敏感部分。电路2的噪声电流,将通过公共地阻抗耦合到电路1的输入端,而对电路1造成干扰。

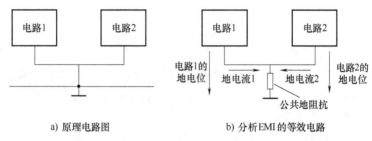

a) 原理电路图	b) 分析EMI的等效电路

图 3-16 公共地阻抗耦合示意图

一般地说,所谓公共地阻抗耦合,是指一台电子设备内部的印制板上的放大器或数字逻辑电路的信号回路,通过公共地线产生的耦合;或者两台以上的电子设备(系统)之间存在一段公共地线产生的耦合。视具体情况,该公共地线可能是信号地线,也可能是公共安全接地线,它们包括金属接地线,接地板,接地网以及把地线接到公共水管或暖气管道等。分析公共地阻抗耦合的等效电路图如图3-17所示。

图中,U_1 为干扰源的输出噪声电压,Z_{S1} 为干扰源的输出阻抗,Z_{L1} 为干扰源回路的负载阻抗,Z_{C1} 为干扰源回路的连接线阻抗,Z_{S2} 为被干扰电路的入端阻抗,Z_{L2} 为其负载阻抗,Z_{C2} 为被干扰电路连接线阻抗。Z_C 为两电路的公共地阻抗。从图 3-17 可见,干

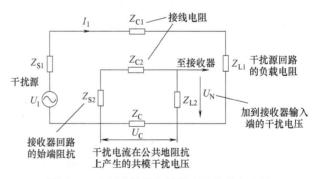

图 3-17 分析公共地阻抗耦合的等效电路图

扰源产生的噪声电压 U_1,在干扰源回路中产生驱动电流 I_1,在 Z_C 上建立一个公共阻抗耦合的噪声电压 U_C,从而在被干扰电路中造成干扰。由图可得

$$U_N = \frac{Z_{L2}}{Z_{S2} + Z_{C2} + Z_{L2}} U_C \tag{3-26}$$

和接收器阻抗相比，公共地阻抗 Z_C 通常很小，因此 U_C 可以看成 Z_C 和 Z_{S1}、Z_{C1}、Z_{L1} 串联后对噪声源电压 U_1 的分压，U_C 可以近似为

$$U_C \approx \frac{Z_C}{Z_{S1}+Z_{C1}+Z_{L1}+Z_C}U_1 \approx \frac{Z_C}{Z_{S1}+Z_{C1}+Z_{L1}}U_1 \tag{3-27}$$

由此得地阻抗耦合系数 GLC 为

$$\text{GLC} = \frac{U_N}{U_1} = \frac{Z_{L2}}{Z_{S2}+Z_{C2}+Z_{L2}} \cdot \frac{Z_C}{Z_{S1}+Z_{C1}+Z_{L1}} \tag{3-28}$$

在确定的回路中，Z_{S1}、Z_{L1}、Z_{S2}、Z_{L2} 都是已知的，而连接线的阻抗 Z_{C1}、Z_{C2} 可按本章 3.1.1 节中所介绍的方法计算求得。因此，只要知道公共地阻抗 Z_C，即可求出公共地阻抗的耦合系数。显然如果公共地阻抗是一段圆形导线或一条条形金属，其阻抗计算与 3.1.1 节所述相同。

印制板电路常用整块的铜箔作为参考地，一些测试和工业自动化系统，也常用整块金属板作为参考地。这时，地平面的阻抗应按下述方法进行计算：对图 3-18 所示的金属板，设 t 为金属板的厚度，W 和 l 分别为其宽度和长度。当频率较低时，t 小于趋肤深度，且两测量点间距离 $l < \lambda/20$（λ 为波长）时，该金属块的直流电阻为

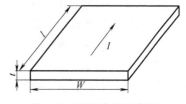

图 3-18 方形电阻示意图

$$R_{DC} = \frac{\rho l}{A} = \frac{\rho l}{tW} = \left(\frac{1}{\sigma t}\right)\left(\frac{1}{W}\right) \tag{3-29}$$

式中，σ 为金属材料的电导率。

若 t 的单位用 mm，定义直流方块电阻（单位为 Ω/方块）$R_{DC方} = 1/\sigma t$，即

$$R_{DC方} = \frac{1000}{\sigma t} = \frac{17.2}{\sigma_r t(mm)} \tag{3-30}$$

式中，σ_r 为相对于铜的电导率。

当频率较高，趋肤深度 δ 小于厚度 t 时，有效载流面积减小，方块电阻将随之变大，即交流方块电阻变为

$$R_{AC方} = R_{DC方} \cdot \frac{t}{\delta} \tag{3-31}$$

将 $\delta = 66/\sqrt{f\mu_r/\sigma_r}$ 代入，得

$$R_{AC方} = 0.26\sqrt{\frac{f\mu_r}{\sigma_r}} \tag{3-32}$$

根据式（3-30）及式（3-32），可计算出金属板的方块电阻值。显然，方块电阻值与长宽无关，是个能表征金属板阻抗的特征量，金属板总的电阻可以通过长宽比乘上方块电阻值得到。

2. 公共电源阻抗耦合

最简单的公共电源阻抗耦合的例子如图 3-19 所示。图中 1 和 2 可以是电路，

也可以是系统或装置；电源可以是公共直流供电电源，也可以是交流供电电源，公共阻抗 Z_{C1}、Z_{C2} 为供电母线的阻抗，如前所述它们通常为电感性的。显然电流 i_1 和 i_2 在公共阻抗 Z_{C1}、Z_{C2} 上产生的压降，将使电路 1 和电路 2 产生耦合。

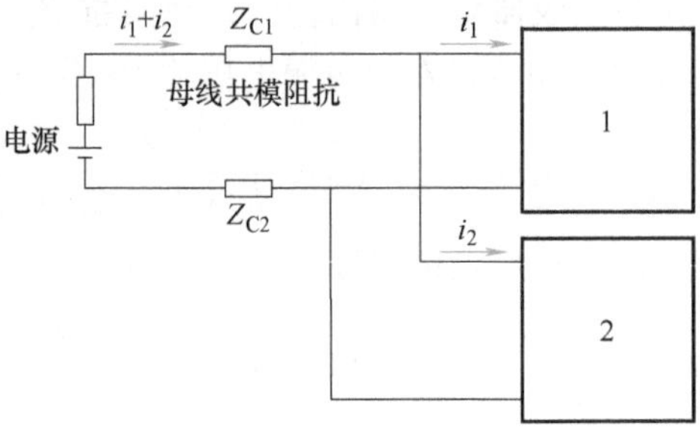

图 3-19　公共电源阻抗耦合示意图

3.1.3　转移阻抗耦合

当讨论同轴电缆的芯线与其屏蔽层的耦合问题时，用转移阻抗的方法常常是比较方便的，其实它的物理实质仍属电磁感应。

图 3-20 所示为一段同轴电缆，由于芯线和屏蔽层都是存在一定阻抗的金属，当芯线上流过电流时，屏蔽层中也会感应出电场和电流。假设芯线上电场为 E_{11}，流过的电流为 I_1，在屏蔽层感生的电场强度为 E_{22}，电流为 I_2。根据四端网络理论，我们可以定义如下四种阻抗：

图 3-20　同轴电缆转移阻抗示意图

$$Z_{12} = \frac{E_{22}}{I_1} \quad Z_{21} = \frac{E_{11}}{I_2}$$

$$Z_{11} = \frac{E_{11}}{I_1} \quad Z_{22} = \frac{E_{22}}{I_2} \tag{3-33}$$

式中，Z_{21} 及 Z_{12} 为转移阻抗，分别表征芯线电流对电缆屏蔽外层的影响以及电缆屏蔽外层电流对芯线的影响，显然 $Z_{12} = Z_{21}$；Z_{11} 表征芯线的阻抗；Z_{22} 表征电缆屏蔽层的阻抗。

因为趋肤效应的影响，频率越高或屏蔽层越厚，转移阻抗越小，即电缆屏蔽外层中的电场及电流对芯线的影响以及芯线中电场及电流对屏蔽外层的影响也越小。至于磁场耦合情况，由于磁场耦合会感生电流，这样，从转移阻抗就很容易求得感生的干扰电压。在实际应用中，由于电缆有各种形式，理论计算比较复杂且不准确，所以常常用实验方法测得。

3.2　辐射耦合

在前面一节讨论电容耦合、电感耦合及转移阻抗耦合问题时，实际上已经涉及静电场和感应电磁场的问题了，只不过是，那里我们是立足于等效集中参数的概念，运用等效电路分析的方法来讨论耦合问题的。当我们进一步深入地讨论这类问题时，应当从电磁场的概念来加以讨论，以利于深入地理解噪声耦合途径的物理概念，寻求最方便的分析方法和采取最有效的抑制对策。

3.2.1　直线电流元的电磁辐射

直线电流元是一根载流导线，它的长度和横向尺寸都比电磁波小得多。假设沿长度方向上流过均匀电流 I，由于导线长度比场中任意一点与直线电流元的距离小得多，可以认为由场中任意一点到导线上各点的距离是相等的。当电流 I 变化时，相应的在导线附近空间的电场与磁场也随之发生变化。该电、磁场变化在空间的传播即形成所谓电磁波。其示意图如图 3-21 所示。

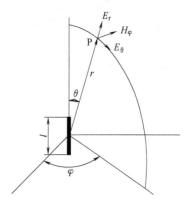

图 3-21　直线电流元辐射源

假设直线电流元上电流作余弦变化，即 $I = I_m \cos\omega t$。那么直线电流元在介电媒质中产生的电磁场亦是时间的余弦函数。通过解麦克斯韦方程组可以得到距直线电流元 r 处 P 点的电场、磁场强度为

$$
\begin{cases}
E_\theta = \dfrac{I_m l}{4\pi\omega\varepsilon} k^3 \sin\theta \left[-\dfrac{1}{kr}\sin(\omega t - kr) + \dfrac{1}{(kr)^2}\cos(\omega t - kr) + \dfrac{1}{(kr)^3}\sin(\omega t - kr) \right] \\[3mm]
E_r = \dfrac{I_m l}{2\pi\omega\varepsilon} k^3 \cos\theta \left[\dfrac{1}{(kr)^2}\cos(\omega t - kr) + \dfrac{1}{(kr)^3}\sin(\omega t - kr) \right] \\[3mm]
H_\varphi = \dfrac{I_m l}{4\pi} k^2 \sin\theta \left[-\dfrac{1}{kr}\sin(\omega t - kr) + \dfrac{1}{(kr)^2}\cos(\omega t - kr) \right]
\end{cases}
$$

$$(3\text{-}34)$$

式中，$I_m l$ 为直线电流元的电矩；r 为从直线电流元中心到场点的距离；k 为波数，有 $k = 2\pi/\lambda$。

在实际情况下，实际导线中流过的电流不可能每段相同，实际导线也不可能满足足够短的条件。因此，我们可以把一根实际导线看成是由若干直线元 l_1，l_2，…，l_n 的串联，在各段直线元中流过的电流可分别为 I_1，I_2，…，I_n，各段至 P 点的距离分别为 r_1，r_2，…，r_n，空间角分别为 θ_1，θ_2，…，θ_n，如图 3-22 所示。这样，P 点的场强就等于每小段直线元在该点产生场强的叠加，即

$$E_\theta = \sum_n E_{\theta_n}$$

$$E_r = \sum_n E_{r_n}$$

$$H_\varphi = \sum_n H_{\varphi_n} \qquad (3\text{-}35)$$

显然，上述直线段中电流在其
附近空间产生电磁场场强的计算式
（3-34）适用于各种距离，但是，在
实际应用中，往往按观测点至源的
不同距离进行下列近似处理：

1）$r \ll \lambda/2\pi$ 时，$kr \ll 1$，此时
的电磁场又称近场，直线电流元产
生的场分量主要取决于 $1/kr$ 的高次
项，即

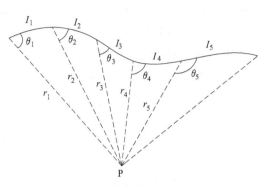

图 3-22　实际导线不均匀电流分段处理示意图

$$\begin{cases} E_\theta \approx \dfrac{I_m l}{4\pi\omega\varepsilon r^3}\sin\theta\sin\omega t \\[4mm] E_r \approx \dfrac{I_m l}{2\pi\omega\varepsilon r^3}\cos\theta\sin\omega t \\[4mm] H_\varphi \approx \dfrac{I_m l}{4\pi r^2}\sin\theta\cos\omega t \end{cases} \qquad (3\text{-}36)$$

由上述可见近场的特点为

$\theta=0$ 时，$E_\theta=H_\varphi=0$，只存在 E_r 分量；

$\theta=0$ 时，$E_r=0$，E_θ 项成为电磁场中的主要成分。近场又称准静态场，近场场
强与电流成正比，与频率成反比。

2）$r \gg \lambda/2\pi$ 时，$kr \gg 1$，此时的电磁场又称远场，直线电流元产生的场分量主
要取决于 $1/kr$ 的低次项，即

$$\begin{cases} E_\theta \approx -\dfrac{I_m l}{4\pi\omega\varepsilon r}k^2\sin\theta\sin(\omega t-kr) \\[4mm] E_r \approx \dfrac{I_m l}{2\pi\omega\varepsilon r^2}k\cos\theta\cos(\omega t-kr) \\[4mm] H_\varphi \approx -\dfrac{I_m l}{4\pi r}k\sin\theta\sin(\omega t-kr) \end{cases} \qquad (3\text{-}37)$$

由上式可见，远场或辐射场的特点为：频率越低，辐射效率越低；电流越小，
距离越远，辐射场强则越弱。在 $\theta=90°$ 方向，辐射强度最大。

从以上分析可见，在分析具体问题时，首先确定距源点 $\lambda/2\pi$ 处的位置是很重
要的。进而可采用近似分析把问题简化。例如，在分析电力电子电路及系统（装
置）时，大多数脉冲宽度调制（pulse width modulation，PWM）电路中采用的开关
频率在几十千赫兹到几百千赫兹的范围内，即使考虑到硬开关状态下的高次谐波，
其频率范围也在几百千赫兹到几兆赫兹的范围内，其对应的波长在 1000～100m 之

间，引入场的位置 r 在一百多米到几十米之间。因此，在电力电子系统中，我们碰到的问题将主要是近场问题，只有在有些特定情况下，才会碰到辐射场的问题。

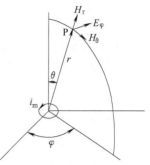

3.2.2 磁偶极子的电磁辐射

磁偶极子是另一类典型的辐射源，其结构是一个直径远小于波长的通电小圆环，如图 3-23 所示。与前面分析类似，不规则形状的环形电路，可分解成许多小圆环元的叠加。

假设小圆环上的电流 $i_m = I_m \cos\omega t$，圆环半径为 a，将圆环水平放置。解麦克斯韦方程组可以得到距磁偶

图 3-23 磁偶极子辐射源

极子 r 处 P 点的电场、磁场强度为

$$
\begin{cases}
H_\theta = \dfrac{I_m a^2}{4\pi}k^3\sin\theta\left[-\dfrac{1}{kr}\cos(\omega t - kr) - \dfrac{1}{(kr)^2}\sin(\omega t - kr) + \dfrac{1}{(kr)^3}\cos(\omega t - kr)\right] \\[3mm]
H_r = \dfrac{I_m a^2}{2}k^3\cos\theta\left[-\dfrac{1}{(kr)^2}\sin(\omega t - kr) + \dfrac{1}{(kr)^3}\cos(\omega t - kr)\right] \\[3mm]
E_\varphi = \dfrac{I_m a^2}{4\omega\varepsilon}k^4\sin\theta\left[-\dfrac{1}{kr}\cos(\omega t - kr) - \dfrac{1}{(kr)^2}\sin(\omega t - kr)\right]
\end{cases}
\tag{3-38}
$$

和直线电流元一样，磁偶极子也分两种情况讨论周围电磁场分量的表达式：

1）$r \ll \lambda/2\pi$ 时，$kr \ll 1$，磁偶极子产生的场分量主要取决于 $1/kr$ 的高次项，即

$$
\begin{cases}
H_\theta \approx \dfrac{I_m a^2}{4r^3}\sin\theta\cos\omega t \\[3mm]
H_r \approx \dfrac{I_m a^2}{2r^3}\cos\theta\cos\omega t \\[3mm]
E_\varphi \approx -\dfrac{I_m a^2}{4\omega\varepsilon r^2}k^2\sin\theta\sin\omega t
\end{cases}
\tag{3-39}
$$

2）$r \gg \lambda/2\pi$ 时，$kr \gg 1$，磁偶极子产生的场分量主要取决于 $1/kr$ 的低次项，即

$$
\begin{cases}
H_\theta \approx -\dfrac{I_m a^2}{4r}k^2\sin\theta\cos(\omega t - kr) \\[3mm]
H_r \approx -\dfrac{I_m a^2}{2r^2}k\cos\theta\sin(\omega t - kr) \\[3mm]
E_\varphi \approx -\dfrac{I_m a^2}{4\omega\varepsilon r}k^3\sin\theta\cos(\omega t - kr)
\end{cases}
\tag{3-40}
$$

3.2.3　近场区和远场区的特性

1. 近场区电磁场的特点

1）波阻抗。波阻抗是描述电磁辐射的重要基本概念之一，它对电磁波在传播过程中的反射与吸收关系十分密切。定义为场点的电场分量和磁场分量之比，即

$$\dot{Z}_{\text{W}} = \dot{E}/\dot{H} \tag{3-41}$$

直线电流元近场区的波阻抗由式（3-36）求得

$$\dot{Z}_{\text{W电}} = \dot{E}_{\theta}/\dot{H}_{\varphi} = 1/(j\omega\varepsilon_0 r) \tag{3-42}$$

磁偶极子近场区的波阻抗由式（3-39）求得

$$\dot{Z}_{\text{W磁}} = \dot{E}_{\varphi}/\dot{H}_{\theta} = j\omega\mu_0 r \tag{3-43}$$

另一种表示方法为

$$\dot{Z}_{\text{W电}} = 120\pi \frac{\lambda}{j2\pi r} = Z_0 \frac{\lambda}{j2\pi r} \tag{3-44}$$

$$\dot{Z}_{\text{W磁}} = 120\pi \frac{j2\pi r}{\lambda} = Z_0 \frac{j2\pi r}{\lambda} \tag{3-45}$$

其中，Z_0 为自由空间的特征阻抗

$$Z_0 = \sqrt{\frac{\mu_0}{\varepsilon_0}}$$

2）由波阻抗表达式可知，无论是直线电流元还是磁偶极子，它们在近场区的阻抗都是虚数，即近场区的电场和磁场相位总是相差 90°。其次，因为近场区 $r \ll \lambda/2\pi$，结合式（3-44）、式（3-45）可知，直线电流元的近场波阻抗远高于磁偶极子的波阻抗。将近场区的电场、磁场瞬态波形画出，如图 3-24 所示。由于电磁场相位差 90°，当 E 为最大值时，坡印廷矢量 $\vec{S} = \vec{E} \times \vec{H}$ 为零，即此处的能流密度为零；若 t_1 时刻的坡印廷矢量 S_1 为正向传送，则在 t_2 时刻的 S_2 就反向传送，表明电磁场能量在 r 方向作往返振荡。

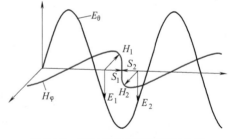

图 3-24　近场区中电磁场瞬时分布

3）近场区的电场和磁场方向处在以场源为中心的大曲率半径球面上。式（3-36）、式（3-39）表明：在直线电流元的近场区，感应电场强度按 $1/r^3$ 规律减小，磁场强度按 $1/r^2$ 规律减小；在磁偶极子的近场区刚好相反，感应磁场强度按 $1/r^3$ 规律减小，电场强度按 $1/r^2$ 规律减小。此外，场分布在 θ 方向的变化也很大。因此在近场区测量电磁干扰，数据对距离十分敏感，不但要分别记录各测点的电场强度和磁场强度，还应注明测量距离和测量天线的规格。在结构设计中，大部分设备内的布局属近场范围，有意识地利用空

间距离衰减，就可降低对屏蔽设计的要求。从电磁兼容性出发考虑布局，这是效/费比较高的一项措施。

理想的直线电流元和磁偶极子是不存在的。杆状天线及电子设备内部的一些高电压小电流元器件等场源，都可视作等效的直线电流元场源，其近场区的电磁场以容性高阻抗电场为主。环状天线和电子中一些低压大电流元器件及电感线圈等场源可视作等效的磁偶极子场源，其周围电磁场呈现感性低阻抗磁场的特征。这些对电磁兼容性故障诊断有指导意义。

2. 远场区电磁场的特点

从式（3-37）、式（3-40）可见，在远场区，沿传播方向的电磁场分量 E_r、H_r 很小可以忽略不计，只有与传播方向垂直的两个场分量 E_θ 和 H_φ，或 H_θ 和 E_φ。具

有这一特征的电磁波称为横电磁波（TEM），又称平面电磁波。图 3-25 为平面电磁波中电场和磁场的瞬时分布。

平面电磁波具有下列特性：

1）电磁波的两个场分量电场和磁场在空间互相垂直，且在同一平面上，在时间上也具有相同相位。

2）自由空间中电场和磁场的比值（波阻抗）为一常数，与场源的特性与距离无关，对于直线电流元，可由式（3-37）得到

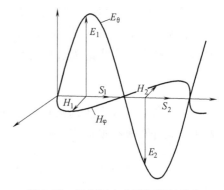

图 3-25　远场区中电磁场瞬时分布

$$Z_{\text{W电}} = E_\theta / H_\varphi = \sqrt{\mu_0/\varepsilon_0} = (120\pi)\,\Omega \approx 377\Omega \qquad (3-46)$$

对于磁偶极子，由式（3-40）得到

$$Z_{\text{W电}} = E_\varphi / H_\theta = (120\pi)\,\Omega \approx 377\Omega \qquad (3-47)$$

可见，远场区中直线电流元和磁偶极子的波阻抗是相同的。

3）平面波中电场的能量密度和磁场的能量密度相同，各为电磁场总能量的一半，即

$$W_e = \frac{\varepsilon E^2}{2} = \frac{\mu H^2}{2} = W_m \qquad (3-48)$$

式中，W_e 为平面波中电场的能量密度；W_m 为平面波中磁场的能量密度。

4）电场和磁场均与离开场源的距离成反比地减小。电磁兼容性测试中常用这种关系进行电磁发射限值的转换。例如，GB/T 9254.1—2021《信息技术设备、多媒体设备和接收机电磁兼容第 1 部分：发射要求》中规定，在 30～230MHz 频段、测试场地为开阔试验场或半电波暗室，B 级受试设备的 10m 准峰值限值为 30dBμV/m，当改用 3m 距离测量时，限值将增加到 40dBμV/m。

3.2.4 导线、迹线、电缆等结构的简单发射模型

在一个电力电子装置中常常存在许多产生无意发射的"天线",这些"天线"可以是导线、PCB 上的迹线和其他金属结构如机壳和外壳。这一节中我们将介绍一些远场辐射的简单模型,以便于读者更好地理解电流是如何产生并影响辐射的大小的。

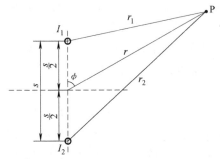

图 3-26 计算导线电流产生
的远场辐射的模型

考虑图 3-26 所示的由两条平行导线产生的辐射电场。导线中的电流垂直纸面方向流入或流出,其相量分别记为 $\vec{I}_1$、$\vec{I}_2$。P 为处于远场区中的测试点,P 点总的辐射场为两条导线分别产生的辐射场之和,即

$$\vec{E}_\theta = \vec{E}_{\theta,1} + \vec{E}_{\theta,2} \tag{3-49}$$

其中,每个天线产生的远场辐射 $\vec{E}_{\theta,i}$($i = 1$,2)可由式(3-37)得到。为便于表达,此处写成相量形式

$$\vec{E}_{\theta,i} = \vec{M}\,\vec{I}_i\,\frac{e^{-jkr_i}}{r_i}F(\theta) \tag{3-50}$$

式中,$\vec{M}$ 为天线类型的函数;$F(\theta)$ 为天线的方向图函数。对于直线电流元,有

$$\begin{cases} \vec{M} = j\dfrac{Z_0 kl}{4\pi} \\ F(\theta) = \sin\theta \end{cases} \tag{3-51}$$

而对于半波偶极子而言,这二者的值为

$$\begin{cases} \vec{M} = j\dfrac{Z_0}{2\pi} \\ F(\theta) = \dfrac{\cos\left(\dfrac{\pi}{2}\cos\theta\right)}{\sin\theta} \end{cases} \tag{3-52}$$

对于这些天线,考虑远场辐射振幅最大的情况。因为方向图函数 $F(\theta)$ 都在 $\theta = 90°$时取得最大值 1,将 $F(\theta) = 1$ 代入式(3-50),得到

$$\vec{E}_\theta = \vec{M}\left(\vec{I}_1\,\frac{e^{-jkr_1}}{r_1} + \vec{I}_2\,\frac{e^{-jkr_2}}{r_2}\right) \tag{3-53}$$

对于远场区,由图 3-26 可见,当测试点距离导线很远时,r_1、r、r_2 三者近乎平行,这时做如下近似

$$r_1 = r - \frac{s}{2}\cos\phi \tag{3-54}$$

$$r_2 = r + \frac{s}{2}\cos\phi \tag{3-55}$$

将式（3-54）、式（3-55）代入式（3-53）中的指数项，并令 $r_1 = r = r_2$，得

$$\vec{E}_\theta = \vec{M}\frac{e^{-jkr}}{r}(\vec{I}_1 e^{j\frac{s}{2}kcos\phi} + \vec{I}_2 e^{-j\frac{s}{2}kcos\phi}) \tag{3-56}$$

令 $I_1 = +I_D$、$I_2 = -I_D$，我们可以得到差模电流产生的远场辐射模型；令 $I_1 = I_2 = I_C$，我们可以得到共模电流产生的远场辐射模型。需要注意的是，以上推导是基于测试点（测试天线）位于远场区中这一假设进行的，而当测试点处于导线的近场区时，辐射模型会变得相当复杂，以上简化模型也将不再适用。

1. 差模电流辐射模型

为简化最终模型，我们把导线看成直线电流元。值得强调的是，为得到最终的辐射模型我们已经做了足够多的简化：①导线的长度 l 足够短，测试点足够远从而可以近似认为天线上的每个点到测量点之间的距离矢量是平行的；②导线上的电流分布（幅值和相位）沿导线是常数；③测试点位于天线的远场中。关于第 2 点假设，在大多数情况下是合理的，并且可适用于许多实际问题。例如，PCB 上一条 30cm 的迹线在 100MHz 时的电长度为 0.1λ，因此近似认为其上的电流分布是均匀的。对于一些短导线和 PCB 迹线，这一模型的适用范围可以延伸到更高频率。

在假设电流分布不变的条件下，把式（3-51）代入式（3-50），并令 $I_1 = +I_D$、$I_2 = -I_D$，可以得到差模电流远场辐射的表达式

$$\vec{E}_\theta = -\frac{Z_0 kl e^{-jkr}}{2\pi r}I_D\sin\left(\frac{skcos\phi}{2}\right) \tag{3-57}$$

式中，k 为波数；l 为导线长度；r 为测试点与导线间的距离；Z_0 为自由空间的特征阻抗。

$$Z_0 = \sqrt{\frac{\mu_0}{\varepsilon_0}} = 120\pi$$

若导线间距 s 足够小以至

$$\sin\left(\frac{skcos\phi}{2}\right) = \frac{skcos\phi}{2}$$

将一些常数代入，式（3-57）可以进一步简化为

$$\vec{E}_\theta = -\frac{4\pi^2}{3}\times10^{-15}\frac{f^2 l e^{-jkr}}{r}I_D scos\phi \tag{3-58}$$

从式（3-58）中可以看出，由差模电流引起的远场辐射在 $\phi = 0°$ 或 $180°$ 时取到最大值，而在 $\phi = \pm90°$ 时取得最小值，如图 3-27 所示。对于远场辐射的最大值，也常用下面的式子进行估算

$$\left|\vec{E}_{\theta,\max}\right| = 1.316\times10^{-14}\frac{f^2 I_{\mathrm{D}} ls}{r} \tag{3-59}$$

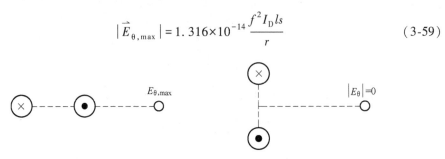

图 3-27　差模电流引起的远场辐射在不同 ϕ 角时的情况

接下来说明如何使用式（3-59）估算远场区辐射频谱。以梯形波驱动的双导线（例如时钟信号和数据信号）为例，如图 3-28 所示。

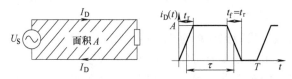

图 3-28　由梯形波差模电流产生远场辐射分析

从式（3-59）可以看出，测试点处辐射电场的最大值与电流大小相关联的传递函数随环路面积 $A = ls$ 和频率的平方而变化

$$\left|\frac{\vec{E}_{\theta,\max}}{I_{\mathrm{D}}}\right| = Kf^2 A \tag{3-60}$$

对于辐射测试中常见的 3 米法，$K = 1.316\times10^{-14}/r = 4.39\times10^{-15}$。因此，该传递函数的频率响应为斜率+40dB/dec 的曲线。将传递函数与差模电流的频谱相乘就可以得到测试点处电场场强的频谱，频谱包络如图 3-29 所示。

从式（3-59）出发，可以很容易地得出应对因差模电流引起的远场辐射超标的整改方法：①降低频率；②减小导线电流；③减小环路面积。受制于各种因素，前两种方法在大多数情况下并不实用。方法③的一个典型例子是带状电缆，如图 3-30 所示。通过合理配置引脚可以使差模电流引起的远场辐射减小 3dB 甚至 10dB，这对于设计者来说是减小辐射发射的"无成本"方法。

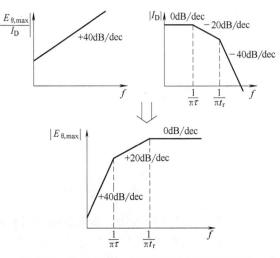

图 3-29　差模梯形波电流引起的远场辐射频谱

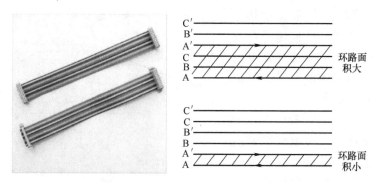

图 3-30　带状电缆中合理配置管脚使环路面积最小

2. 共模电流辐射模型

和差模电流辐射模型的推导类似，令 $I_1 = I_2 = I_C$，可以很容易地得到共模电流产生的远场辐射模型

$$\vec{E}_\theta = \mathrm{j}\frac{Z_0 kle^{-\mathrm{j}kr}}{2\pi r} I_C \cos\left(\frac{sk\cos\phi}{2}\right) \tag{3-61}$$

当导线间距 s 足够小时

$$\cos\left(\frac{sk\cos\phi}{2}\right) \approx 1$$

再将常数代入，最后可以得到共模电流远场辐射的模

$$|\vec{E}_\theta| = \frac{Z_0 klI_C}{2\pi r} = 1.257 \times 10^{-6} \frac{flI_C}{r} \tag{3-62}$$

式（3-62）的推导同样用到了"导线间距足够小"这一假设。需要说明的是，采用这一假设多数情况下是十分合理的，拿前面提到过的 PCB 上的迹线为例，100MHz 波的波长 $\lambda = 3\mathrm{m}$，$\lambda/20 = 15\mathrm{cm}$，PCB 上相邻两条迹线的距离通常小于这个值。因此，对于大多数情况，共模电流在与导线垂直平面上的远场辐射可以认为是全向性的。

同样考虑由梯形波驱动的双导线的情况。这里为了简化讨论，认为共模电流具有上个例子中相同的波形，如图 3-31 所示。

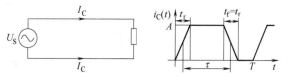

从式（3-62）可以看出，测试点处辐射电场与电流大小相关联的传递函数只随着导线长度 l 和频率 f 变化：

图 3-31　由梯形波共模电流产生远场辐射分析

$$\left|\frac{\vec{E}_\theta}{I_C}\right| = Kfl \tag{3-63}$$

对于 3 米法，$K = 1.257 \times 10^{-6}/r = 4.19 \times 10^{-7}$。该传递函数的频率响应为斜率 +

20dB/dec 的曲线。将传递函数与共模电流的频谱相乘就可以得到测试点处电场场强的频谱，频谱包络如图 3-32 所示。

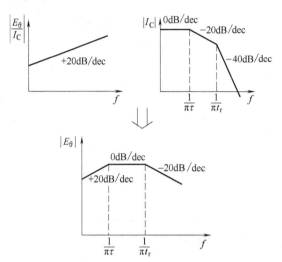

根据式（3-62），我们也很容易地得到应对因共模电流引起的远场辐射超标的整改方法：①降低频率；②减小共模电流；③减小导线（迹线）长度。方法②可以通过增加共模电感的方式实现，而导线（迹线）的长度通常由对整个系统的综合考虑来确定，在某些情况下很难再减小，这也从侧面反映出电子系统中合理的布局布线对 EMC 设计的重要性。

图 3-32　共模梯形波电流引起的远场辐射频谱

3.2.5　导线、迹线、电缆等结构的耦合模型

对于一个要投入市场的电子产品来说，符合辐射发射规定的限值是绝对必要的。然而，如前所述，从 EMC 的角度来说，只是符合发射规定的限制并不能代表完整的产品设计，如果一个产品对外部干扰很敏感（例如无线电、静电放电等），那么其可靠性也将受到人们的质疑。本节介绍一种基于传输线理论的导线、迹线、电缆等类似结构的耦合模型，将有助于读者对由辐射干扰源在导线上耦合产生的干扰电压进行快速估算，从而更好地理解辐射噪声是如何产生并传播的。

为了简化分析，考虑如图 3-33 所示的有均匀平面波入射的长为 l 的平行传输线。传输线的间距为 S，负载阻抗分别为 R_S 和 R_L。将两条导线放置于 xy 平面上，R_S 位于 $x = 0$ 处，R_L 位于 $x = L$ 处，且传输线均平行于 x 轴。我们想知道的是：在已知均匀平面波的入射电场幅度、极化方式和波的传播方向的条件下，如何快速地预测负载端电压 U_S 和 U_L。

考虑入射电场分量沿 y 轴正向，入射磁场沿 $-z$ 方向时的情况，如图 3-34 所示。由所学的电磁学知识可以得到传输线的分布参数 l 和 c，分别为

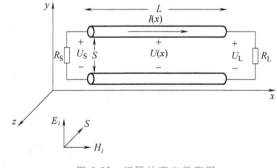

图 3-33　问题的定义示意图

$$l = \frac{\mu_0}{\pi} \ln\left(\frac{S}{r_w}\right) \qquad (3\text{-}64)$$

$$c = \frac{\pi \varepsilon_0 \varepsilon_r}{\ln\left(\dfrac{S}{r_w}\right)} \qquad (3\text{-}65)$$

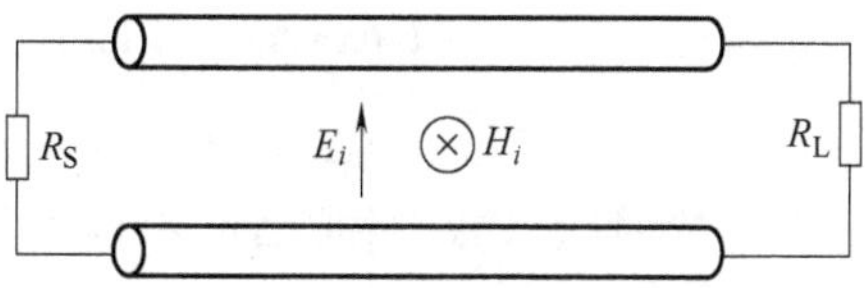

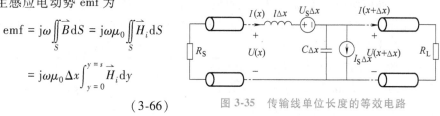

图 3-34 入射电场分量沿 y 轴正向，入射磁场沿 $-z$ 方向时的情况

式中，r_w 为传输线的导线半径，ε_r 为介质的相对磁导率（一般为空气）。

长度为 Δx 的一段传输线的模型如图 3-35 所示，其中，感应电源 $\vec{U}_S$ 和 $\vec{I}_S$ 是由入射波产生的。首先考虑磁场分量 $\vec{H}_i$。根据法拉第定律，这个分量会在环形区域中产生感应电动势 emf 为

$$\begin{aligned} \mathrm{emf} &= \mathrm{j}\omega \iint_S \vec{B}\mathrm{d}S = \mathrm{j}\omega\mu_0 \iint_S \vec{H}_i \mathrm{d}S \\ &= \mathrm{j}\omega\mu_0 \Delta x \int_{y=0}^{y=s} \vec{H}_i \mathrm{d}y \end{aligned}$$

$$(3\text{-}66)$$

图 3-35 传输线单位长度的等效电路

这一结果可以用一感应电压源替代。上式的左右同时除以一个 Δx 可以得到单位长度的电压源为

$$\vec{U}_S(x) = \mathrm{j}\omega\mu_0 \int_{y=0}^{y=s} \vec{H}_i \mathrm{d}y \qquad (3\text{-}67)$$

入射电场在传输线间产生的电压很容易得到为

$$\int_{y=0}^{y=s} \vec{E}_i \mathrm{d}y$$

其与单位长度的传输线间电容串联，电容的阻抗为 $1/\mathrm{j}\omega C$。将该电路转换为诺顿等效电路，将得到如图 3-36 所示的与电容并联的电流源

$$\vec{I}_S(x) = \mathrm{j}\omega C \int_{y=0}^{y=s} \vec{E}_i \mathrm{d}y \qquad (3\text{-}68)$$

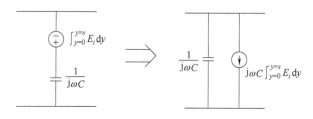

图 3-36 并联电流源的导出

根据图 3-35 所示的传输线单位长度等效电路可以导出与电压 $\vec{U}(x)$、电流 $\vec{I}(x)$ 相关的传输线方程

$$\vec{U}(x+\Delta x) - \vec{U}(x) = -\mathrm{j}\omega l \Delta x \vec{I}(x) - \vec{U}_S(x)\Delta x \tag{3-69}$$

$$\vec{I}(x+\Delta x) - \vec{I}(x) = -\mathrm{j}\omega C \Delta x \vec{U}(x+\Delta x) - \vec{I}_S(x)\Delta x \tag{3-70}$$

两边同时除以 Δx 并取 $\Delta x \to 0$ 时的极限，得到

$$\frac{\mathrm{d}\vec{U}(x)}{\mathrm{d}x} + \mathrm{j}\omega l\vec{I}(x) = -\vec{U}_S(x) = -\mathrm{j}\omega\mu_0\int_{y=0}^{y=s}\vec{H}_i\mathrm{d}y \tag{3-71}$$

$$\frac{\mathrm{d}\vec{I}(x)}{\mathrm{d}x} + \mathrm{j}\omega C\vec{U}(x) = -\vec{I}_S(x) = -\mathrm{j}\omega C\int_{y=0}^{y=s}\vec{E}_i\mathrm{d}y \tag{3-72}$$

方程的求解在许多文献中已有十分详尽的论述。但在许多情况下，精确解求解起来费时费力，我们更关心的是方程的近似解。

在许多如前所述，传输线的电长度在我们关心的频段上通常是非常短的，即 $L \ll \lambda_0$。出于简化计算的考虑，可以考虑采用如图 3-35 所示的部分传输线形式来代替整个传输线并用 L 来代替 Δx。更进一步地，可以忽略分布参数带来的影响（L 和 C），这一简化在传输线终端非短路或开路的情况下是完全可以接受的。最终，我们可以得到在这种电磁波入射条件下的等效简化短路，如图 3-37 所示。利用叠加原理可以很容易地计算出感应的终端电压。

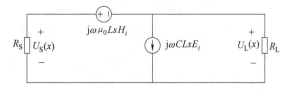

图 3-37　入射电场分量沿 y 轴正向，入射磁场沿 $-z$ 方向时的简化集总参数等效电路

$$\vec{U}_S = \frac{R_S}{R_S+R_L}\mathrm{j}\omega\mu_0 Ls\vec{H}_i - \frac{R_SR_L}{R_S+R_L}\mathrm{j}\omega CLs\vec{E}_i \tag{3-73}$$

$$\vec{U}_L = -\frac{R_L}{R_S+R_L}\mathrm{j}\omega\mu_0 Ls\vec{H}_i - \frac{R_SR_L}{R_S+R_L}\mathrm{j}\omega CLs\vec{E}_i \tag{3-74}$$

这一辐射耦合模型除了给出感应干扰电压的估计值，还给出了对电磁波耦合到传输线的进一步理解：两个感应源分别由垂直传输线环路的入射磁场分量和与传输线相切的入射电场分量产生。如果某个场分量为零，那么相应的感应源将不存在。表 3-3 给出了几种不同电磁波入射方式在传输线中感应出噪声电压、电流的模型。

表 3-3　电磁波以不同入射方式耦合在传输线上的等效简化模型

电磁波入射方式	等效简化模型
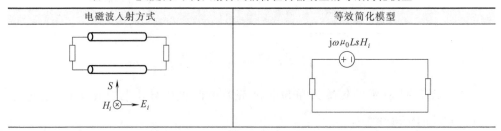	

（续）

电磁波入射方式	等效简化模型
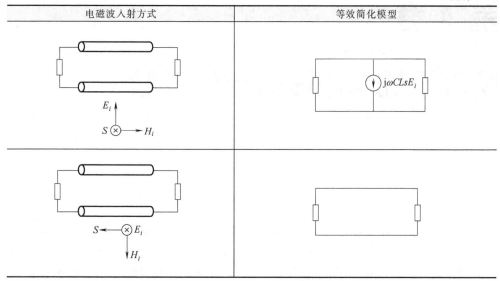	

过去应用这一模型的一个例子是关于 ESD 测试。其中一个测试包括将产品放置在金属桌上，利用 ESD 枪对金属桌子放电，如图 3-38 所示。这将产生沿桌面传播的电磁波，并在产品中感应出噪声，可能导致产品的误动作。

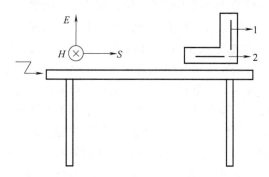

图 3-38　应用耦合模型设计能承受静电放电脉冲场的电子产品举例

由于 ESD 桌上有一块金属板，边界条件要求桌子表面由瞬态放电产生的电场分量垂直于桌面，进一步根据右手定则可以得到磁场分量的方向。当产品中的电路板安装在背面（位置 1）时，电场分量将在 PCB 迹线组成的回路中感应出噪声电压，进而造成干扰；而将电路板安装在产品底部（位置 2）时，两种感应源都为零，电路中将不会因辐射耦合感应出任何噪声电压，从而有效避免了误动作。

第4章

瞬态干扰与电磁敏感性试验

4.1 瞬态干扰

瞬态干扰是指由于雷击浪涌（surge）、电快速瞬变脉冲群（EFT）、直接静电放电（ESD）、电磁脉冲（EMP）以及电路中电感负载或大型负载的通断等原因产生的瞬时过电压或过电流干扰信号。其特点是：作用时间极短（最短可达到几纳秒），电压幅度高，瞬态能量大。

随着空间电磁环境越来越复杂，各种瞬态干扰信号越来越多，同时伴随电力电子技术在不断发展，印制电路板（PCB）集成度和工作频率不断提高，而工作电压却逐渐降低，因而对瞬态干扰的敏感性和易损性也不断增加，比较小的瞬态干扰就可能造成误码、记忆信息丢失甚至电子元器件失效。当瞬态过电压与原有输入电压叠加后超过系统内部电路或器件的极限值时，就可能会烧毁电子元器件，对PCB造成硬损伤，主要表现为半导体电力电子器件的短路、开路、PN结击穿、氧化层击穿等现象，还可能形成累积效应，使电路的可靠性降低，埋下潜在的危害。

在电力电子装置中，瞬态过电压会使电力电子开关器件数字控制电路输出端逻辑值改变，从而产生误动作或引起下级电路的逻辑功能紊乱。静电放电和电快速瞬变脉冲群对数字电路的危害更强于对模拟电路的影响，静电放电在 5~200MHz 的频率范围内能产生强烈的射频辐射，此辐射能量的峰值经常在 35~45MHz 之间发生自激振荡。许多 I/O 电缆的谐振频率也通常在这个频率范围内，从而导致瞬态干扰辐射发射的能量通过电缆和机壳线路耦合到设备内部的数字控制电路上。当电缆暴露在 4~8kV 静电放电环境中时，I/O 电缆终端负载上可以测量到的感应电压可达到 600V，这个电压远远超出了典型电气控制数字器件的门限电压值 0.4V。因此，瞬态干扰抑制是电力电子 PCB 设计的核心问题，PCB 的设计质量对抗瞬态干扰能力影响很大，它不仅直接影响电气产品的可靠性，还关系到产品的稳定性。在进行电力电子 PCB 设计时绝不单是对元器件用导线连通的简单布局，设计者除了要为电路中的元器件提供准确无误的电气连接外，还要遵守 PCB 设计的一般原则，充分考虑 PCB 的抗瞬态干扰性。而最有效的瞬态干扰抑制措施是分流，利用干扰抑制器件组成的抑制电路能够将瞬态过压在非常短的时间内与大地短接，使干扰能量旁路到地，达到消除瞬态过电压、过电流的目的，避免了瞬态干扰信号对 PCB 造成"硬损伤"。

汽车电气系统中有很多瞬态浪涌干扰，直接影响甚至损坏汽车内部的电力电子设备。比如电源线上面的瞬态浪涌主要来源于电感的能量释放，电感可能是来源于感性的负载、线路杂散电感等。对于这些常见的浪涌，汽车电气工程师在实践中逐渐总结出几种比较有代表性的浪涌波形，形成了一整套汽车瞬态噪声测试和验证的标准。

在电力领域内，变电站是一个电磁环境非常复杂的系统。正常运行时，变电站空间中存在强工频电磁场。当发生开关操作、系统故障或雷击时，空间会有强瞬态电磁场产生。强工频与强瞬态电磁场对变电站保护与控制设备产生干扰，同时保护与控制设备之间还存在相互串扰。随着电力系统自动化程度的不断提高以及保护设备的下放，变电站保护与控制设备的电磁兼容问题越来越受到重视。既要求保护与控制设备对系统进行正常控制，同时又要求不能被外来的干扰所影响。电力系统中的开关操作、电力系统故障和雷击是变电站中三大主要干扰，它们一方面通过电压互感器（PT）或电流互感器（CT）以传导的形式对二次控制与保护设备产生干扰，另一方面在空间产生强瞬态电磁场，并以电磁辐射的形式对保护与控制电缆的终端产生干扰。随着电力系统向特高压、大容量和紧凑型方向的发展，电力系统的电磁干扰现象将越来越严重。而保护与控制设备工作在弱电条件下，集成度在不断地提高，并且正在向小型化方向发展。电力系统运行过程中，经常要进行开关操作，因此开关操作产生的空间电磁场是变电站中最为常见的一种电磁干扰。目前电力系统中瞬态干扰主要的干扰源有以下几点：

1）自然骚扰现象引起的电磁暂态现象如：雷击、静电放电、地磁干扰和核电磁脉冲（HEMP）等。这些干扰具有不可预见性和破坏性，持续时间比较短，幅值比较大。

2）高压开关操作引起的瞬态干扰。当操作高压隔离开关或断路器切断高压母线或线路时，开关断口之间将会不断出现电弧的重燃和熄灭现象，从而产生瞬态电磁干扰。经过分析从 500kV 变电站现场开关操作产生的瞬态电场的测量结果可知：变电站瞬态电场的最大值为 19kV/m，现场测到的瞬态电场单个脉冲上升沿最小达到 80ns。

3）电力系统运行时，电容器组的投切或空载变压器及电抗器的投切等都会产生瞬态干扰。它们会通过 CT、CVT、PT 耦合到二次回路，使二次回路中出现暂态过电压。通过对 500kV 变电站现场实测到的 CT、CVT 二次侧的瞬态电压、电流的波形可知它们的频谱范围达到了 80MHz，幅值高达几千伏。

4）接地系统中的短路电流引起的地电位升高。当系统发生接地短路故障时，故障电流流入大地，引起接地点和邻近点地电位升高。造成接地系统中不同点之间产生电位差，在二次回路中引起共模干扰电压，其幅值可达上万伏。

5）高压输电系统绝缘击穿、闪烙以及电晕放电也会产生高频暂态干扰。

电磁敏感性试验是电磁兼容测试中重要的一部分内容，关系到电子产品系统能否在环境中正常工作，能否实现产品的功能，能否正常使用。电磁敏感性试验是衡量电子产品可靠性的重要指标，由于其不可琢磨，受测试设备布局、环境影响较大，被称为"黑匣子"，但是从电磁抗干扰测试的本质出发，利用电磁兼容原理解决相关问题，还是有迹可循的。

电磁敏感性试验主要包括浪涌抗扰度测试、电快速瞬变脉冲群抗扰度测试、静电放电抗扰度测试、振铃波抗扰度测试、射频场感应的传导骚扰抗扰度测试、交流电源谐波抗扰度测试、电压暂降短时中断和电压变化抗扰度测试、射频电磁场辐射抗扰度测试、工频磁场抗扰度测试、脉冲磁场抗扰度测试等多项测试。电磁兼容抗扰度测试对被测设备的布局、测试方法都有明确的要求，因为设备的布置会影响测试结果，为了实现测试结果的可重复性，标准中对设备布置、测试方法都进行了规定。本章将主要介绍浪涌抗扰度测试、电快速瞬变脉冲群抗扰度测试、静电放电抗扰度测试、雷击防护，通过测试整改技巧的总结，说明处理相关 EMC 问题的常用方法，使读者潜移默化地了解电磁兼容测试技术。

4.2 浪涌

4.2.1 浪涌的产生和危害

浪涌也叫突波，顾名思义就是超出正常工作电压的瞬间过电压。本质上讲，浪涌是发生在几十微秒时间内的一种剧烈脉冲。浪涌的特点是时间很短（雷电造成的过电压往往在微秒级，电设备造成的过电压往往在毫秒级），但是瞬时的电压和电流极大，极有可能对用电设备和电缆造成危害。可能引起浪涌的原因有：重型设备、短路、电源、切换或大型发动机。举个例子，一个载流的触点开关在断开或闭合的瞬间，两个触头之间可能会发生短时间的电击穿现象，辉光放电和弧光放电，这些由电击穿引起的放电过程，会产生短时间的高频辐射和在线路中引起电流和电压的浪涌，这些浪涌电流和电压又可能干扰其他电路。因此，必须采用相应的措施对开关进行防护，既保护开关触头，又抑制由于浪涌和触头间放电造成的传导、辐射噪声，而含有浪涌阻绝装置的产品可以有效地吸收突发的巨大能量，以保护连接设备免于受损。

浪涌是一种瞬变干扰，在某种特定条件下，在电网上造成瞬间电压超出额定正常电压的范围，通常这个瞬变不会持续太长的时间，但有可能幅度相当高。有可能是在仅仅的百万分之一秒内的瞬间突高，比如打雷、断开电感负载、接通大型负载的一瞬间都会对电网产生很大的冲击。在大多数情况下，如果连接在电网上的设备或电路没有浪涌保护措施，很容易导致器件损坏，损坏的程度会跟器件的耐压等级有关系。供电系统浪涌产生的原因分为外部和内部两种。外部原因主要是雷电引发电涌过电压。在雷击放电时，以雷击为中心 1.5~2km 范围内，都可能产生危险的过电压。雷击引起电涌的特点是单相脉冲型，能量巨大。外部电涌的电压在几微秒内可从几百伏快速升高至 20kV，可以传输相当长的距离，按 ANSI/IEEE C62.41-1991 说明，瞬间电压可高达 20kV，瞬间电流可达 10kA。以配电系统为参照物，根据统计，系统外的浪涌大约占 20%，主要来自于雷电和其他系统的冲击；系统内的浪涌大约占 80%，主要来自于电气设备起停和故障等，比如，在电力系统内部，由于断路器的操作、负荷的投入和切除或系统故障等系统内部的状态变化，而使系统参数发生变化，从而引起的电力内部电磁能量转换或传输过渡过程，将在系统内部出现过电压。

电气系统间接雷击和内部浪涌发生的概率较高，绝大部分的用电设备损坏与其有关，所以防浪涌的重点是对这部分浪涌能量的吸收和抑制。系统外的浪涌是一种脉冲性的浪涌，它的特点是瞬间峰值很高，在几微秒内可以从几百伏上升到 20kV。根据这种现象，一般采用了门限抑制网络技术，把在正弦波峰值电压上固定值以外的浪涌抑制掉，这是有效的保护电气设备的广泛方案，对系统外部产生的高能量脉冲型浪涌特别有效。系统内部的浪涌是一种振荡性的浪涌，这种浪涌的特点是浪涌在几微秒至几毫秒内从几百伏上升到 6kV。根据这种特点，通常采用主动跟踪网络技术，电涌抑制包络随着正弦波的变化而变化，可以快速探测电涌并将它限定在正弦波包络的范围内，对内部产生的振荡型电涌最为有效。浪涌出现时，电压电流的幅值通常在正常值的两倍以上，由于输入滤波电容迅速充电，所以该峰值电流远远大于稳态输入电流。电源应该限制在 AC 开关、整流桥、熔丝、EMI 滤波器件能承受的浪涌水平。

浪涌的危害主要分成两种：灾难性的危害和积累性的危害。

（1）灾难性危害

灾难性危害就是一个电涌电压超过设备的承受能力，则这个设备完全被破坏或寿命大大降低。比如，电机通常的绝缘电压比正常工作电压的 2 倍高 1kV 左右，故 220V 电机的绝缘电压一般为 1.5kV。电涌不断地冲击电机的绝缘层，会导致绝缘层被击穿。

（2）积累性危害

积累性危害则是类似多个小电涌累积效应造成半导体器件性能的衰退、设备引发故障和寿命的缩短，最后导致停产或是生产力的下降。

浪涌在生活中的危害主要表现有：在正常工作情况下由于电压波动，机器设备会自动停止或起动；用电设备中有空调、压缩机、电梯、泵或电机的控制系统经常出现无理由复位；电气设备由于故障、复位或电压问题而缩短使用寿命，电机经常要更换或重绕。同时，浪涌对敏感电力电子设备危害巨大，会破坏电压击穿半导体器件、元器件金属化表层、印制电路板印制线路或接触点、三端双向晶闸管/晶闸管；也会生成干扰锁死、晶闸管或三端双向晶闸管失控，导致数据文件部分破坏、数据处理程序出错、接收、传输数据的错误和失败；更加严重的是使零部件提前老化、电器寿命大大缩短、输出音质、画面质量下降。

4.2.2　浪涌抗扰性试验

浪涌属于高频瞬态骚扰。浪涌抗扰度主要分为浪涌电压抗扰度试验和浪涌电流抗扰度试验，浪涌抗扰度是模拟雷击带来的严重干扰。在工业过程中测量和控制装置的浪涌抗扰度试验是模拟设备在不同环境和安装条件下可能受到的雷击或开关切换过程中所产生的浪涌电压与电流。浪涌抗扰度试验为评定设备的电源线、输入/输出线以及通信线的抗干扰能力提供依据。常见的瞬态干扰包括电快速瞬变脉冲群、雷击浪涌和静电放电等产生的电磁干扰。雷击瞬态是由间接雷击引起的（设备通常不会直接遭受直接雷击），如：①雷电击中外部线路，有大量的电流流入外部或接地电阻，因而产生干扰电压；②间接雷击（如云层间或云层内的雷击）在外部线路或内部线路上感应电压或电流；③雷电击中线路邻近的物体，在其周围建立电磁场，使外部线路感应出电压；④雷电击中附近地面，地电流通过公共的接地系统引起干扰。开关式瞬时变化主要是由于电源系统的开关、短路或谐振电路引起的，如：①主电源系统切换（如电容器组切换）时的干扰；②同一电网，在靠近设备附近有一些较小开关跳动对设备形成的干扰；③切换伴有谐振线路的晶闸管设备；④各种系统的故障，如接地短路。

其中，浪涌抗扰性试验测试非常重要，产品浪涌抗扰度试验的目的是检验产品承受各种电磁强干扰的能力，其性能判据可分为四级：

A 级：产品工作完全正常。

B 级：产品功能或指标出现非期望偏离，但当电磁干扰去除后，可自行恢复。

C 级：产品功能或指标出现非期望偏离，电磁干扰去除后，不能自行恢复，必须依靠操作人员的介入，方可恢复，但不包括硬件维修和软件重装。

D 级：产品元器件损坏，数据丢失，软件故障等。

浪涌抗扰度试验的国家标准为 GB/T 17626.5（等同采用 IEC 61000-4-5）。浪涌抗扰度试验端口为电源线以及信号（控制）电缆，如图 4-1 所示。

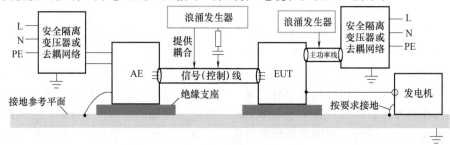

图 4-1　浪涌抗扰性试验布局图

浪涌抗扰度试验用于评定设备的各种电缆在遭受浪涌干扰时设备的抗干扰能力。根据受试端口类型的不同，标准规定了两种类型的组合波发生器：一种是用于对称通信线端口测试的组合波发生器；另一种是用于电源线和短距离信号互连线端口测试的组合波发生器。组合波发生器是指发生器能够在输出端短路情况下产生符合标准规定的短路电流波形，同时能够在输出端开路情况下产生符合标准规定的开路电压波形。就常见的电源线或短距离信号线端口浪涌测试而言，标准要求组合波发生器应产生 1.2/50μs 的开路电压波形（见图 4-2），波前时间：$T_1 = 1.67T = 1.2 \times (1\pm30\%)\mu s$，半峰值时间：$T_2 = 50 \times (1\pm20\%)\mu s$；和 8/20μs 的短路电流波形（见图 4-3），波前时间：$T_1 = 1.25T = 8 \times (1\pm20\%)\mu s$，半峰值时间：$T_2 = 20(1\pm20\%)\mu s$。

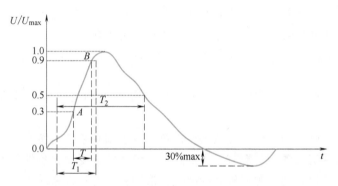

图 4-2 未接 CDN 时发生器输出端的开路电压波形

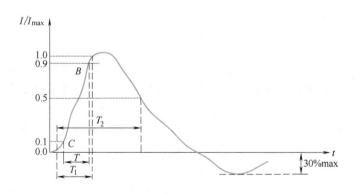

图 4-3 未接 CDN 时发生器输出端短路电流波形

同 EFT 抗扰度测试类似，浪涌抗扰度测试也需要通过不同的耦合/去耦器来将浪涌施加到电源线和信号线上。施加的方式可以是共模形式（线地间）或差模形式（线线间）。一般开路试验电压有 0.5kV、1kV、2kV 和 4kV，对应的短路电流分别为 0.25kA、0.5kA、1kA 和 2kA。

电网的开关操作和附近的雷电冲击都会在交流电源上发生浪涌现象。不同设备对浪涌的敏感度不同，因而需要采用相应的测试方法和不同的测试等级，表 4-1 为试验等级。

表 4-1　试验等级

等级	开路试验电压（±10%）/kV	等级	开路试验电压（±10%）/kV
1	0.5	4	4.0
2	1.0	5	待定
3	2.0		

目前在实际运用中，等级的选择如下：

➢ 0 类：保护良好的电气环境，一般是在一间专业房间内。

➢ 1 类：有部分保护的电气环境。

➢ 2 类：电缆隔离良好，甚至短的走线也隔离良好的电气环境。

➢ 3 类：电源电缆和信号电缆平行铺设的电气环境。

➢ 4 类：互连线作为户外电缆沿电源电缆铺设并且这些电缆作为电子和电气线路的电气环境。

➢ 5 类：在非人口稠密区的电子设备与通信电缆和架空电力线路连接的电气环境。

高能量的过电压与过电流导致器件击穿，设备损坏程度与源和受试设备的相对阻抗有关。当受试设备相对源有较高的阻抗，浪涌将在受试设备端子上产生一个电压脉冲；当受试设备相对源有较低的阻抗，浪涌将在受试设备端子上产生一个电流脉冲。

4.2.3　浪涌防护

1. 浪涌保护器件

浪涌噪声抑制器件的基本参数有以下几个：①脉冲击穿电压。当瞬变电压超过此值时，器件即击穿，呈现极低的阻抗。②箝位电压。当器件瞬时击穿后，电位将被箝制在一定的保护电平，该箝位电压一般低于击穿电压。③最大过冲电压。当瞬变电压超过保护电平后，会产生瞬态过冲电压。最大电涌电压表示保护器件可承受的最高脉冲电压。④最大电涌电流。指器件能承受的最大放电电流，它表示器件所具有的最大分流能力。⑤响应时间。指电压超过保护电平至器件开始动作的时间。⑥最小电容。指器件固有的杂散电容。⑦最大绝缘阻抗。指器件未起作用前的绝缘电阻。⑧工作的极性。指器件单极或双极工作的能力。⑨工作温度范围。指对环境温度的要求。⑩工作寿命。在一定电流工作条件下可靠工作次数。

比较常见的瞬态噪声浪涌抑制器件有以下几种：

（1）电火花隙保护器件

电火花隙保护器件，有真空和空气两类，其基本结构均由两个金属电极组成，当两电极间的电压超过一定值时气隙就会击穿，产生电弧。静态时，两电极间绝缘

电阻高达 $10^9 \sim 10^{10}\Omega$，击穿时下降至 0.1Ω 左右，近似短路。这种器件的结构示意图如图 4-4 所示。

真空电火花隙器件的击穿电压，较充气电火花隙器件的击穿电压高，一般为 1kV~1MV，而充气电火花隙的击穿电压，一般为 0.1~1kV，因此作为电涌保护器件，多采用充气电火花隙器件。充气电火花隙保护器件的优点是：可以允许高的过冲电压（1~2.5kV），大的

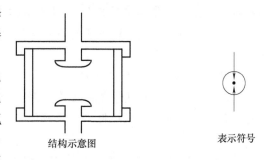

结构示意图　　　　　表示符号

图 4-4　两电极电火花隙保护器件
结构示意图及其表示符号

放电电流（>100kA）以及可以应用于较高频率的电路中，因为这种器件有很高的绝缘电阻（$10^9 \sim 10^{10}\Omega$）及很小的固有电容（1~7pF）。我国一般 SiC 阀式浪涌保护器内部是空气，较高电压产品则充以高纯度的氮气。因为氮是惰性气体，所以充氮浪涌保护器的性能很稳定。但这种器件的主要缺点是，击穿电压较高（0.1~1kV）及响应时间较慢（约 100ns），这就限制了它们的使用。因此，电火花隙保护器件往往作为第一道瞬变高电压、大电流的保护器件，必须和其他保护器件组合使用，才可能达到比较好的防护效果。

（2）金属氧化物变阻器

金属氧化物变阻器（varistor）是一种与端电压有关的非线性半导体功率器件，它的伏安特性与背对背稳压管的特性类似，但是，当它承受瞬态高电压时，它的等效阻值将变化好几个数量级，能吸收损坏性的瞬态电涌能量，从而达到电压箝位、电涌防护的目的。20 世纪 80 年代，变阻器材料的主要成分是 ZnO，加入少量的铋、钴、锰和其他金属的氧化物。它体内由许多导电的 ZnO 晶粒组成，各晶粒为晶界隔离，并且具有 P-N 结半导体特性。这些晶界决定了低压下的阻断特性及高压下的非线性导电特性。ZnO 金属氧化物变阻器（MOV）是一种软限幅的器件，它的响应时间小于 25ns，在防雷击设备中得到广泛应用。但 ZnO（MOV）器件的最大缺点是电容量较大，不能用于高频通路上。除了 ZnO 之外，20 世纪初以来还出现了一些新型的 MOV 器件，其中最引人注目的是 NbO_2/NbO 器件。这种器件是在 NbO 单晶片上氧化一层厚约 15μm 的 NbO_2 多晶，然后在其两面蒸上 Au（约 50nm）作为电极，其中一面为小金点，Bi 和 Cr 是扩散层，Bi 扩散至 NbO_2 以改善其电性能，而 Cr 是防止 Au 扩散至 NbO_2 中去。在此，NbO 为良导体，而 NbO_2 起开关的作用。这种器件的击穿电压约 120~150V，在加上脉冲宽度为 160ns 的过电压时，其最大电涌分流能力为 80A，开关的电阻从大于 10kΩ 下降到约 10Ω，响应时间为 0.7ns，电容量为 0.5~1pF，因此适用于高频通路的电涌保护。自 2017 年开始，比较热门的研究方向是 ZrO_2 和 TiO_2，ZrO_2 和 TiO_2 具有优异的化学稳定性

和热稳定性，是较为常用的功能性材料和结构性材料，具有响应快、器件结构简单、低能耗等特点，且与 CMOS 工艺良好兼容且具备对比传统变阻器更优异的三维集成能力。

（3）固体瞬态电压抑制器（TVS）

众所周知，半导体稳压管是广泛用于保护电路中的限压器件，它的优点是响应快、寿命长，但通常击穿电压低，电流容量小，所以一般只能用于最后一级电路的保护。

21 世纪开始，由于半导体工艺技术的迅速发展，专门用于电涌保护的雪崩二极管——固体瞬态电压抑制器发展很快，有的资料中称它为 transzorb，有的称之为 TVS，这种器件具有大面积的 PN 结，可以处理大功率脉冲。国外的 TVS 产品较多，2019 年美国 Littlefuse 公司推出 TVS 产品 SP3208 可以提供只有 0.08pF 的超低电容，但峰值只有 2A。美国 Semitech 公司在 TVS 阵列产品方面有较大优势，其代表的 RClamp0564P 对地电容典型值只有 0.17pF，另一款 2020 年推出的多路保护的低电容 TVS 产品 SRV05-4 可达到静电 15kV，电容不高于 5pF，浪涌能力是 12A。2021 年，中国雷卯电子公司推出了新式国产 TVS 器件 ULC0502TP6，其电容已经能控制到 0.25pF。

（4）电压开关型瞬态抑制二极管（TSS）

电压开关型瞬态抑制二极管与 TVS 相同，也是利用半导体工艺制成的限压保护器件。但其工作原理与气体放电管类似，而与压敏电阻和 TVS 不同。当 TSS 两端的过电压超过 TSS 的击穿电压时，TSS 将把过电压箝位到比击穿电压更低的接近 0V 的水平上。之后，TSS 持续这种短路状态，直到流过 TSS 的过电流降到临界值以下后，TSS 恢复开路状态。在使用 TSS 时需要注意的一个问题是：TSS 在过电压作用下被击穿后，当流过 TSS 的电流值下降到临界值以下后，TSS 才恢复开路状态，因此 TSS 在信号线路中使用时，信号线路的常态电流应小于 TSS 的临界恢复电流。TSS 较多应用于信号线路的防雷保护。TSS 的失效模式主要是短路。但当通过的过电流太大时，也可能造成 TSS 被炸裂而开路。TSS 的使用寿命相对较长。2019 年，美国 ADI（Analog Devices）公司推出 LTC7862 系列新品，其电压额定值可以达到 140V，电流额定值为 1.2mA，端接类型为 SMD/SMT。

（5）热敏电阻（PTC）

PTC 是一种限流保护器件，其电阻值可以随通过电流的增大而发生急剧变化，一般串联于导线上用作过电流保护。当外部线缆引入过电流时，PTC 自身阻抗迅速增大，起到限流保护的作用。PTC 在信号线及电源线路上都有应用。PTC 反应速度较慢，一般在毫秒级以上，因此它的非线性电阻特性在雷击过电流通过时基本发挥不了作用，只能按它的常态电阻来估算它的限流作用。热敏电阻的作用更多体现在诸如电力线碰触等出现长时间过电流保护的场合，常用于用户线路的保护中。PTC 失效时为开路。目前，PTC 主要有高分子材料 PTC 和陶瓷 PTC 两种。其中陶瓷 PTC 的过电压耐受能力比高分子材料 PTC 好。PTC 用于单板上防护电路的最前级时，采用陶瓷 PTC 较好。2020 年，德国 EPCOS 公司推出了 B59100 系列 PTC，最大操作电压为 30V，电阻小于 100Ω，产品符合 IEC 60738-1 标准。2021 年，中国电子科技集团 49 所研发了一种高精度宽温区铂薄膜热敏电阻器，产品测温范围覆盖-80~600℃，允差等级在-55~300℃温区内符合 IEC60751 规定 1/3B 级，其余温区符合 IEC60751 规定 B 级要求，温度系数为（3851±4）×10^{-6}/℃。

（6）熔丝管、熔断器、空气开关

熔丝管、熔断器、空气开关都属于保护器件，设备内部出现短路、过电流等故障的情况下，能够断开线路上的短路负载或过电流负载，防止电气火灾及保证设备的安全特性。熔丝管一般用于单板上的保护，熔断器、空气开关一般可用于整机的保护。对于电源电路上由空气放电管、压敏电阻、TVS 组成的保护电路，必须配有熔丝管进行保护，以避免设备内的防护电路损坏后设备发生安全问题。用于电源防护电路的熔丝管宜设计在与防护器件串联的支路上，这样可防护器件发生损坏，熔丝管熔断后不会影响主路的供电。无馈电的信号线路和天馈线路的保护采用熔丝管的必要性不大，熔丝管的特性主要有额定电流、额定电压等。

标注在熔丝上的电压额定值表示该熔丝在电压等于或小于其额定电压的电路中完全可以安全可靠地中断其额定的短路电流。电压额定值系列包括在 N.E.C 规定中，而且也是保险商实验室的一项要求，并作为防止火灾危险的保护措施。对于大多数小尺寸熔丝及微型熔丝，熔丝制造商们采用的标准电压额定值为 32V、125V、250V、600V。在带有相对低的输出电源，且电路阻抗限制短路电流值小于熔丝电流额定值 10 倍的电子设备中，常见的做法是规定电压额定值为 125V 或 250V 的熔丝可用于 500V 或更高电压的二次电路保护。

概括而言，熔丝可以在小于其额定电压的任何电压下使用而不损害其熔断特性。额定电流可以根据防护电路的通流量确定。防护电路中的熔丝管宜选用防爆型慢熔断熔丝管。慢速熔丝管也称为延时熔丝管，其延时特性表现在电路出现非故障脉冲电流时能保持完好且能对长时间的过载提供保护。普通的熔丝管是承受不了较大的浪涌电流的，需要进行浪涌保护的电路中，若使用的是普通熔丝管，恐怕就无法达到测试的要求；若使用更大规格的熔丝管，那么当电路过载时又得不到保护。延时熔丝管的熔体经特殊加工而成，具有吸收能量的作用，调整能量吸收量就能使它既可以抵挡住冲击电流又能对过载提供保护。相关标准对延时特性有规定。

2. 浪涌保护电路

电涌主要通过两个通道进入电子系统：一是信号通道的输入端；二是电源。如果电涌直接从信号通道进入系统，将导致整个系统的严重损坏或烧毁；如电涌通过电源进入系统，将导致电源损坏或引起和电源相连接的所有电路产生严重干扰。所以，这里着重讨论对信号通道和电源通道进行保护的电路。

浪涌保护电路是为了防止被保护电路受到过大的过载冲击而设置的,它应当具备如下特性:

①正常工作时,保护电路对系统的影响可忽略不计,即它的并联电阻应足够大,而串联电阻和并联电容应尽量小。②对过载电压应有良好的箝位能力。即在大瞬变电压进入电路期间,被保护电路的两端电压应接近或低于系统的最大工作电压。③应具有强的分流能力,保护电路能吸收最坏情况下的瞬变过程能量,而自身又不致损坏。④对过载电压应有尽量短的响应时间。⑤在瞬变过程结束后应恢复正常,不应是不可恢复的、一次性的,并能对持续不断或连续的过载过程起保护作用而不致损坏。⑥体积小,价廉,易于维护。

保护电路的一般形式如图 4-5 所示,图中 Z_1 为串联阻抗,通常是电阻器,Z_2 为并联阻抗,通常是非线性元件,如电火花隙、变阻器、固体瞬态电压抑制器和雪崩二极管等。

图 4-5　电涌保护电路的一般形式

从前面讨论可知,对于低电压的保护可以用半导体二极管。齐纳二极管比雪崩二极管的箝位电压更低,约为 3.5V,而磁心开关二极管则更低,约为 2V,电流约为 4A。半导体二极管的另一优点是:箝位电压可精确预定,且响应时间快,但二极管的分流能力低,不能满足电涌电流的保护要求。因此,二极管箝位保护往往用在靠近电路输入端处。电火花隙保护器有很大的分流能力,但是它的击穿电压往往偏高,响应时间慢,往往用于交流电源输入端的电涌防护,而不直接用于电路保护。现代固体瞬态电压抑制器具有宽的电压保护范围及高的浪涌电流承受能力,为电涌保护电路的设计提供了更多的灵活性。在实际装置和系统中,人们往往采用不同的保护器件加以组合,以达到有效可靠的防护目的。常见的浪涌保护电路有以下几种:

(1) 非平衡线路信号通道输入端的保护

图 4-6 是一个最基本的输入端保护电路示意图,它采用了电火花隙和雪崩二极管组合成的两级混合保护电路。当电涌不太高时,由于电火花隙

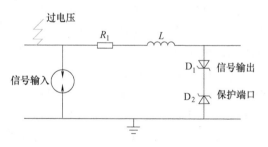

图 4-6　信号通道输入端的基本保护电路

的击穿电压高,因此不动作,此时过电压直接加到雪崩二极管 D_1、D_2 上,它们的端电压被箝制在一定电平,以保护信号电路。雪崩二极管的击穿电压值应比最大工作电压高几伏,如最大工作电压为 10V,则其击穿电压应选为 15V,以确保系统正常工作时,雪崩二极管不导通。电阻 R_1 的作用主要是限制流过二极管的电流;当

输入过电压达到电火花隙的击穿电压时，电火花隙将击穿导通，电涌电流由电火花隙分流泄放。因此，在这种两级保护电路中，雪崩二极管用以直接保护负载，而电火花隙则是用以保护雪崩二极管，间接保护输入电路。

如果雪崩二极管的反向击穿电压为 U_d，电火花隙的直流击穿电压为 U_G，P 为雪崩二极管的最大稳态功率额定值。则限流电阻 R_1 应为

$$R_1 = \frac{(U_G - U_d)U_d}{P} \tag{4-1}$$

通常雪崩二极管的功耗额定值选在 $1\sim5W$ 之间，如果 R_1 值大，二极管的功耗可以减小，但 R_1 同时也与负载电阻构成一个分压器，因此 R_1 越大，有用信号衰减也越大。为了解决这个矛盾，可以串联一个电感器 L。但要注意电感会引起高频振荡，引起附加的高频干扰，因此应采用磁珠的有损耗滤波器，电感值约为 $1\sim10\mu H$。当信号中最高频率分量低于 $100kHz$ 时，可使用这个方法，若信号中所含频率分量高，这种方法就不可取，因为串联电感会使输入信号高频分量产生失真。

（2）平衡线路信号通道输入端的保护

平衡线路的基本保护电路如图 4-7 所示。

平衡线路的保护电火花隙必须采用三个电极的，R_1 仍为雪崩二极管的限流电阻。平衡线路特别需要电感 L，因为三电极电火花隙的击穿电压至少是 300V。但必须注意，该电路中两边的 R_1 和 L 的数值都必须完全相同，以保持线路的平衡结构。

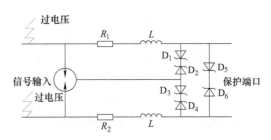

图 4-7　平衡线路的基本保护电路

雪崩二极管 D_1、D_2 和 D_3、D_4 使图 4-7 中信号线上的共模电压箝位到 $+U_d$ 和 $-U_d$ 之间。二极管 D_5、D_6 则用以限制最大差模电压。

另一种适用于平衡式计算机数据线的防护电路如图 4-8 所示。这是一个三级防护电路，由电火花隙器件、变阻器和齐纳二级管三种保护器件构成。图中，电火花隙的击穿电压为 300V；变阻器的保护电压为 53V，保护时流过电流为 30A，为二级保护器件；稳压管反向击穿电压为 4.7V。

这种电路的缺点是并联寄生电容大，变阻器之寄生电容量为 8.5nF，二

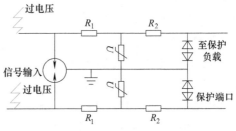

图 4-8　一种平衡线路的三级保护电路

极管的寄生电容量为 2nF，这样大的电容量会使数字脉冲之上升波形变慢，因此该电路的输出必须经施密特触发器整形，恢复至合适的逻辑波形。

（3）运算放大器的保护

运算放大器通常连到模拟输入端和模拟输出端，因此实际上，对信号输入和输出端的保护主要是为了保护运算放大器。图 4-9 为运算放大器用于倒相放大器时的保护电路。

在正常工作时，二极管 D_1 和 D_2 上的电位差不会超过几毫伏，因此不导通。当过电压进入输入端时，它首先受到电火花隙器件的限幅，然后受到二极管 D_1 和 D_2 的限幅，使运算放大器输入端的电压限制在 $\pm 0.7V$ 左右。为了提高放大器的带宽，D_1 和 D_2 常用开关二极管。对于同相端输入的运算放大器，其保护电路如图 4-10 所示。

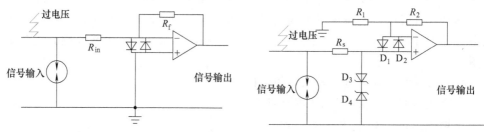

图 4-9　由运算放大器构成的倒相放大器的保护　　图 4-10　同相端输入的运算放大器的保护电路

前述运算放大器保护电路的最主要缺点是不能工作于高频情况。对低频而言，R_s 为数千欧姆时对电压增益的影响可以忽略不计；但对高频而言，R_s 和雪崩（齐纳）二极管 D_3 和 D_4 的寄生电容组成的低通滤波器会严重衰减高频信号。

破坏性的过电压有时也可能通过运算放大器的输出端加到运算放大器，因此运算放大器的输出端也应进行保护，如图 4-11 所示。

图 4-11 所示的保护电路原理与前述相同，但必须注意：输出端串接的电阻 R_0 既用以限制雪崩二极管 D_3、D_4 的电流，同时它也会影响到输出的衰减。所以设计时必须考虑。

此外，此电路的反馈点不在运算放大器的输出端，而在

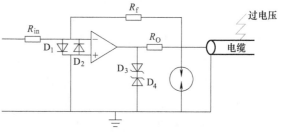

图 4-11　当输出端口出现过压时运算放大器的输入及输出端保护电路

电阻 R_0 的另一端，则从电缆输入端看可以保证小的输出电阻。

由于输出端电缆上的过电压也有可能通过 R_f 到达反相输入端，因此对该电路的输入端也应加以保护，二极管 D_1、D_2 系作为输入端保护之用。

（4）直流电源的保护

直流电源是任何电气系统不可缺少的组成部分。如果瞬变干扰通过电网或通过数据线进入电源，都有可能导致电源损坏或通过电源影响到所有与其连接的负载，示意图如图4-12所示。一个典型的直流电源包括变压器、整流器及稳压器三部分，如图4-13所示。下面将分别讨论各部分的保护方法。

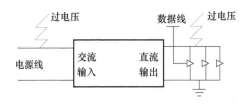

图4-12　过电压引入直流电源的途径

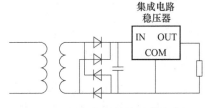

图4-13　一个典型的简单直流电源

（5）变压器和整流器的保护

为了提高对来自电网的瞬态干扰的抑制能力，一般采用隔离变压器或C型变压器，除此之外，还经常采用变阻器和旁路电容器以抑制过电压的危害，其基本保护电路如图4-14所示。

图4-14中变阻器VR_1、VR_2用来抑制过大的共模干扰电压，而变阻器VR_3用来抑制过大的差模干扰电压，共同保护变压器的一次线圈免受过电压危害和防止过电压瞬态脉冲进入后级电路。二次线圈上连接旁路电容器C_3是为了抑制差模干扰，C_3的典型

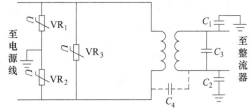

图4-14　用变阻器和旁路电容保护变压器示意图

值在$0.01 \sim 0.1 \mu F$之间，C_1、C_2系为了抑制共模干扰，C_1和C_2的典型值为$0.01 \mu F$左右。由于隔离变压器的一、二次侧的寄生电容C_4很小，常小于1pF，故共模干扰的衰减为

$$U_{out}/U_{in} = C_t/(C_1 + C_2) \approx 10^{-4} \tag{4-2}$$

由于变阻器已把U_{in}的最大值限制在300V，故共模输出电压将小于0.3V。

必须注意，不论变阻器或旁路电容器的引线都应尽量短，以降低同并联电容相串联的寄生电感。

（6）集成电路稳压器的保护

采用了上述的保护电路以后，如果还不能确保完全抑制过电压，特别是当变压器和稳压器之间有长电缆时还可能存在某些瞬时干扰，为了保险起见，在稳压器的输入端还可采用一个雪崩二极管进行箝位，以防止过电压，如图4-15所示。

当输入端短路，或电压下降使输入的电压U_{in}较之输出端的电压U_{out}低0.6V

以上时，稳压器也会受损坏。为了防止这种情况发生，可以采用图 4-16 的保护方法：随着输入端电压降低，二极管可迅速把滤波电容器上的电荷泄放掉。

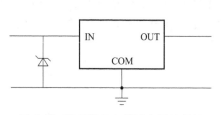
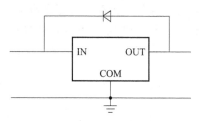

图 4-15　稳压器输入端过电压的保护　　　　图 4-16　稳压器输入端短路的保护

对稳压器负载端瞬变干扰的保护，可以在稳压器的输出端加一雪崩二极管，其最小击穿电压比稳压器的最大输出电压略大（约 1.2 倍），使正常工作时雪崩二极管不致导通。当负载的瞬变干扰电压超过雪崩二极管的击穿电压时，稳压二极管即导通，把电位箝位住。为了增加输出直流电压的稳定性，还可以再并联一个滤波电容器。为防止大的瞬变过电压通过负载进入稳压器，可以再增加限流电阻 R 和电感 L，以降低对雪崩二极管的要求。当然，必要时还可以采用电火花隙保护器件。直流稳压器的负载保护电路可用图 4-17 表示。

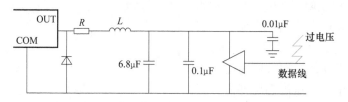

图 4-17　直流稳压电源负载端的保护电路

本节已经比较全面地讨论了电气系统的电涌保护电路，并介绍了几种典型的应用电路。当然，在实际应用中，对保护的要求常常是各式各样的，不可能全部罗列。但是，对电涌的防护归根到底是要对过电压进行限幅（箝位），对过大的能量进行分流泄放。虽然存在一系列的保护器件，但它们都有一定的应用局限性，因此，需要组合使用。一般说来，要采用两级至三级保护。电火花隙器件由于其保护电压高，分流能力强，通常作为第一级保护。半导体二极管（雪崩、齐纳），由于其保护电压低，且可精确箝位，可作为直接和电路连接的保护。变阻器则可以作为第二级或第一级保护，它具有介于电火花隙和二极管之间的保护电压，分流能力也很大。

在设计保护电路中，还有两个问题必须注意：一是保护电路对系统的影响，即保护电路的响应时间及寄生电容。上面所讨论的保护电路对于电源电路、工作频率较低的电路都比较容易满足要求，但对于工作频率高的电路则比较难以满足要求，这是由于电火花隙的响应时间长、雪崩二极管和 ZnO 变阻器的寄生电容较大的缘故。因此，目前正在寻求既具有快的响应、小的电容量，又具有大的分流能力的变阻器器件。近年来研究的 ZrO_2 和 TiO_2 器件具有比较好的性能。

二是强辐射对保护器件及保护电路本身造成的损伤可能会降低保护效果，甚至导致保护失败。因此，在使用电涌保护电路时，必须注意避免直接受辐射照射，同时要设法提高其抗辐射能力。

3. 时间回避防护方法

用上述一般的防护方法难以抑制强辐射直接作用引起的瞬态干扰时，可以采用时间回避防护方法，即让电子系统工作时间避开瞬态干扰，待瞬态干扰过去后，再让系统恢复工作。当信号和干扰的出现有一定的时间关系时，可以采用主动的时间回避方法，即让信号主动避开瞬态干扰，要么在干扰出现之前，要么在干扰出现之后才进行信号的传输或处理。

当瞬态干扰的出现时间无确定的规律而无法预测时，只能采用被动的时间回避方法，即在瞬态干扰的前期征兆出现时，利用高速电子开关将信号通道、电源切断，使系统暂时停止工作，并将存贮的信息迅速转移至永久存贮器中，待瞬态干扰过去后，再重新使信号通道和电源接通，系统恢复工作。这种方法对卫星、航天飞行中的导弹的电子系统特别有用，因为，它们很难采用屏蔽隔离等防护方法来有效地减弱核辐射或者电磁脉冲的影响。

瞬态干扰保护电路的主要组成部分是：高灵敏度的传感器及高速电子开关，下面分别加以讨论：高灵敏度传感器的作用，首先是甄别到来的干扰，即辨别电路是否处于受瞬变干扰的状态，如果确定处于瞬变干扰状态，保护电路即执行保护的功能。

对于瞬变干扰的识别有如下三类方法：

（1）电压甄别。上一节介绍的电涌保护电路属于电压甄别，对超过一定电平的有害干扰电压加以抑制，而不影响有用信号的正常工作。

（2）频率甄别。滤波器就属于频率甄别，对于在有用信号频率范围之外的瞬变干扰加以抑制。除了直接应用各种滤波器以外，有些浪涌保护电路实际上往往也包括滤波的功能，因为限流电阻和寄生电容即已组成低通滤波器，因此，其实际上是频率甄别加上电压甄别。

（3）状态甄别。本节所要讨论的时间回避防护电路就属于状态甄别。因为这种电路只甄别两种状态：一是电路的正常工作状态；二是出现瞬变干扰状态。平时让电路处于正常工作状态，保护电路不影响正常工作；当出现瞬变干扰时，不论系统中是否出现信号，保护电路都立即动作，使电路处于应变状态，暂停工作。

高灵敏度传感器包括传感器及信号甄别器，传感器用以拾取干扰的信号；而甄别器用以识别早期干扰信号；高速开关则用以执行对电路状态的甄别。

传感器可以通过探测 γ 射线或核电磁脉冲来拾取干扰即将到来的早期信息（干扰波形前沿）。传感器的灵敏度越高，可以在更低的电平即可探测到干扰信息，因此可以留给保护电路以更多的时间来执行电路状态的控制（切断，关机及贮存信息转移等），否则，保护电路没有足够的时间来执行上述保护功能。如果传感器的灵敏度可达 10^{-4}，则可以允许有 ns 级的执行控制的响应时间。

高速电子开关是执行控制的电路，它的工作性能及控制位置是否得当都是十分重要的。下面分别根据阻断信号通道还是切断电源来讨论时间回避保护电路的基本原理。

（1）阻断信号通道

信号通道阻断时间回避保护电路如图 4-18 所示。

高速电子开关串联在输入信号通道上。传感器拾取干扰信号并经甄别后，即送至电子开关，控制电子开关阻断集中通道。这样，来自前级的干扰就不能进入被保护的电子线路。这时对高速电子开关的基本要求是：

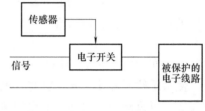

图 4-18　信号通道保护电路示意图

1）电路处于正常工作状态时，电子开关接通；处于干扰保护时，开关断开；

2）控制阻断响应时间应尽可能小（小于 1ns）；

3）插入损耗应小，即接通串联电阻和并联寄生电容小，不致引起工作信号失真；

4）当电子开关断开时，不应产生过冲振荡波，即要求电感小，并有适当的补偿；

5）本身的功耗及体积应小；

6）要具有一定的抗 γ 射线和抗中子的能力，在瞬时 γ 射线作用下，不产生有明显影响的光电流。

（2）切断电源

切断电源是电子线路（设备）关机的主要手段。用于切断电源的电子开关应安排在直流稳压电源至被保护电子线路负载之间，如图 4-19 所示。

图中 V 为直流电源的输出端，C 为滤波电容器，电子开关被安排在电源的输出滤波电容器至被保护线路中间。这样，被保护电子线路的电源电压的切断，只取决于保护电路的响应时间。如果电子开关的位置放在直流电源和滤波电容器之间，或在直流电源的前级，这时即使电子开关断开，加于被保护电路的电压由于滤波器电

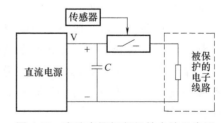

图 4-19　直流电源切断保护电路示意图

容器上的电荷不能马上泄放掉，仍将维持一个较长的时间（毫秒量级），因此不能立即关机。

对用于切断电源电压电子开关的基本要求和对用于控制信号通道电子开关的要求相似：

1）在正常工作状态时，电子开关接通；当处于干扰状态保护时，开关断开。

2）控制开关的响应时间应尽可能短（小于1ns）。

3）电子开关平时要流过电源提供的电流，因此对电流额定值及功耗有一定要求。

4）电子开关断开时，不应有过冲振荡电压，即要求电感要小。

5）电子开关断开时，在开关两端会有2～3倍于电源的电压，因此要求电子开关两端能耐较高电压。

6）体积要小。

7）具有一定的抗辐射能力。

4.3 电快速瞬变脉冲群

4.3.1 脉冲群的产生和危害

电感负载开关系统（如电机、接触器、继电器、定时器等）断开时，会在断开点处产生瞬态干扰，这种瞬态干扰由大量脉冲组成。当机械开关触点开始逐渐分开，触点间的电压超过绝缘电压时开始火花放电，触点间的电压瞬时下降，然后又上升。由于开关触点间距增大，故再次发生火花放电的电压也相应增大。当电压上升至另一电压等级时，触点第二次放电，然后再达到其他电压等级，情况与此相似。但当距离大到一定程度时，触点间会发生辉光放电，借此将电感中的能量全部消耗。对110V/220V电源线的测量表明，这种脉冲群的幅值在100V至数千伏之间，具体大小由开关触点的机电特性（如触点打开的速度、触点断开时的耐压等）决定，脉冲重复频率在1kHz～1MHz。对单个脉冲而言，其上升沿大致在纳秒级，脉冲持续期在几十纳秒至数毫秒之间。这种干扰的特点是单个脉冲上升时间、持续时间短，因而能量较小，一般不会造成设备故障，但经常会使设备发生误动作。脉冲的重复频率较高，若干个脉冲组成脉冲群。一般机械开关动作一次产生一个脉冲群，现实中，许多机械开关在较短的时间内会反复动作，因此会产生多个脉冲群，目前的研究认为脉冲群之所以会造成误动作，是因为脉冲群对线路中半导体器件结电容充电，当结电容上的能量积累到一定程度，便会引起线路的误动作。为此，IEC专门制定了标准IEC 61000-4-4：2012《电快速瞬变脉冲群抗扰度试验》来模拟电快速脉冲群对电气和电子设备的影响，该标准以前的编号为IEC 801-4。这两个标准的内容实际上一样，仅因为IEC行政上的管理要求才出现这种情况。与其对应的国标是GB/T 17626.4—2018《电磁兼容 试验和测量技术 电快速瞬变脉冲群抗扰度试验》。由于这个标准在国际上非常有影响，不少国际组织或国内相关部门都将此标准引入其产品标准或作为通用标准。

电快速瞬变脉冲群的单个脉冲持续时间可以达到 5~50ns，脉冲电压幅值可达几百至几千伏，它虽然不会造成电路设备的损坏、失效或故障，但这种传导的干扰会进入交直流电源端口、I/O 端口、通信端口，其电磁骚扰往往会使电路、设备的工作特性产生不希望的改变，使电路、设备的工作不稳定失常。以国内为例，空调、预付费电能表、火灾报警器、加油机控制器等产品都已经引入了此标准。从实际测试结果来看，发现有一部分受试产品（主要是数字式设备）不能承受这种干扰，经常出现程序混乱、数据丢失、控制失灵等现象。

4.3.2 电快速瞬变脉冲群抗扰性试验

IEC 61000-4-4 对 EFT 的定义有关参数分别是：电压幅值、单个脉冲的上升时间、单个脉冲的脉宽、脉冲群持续时间、脉冲群重复频率和脉冲群周期等。标准规定的参数值通常都是典型值，符合统计规律，但也有例外，例如脉冲群重复频率指标。实际电磁环境下脉冲群的重复频率为 10kHz~1MHz，但由于受当时元器件水平的限制，该参数只能做到几千赫兹，所以标准规定该参数值为 5kHz 和 2.5kHz 两种。

对于上升时间，如果紧邻 EFT 源测量，其上升时间与静电通过空气放电而产生的脉冲上升时间相差无几（约 1ns）。如果离 EFT 源一定距离测量，则由于传输损耗、反射等作用，上升时间将延长。标准中规定的上升时间为 5ns，是在考虑了众多因素以后的折中值。试验时要求受试设备和 EFT 源之间的电缆（电源线、信号线等）长度短于 1m 就是考虑了这一因素。通常 EFT 信号频谱宽度为 64MHz。

通常用示波器监测 EFT，由于 EFT 频谱很宽，用普通的示波器无法满足要求，以数字示波器为例，其比较重要的监测指标可见表 4-2。

表 4-2 监测 EFT 示波器指标要求

测量精度（%）	带宽/MHz	取样速率/（MSa/s）
5	3×70	4×210
10	7×70	4×490

电快速瞬变脉冲群抗扰度试验的国家标准为 GB/T 17626.4（同等采用 IEC 61000-4-4），图 4-20 为快速瞬变脉冲群概略图，规定标定的脉冲发生器输出波形的指标如下：

1）发生器开路输出电压：0.25~4kV。

2）发生器动态输出阻抗：50（1±20%）Ω。

3）脉冲上升时间（10%~90%）：5(1±30%) ns（发生器输出端接 50Ω 匹配负载时测）。

4）脉冲持续时间（前沿 50% 至后沿 50%）：5(1±30%) ns（发生器输出端接 50Ω 匹配负载时测量）。

5）脉冲重复频率：发生器开路输出电压为 0 ~ 2kV 时为 5kHz（0 ~ 2kV），4kV 时为 2.5kHz。

6）脉冲持续时间：15ms。

7）脉冲重复周期：300ms。

8）输出脉冲的极性：正/负。

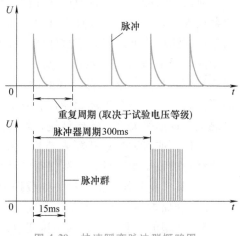

图 4-20　快速瞬变脉冲群概略图

EFT 以共模方式进入电源线或信号线端口，对设备造成干扰。因此抗扰度测试过程中 EUT 的测试端口为电源线和信号（控制）线。通常采用耦合/去耦网络将 EFT 骚扰耦合至电源端口，如图 4-21 所示，电源线的耦合/去耦网络如图 4-22 所示。测试时，从试验发生器来的 EFT 信号通过耦合/去耦网络中耦合电容加到 EUT 相应的电源线上（U、V、W、N 及 PE），同时在耦合/去耦网络中交流电源的入口处利用 LC 网络对 EFT 信号去耦，避免 EFT 信号进入公网对其他设备造成干扰。

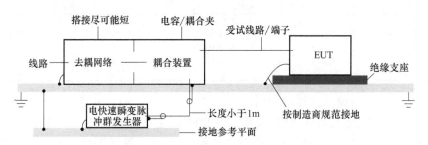

图 4-21　EFT 测试试验环境布置图

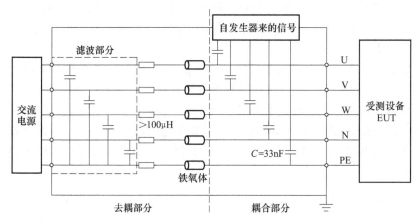

图 4-22　电源线耦合/去耦网络

对信号线的耦合可以使用容性耦合夹，容性耦合夹实质上是连接到发生器的两块金属板，它可将测试线夹在其中，通过金属板与测试线之间的分布电容将脉冲群信号加到测试线上。对频带这样宽、幅值又很大的干扰进行抑制不是件容易的事，仅用滤波器来抑制 EFT 难以达到目的，需要用几种方法（如滤波、接地、PCB 布线等）配合使用方能取得较好的效果。大量的试验表明，EFT 的干扰能量不像浪涌那样大，一般不会损坏元器件，它只是使受试设备工作出现"软"故障，如程序混乱、数据丢失等。换句话说，就是产品性能下降或功能丧失，一旦对产品进行人工复位，或将数据重新写入芯片，在不加 EFT 的情况下产品又能正常工作。试验等级一般根据受试设备安装使用的环境进行选择，环境可以分为 5 个等级。

1）具有良好保护的环境，如数据中心。

2）受保护的环境，如工厂和发电厂的控制室。

3）典型的工业环境，如高压变电站。

4）严酷的工作环境，如发电站。

5）需要特殊分析考虑的环境，如战场。

对于不同的环境，试验等级可见表 4-3。

表 4-3 EFT 试验等级

试验等级	电源端口保护地		数据控制端口	
1	0.5kV	5.0kHz	0.25kV	5.0kHz
2	1.0kV	5.0kHz	0.5kV	5.0kHz
3	2.0kV	5.0kHz	1.0kV	5.0kHz
4	4.0kV	2.5kHz	2.0kV	5.0kHz
5	待定	待定	待定	待定

EFT 信号以共模方式被施加到电源线或信号线上。当从电源线加入时，试验要求每次仅在一根线上加入 EFT 信号，而非同时在每根线上加入。值得注意的是 EFT 源的电压基准是一块铺设在地面上的铜（或铝）板（至少 1m×1m），称为参考地平面（简称 GRP），而非受试设备电源线中的接地线。在高频段时，受试设备的接地线已被去耦合网络隔断。如果受试设备机壳上还有接地柱，则将它与参考地平面相连有可能起到一定的旁路作用，但使用何种导线接到参考地平面要符合产品技术条件要求。

如果受试设备在电源端没有好的滤波性能，则 EFT 信号会有部分进入受试设备的后续电路。众所周知，现代电子很少有不含数字电路的，而数字电路对脉冲干扰比较敏感。侵入到后续电路的 EFT 信号通过直接触发或静电耦合，会使数字电路工作异常。在 IC 输入端，EFT 对寄生电容充电，通过众多脉冲的逐级累积，最后达到并超过 IC 的抗扰度限值。此外扎线不合理，敏感设备靠得太近等都会成为 EFT 试验不能通过的原因。

4.3.3 脉冲群防护

位于建筑物、船舶和车辆外部的屏蔽电缆上电磁脉冲的主要效应是在电缆屏蔽层有大电流流过，并且在连接于电缆上的器件的输入端上产生高电压。一种保护方式是使用电缆屏蔽接地适配器，使大电流旁路到接地上。例如，将电缆穿过建筑物的金属墙，可以使用一种快响应时间约为 1ns 气体放电避雷器来保护屏蔽电缆中的信号和电源。对低频信号线和电源的二级保护可以通过类似于雷击防护的快响应半导体器件来完成。国外 Polyphaser 公司提供了一种用于 DC 遥控/电话线路和音调遥控/专用线路的 EFT 或雷击防护器件。Reliance Comm/Tec 公司制造的一种建筑物入口终端，内有为 6、12 或 15 对线对尖端和环形电路提供 EFT 防护的器件。

由于 EFT 事件产生的极快的上升时间，使得高频接收机和发射机中抗 EFT 比抗雷击浪涌更困难，法国里昂电缆公司提出的一种防护方法是使用四分之一波长短路线设计成与输入端形成三通（T 形），从而为非信号的频率分量提供对地的低阻抗通路。线路的去耦线是一根同心的同轴线，与长度等于波长四分之一的信号线串联，可以在没有四分之一波长的短路线情况下起到作用。

国内也有很多 EFT 防护案例：2013 年，大连东显电子有限公司提出了彩电显示屏幕 EFT 防护方案，主要为安装电源线滤波器，对电缆线进行屏蔽接地并安装吸收设备，将 MCU 单独进行电气隔离。2019 年，江苏省医疗器械检验所通过减小PCB 接地线上的公共阻抗，并在电源线和信号线上安装磁环和 EFT 滤波器，对某型血管显像仪作了 EFT 测试整改，达到了 YY 0505—2012 标准。2020 年，上海新时达电气股份有限公司提出了一种结合电梯内外呼板卡硬件的软件控制方法，解决了电梯内外呼 EFT 干扰防护问题。

所以，工程上常用的抑制 EFT 方法大体上可分为：

1）使用 EFT 滤波器或吸收器。

2）减少 PCB 接地线公共阻抗。

3）将干扰源远离或隔离敏感设备。

4）在软件控制中加入 EFT 抑制指令。

5）正确使用接地技术，如改用扁平带接地。

6）安装瞬变干扰吸收设备。

4.4　静电放电

4.4.1　静电放电原理和危害

1. 静电起电

本节从静电放电的现象出发，分析静电放电产生的原因和特点以及静电放电的危害，并阐述了静电放电的几种常用保护技术以及静电放电保护的常用方法。静电是自然环境中最普遍的电磁危害源，是客观存在的自然现象，是一种电能。只要物体之间相互摩擦、剥离、感应，就会产生静电。导体与绝缘体相接触、绝缘体与绝缘体相接触，都容易产生静电。它存在于物体表面，是正负电荷在局部失衡时产生的一种现象。

静电电荷产生的种类有静电传导、分离、感应和摩擦。在日常生活中，当两个不同材质的物体接触后，一个物体会失去电子而带正电，另一个会得到一些剩余电子而带负电，如果在分离过程中电荷难以中和，电荷就会积累，使物体带上静电。所以任何两个不同材质的物体接触后再分离，均可产生静电。物体之间的感应也会产生静电。当带电物体接近不带电物体时，会在不带电导体的两端感应出正电荷和负电荷，当两种材料在一起摩擦时，电子会从一种材料转移到另一种材料，在材料表面上就会积累大量的正电荷或负电荷，由于这些正负电荷缺乏中和的通道，它们就会停留在材料表面，摩擦是一个不断接触与分离的过程，所以大多数的非导体材料相互摩擦就会产生静电。其实，摩擦产生静电的实质也是一种接触后再分离而产生的静电。由以上各种途径产生的这些具有干扰危害的静电，它们一旦找到合适的放电路径，就会产生放电现象。静电的危害主要就是通过静电的放电现象引起的。

实际上，在不同物体的接触、分离和电子的转移过程中，有着比以上描述更为复杂的机制。在静电起电中，决定一个物体带电量多少的因素很多，如材料的费米能级、接触面积、分离速度、相对湿度及其他因素。任何两种不同的物体或处于不同状态的同一种物体，发生接触到分离过程时，都会发生电荷的转移，即发生静电起电现象。只是有的起电过程极其微弱，有的过程产生的静电荷被中和或转移，在宏观上不呈现出静电带电现象。那么，物体的接触分离过程为什么会产生电荷的转移呢？这就是本节所要讨论的主要问题。

固体有金属导体、绝缘体和半导体之分。两种不同固体之间的接触可以是两种不同金属、两种不同绝缘体或者两种不同半导体之间的接触，也可能是金属与绝缘体之间、金属与半导体之间或者半导体与绝缘体之间的接触。关于物体接触起电的理论，比较成熟的是金属间的接触起电理论，其他材料间的接触起电过程本身就比较复杂，再加上表面状态和表面粘污的影响，使问题更加复杂化，目前国际上还没有形成普遍认同的理论。静电放电现象经常发生在人体、设备、纸和塑料等物质上。一个对地短接的物体暴露在静电场中的时候，就会发生静电放电的现象。两个物体之间的电位差将引起放电电流，传送足够的电量以抵消电位差，这个高速电量的传送过程即静电放电。由于放电电流具有很高的幅度和很短的上升沿，上升时间可以小于1ns甚至几百个皮秒，这就会产生强度达到几十千伏每米甚至更大的电磁脉冲，频谱宽度从直流到几吉赫兹的电磁场。静电放电时的高能量脉冲，可通过电路、地和瞬态电磁场等耦合方式传播。静电放对电子器件和高速电子设备不但有破坏作用，也有非常强的电磁干扰。

人体也是一个带电体，存在人体静电效应。一般人都带有几十至几百伏的静电压。人体静电的强弱还与周围环境、人的穿着、动作行为和人的个体等因素有关。对静电压的大小进行对比：空气干燥比空气湿润强；穿化纤合成革比棉织品强；毛毯、化纤地毯比一般地面强；女性一般比男性静电强。人体静电效应对人们的生活和工作也有危害。人体静电的安全防护已经受到国内外人们的关注与重视，许多国家制定了相应的防静电法规，我国也在静电防护方面作了大量科学实验。为减少静电积累，平时少穿化纤衣物，多穿棉织品。有些电子元件生产人员还要佩戴接地电腕带以消除静电。

静电放电能量在传播过程中，将产生潜在的破坏电压、电流及电磁场。静电放电产生的电磁场的强度很强，而且频率非常宽，几十兆至几千兆以上。这种强电磁场作用时间短，但其强度远比手机辐射的电磁场强，人体活动多时放电的次数非常多，虽然对于 2kV 以下的放电，人体是没有电击感觉的，超过 25kV 的静电放电人有痛感，但长期遭受静电电击和这种强电磁辐射的作用对人体是不利的。

2. 静电放电的特点

静电放电是指带电体周围的场强超过周围介质的绝缘击穿场强时，因介质产生电离而使带电体上的静电荷部分或全部消失的现象。通常把偶然产生的静电放电称为 ESD 事件。在实际情况中，产生 ESD 事件往往是物体上积累了一定的静电电荷，对地静电电位较高。带有静电电荷的物体通常被称为静电源，它在 ESD 过程中的作用是至关重要的。静电放电具有以下特点：

（1）静电放电可形成高电位、强电场、瞬时大电流

过去，人们认为静电是一种高电位、强电场、小电流的过程，其实这种看法并不完全正确。的确有些静电放电过程产生的放电电流比较小，如电晕放电，但是在大多数情况下静电放电过程往往会产生瞬时脉冲大电流，尤其是带电导体或手持小金属物体（如钥匙或螺丝刀等）的带电人体对接地导体产生火花放电时，产生的瞬时脉冲电流的强度可达到几十安培甚至上百安培。

（2）静电放电过程会产生强烈的电磁辐射形成电磁脉冲

过去人们在研究静电放电的危害时，主要关心的是静电放电产生的注入电流对电子器件、电子设备及其他一些静电敏感系统的危害和静电放电的火花对易燃易爆气体、粉尘等的引燃引爆问题，忽视了静电放电的电磁脉冲效应。但是，近年来随着静电测试技术及测试手段的迅速发展，使人们对 ESD 这一瞬态过程的认识越来越清楚。在 ESD 过程中会产生上升时间极快、持续时间极短的初始大电流脉冲，并产生强烈的电磁辐射形成静电放电电磁脉冲（ESD 、EMP），它的电磁能量往往会引起电子系统中敏感部的损坏、翻转，使某些装置中的电气误爆，造成事故。目前 ESD、EMP 已受到人们的普遍重视，作为近场危害源，许多人已把它与高空核爆炸形成的核电磁脉冲（NEMP）及雷电放电时产生的雷电电磁脉冲相提并论。

总之，随着研究工作的深入，ESD 的特性越来越清晰地展现在人们面前。但是应当注意的是，实际的静电放电是一个极其复杂的过程，它不仅与材料、物体形状和放电回路的电阻值有关，而且在放电时往往还涉及非常复杂的气体击穿过程。正如前面我们所提到的，由于带电体可能是固体、流体、粉体以及其他条件的不

同，静电放电可能有多种形态，但是根据危害方面来考虑，放电类型可分为以下7种：

（1）电晕放电

电晕放电也叫尖端放电，是发生在极不均匀的电场中，空气被局部电离的一种放电形式，若要引发电晕放电，通常要求电极或带电体附近的电场较强。电晕放电是一种高电位、小电流、空气被局部电离的放电过程。

（2）火花放电

当静电电位比较高的静电导体靠近接地导体或比较大的导体时，便会引发静电火花放电。其破坏力巨大，可对一些敏感电子器件和设备造成危害。

（3）刷行放电

这种放电往往发生在导体与带电绝缘体之间，带电绝缘体可以是固体、气体或低电导率的流体。而在绝缘体相对于导体的电位的极性不同时，其形成的刷形放电所释放的能量和在绝缘体上产生的放电区域及形状是不一样的。

（4）传播型刷形放电

传播型刷形放电又称沿面放电，传播型刷形放电释放的能量很大，有时可达到数焦耳，因此其引爆能力极强。

（5）大型料仓内的粉堆放电

粉堆放电一般可能发生在容器很大的料仓中。一般来说，料仓体积越大，粉体进入料仓时流量越高，粉粒绝缘性越好，越容易形成粉堆放电。

（6）雷状放电

这是一种大范围的空间放电形式，目前工业生产中较为少见，常见于火山爆发的尘埃之中，对空间体积有一定要求。

（7）电场辐射放电

电场辐射放电依赖于高电场强度下气体的电离，当带电体附件的电场强度达到了 $3MV/m$ 时，这种放电就可能会发生。

3. 静电危害

静电放电除了对人体有危害外，静电放电也会产生各种损坏形式，导致电气设备严重损坏或操作失灵，或受到潜在损坏。许多电力电子器件在数百伏静电放电时就会受到损坏。静电电荷对工业也会产生静电放电、静电污染的影响。静电放电已经成为电气工业的隐形杀手。由于电力电子行业的迅速发展，体积小、集成度高的器件得到了大规模生产和应用。一方面，随着纳米技术的日益发展，集成电路的集成密度越来越高，从而导致导线间距越来越小，绝缘膜越来越薄，相应的耐静电击穿电压也越来越低；另一方面，一些表面电阻率很高的高分子材料如塑料、橡胶制品的广泛应用以及现代生产过程的高速化，使静电能积累到很高的程度，具备了可怕的破坏性。

一直以来，半导体专家和设备专家都在想办法抑制静电放电。所有元器件、组件和设备在焊接、组装、调试和实际使用时都可能受到静电或静电放电的破坏或损伤。如果一个元件的两个针脚或更多针脚之间的电压超过元件介质的击穿强度，就会对元件造成损坏，这是 MOS 器件出现故障最主要的原因。静电放电脉冲的能量可以产生局部地方发热。所以元器件、组件和设备要有一定的抗静电能力才能保证其静电安全。因此，静电放电被称为现代高技术工业中的病毒。

静电放电能量传播有两种方式。一种是传导方式：传导方式是放电电流通过导体传播，即静电电流直接侵入设备内的电路，如人手触摸 PCB 上的轨线、引脚、设备的 I/O 接口端子等。另外一种是辐射方式：辐射方式激励一定频谱宽度的脉冲能量在空间传播，在这个过程中，将产生潜在的破坏电压、电流及电磁场。静电放电近场为磁场，磁场直接依赖于静电放电电流。磁场的远场与电场一样，依赖于对时间的导数。由于在很短的时间内发生较大的电流变化，这种低电平、高速上升沿的静电放电火花对周围设备产生最大的骚扰，会引起误触发。干扰的大小还取决于电路与静电放电点的距离，静电放电产生的磁场随距离平方衰减，电场则随距离立方衰减。

在工业生产的某些过程中，常常由于静电力学效应的影响，妨碍生产或降低产品质量。在纺织行业及有纤维加工的行业，特别是涤纶、腈纶等合成纤维的生产、处理工序，静电问题突出。例如在抽丝过程中，每根丝都要从直径几十微米的小孔中挤出，会产生较多的静电，由于静电力的作用，会使丝飘动、粘合、纠结等，妨碍正常生产。在织布、印染等过程中，由于静电力吸附作用，可能吸附灰尘等，降低产品质量，甚至影响缠卷，使缠卷不紧。在粉体生产、加工过程中，静电除带来火灾和爆炸危险外，还会降低生产效率、影响产品质量。例如在进行粉体筛分时，由于静电力的作用而吸附细微的粉末，会使筛目变小，降低生产效率。在粉体气力输送过程中，在管道某些部位由于静电力的作用，积存一些被输送的物料，也会降低生产效率，而且由于静电作用结块的粉末脱离下来混在产品中会影响产品的质量。对粉体进行测量时，由于测量器具的静电吸附粉体还会造成测量误差。粉体装袋时，由于静电斥力的作用，使得粉体四处飞扬，既造成粉体损失，又污染环境。

在塑料和橡胶行业，由于制品与轮轴的摩擦、制品的挤压或拉伸，会产生大量的静电。一方面存在火灾和爆炸危险，另一方面，由于静电不能迅速消散会吸附大量灰尘，而不得不花费大量时间清扫。在印花和绘画工艺中，静电使油墨移动会大大降低产品质量。在将塑料薄膜打卷时，会由于静电的斥力使缠卷不紧。在感光胶片行业，由于胶片与轮轴的高速摩擦，胶片的静电电压可高达数千伏甚至上万伏。一旦发生静电放电，即使是能量较低的电晕放电也会使胶片感光而报废。另外，带电的胶片会因静电引力吸附灰尘降低胶片质量。在涂膜工艺，由于静电力的影响，会出现涂膜不匀的问题。在食品行业，粉状原料会由于静电而吸附在工艺设备的内壁上，往往一时不能清除，而在改制另一种食品时，这些残留在设备内壁上的食品可能脱落下来，混合进来，降低食品质量。

随着电子系统体积的小型化和运算速度的高速化，电子器件对静电的敏感度越来越高。如今 ESD 在各方面影响着工业生产率和产品的质量。尽管人们在过去几十年中付出了巨大的努力，ESD 仍然对产品的产量成本、质量、可靠性和利润诸方面产生不可忽视的影响。有人指出 ESD 对电子工业造成的损失每年高达数十亿美元。损坏的器件从价值几分钱的二极管到价值数百美元的集成块。如果考虑维修、运输、劳动力和管理的成本，损失更加巨大。从制造到使用各个环节，静电都能对器件造成危害。如果对周围环境不加以控制或控制措施不得当，危害就会发生。Stephen Halperin 曾在其文章 "Guidelines for Static Control Management" 中指出，由于静电危害造成的电子产品的平均损坏率为 8%～33%。

下面是 4 种和 PCB 有关的静电放电损坏模式：

1）被之间通过敏感电路的静电放电电流损坏或摧毁，这种损坏由于静电放电电流直接进入元件引脚，通常导致永久损坏。

2）被流过接地回路的静电放电电流损坏或摧毁。通常大部分的电路设计者都认为接地回路是低阻抗的，实际上它不是低阻抗的，由于接地回路的抖动，经常导致电路被摧毁。而且地的抖动，也会造成 CMOS 电路的阻塞。

3）被电磁场耦合损坏。这种影响通常不会造成电路摧毁，因为通常只是一小部分静电放电能量被耦合到敏感电路。

4）被预先放电的电场损坏。这种损坏模式不像其他几种模式那么普遍，它通常在非常敏感和高阻抗的模拟电路中看到。

虽然在日常生活中，静电放电电击对人体造成的伤害较弱，一般不会致死。但静电放电电击会给人造成一定的痛苦。如果对静电放电不了解，误将静电放电电击理解为工频电击或微波感应电击，就会造成心理恐慌。

4.4.2　静电放电测试

静电抗扰度测试用来模拟人体对设备静电放电时，受试设备对静电的抗扰能力。人体或其他物体接近或接触电气设备表面时，会发生静电高压放电。静电放电可能会对工作中的电气设备造成干扰或损坏设备。操作人员放电有时会使设备误动作或使电气元件损坏。静电放电抗扰度试验是模拟操作人员或物体在接触设备时的放电，以及人或物体对邻近物体的放电，以评估电气和电子设备遭受静电放电时的性能。

通常采用的静电发生装置为静电枪。静电放电的方式主要有接触放电和空气放电两种。一般静电枪本身带有用于接触放电的电极（尖头），静电枪下面为用于空气放电的电极（钝头）。接触放电测试过程中静电枪的电极直接与 EUT 保持接触，然后用放电开关控制放电。接触放电的放电位置应是人体通常情况下可能接触的位置，如开关、机壳、按钮、键盘等。但是对仅在维修时才能接近的部位（除专用产品规范中另有规定）不允许静电放电。空气放电测试中静电枪的放电开关已处于开启状态，然后将静电枪的电极逐渐靠近 EUT，当静电枪放电电极与 EUT 间空气间隙的击穿电压低于静电枪的放电电压时，就会产生火花放电。空气放电一般施加在 EUT 的孔、缝和绝缘面处。TESEQ 特测 NSG437 测试枪如图 4-23 所示。

静电放电的实验装置如图 4-24 所示，该图为 3ctest 公司的 ESDD-A 平台，测试标准符合 GB/T 17626.2—2018。通常受试设备应放置在一块地线板的上方，地线板的边缘要比水平耦合板的投影外延出至少 0.5m，试验时必须使用同一根地线。接地线与受试设备之间的距离至少 0.2m。受试设备与地线板之间的距离：台式设备为 80cm，落地式设备为 10cm。受试设备为台式设备时，受试设备的下面要放置一块与受试设备绝缘的金属板，称为水平耦合板，在距受试设备 0.1m 的地方还要垂直放置一块 0.5m×0.5m 的金属板，称为垂直耦合板。垂直耦合板与水平耦合板要相互绝缘，两块板分别通过一根电阻导线与地线板连接，在发生静电放电时，这根电阻导线可以隔离耦合板与地线板，470kΩ 的电阻串接在导线两端，而且电阻的体积要大，以防止电荷跨过电阻表面。

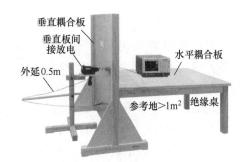

图 4-23　TESEQ 特测 NSG437 测试枪 　　　　图 4-24　静电放电的实验装置

静电放电实验包括直接接触放电和空气放电。通过导体直接耦合称为直接接触放电；通过空间辐射耦合称为空气放电。在实验中，直接接触放电用放电枪电极直接对准受试设备的实验点实施放电，而空气放电是用放电枪电极对受试设备附近垂直放置和水平放置的耦合板实施放电。通常直接接触放电是优先选择的试验方式，当受试设备不能使用直接接触放电时，才选择空气放电试验。静电放电试验除了对设备表面上可以接触的金属件进行试验外，还要对一些绝缘表面上的缝隙及孔洞进行试验，防止非接触式放电。静电放电试验是瞬态的，为了检验设备抗干扰的性能，一般要做数十次的试验，并选用不同极性的电荷进行试验。表 4-4 为静电放电试验等级。图 4-25、图 4-26 分别为 IEC 61000-4-2 规定的静电放电发生器电路和典型放电波形，其中 t_r 为 I_P（第一个电流峰值）从 $10\% \sim 90\%$ 所用间隔时间。

表 4-4　静电放电试验等级

试验等级	接触放电试验电压/kV	空气放电试验电压/kV
1	2	2
2	4	4
3	6	8
4	8	15
5	待定	待定

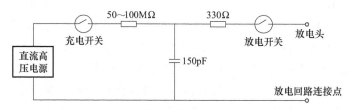

图 4-25　静电放电发生器电路图

4.4.3　静电防护

1. 防静电设计

静电放电是高电位、强电场、瞬态大电流的过程。其电位较高，至少有几百伏，典型值在几千伏最高可达上万伏。带电人体对接地体产生火花放电时，产生的瞬态脉冲电流的强度可达几十安甚至上百安，所产生的上升时间极快（短于10ns）、持续时间极短（多数只有

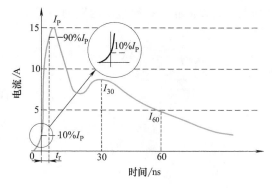

图 4-26　4kV 理想接触放电电流波形

几百纳秒）的电磁脉冲它所形成的静电放电电磁脉冲（ESD/EMP）将产生强烈的电磁辐射。其电磁能量会引起电子系统中敏感器件误操作甚至损坏。现在已与高空核爆炸形成的核电磁脉冲（NEMP）及雷电电磁脉冲相提并论。

ESD 会导致产品操作失常或严重损坏。其能量的传播有两种方式：

1）传导方式：放电电流（$t = 0.7 \sim 1\text{ns}$）通过导体传播，导体间发生，发生时有声光；火花放电发生在相距较近的带电导体之间。

2）辐射方式：放电电流通过导体传播，或激励一定频谱宽度（约 300MHz，上限可超过 1GHz）的电磁波在空间传播；可以直接穿透机箱，或通过孔洞、缝隙、通风孔、输入输出电缆等耦合到敏感电路。

如果感应的电压或电流超过抗扰度限值，该电路性能将下降或失效。静电放电现象是客观存在的，防止静电对元器件损伤的途径包括：在元器件的设计制造上，进行抗 ESD 设计和工艺优化，提高元器件内在的抗 ESD 能力；采取静电防护措施，

使器件在制造、运输和使用过程中，避免静电带来的损伤。抗 ESD 设计和工艺优化可分为：PCB 防护设计、系统防护设计、加工环境防护设计、应用环境防护设计（一般应达到 2kV 以上的防护要求）。目前主流的防静电设计有以下几种：

（1）器件的防护

要更为有效地控制静电放电，在器件和产品的设计中就应该加以考虑。如在器件内部设置静电防护元件，尽量使用对静电不敏感的器件，以及为所使用的静电放电敏感器件提供适当的输入保护，使其更合理地避免静电放电的伤害。MOS 工艺是集成电路制造的主导技术，以金属-氧化物-半导体场效应晶体管为基本构造元件。由于 MOS 器件中场效应晶体管的栅、源极之间是一层亚微米级的绝缘栅氧化层，故其输入阻抗通常大于 1000MΩ，并且具有 5pF 左右的输入电容，极易受到静电的损害。因此，在 MOS 器件的输入级中均设置了电阻—二极管防护网络，串联电阻能够限制尖峰电流，二极管则能限制瞬间的尖峰电压。器件内常见的防护元件还有电容、双极晶体管、晶闸管整流器等。静电放电发生时，它们在受保护器件之前迅速做出反应，将静电放电的能量吸收、释放，使被保护器件所受冲击大为降低。正常情况下，防护元件在其一次崩溃区内工作，不会受到静电放电损伤，一旦外加电压或电流过量，进入二次崩溃区的防护元件将受到不可逆转的损害，而失去对器件的保护作用。目前许多厂家已经研制出具有内部保护电路的器件，一系列相应的测试标准也已颁布执行。比如 Microsemi 公司推出的 TVSF0603 Femto Farad ESD 是一款静电抑制器件，具有较小的 0603 封装，其超低电容为 0.15～0.25pF，能承受 15kV/45A 的静电放电试验，可用于高速数据、射频电路和移动设备。

（2）整机产品防护

在整机产品设计时，可在静电放电敏感器件最易受损的引脚处（例如 Vcc 和 I/O 引脚），根据被保护电路的电特性和可用的电路板空间决定加入抑制电路或隔离电路。以应用很广的瞬态电压抑制二极管（TVS）为例，当受到外界瞬态高能量冲击时，瞬态电压抑制二极管 ps 级的速度，将其瞬态电压保护二极管两极间的高阻抗变成低阻抗，吸收高达数千瓦的浪涌功率，使两极间的电压箝位于一个预定值，被保护器件可免受静电放电的损伤。瞬态电压抑制二极管具有响应时间快、瞬态功率大、漏电流低（<1A）、箝位电压易控制、体积小等优点，可有效地抑制共模、差模干扰，是电子设备静电放电保护的首选器件，通常在电缆入口处安装瞬态抑制二极管或滤波电容。另外为了防止静电电流通过共模滤波电容进入电路，在靠近电路一侧可以安装铁氧体磁珠。

（3）PCB 静电放电保护

➤ I/O 端口与电路分离，隔离开单独地。电缆接 I/O 地或浮地。

➤ 数字电路时钟前沿时间小于 3ns 时，要在 I/O 连接器端口对地间设计火花放电间隙来防护电路。空气击穿 30kV/cm，壳接地时安全距离为 0.05cm，壳不接地时安全距离为 0.84cm。火花间隙应小于这个距离。

➤ I/O 端口加高压电容，电容耐压要足够，比如陶瓷电容器。

➤ I/O 端口加 LC 滤波器。

➤ ESD 敏感电路采用护沟和隔离区的设计方法。

➤ PCB 上下两层采用大面积覆铜并多点接地。

➤ 电缆穿过铁氧体环可以大大减小 ESD 电流，也可减小电磁干扰辐射。

➤ 多层 PCB 比双层 PCB 的防非直击 ESD 性能改善 10~100 倍。

➤ 回路面积尽可能小，包括信号回路和电源回路。ESD 电流产生磁影响。

➤ 在功能板顶层和底层上设计 3.2mm 的印制线防护环，防护环不能与其他电路连接。

➤ 信号线走线应靠近低阻抗 0V 参考地面。

（4）环路面积控制

静电放电的控制技术中，也应注意环路面积的控制，即注意环流所在的环路面积。其中包括元件、I/O 连接器、元件/电源面之间的距离。下面列出的就是常用的减小环路面积的方法：

➤ 严格控制地面和电源子系统之间的耦合。保持地线和电源线彼此靠近。

➤ 信号线必须尽可能地靠近地线、地平面、0V 参考面。

➤ 在电源和地之间使用具有高的自谐振频率，尽可能低的 ESL 和 ESR 旁路电容。

➤ 保持走线长度越短越好，将天线耦合减到最小程度。

➤ 在 PCB 板的顶层和底层没有元件或电路的区域，应尽可能多地加入地平面。

➤ 在静电放电敏感元件和其他功能区之间，加入保护带或隔离带。

➤ 将所有机壳的地都接到地阻抗。

➤ 采用齐纳二极管（稳压二极管）或静电放电抑制元件来提供瞬时保护。

➤ 地的瞬时保护设备应接到机壳地，而不是电路地。

➤ 由铁氧体材料制成的串珠或滤波器，能够提供很好的静电放电电流衰减，从而为辐射发射提供电磁干扰保护。

➤ 采用多层 PCB 能够提供的非接触静电放电电磁场保护比两层板好 10~100 倍。

（5）静电保护镶边

保护镶边不同于地线。它通过对 PCB 边沿的处理，将静电放电的风险降到最小。为了阻止和内部电路没关系的静电放电干扰，辐射或传导耦合到电路元件，在 PCB 的顶层和底层周边边沿，放置 32mm 厚的保护镶边。将保护镶边通过整个 PCB 边沿连接到 0 参考面。静电放电中的保护带如图 4-27 所示。

2. 抗静电材料及改良措施

绝缘材料容易产生静电，并且对积累的静电荷难以泄漏。因而常常需要对绝缘材料进行抗静电改性，将绝缘材料变为静电消散材料，达到抑制静电的目的。抗静电材料主要的分类有导体、静电耗损材料、抗静电物质、绝缘物质等，但想要抗静电材料获得更好的效果，目前有以下几种提升方法：

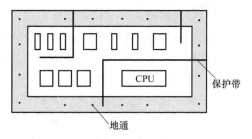

图 4-27 静电放电中的保护镶边

（1）抗静电改性剂

使用抗静电剂，可以改变高分子材料的导电性能，使其达到泄漏静电的要求。抗静电剂是一种化学物质，具有较强的吸湿性和较好的导电性，在介质材料中加入或在表面涂敷抗静电剂后，可降低材料本身的体电阻率或表面电阻率，使其成为静电的导体材料和静电的消散材料，加速对静电荷的泄漏。使用抗静电剂对固体材料进行抗静电改性处理可分为固体内部掺杂方法和表面涂敷方法。无论是内部掺杂还是外部涂敷，抗静电剂的作用机理都是一样的。因为抗静电剂一般都是表面活性剂，加入材料后表面活性剂的疏水基向材料内部结合，而亲水基则朝向空气，于是在被处理材料表面形成一个连续的能够吸附空气中微量水分的单分子导电层。当抗静电剂为离子型化合物时，该导电层就能起到离子导电作用；当抗静电剂为非离子型时，它吸湿效果除了表面水膜导电性外，还使得材料表面的微量电解质有了离子化的条件。

（2）材料的导电性填充

当空气相对湿度较低时，抗静电剂的抗静电效果就会下降，甚至失去作用。所以研制永久性抗静电材料是十分必要的。导电性填充材料抗静电改性技术，是在材料的生产过程中，将分散的金属粉末、炭黑、石墨、碳素纤维等导电性填充料与高分子材料相混合，形成导电的高分子混合物，并可制成电阻率较低的各种静电防护用品。由导电性填充料和高分子材料混合制成的抗静电制品主要有抗静电橡胶制品和抗静电塑料制品，已广泛应用于火工品、火炸药及石油、化工、制药、煤气、矿山等领域。导电填充料技术与抗静电剂处理方法相比较，有如下优点：

首先，导电性填充材料可以更有效地降低聚合物材料的电阻率，并可在相当宽的范围内加以调节，而抗静电剂最多只能将聚合物的电阻率下降到一定值，再往下就非常困难了。其次，化学抗静电剂抗静电的主要机理在于吸湿，因此，其制品在低湿度下的抗静电性能变得很差以至完全丧失；而由导电性填充材料获得的抗静电制品，其泄漏静电的机理与吸湿无关，所以即使在很低的相对湿度下，仍能保持良好的抗静电性能。另外，在抗静电性的耐久性方面，导电性填充材料也优于化学抗静电剂。

导电性填充的效果，主要取决于导电性填充料的种类、骨架构造、分散性、表面状态、添加浓度，以及基体聚合物的种类、结构和填料加入聚合物的方法。导电性混合料的导电机理是十分复杂的，其电流-电压特性是非线性的。主要的导电过程可归结为两种：一是依靠链式组织中导电颗粒的直接接触使电荷载流子转移；二是通过导电性填充料颗粒间隙和聚合物夹层隧道效应转移电荷载流子。同时，高分子混合料加工成制品的工艺及制品中的缺陷等也都会影响制品的抗静电性能。

（3）射束辐照抗静电改性

射束辐照抗静电改性技术，是利用离子束、电子束或 X 射线对高分子材料进行照射，以期获得永久性的抗静电材料。20 世纪 60 年代，有人用电子束和 X 射线照射高分子材料进行了抗静电改性实验。但实验结果并不理想，被辐照的材料呈现出的抗静电性能，很快（数小时之内）衰减，最后完全恢复到辐照前的水平。但是，利用离子束或射束技术与抗静电剂相结合及等离子体技术对材料表面改性，曾获得比较理想的抗静电表面。

（4）层压复合防静电阻隔材料

自 20 世纪 70 年代起，综合运用抗静电剂、真空镀铝和聚合物生产工艺，研制了层压复合静电阻隔材料，这些材料可以对半导体器件和计算机芯片及某些电磁敏感产品和设备进行静电防护，同时还具有防电磁辐射的功能。如图 4-28 所示，为层压复合型防静电阻隔材料。

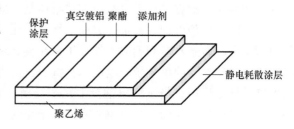

图 4-28　层压复合型防静电阻隔材料

3. 静电消除器

每一种静电防护技术都有其适用范围，也都有一定的局限性。如静电接地不适用于静电绝缘体，空气加湿对生产工艺有一定影响，有些情况下为保证产品质量不允许加湿或无法提高环境相对湿度。能使空气发生电离、产生消除静电所必要的离子的装置称为静电消除器，又可称为静电中和器，简称消电器。其基本原理是：利用空气电离发生器使空气电离产生正、负离子对，中和带电体上的电荷。消电器具有不影响产品质量、使用方便等优点，因而应用十分广泛。

消电器种类很多。按照使空气发生电离的手段的不同，可分为无源自感应式、外接高压电源式和放射源式三大类。其中，外接高压电源式按使用电源性质不同又可分为直流高压式、工频高压式、高频高压式等几种；按构造和使用场所不同，还可分为通用型、离子风型和防爆型三种类型；此外，还有一些适用于管道等特殊场合的消电器。

（1）无源自感应式消电器

无源自感应式消电器是一种最简单的静电消除器，它的工作原理如图 4-29 所示。在靠近带电体的上方安装一个接地的针电极，由于静电感应，针

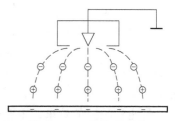

图 4-29　无源自感应式消电器的工作原理

尖上会感应出密度很大的异号电荷，从而在针尖附近形成很强的电场。当局部场强达到或超过起晕电场时，针尖附近的空气被电离、形成电晕放电，在电晕区产生大量的正、负离子。在电场力作用下，与带电体极性相同的带电粒子向放电针运动，与带电体极性相反的带电粒子向带电体运动，到达带电体后，带电体上的电荷被中和。与此同时，沿放电针的接地线流过电晕电流。如果带电体上不断有静电产生，则电晕放电持续不断，电晕电流也持续不断，消电器可以不断中和带电体上的静电荷。

（2）一般高压电源式消电器

一般高压电源式消电器与无源自感应式消电器的主要区别在于高压电直接或间接地向放电针供电，在针尖附近安装有接地电极。外接的高电压在放电针尖端附近产生强电场使空气局部高度电离，与带电体符号相反的离子在电场驱动下移向带电体、并与其上的电荷发生中和作用而消电。显然，这种消电器针尖的电离强度不取决于带电体的电位高低，因而从根本上消除了无源自感应式消电器的缺点。

一般高压电源式消电器按所接高压电源种类的不同，分为直流高压电、工频交流高压电、高频交流三种。从消电效果来说，直流最好，工频交流次之，高频交流最差。这是因为，直流高压消电器是在放电针尖端产生与带电体电荷极性相反的离子，直接中和带电体上的电荷。而交流高压消电器是在放电针尖端附件产生正负离子，它们随时都在复合，而且频率越高，复合作用越显著。

（3）离子风高压电源式消电器

离子风高压电源式消电器是一种将电离的空气离子用气流输送到远处去消除带电体上静电的有源电晕装置。空间离子随着气流运动构成所谓离子风，这种消电器又称为离子流消电器，或送风型消电器。该消电器的突出特点是作用距离大，在正常风压下，距消电器 300~1000mm 处有良好的消电效果，其作用范围也较大，作用的直径大致等于作用距离。离子风型消电器主要由高压直流电源、电晕放电器和送风系统所组成。其中，电晕放电器是由放电针、电极环和电极电阻组成，如图 4-30 所示。

（4）防爆型高压电源式消电器

图 4-31 是一种有代表性的防爆型消电器的原理框图。其工作原理是：压缩空气直接送至电晕放电器；当压力足够时，压力检测器给出信号，使时间继电器延时动作，并由时间继电器自动起动低压电源开关，低压电源向高压电源供电，高压电源

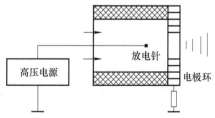

图 4-30 离子风消电器的基本原理

工作后即带动电晕放电器工作。反之，当压力不足或发生故障时，压力检测器发出停机信号，使时间继电器释放、电晕开关断开电晕放电器停止工作。这样的过程就

保证了消电器只在压缩空气正常压力的情况下才能工作，而正常压力的气流可使环境中的爆炸性混合物不与针尖附近的电晕层和高压电源相接触，并且，正常压力的空气流的吹入，还能减小放电针尖附近的爆炸性混合物的浓度，从而保证了消电器具有防爆功能。

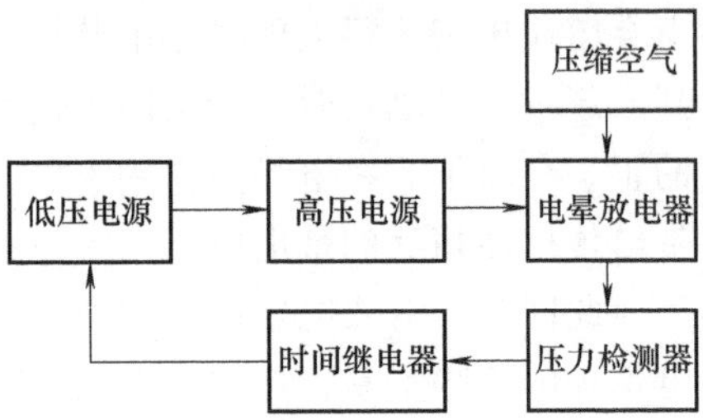

图 4-31　防爆型消电器的原理图

（5）放射源式消电器

放射源式消电器是利用射线电离空气形成正负离子对来消除静电。因此，带电体只有处在射线作用范围内才能实现消电。而射线电离空气产生的离子对是有一定的存活寿命，即一方面正负电荷分离，另一方面正负电荷又吸引复合。当电离和复合这两个相反的过程达到动态平衡时，就在射线的作用范围内维持着一定浓度的正负离子云。当接地的放射源消电器靠近带电体时，在电场力作用下，负离子就会向带电体表面趋近并发生电中和作用。由于部分负离子消耗于中和作用，故消电器附近正离子相对增多，形成对地电位差，并向接地表面迁移，通过消电器的接地通道向大地泄漏。这样就使带电体的静电得到了消除。

4.5　瞬态噪声抑制器件

由于滤波器的输入、输出阻抗与电网以及负载阻抗严重失配，对瞬态干扰的抑制能力非常的有限，目前最有效的方法就是采用瞬态干扰抑制器件，将大部分的能量尽可能地转移到大地。

（1）避雷管

避雷管是气体放电管（GDT），一个电极接到可能耦合瞬态干扰的线路，另一个电极接地。瞬态干扰出现时，管内气体被电离，两极间的电压迅速降到很低的残压值（2~4kV）上，很高的绝缘电阻（$>10^4 M\Omega$）和很小的寄生电容（<2pF），对产品正常工作不会产生有害影响。但其响应时间较慢（≤100ns），只适用于线路保护和产品的一次保护。当避雷管两端电压超过耐压强度时，避雷管击穿并产生电弧放电，把干扰能量导出，完成保护线路的功能，其特点是响应快、可承受多次浪涌冲击、电容小、无方向性（具对称性），可应用于调制解调器保护，信号线保护，交流线路的保护，网络电视、同轴电缆保护。一般部件电压范围为 75~10000V，耐冲击峰值电流 2kA，可承受高达几千焦的放电。其优点：通流量容量大，绝缘电阻高，漏电流小；缺点：残电压较高，反应时间慢（≤100ns），动作电压精度较低，有跟随电流（续流）。目前，市场中常见的避雷管器件有以下几种：半导体放电管、陶瓷气体放电管和玻璃放电管（强效放电管），按电极个数可

分为二极、三极放电管。2021 年，美国 Bourns 公司推出全新气体放电管 GDT25 型号系列，其具备卓越的电流处理能力，雷击浪涌电流额定值为 5kA，有着 7kA，8/20μs 波形的耐浪涌电流额定值，一秒可以承受 7A 交流放电电流。

（2）压敏电阻器

压敏电阻器（VSR）为多个 PN 结并联和串联在一起的电压敏感型保护器件。当加在其两端的电压低于标称压敏电压时，其电阻接近无穷大，而超过标称压敏电压后，电阻值便急剧下降。它对瞬态电压的吸收作用是通过箝位方式实现的，并转换为热量，其响应时间为 ns 级。其主要参数有击穿电压、通流容量、残压比。2019 年，南京先正电子股份有限公司推出了新一代国产 MYL1-20 型压敏电阻，电压范围做到了 82～2600V，通流容量 40kA，漏电流小于 30μA，且具备 V0 级阻燃防爆外壳。目前，压敏电阻被集成化已成为一种趋势。比如 AVX 公司制造的 Antenna Guard^{TM} 是一款集成压敏电阻的保护器件，被设计用于保护接收机的输入电路或是发射机的输出电路免受因天线耦合的 ESD 事件造成的损害，在这些天线保护芯片中，0603 封装的芯片的电容小于或等于 12pF，0402 封装的芯片的电容小于或等于 3pF。天线保护器芯片在无线产品中典型的高增益 FET 的 ESD 保护和 EMI 滤波中也特别有用。Antenna Guard^{TM} 也可以和一只电感器一起组成一个低通滤波器。Antenna Guard 中的压敏电阻，可以在 300～700ps 之间接通，并对 15kV 空气放电 ESD 事件提供典型的瞬时抑制，使其电平减至绝大多数 FET 的输入预放大器可以承受的残留电平。

（3）瞬态电压抑制器

TVS（瞬态电压抑制器）是一种二极管形式的高效能保护器件。当 TVS 二极管的两极受到反向瞬态高能量冲击时，它能以 10^{-12}s 量级的速度，将其两极间的高阻抗变为低阻抗，吸收高达数千瓦的浪涌功率，使两极间的电压箝位于一个预定值，有效地保护电子线路中的精密元器件，免受各种浪涌脉冲的损坏。由于它具有响应时间快、瞬态功率大、漏电流低、击穿电压偏差小、箝位电压较易控制、无损坏极限、体积小等优点，目前已广泛应用于计算机系统、通信设备、交/直流电源、汽车、家用电器、仪器仪表（电能表）、RS-232/422/423/485、I/O、LAN、ISDN、ADSL、USB、PDAS、GPS、CDMA、GSM、数字照相机的保护、共模/差模保护、RF 耦合/IC 驱动接收保护、电机电磁干扰抑制、声频/视频输入、传感器/变速器、工控回路、继电器、接触器噪声的抑制等各个领域。2022 年，美国 Vishay 公司推出了三款新系列 24V 表面贴装 XClampR^{TM} 瞬态电压抑制器（TVS）——XMC7K24CA、XLD5A24CA 和 XLD8A24CA，XMC7K24CA 系列 SMC 封装器件最大箝位电压低至 24V，10/1000μs 条件下峰值脉冲电流（I_{ppm}）高达 180A，相当于常规 TVS 的 7kW 额定功率。XLD5A24CA 和 XLD8A24CA 系列 DO-218AB 封装器件最大箝位电压为 26V，10/10000μs 条件下 I_{ppm} 为 120 A 和 180A，分别相当于常规 TVS 的 4.6kW 和 7kW 额定功率。

（4）HDMI 接口的保护设计

高分子静电抑制器（PESD）双向保护器件放在 HDMI 连接器的后面，可以达到 IEC 61000-4-2 标准：空气放电测试时为 ±15kV，接触放电 8kV。通常市场上的 PESD 其信号对地的电容约为 0.05 ~ 0.25pF，且具备漏电流极小（<0.05μA）、极快的响应时间（0.5ns）、封装尺寸小、价格低于硅器件的优点，并符合 EIA 标准的 0603（长 0.6mm，宽 0.3mm）和 0402。2022 年，荷兰 Nexperia 公司推出了新一代 PESD1ETH1GLS-Q 系列，高触发电压做到了 100V，ESD 防护电压做到了 30kV。因为 PESD 抑制器是 HDMI 接口第一个遭遇 ESD 瞬变的板级器件，安装过程中任何需要保护的芯片均应尽可能地远离 PESD 抑制器。一种适用于数据接口高速应用的 Littelfuse 公司器件为 SPO504S，它包含四个二极管到 V_{cc}，四个二极管到地，以及在 V_{cc} 和接地之间的一个齐纳二极管，规格为 ESD ± 12kV 接触放电，±12kV 空气放电，电容为 0.85pF，雷击浪涌 8/20μs 为 4.5A，EFT：5/50ns 为 40A。另一种适用于高速数据和射频的低电容器件是 Littelfuse 公司推出的 DP5003，它包含共模滤波和保护二极管，三个共模扼流圈和四个二极管保护两个差分线路部分，规格为带宽大于 4GHz，电容 0.8 ~ 1.3pF，在 100MHz 时，共模阻抗为 32Ω，接触放电 ±15kV，符合欧洲标准 EN61000-4-2 第 4 等级的接触放电。

（5）USB 端口的静电防护

在使用 USB 设备时通常都采用热插拔，此时存在静电放电的隐患。现代计算机越来越多地采用低功率逻辑芯片，由于 MOS 的电介质击穿和双极反向结电流的限制，使这些逻辑芯片对 ESD 非常敏感。用户在插拔任何 USB 外设时都可能产生 ESD。因此，针对 USB 元件的 ESD 防护已经迫在眉睫。低电容瞬态抑制二极管阵列（NUP4201DR2 器件）可用于 USB2.0 或者 USB1.1 元件的 ESD 防护。对 USB3.0 的电源线，可使用 TVS 对地做防护，来做静电电压箝位。应选择的 TVS 管的结电容均较小，满足 USB3.0 的高速传输。TVS 管的反应时间为 ns 级别，残压低。同时，小封装的 TVS 管也满足 USB 芯片集成度高的特点，占用 PCB 小。比如 2012 年，英飞凌（Infineon）公司推出了 ESD3V3U4ULC 系列，该产品具备卓越的静电防护性能，并且二极管电容（二极管对地）极低，典型值为 0.5pF。2014 年，美国 Littelfuse 公司针对 USB3.0 接口 ESD 保护方案设计了新一代 TVS 器件 SP3012-04 系列，其规格是 5V 的 4 路单向 TVS，封装采用小型 DFN-10，其接触静电 ±12kV、空气静电等级 ±25kV，具备静电等级高、低电容（0.5pF）、静电干扰响应快等优点。另外，Microsemi 公司推出的 SRLCO5 器件适用于 10MHz 的 Base T 以太网接口和数据速率为 900Mbit/s 的 USB 接口，反向截止电压为 5V，击穿电压为 5.6V，箝位电压在 1A 时为 8V，箝位电压在 5A 时 11V，电容为 4 ~ 6pF。

（6）多级组合保护电磁兼容设计准则

主要是根据被保护线路的信号速度来考虑，速度越高，需要选择结电容 C_p 越小的器件。再根据信号电压选择合适的 U_{RWM}，然后考虑需要抗多高的静电和 P_{pp}

峰值功率。将这些参数结合需要保护的引脚（线路）数量，选择单路或多路。如果被保护器件通信速率很高，则应当选择容抗小的 ESD 保护器件。Littelfuse 公司的 SM712 器件具有两条线路，每个线路都包含串联着的二极管和齐纳二极管，并且适用于标准 RS-485。ESD 保护有 ±30kV 空气放电，±30kV 接触放电，8/20μs 为 4.5A，EFT（电快速瞬变脉冲群）5/50ns 为 50A，电容为 75pF，不适合高速数据传输。而 Littelfuse 的 SP724 器件含有四个双极晶闸管/二极管箝位电路，带有典型的 3pF 电容、ESD8kV 接触放电、15kV 空气放电、8/20μs 3A 雷击浪涌，峰值电流 8A 为 1μs，2.2A 为 100μs。

（7）多级组合保护电路原理

如图 4-32 所示，当浪涌电压加在保护电路输入端时，响应速度最快的 TVS 管首先动作。适当选择电感（10μH）或电阻（2Ω）的参数，使放电电流在 L_2 上的电压降加上 TVS 管的电压降达到压敏电阻器 MOV 管的击穿电压，MOV 管开始动作。当放电电流在 L_1 上的电压降加上 MOV 管的电压降到避雷管 GDT 的击穿电压，GDT 开始动作释放大浪涌电流。另外，Littelfuse 公司的 Surgector 器件是晶闸管浪涌抑制器，设计用于电信保护，如尖端电路和环形电路，最高电压为 77～400V，最大电流为 10×1000μs 脉冲电流为 50～100A，对于 2×10μs 脉冲，电流为 320～500A。

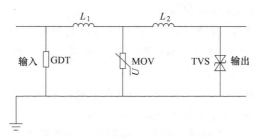

图 4-32　多级组合保护电路原理图

第5章

滤波技术

5.1　滤波技术概述

在电力电子系统中，通过合理的电磁兼容设计，其电磁干扰水平可以得到有效抑制。对于电力电子系统的传导电磁干扰噪声，最常用的抑制方法是滤波。

滤波技术有多种分类：按照滤波器在电路中所处的位置和作用划分，可分为信号滤波、电源滤波、EMI滤波、电源去耦滤波和谐波滤波等；按照滤波器电路中是否包含有源器件来划分，又可分为无源滤波和有源滤波；按照滤波器的频率特性划分，又可分为高通、低通、带通、带阻滤波等；按照滤波器的能量损耗特性划分，又可分为反射滤波器和损耗滤波器等。

应当指出，在EMC设计中所讨论的EMI滤波器与通信及信号处理中所讨论的信号滤波器相比，虽然它们的基本原理相同，但是，它们具有下列完全不同的特点，必须在设计中予以足够的注意：

1）EMI滤波器中用的L、C元件，通常需要处理和承受相当大的无功电流和无功电压，因此它们必须具有足够大的无功功率容量。

2）信号处理中用的滤波器，通常是按阻抗完全匹配状态设计的，以保证得到预想的滤波特性。但是，EMI滤波器有时会在失配状态下运行，因此，必须认真考虑它们的失配特性，以保证它们在$0.15 \sim 30\mathrm{MHz}$范围内，能得到足够好的滤波特性。

3）在EMI滤波器设计中，还需要考虑L、C元件高频寄生参数的影响。

4）EMI滤波器虽然是抗电磁干扰的重要元件，但是，使用时必须仔细了解其特性，并正确使用，否则，不但无法取得预期的滤波效果，反而会引入新的噪声。例如，当滤波器与端阻抗严重失配时，可能产生"振铃"现象；另外，EMI滤波器设计不当时，还会在某一频率产生谐振问题；此外，若滤波器本身缺乏良好的屏蔽或接地不当，还可能给电路引进新的噪声，特别是对用于电源中的EMI滤波器，由于它流过较大的功率流，上述因不正确使用造成的后果会十分严重。因此，在EMI滤波器的设计和使用过程中，上述问题必须加以慎重考虑。

本章将从无源滤波器的基本原理出发，着重对EMI滤波器的类型和特性，以及 EMI 滤波器的设计进行详细讨论。

5.2　无源滤波器的概念

无源滤波器又称 LC 滤波器，是利用电感、电容和电阻的组合设计构成的滤波电路，可滤除某一次或多次谐波。最普通且易于采用的无源滤波器结构是将电感与电容串联，可对主要次谐波（3、5、7）构成低阻抗旁路，单调谐滤波器、双调谐滤波器、高通滤波器都属于无源滤波器。无源滤波器具有结构简单、成本低廉、运行可靠性较高、运行费用较低等优点，目前已被广泛应用在谐波治理中。

5.2.1　无源滤波器的二端口网络特性及插入损耗

根据二端口网络的理论知识，如果一个电路或装置有两个端口，而每个端口又是由两个端子组成，如果同一个端口的两个端子流入的电流等于流出的电流，那么整个电路可以视为一个黑盒，只用计算端口电压电流特性而不用考虑其内部结构。由于无源滤波器输入端和输出端通常和噪声源、负载相接，整个无源滤波器可以看作一个二端口网络，图 5-1 是一个典型的二端口网络模型。

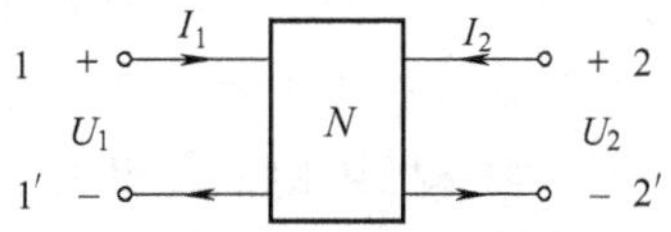

在分析和设计无源滤波器时，为了方便起见，通常采用 A 参数矩阵来对其二端口网络特性

图 5-1　二端口网络模型

进行描述，A 参数矩阵利用系统传输方程来描述电压和电流的传输关系：

$$\begin{cases} U_1(s) = a_{11}U_2(s) + a_{12}[-I_2(s)] \\ I_1(s) = a_{21}U_2(s) + a_{22}[-I_2(s)] \end{cases} \tag{5-1}$$

或者可表示为

$$\begin{bmatrix} U_1(s) \\ I_1(s) \end{bmatrix} = \begin{bmatrix} a_{11} & a_{12} \\ a_{21} & a_{22} \end{bmatrix} \begin{bmatrix} U_2(s) \\ -I_2(s) \end{bmatrix} = A \begin{bmatrix} U_2(s) \\ -I_2(s) \end{bmatrix} \tag{5-2}$$

其中，A 即为二端口网络的 A 参数矩阵，A 参数的求解可由式（5-3）得到

$$\begin{cases} a_{11} = \dfrac{U_1(s)}{U_2(s)}\bigg|_{I_2(s)=0} \\ a_{12} = \dfrac{U_1(s)}{-I_2(s)}\bigg|_{U_2(s)=0} \\ a_{21} = \dfrac{I_1(s)}{U_2(s)}\bigg|_{I_2(s)=0} \\ a_{22} = \dfrac{I_1(s)}{-I_2(s)}\bigg|_{U_2(s)=0} \end{cases} \tag{5-3}$$

式中，a_{11} 称为开路电压比；a_{12} 称为短路转移阻抗；a_{21} 称为开路转移导纳；a_{22} 称为短路电流比。对于一般的二端口网络来说，a_{11}、a_{12}、a_{21}、a_{22} 四个参数都是独立的，但对于互易网络而言，有 $a_{12}=a_{21}$。

A 参数矩阵具有如下性质：

1）如果一个二端口网络满足 $a_{12}=a_{21}$（互易网络条件），则有 A 参数矩阵的行列式为 1，即 $\det|A|=1$。

2）对于多级级联的网络系统，如图 5-2 所示，可以利用每个二端口网络的 A 参数矩阵，将整个网络的 A 参数矩阵用各部分的乘积表示出来：$[A]=\sum\limits_{i=1}^{N}[A_i]$；

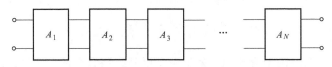

图 5-2　多级级联的网络系统

由此可以看出，在多个负载的级联系统中，可以将其分解为多个二端口网络，利用每个二端口网络的 A 参数矩阵的乘积来表示整个系统的传输关系。

无源滤波器的主要性能指标一般包括插入损耗、频率特性、阻抗匹配、额定的电流值、绝缘电阻值、漏电流、物理尺寸及重量、使用环境以及本身的可靠性等。在实际使用时考虑最多的是性能指标，主要是滤波器的插入损耗。

插入损耗（insertion loss，IL）作为评价滤波器的最重要指标，通常用来衡量负载对干扰信号的抑制能力，插入损耗指的是在传输系统的某处由于元件或器件插入而发生的负载功率的损耗，它表示为该元件或器件插入前负载上所接收的功率与插入后同一负载上所接收到的功率以分贝为单位的比值，滤波器插入前后负载侧电压变化如图 5-3 所示。

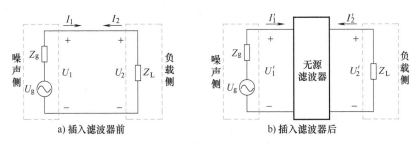

a) 插入滤波器前　　　　　　　　　　　　　b) 插入滤波器后

图 5-3　插入损耗计算示意图

图 5-3 中，U_g 和 Z_g 分别表示噪声源和噪声源阻抗；Z_L 表示负载阻抗。

根据 A 参数矩阵，从噪声源侧看滤波器的入端阻抗 Z_{1i} 为

$$Z_{1i}=\frac{A_{12}+A_{11}Z_L}{A_{22}+A_{21}Z_L} \tag{5-4}$$

从滤波器的负载侧看，其输出阻抗 Z_{2i} 为

$$Z_{2i} = \frac{A_{12} + A_{22} Z_g}{A_{11} + A_{21} Z_g} \tag{5-5}$$

根据插入损耗的定义，可得插入损耗的计算公式为

$$IL = 10 \lg \frac{P_1}{P_2} = 20 \lg \frac{U_2}{U_2'} \tag{5-6}$$

式中，P_1 是不接滤波器时，从噪声源传送到负载 Z_L 上的功率；P_2 是接入滤波器后，传送到负载 Z_L 上的功率；U_2 为不加滤波器时负载两端电压；U_2' 为加入滤波器后负载两端电压。

根据插入损耗的计算公式，用 A 参数矩阵可表示为

$$IL = 10 \lg \frac{A_{11} Z_L + A_{12} + A_{21} Z_g Z_L + A_{22} Z_g}{Z_g + Z_L} \tag{5-7}$$

无源滤波器的滤波效果取决于其所能提供的插入损耗的值，滤波器的插入损耗值越大，其滤波性能越好。所以，在保证滤波器满足安全、环境、机械和可靠性能的全部要求的前提下，要使无源滤波器的干扰抑制效果越好，就需要使其提供越大的插入损耗值。

从插入损耗的计算公式来看，滤波器的工作效果不仅和自身的结构以及元件参数有关，还和负载阻抗、噪声源阻抗有关，即无源滤波器对干扰噪声的抑制效果会受到系统结构的影响，这表明同样的无源滤波器在不同系统中的滤波效果可能相差很大。对于设计好的无源滤波器，产品说明书中给出的插入损耗曲线一般是在负载阻抗和噪声源阻抗都是 50Ω 时测量得到的，所以实际使用时的插入损耗很可能比说明书给出的要小。

5.2.2 无源滤波器的基本结构

无源滤波器的基本电路类型有 T 型、CL 型、LC 型、Ⅱ 型，另外，为了改善简单滤波器的频率特性（幅频特性和相频特性），实际滤波器设计中往往还需要采用多级滤波器网络来得到更好的滤波效果，但多级滤波器很少超过四级。无源滤波器的基本结构如图 5-4 所示。

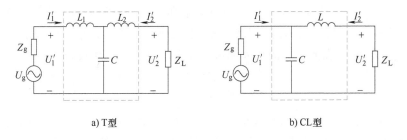

a) T型   b) CL型

图 5-4　无源滤波器基本结构

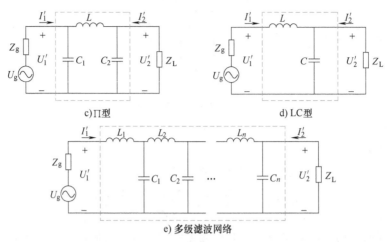

图 5-4 无源滤波器基本结构（续）

5.2.3 阻抗失配问题

设计用于电力电子装置的 EMI 滤波器时，滤波器输入端噪声源阻抗 Z_g 与负载阻抗 Z_L 是任意的，它不一定满足阻抗匹配条件 $Z_g = Z_L$。也就是说，实际中难以保证滤波器工作在最佳状态，而且由于 EMI 滤波器可能会安装在不同的设备和电网网络中，所以，EMI 滤波器所接的噪声源和负载阻抗的性质和数值均是无法确定的。对作为噪声源的电力电子装置而言，它的高频阻抗与电路结构、布线技巧、采用的半导体器件和工作频率等因素有关，所以，该阻抗可能在较宽的范围内变化。而 EMI 滤波器的负载阻抗则比源阻抗更加不确定，因为它与该电力电子装置在电网中连接点位置有关，所以负载阻抗总是在随时变化。

由于上述原因，必须在阻抗不匹配的情况下分析 EMI 滤波器，工程中通常希望滤波器工作在规范的输入阻抗和输出阻抗中，一般取源阻抗和负载阻抗都等于 50Ω。对于一个电力电子系统而言，噪声源阻抗和负载阻抗与滤波器规范所规定的阻抗不同时，滤波器的输出响应就会发生变化，滤波器将不能达到预期的工作性能。在实际应用中，EMI 滤波器两端阻抗通常都是处于失配状态，即假设噪声源端口的输出阻抗和与其连接的滤波器的输入阻抗分别为 Z_s 和 Z_1，根据信号传输理论，当 $Z_s \neq Z_1$ 时，在滤波器的输入端口会发生反射，反射系数为

$$\rho = \frac{Z_s - Z_1}{Z_s + Z_1} \tag{5-8}$$

显然，Z_s 与 Z_1 相差越大时反射系数 ρ 越大，滤波器输入端口产生的反射也越大，干扰信号就越难以通过。所以，滤波器输入端口应与噪声源的输出端口处于失配状态，从而使干扰信号产生反射。同理，滤波器的输出端口也应与负载处于失配

状态，从而使作用在负载上的干扰信号得到衰减。下面先讨论几种简单的阻抗失配情况。

为了简化分析，先假设噪声源的阻抗可忽略不计的情况，这时插入损耗则与电路的电压衰减相等。首先讨论单个 LC 滤波电路在不同负载阻抗情况下的插入损耗问题。

（1）纯阻性负载

纯电阻负载接入 LC 滤波器对应的电路如图 5-5 所示，设 LC 滤波器的固有频率 $\omega_0 = \dfrac{1}{\sqrt{LC}}$，这时滤波器的插入损耗为

$$IL_R(\omega) = 10\lg\left\{\left[1-(\omega/\omega_0)^2\right]^2+(\omega L/R_L)^2\right\} \tag{5-9}$$

由于插入了滤波器，电路的谐振频率为

$$\omega^2 = \omega_0^2 - 1/(C^2 R_L^2) \tag{5-10}$$

插入损耗与频率的对应关系如图 5-5 所示。

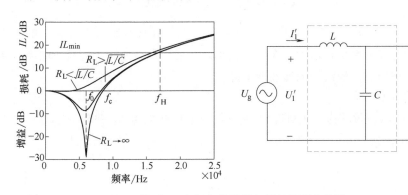

图 5-5　电阻负载下插入损耗的频率特性

由式（5-10），当 $R_L < \sqrt{L/C}$ 时，电路无谐振点，插入损耗截止频率为 0，随着频率的上升，插入损耗增大；当 $R_L > \sqrt{L/C}$ 时，电路有谐振点，此时电路的谐振点小于滤波器的固有频率 ω_0，随着 R_L 的增大，电路的谐振频率趋于 ω_0。

图 5-5 中 $IL_{\min}$ 为设计时要求 EMI 滤波器所具有的插入损耗的下限，f_H 为相对应的频率。因此，要使所设计的滤波器性能满足要求，就要保证 EMI 滤波器在高于 f_H 的频率范围内，插入损耗大于 $IL_{\min}$。从图 5-5 可见，虽然滤波器在 $f > f_H$ 范围内可以很好地工作，但是在 f_0 附近，当负载阻抗很大时，该滤波器不但不起衰减噪声的作用，反而会使噪声增大。

（2）电感性负载

如图 5-6 所示，负载为一个可变电感 L' 与一个负载电阻 R_L 并联，这时，该电路的谐振频率为 ω_L

$$\omega_L = \omega_0(1+L/L') \tag{5-11}$$

此时电路的插入损耗为

$$IL_L(\omega) = 10\lg\left[\,(1+L/L'-\omega^2 LC)^2 + (\omega L/R_L)^2\,\right] \qquad (5\text{-}12)$$

$IL_L(\omega)$ 在不同电感下与频率 f 的关系曲线如图 5-6 所示。

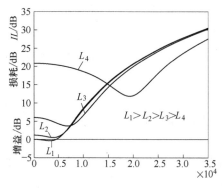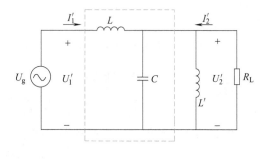

图 5-6　感性负载下插入损耗的频率特性

在图 5-6 中，有 $L_1 > L_2 > L_3 > L_4$，随着 L 的减小，电路谐振频率增大，即插入损耗最小值所对应的频率点增大。在 L 非常小时，插入损耗曲线失去截止频率，使得有效噪声也被抑制，滤波器低通性能下降。

（3）电容性负载

如图 5-7 所示，负载为一个可变电容 C' 与一个负载电阻 R_L 并联，这时，该电路的谐振频率为 ω_C

$$\omega_C^2 = \frac{\omega_0^2}{1+C'/C} \qquad (5\text{-}13)$$

此时电路的插入损耗为

$$IL_C(\omega) = 10\lg\left\{\left[\,1-(\omega^2/\omega_C^2)\,\right]^2 + (\omega L/R_L)^2\right\} \qquad (5\text{-}14)$$

$IL_C(\omega)$ 在不同电容下与频率 f 的关系曲线如图 5-7 所示。

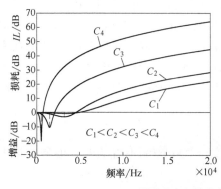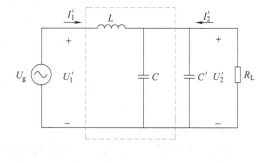

图 5-7　容性负载下插入损耗的频率特性

在图 5-7 中，$C_1 < C_2 < C_3 < C_4$，随着电容值的增大，插入损耗的截止频率点和电路的谐振点都左移，使得电路整体插入损耗增加。

由上述分析可知，负载阻抗特性对滤波器插入损耗的频率特性有着显著的影响，同样地，滤波器结构的不同也影响滤波器的插入损耗。因此，在设计 EMI 滤波器时，根据噪声源阻抗和负载阻抗的特性选择合适的滤波器结构非常关键。

对于高频的干扰信号而言，电感呈现高阻抗特性，而电容呈现低阻抗特性，所以在进行滤波器电路结构的设计时应遵循下列原则：如果噪声源内阻和负载是阻性或感性的，与之端接的滤波器接口就应该是容性的。反之，如果噪声源内阻和负载是容性的，与之端接的滤波器接口就应该是感性的。根据阻抗失配原理，无源滤波器接口与电力电子系统端口阻抗特性的具体组合方式如图 5-8 所示。

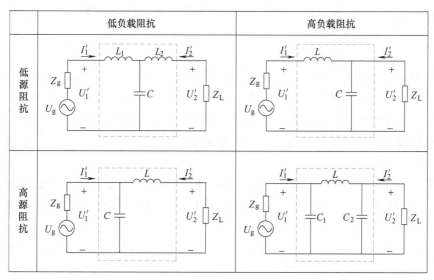

图 5-8　滤波器结构的选取原则

5.3　EMI 滤波器的类型和特性

电力电子装置产生的电磁噪声通过传导耦合产生的电磁干扰，可以用滤波电路减小到可以接受的水平，这类滤波电路统称为 EMI 或 RFI 滤波器。EMI 滤波器是一种由电感、电容组成的低通滤波器，一般用来滤除高频信号，它允许直流或 50Hz 的信号通过，而对频率较高的其他信号和干扰信号有较大的衰减作用。由于干扰信号有差模干扰和共模干扰两种，因此 EMI 滤波器要求对这两种干扰都有很好的衰减作用。无源 EMI 滤波器实质是 LC 无源网络，它利用阻抗失配的原理使电磁干扰信号得到衰减，其滤波效果取决于阻抗失配的程度，阻抗差别越大，滤波器的滤波效果越好。

设计 EMI 滤波器的主要问题，是选择最经济的电路结构，使它能在 0.15 ~ 30MHz 频率范围内获得要求的插入损耗，EMI 滤波器设计过程中尤其要考虑输入、输出阻抗不匹配给滤波特性带来的影响；在电源线中应用 EMI 滤波器的场合下，还需要考虑滤波器串联阻抗及并联阻抗是否能承受高的低频工作电压和额定电流。显然，由于上述种种因素的限制，电力电子装置中用的 EMI 滤波器不能用与通信滤波器同样的方法进行处理。

另外，从噪声抑制的概念出发，必须严格区分电源 EMI 滤波器与电源滤波器。电源 EMI 滤波器的输入端通常与噪声源相连接，而输出端则通常与电网相连接，主要目的是防止由电力电子装置产生的传导型噪声进入电网。而电源滤波器的情况则恰恰相反，其输入端接电网，输出端接电子装置，其主要目的是防止电网输电线中的各种高频、超高频及瞬态噪声，通过传导耦合进入电子装置，对其造成干扰。

5.3.1 反射式滤波器

反射式滤波器是由电感、电容等电抗元件或它们的组合网络组成的滤波器。这种滤波器工作时不消耗能量，通过将不希望出现的信号的干扰波反射回去，来达到选择频率、滤波的目的。需要注意的是，当反射式滤波器与信号源阻抗不匹配时，就会有一部分能量被反射回信号源，从而造成干扰电平的增强。

1. 低通滤波器

低通滤波器常被用来抑制高频电磁干扰。低通滤波器的种类有很多，按照其电路形式可分为并联电容型、串联电感型以及 Γ 型、Π 型、T 型等，分别如图 5-9a ~ e 所示。

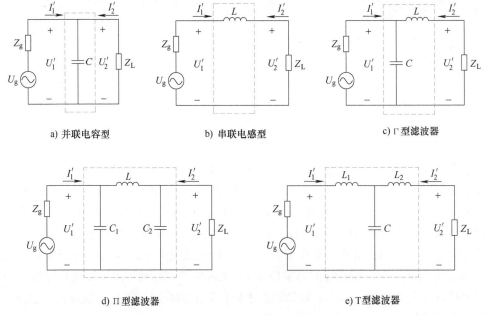

a) 并联电容型　　　　b) 串联电感型　　　　c) Γ型滤波器

d) Π型滤波器　　　　　　　　e) T型滤波器

图 5-9　低通滤波器的基本结构

（1）并联电容型

并联电容滤波器是最简单的低通滤波器，如图 5-9a 所示，通常连接于带有干扰的导线与回路之间用来旁路高频能量，其插入损耗为

$$IL_C = 10\lg\left[1+\left(\pi fRC\right)^2\right] \tag{5-15}$$

式中，f 为信号频率；R 为源电阻或负载电阻；C 为滤波电容值。

实际上电容在高频时会呈现非理想特性，即含有高频寄生参数，另外，不同电容器极板电感、引线电感、极板电阻等也都不尽相同。因此，在实际电容选型时要注意感性参数对其谐振效应的影响，不同类型的电容器特性可归纳如下：

各种电容实物如图 5-10 所示。纯金属纸介质电容器物理尺寸小，射频旁路能力差，因为引线与电容器之间有高接触电阻。在小于 20MHz 的频率范围内，可以使用标准铝箔卷绕电容器，超出此频率范围，电容值和引线长度将限制其使用。云母和陶瓷电容器的容量和体积比很高，其串联电阻和寄生电感都很小，具有相对稳定的频率和容量特性，因此适用于电容量小、工作频率高（如高于 200MHz）的场合。穿心电容器高频特性好，自身谐振频率一般在 1GHz 以上，工作电压和工作电流也可以很高。电解电容器一般用于直流滤波，它是一种单极性元件，其高损耗因素或者串联电阻使其不能作为射频滤波元件，往往直流电源输出端的射频旁路需要使用电解电容。钽电解电容器的容量和体积的比值

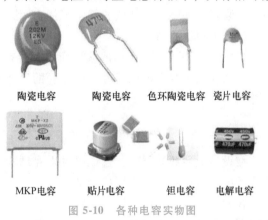

陶瓷电容　　陶瓷电容　　色环陶瓷电容　瓷片电容

MKP电容　　贴片电容　　　钽电容　　电解电容

图 5-10　各种电容实物图

大，等效串联电阻和寄生电感都很小，温度稳定性好，适用于工作频率小于 25kHz 的场合。陶瓷电容具有较好的高频特性，可用在干扰滤波上，但陶瓷电容的容量会随着工作电压、电流频率、时间和环境温度等的变化而变化。

（2）串联电感型

串联电感滤波器是低通滤波器的另一种形式，其电路构成就是将电感元件串联在滤波回路中。单电感元件的低通滤波器插入损耗为

$$IL_C = 10\lg\left[1+\left(\frac{\pi fL}{R}\right)^2\right] \tag{5-16}$$

式中，f 为信号频率；L 为滤波电感的值；R 为源电阻或负载电阻。

实际电感器具有串联电阻和绕线间寄生电容，其高频等效电路为电感与电阻串联再与电容并联的形式。因此，实际电感器也存在谐振频率，低于谐振频率时，电感器呈感性，高于谐振频率时，电感器呈容性。

（3）Γ型滤波器

Γ型滤波器的电路结构如图5-9c所示，当电路源阻抗与负载阻抗相等时，Γ型滤波器的插入损耗与电容器的位置无关，此时滤波器的插入损耗为

$$IL_{\Gamma} = 10\lg\left\{\frac{1}{4}\left[\left(2-\omega^2 LC\right)^2 + \left(\omega CR + \frac{\pi fL}{R}\right)^2\right]\right\} \tag{5-17}$$

（4）Π型滤波器

Π型滤波器的电路结构如图5-9d所示，它是实际中应用最广泛的形式，其优势是制造简单、插入损耗高且体积相对较小，其插入损耗为

$$IL_{\Pi} = 10\lg\left[\left(1-\omega^2 LC\right)^2 + \left(\frac{\omega L}{2R} - \frac{\omega^2 LC}{2} + \omega CR\right)^2\right] \tag{5-18}$$

Π型滤波器对瞬态干扰的抑制不是十分有效，采用金属壳体屏蔽滤波器能改善Π型滤波器的高频特性。对于频率非常低的干扰信号而言，Π型滤波器能提供很高的衰减，如屏蔽室的电源线常采用Π型滤波器的滤波结构。

（5）T型滤波器

T型滤波器相对于Π型滤波器而言对瞬态干扰的抑制效果非常明显，但由于T型滤波器使用了两个电感元件，所以它的尺寸和重量也会更大，T型滤波器的插入损耗为

$$IL_{T} = 10\lg\left[\left(1-\omega^2 LC\right)^2 + \left(\frac{\omega L}{R} - \frac{\omega^3 L^2 C}{2R} + \frac{\omega CR}{2}\right)^2\right] \tag{5-19}$$

在设计低通滤波器时，选取哪种电路结构主要取决于两个因素：一是滤波器所连接的电路阻抗，二是需要抑制的干扰频率与工作频率之间的差别。

在确定了滤波器的电路结构后，还需要确定滤波器的阶数。滤波器的阶数是指滤波器中所含有的电容和电感元件的个数，元件个数越多，滤波器插入损耗的过渡带越短，即衰减得越快，越适用于干扰频率和工作频率相近的场合。滤波电路每增加一个元件，其幅频特性的过渡带斜率就会增加20dB/dec。所以，如果滤波器由 n 个电感/电容元件构成，那么其过渡带的斜率就为 $20n$ dB/dec。

2. 高通滤波器

高通滤波器是一种让某一频率以上的信号分量通过，而对该频率以下的信号分量大大抑制的一种滤波器，它主要用于从信号通道中排除交流电源频率以及其他低频干扰。高通滤波器的网络结构与低通滤波器的网络结构具有对称性，当把低通滤波器中的电感元件和电容元件互相转换时，低通滤波器就变成了高通滤波器。要使转换后的高通滤波器和原来的低通滤波器具有相同的截止频率，电感、电容相互转换时需要满足以下规则：

1）把低通滤波器相应位置上的电感元件转换为电容元件，且转换后电容的电容值等于原来电感值的倒数。

2）把低通滤波器相应位置上的电容元件转换为电感元件，且转换后电感的电

感值等于原来电容值的倒数。

3. 带通滤波器和带阻滤波器

带通滤波器是指能通过某一频率范围内的频率分量，但将其他范围的频率分量衰减到极低水平的滤波器。它与带阻滤波器的概念相对，其基本构成方法也可由低通滤波器转换而来。

将输入电压同时作用于低通滤波器和高通滤波器，再将两个电路的输出电压求和，就可以得到带阻滤波器，其中低通滤波器的截止频率应小于高通滤波器的截止频率。带阻滤波器能对特定的窄带内的干扰能量进行抑制，它通常串联在干扰源和受扰设备之间，也可以并接于干扰线与接地线之间，来达到带阻滤波的目的。

5.3.2　吸收式滤波器

除反射式滤波器外，另一种电磁抗干扰中非常重要的滤波器类型是吸收式滤波器，它的工作方式与反射式滤波器有很大不同，反射式滤波器由低损耗的电抗组成，所以可能因寄生效应或阻抗失配而引起谐振，而寄生谐振会造成滤波器响应的严重畸变。吸收式滤波器则是由有耗元件组成，它将信号中不需要的频率分量的能力消耗在滤波元件上，而允许需要的频率分量通过。

吸收式滤波器常做成具有媒质填充或涂覆的传输线形式，媒质材料可以是铁氧体材料或其他有耗材料等。对于铁氧体材料而言，它在低频段呈现电感性阻抗，此时铁氧体磁导率高，低频损耗小；在高频段，铁氧体阻抗呈现电阻性，而且随着频率的增加，其磁导率下降，等效电感值减小，但损耗增加，高频信号通过铁氧体时电磁能量会以热能的形式耗散掉。

此外，当穿过铁氧体的导线中流过电流时，会在铁氧体中感应出磁场，当磁场强度超过一定量值时铁氧体磁感会发生饱和，导致磁导率急剧下降。电流对铁氧体在低频时影响较大，而在高频时影响不大。

铁氧体在吸收式滤波器中的应用主要有三个方面：电缆滤波器、滤波连接器和铁氧体磁环。电缆滤波器是将铁氧体材料填充在电缆中制成的，如图 5-11 所示，其特点是体积小，且具有理想的高频衰减特性；而滤波连接器是将铁氧体直接组装到电缆连接器内；铁氧体磁环是将铁氧体材料制作成磁环形状，它可以用于 EMI 滤波器中，用来吸收由开关瞬态或者电路中寄

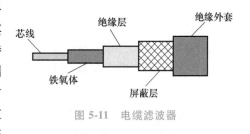

图 5-11　电缆滤波器

生效应所引起的高频振荡，也可以用来抑制输入、输出端口的高频干扰。

5.3.3　电源线滤波器

在大多数情况下，EMI 滤波器接在主电源线中，这种 EMI 滤波器除了要考虑

源阻抗和负载阻抗的不匹配因素之外，还必须考虑另一个特殊要求：它对滤波器所采用的串联电感器的电感量以及并联电容器的电容量有严格的限制。这就给这种滤波器的设计带来了更大的困难。这是因为，滤波器中所采用的串联电感受到电源频率下允许电压降的限制，不能选得太大。而接地的滤波电容器的容量则因安全及防止触电的原因，受到允许接地漏电流的限制，也不能选得太大。由于这些限制，往往使得它们很难同时满足对插入损耗的要求。

（1）电源 EMI 滤波器允许的最大串联电感

设滤波器中串联电感器的电感量为 L，等效电阻为 R，电网频率为 ω_m，网侧额定工作电流为 I_m，在电网频率下，电感器上的压降为

$$\Delta U = I_m Z_{fm} = I_m \sqrt{R^2 + (\omega_m L)^2} \tag{5-20}$$

考虑到电网中可能产生的浪涌电流的影响，通常 ΔU 只允许限制在额定工作电压的百分之几。如果忽略电感器内电阻 R 上的电压降，假设允许电感器上的电压降等于 ΔU_{max}，则允许串接电感 L_{max} 的数值为

$$L_{max} = \frac{\Delta U_{max}}{2\pi f_m I_m} \tag{5-21}$$

（2）电源 EMI 滤波器允许的最大滤波电容

电源 EMI 滤波器中接在相线与大地之间的滤波电容器 C_Y 通常称为 Y 电容器，该电容器容量过大将造成漏电流过大，从而危及人身安全，图 5-12 是它的示意图。

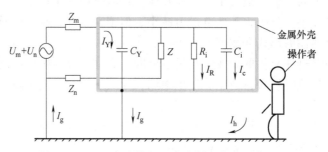

图 5-12　EMI 滤波器中 Y 电容器漏电流形成机理

图 5-12 中 Z 代表滤波器的等效负载，C_i 为等效分布电容，R_i 为等效漏电阻，U_m 为电网相电压。由图 5-12 可得地线电流 I_g（mA）为

$$I_g = \sqrt{I_R^2 + (I_c^2 + I_Y^2)} \approx I_Y = U_m \times 2\pi f_m \times C_Y \times 10^{-6} \tag{5-22}$$

式中，f_m 为电网频率，单位为 Hz；C_Y 的单位为 nF。

许多电气设备，如便携式电动工具、家用电器等，有时不接接地线，如果人体接触外壳，则该漏电流将会流过人体。由于人体电阻在 $1 \sim 2 k\Omega$ 之间，这时的漏电流 I_h 与 I_Y 近似相等，如果 I_h 过大就会造成人体伤害。

允许的接地漏电流与设备类型和工作条件有关，根据接地漏电流的限值标准可以得到在电源 EMI 滤波器中允许采用的 C_Y（nF）的最大值为

$$C_Y = \frac{I_g}{U_m \times 2\pi f_m} \times 10^6 \tag{5-23}$$

式中，U_m 为电网电压，单位为 V；f_m 为电网频率，单位为 Hz；I_g 为允许的接地漏电流，单位为 mA 。基于前面分析的，对电源 EMI 滤波器中串联电感及并联电容最大值的限制，我们可以得到 LC 乘积的最大值为

$$L_{max} C_{max} = \frac{\Delta U_{max} I_m}{I_g U_m} \frac{1}{\omega_m^2} \tag{5-24}$$

对于小功率的电子设备而言，$L_{max} C_{max}$ 的值通常为 $100\mu H \cdot \mu F$，这是一个非常小的数值。以单级 LC 滤波电路为例，为简化分析起见，用电压衰减来代替插入损耗，可得这时的插入损耗近似为

$$K(\omega) = \omega^2 LC \tag{5-25}$$

若 LC 取值为 $100\mu H \cdot \mu F$，频率为 150kHz，可计算得到插入损耗为 40dB 左右。显然，这与实际要求值 $60\sim80$dB 相比是太低了。因此，通常电源 EMI 滤波器必须采用多级滤波器结构。

5.3.4 有源滤波器

随着开关功率变换器朝着小型化、高频化、高功率密度化方向的发展，人们对滤波器的体积和性能提出了更高要求。有源 EMI 滤波器可以有效减小滤波器的体积和重量，是符合电力电子设备发展趋势的选择。

有源滤波器依据针对对象的不同可以分为有源电力滤波器（active power filter，APF）和有源 EM 滤波器（active electromagnetic filter，AEF），AEF 针对的对象是传导 EMI，而 APF 针对的对象是谐波和无功电流。虽然二者的工作原理相似，但是在实现方式、功率等级、工作频段等方面上有很大不同。本章滤波的主要对象是电磁辐射，因此这里只针对有源 EMI 滤波器进行讨论。

有源 EMI 滤波器的原理如图 5-13 所示，它是通过先取样线路上的噪声信号，并利用有源元件构成的放大电路进行反向放大，最后在线路上补偿与原有噪声电流（电压）大小相同方向相反的补偿电流（电压），使负载端的噪声电流（电压）大大衰减，从而达到滤波的目的，以满足电磁兼容相关设计指标。

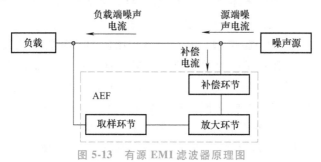

图 5-13 有源 EMI 滤波器原理图

相对于无源 EMI 滤波器而言，有源 EMI 滤波器采用补偿的方式抑制干扰噪声，尤其是在低频段，不需要依赖大体积的储能元件来实现插损要求，因而具有低频滤波性能优越、体积小的优点。由图 5-13 可知，有源 EMI 滤波器由取样、放大、补偿三个环节组成。

根据采样和补偿方式的不同，可将有源 EMI 滤波器分为：①电流采样电压补偿；②电流采样电流补偿；③电压采样电压补偿；④电压采样电流补偿 4 种类型，其拓扑结构如图 5-14 所示。图中，Z_s 代表 LISN 网络的阻抗，i_n 代表噪声电流，Z_n 代表噪声源的内阻抗。

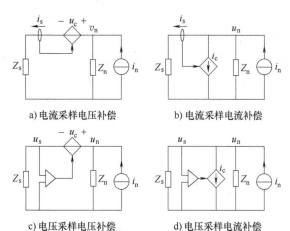

a) 电流采样电压补偿　　　　b) 电流采样电流补偿

c) 电压采样电压补偿　　　　d) 电压采样电流补偿

图 5-14　有源 EMI 滤波器的拓扑结构

如果用插入损耗 $IL = 20\lg\,(U_s^0/U_s)$ 衡量有源滤波器的衰减性能，可推得图 5-14 中四种 AEF 拓扑结构的插入损耗见表 5-1，其中，U_s^0 为无滤波器时噪声源作用在负载上的电压，U_s 为有滤波器时噪声源作用在负载上的电压，A 为补偿网络的放大倍数。

表 5-1　四种 AEF 拓扑结构的插入损耗

拓扑结构	放大增益	插入损耗/dB
图 5-14a	$u_c = A_1 i_s$	$20\lg\left(1+\dfrac{A_1}{Z_s+Z_n}\right)$
图 5-14b	$i_c = A_2 i_s$	$20\lg\left(1+\dfrac{A_2 \cdot Z_n}{Z_s+Z_n}\right)$
图 5-14c	$u_c = A_3 u_s$	$20\lg\left(1+\dfrac{A_3 \cdot Z_s}{Z_s+Z_n}\right)$
图 5-14d	$i_c = A_4 u_s$	$20\lg\left(1+\dfrac{A_4}{Z_s \parallel Z_n}\right)$

根据采样和补偿位置的不同，又可以将 AEF 分为前馈型和反馈型两种结构，如图 5-15 所示。由电路结构可以看出，为使有源滤波器达到理想的滤波效果，前馈型 AEF 需要有稳定的单位增益，其对增益和相位的精度要求比较高，而鉴于磁性元件的非线性以及有源元件的增益带宽限制，前馈型 AEF 难以在一个较宽频段范围内保证良好的滤波效果。对于反馈型 AEF 而言，由于其采样端靠近负载侧，为了达到最优补偿效果，需要保证采样电流 $i_s \approx 0$，且补偿电流等于噪声侧电流，即 $i_c = i_s G(s) \approx i_n$，所以理论上有源放大环节的增益 $G(s)$ 需要无穷大，而在实际应用中，往往只需保证增益尽量大即可达到比较好的滤波效果。可以看出，相较于

前馈型 AEF 而言，反馈型拓扑对放大环节的增益精度要求比较低，但当为了增强补偿效果而选用较大增益时，反馈型结构会容易造成系统的振荡，故为了保证系统的稳定性，设计反馈型 AEF 时需要在反馈增益上进行一定程度的妥协。

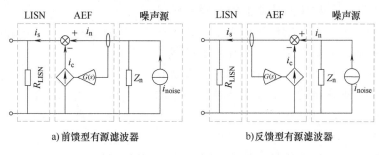

a)前馈型有源滤波器　　　　　　　　b)反馈型有源滤波器

图 5-15　采样和补偿位置不同的有源共模 EMI 滤波器方案

根据控制方式的不同，AEF 还可以分为模拟控制 AEF 和数字控制 AEF。模拟控制 AEF 一般采用高速运放作为中间放大级，其控制相对简单，但补偿效果受运放响应速度、增益带宽的限制，在抑制高频和强噪声电流方面的能力不足。数字控制 AEF 可以通过调整控制方案，弥补系统补偿滞后的不利影响，具有动态特性较好的优点，但是数字 AEF 对于采样、数字控制芯片、优化算法的要求都比较高，成本较大，设计过程也相对复杂。

图 5-16 所示为一种数字控制 AEF 方案，通过分析三相 PWM 逆变器共模电压的特点，构建了由一个单相逆变器和一个五绕组

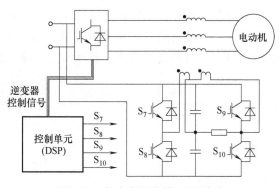

图 5-16　数字有源共模 EMI 方案

变压器组成的有源 EMI 滤波器，其工作原理是通过控制单相逆变器产生与检测到共模电压大小相等、方向相反的补偿电压信号，再利用五绕组变压器叠加到电机端中，来抑制电路中的共模噪声。这种方式增加了桥臂，成本很高，同时由于 IGBT 直接并联在直流母线两端，受器件耐压的限制不适用于高电压场合。

5.3.5　混合滤波器

在无源滤波器中，电感起的作用是分压，电感阻抗越大，干扰信号在电感上的分压就越大，电容起的主要作用是分流，电容阻抗越小，传输到负载上的干扰电流就越小；可见，要使无源滤波器在低频段获得较大的插入损耗，就必须采用较大的电感和电容元件，但是共模电容大小受到漏电流的限制，而对于共模电感，由于

EMI 滤波器额定工作电流的要求，常需要使用截面积很大的线圈，最终造成无源滤波器体积重量过大。

基于有源补偿的有源 EMI 滤波器同样具有局限性，国内外有源 EMI 滤波器长期的研究证明有源 EMI 滤波器能抑制噪声频段的上限是 10MHz，在 10MHz 频段以上，其插损会开始迅速降低。无源滤波器和有源滤波器的插损带宽如图 5-17 所示，从图 5-17 中可以看出，有源 EMI 滤波器适合低频段滤波，无源滤波器适合相对高频的滤波。工程中，为了满足宽频带的滤波要求，就必须综合两种滤波器的优势，将两种滤波器混合起来使用，这就构成了混合 EMI 滤波器。

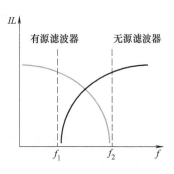

图 5-17　无源/有源滤波器的插损带宽

混合型 EMI 滤波器的结构一般如图 5-18 所示。噪声首先经过无源滤波器将高频噪声信号衰减，再由有源 EMI 滤波器将低频噪声信号消除。这种方式避免了有源滤波器直接处理高频噪声信号影响补偿效果的缺陷，同时，由于无源滤波器部分主要抑制的是高频噪声，因此可使其体积和重量进一步减小。混合 EMI 滤波器的插入损耗即为两者之和，即有源滤波器插入损耗加上无源滤波器插入损耗。

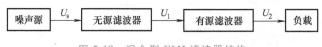

图 5-18　混合型 EMI 滤波器结构

5.4　EMI 滤波器的设计

尽管市场上已经有很多 EMI 滤波器，但由于 EMI 滤波器的插入损耗与应用环境有很大关系，所以有时现成的 EMI 滤波器并不能满足要求，这时就需要自行设计 EMI 滤波器。EMI 滤波器通常按插入损耗的要求进行设计。对特定的应用场合，首先要采用良好的接地设计和适当的屏蔽结构，保证将设备和系统的 EMI 水平降到最低。然后决定要求滤波器提供多大的插入损耗，再根据源及负载阻抗的具体情况，决定是选取市售的 EMI 滤波器产品，还是根据用户要求专门设计。最后决定在设备和系统的什么关键部位接 EMI 滤波器。采用什么样的电路和工艺结构。

在着手具体设计 EMI 滤波器的参数时，必须牢记：

1）在通信技术中，常用来设计低通滤波器的公式和图表，不能用来设计 EMI 滤波器。其主要原因是，它们是在滤波器的源阻抗和负载阻抗匹配的情况下得出的，而 EMI 滤波器存在着前面已讨论过的阻抗失配问题。所以，设计 EMI 滤波器时，应按最差阻抗失配情况设计。

2）电源 EMI 滤波器对串联电感和并联电容的大小有严格的限制。

3）EMI 滤波器的实际效果还与它的内部结构、接地、元件和电缆线安排、屏蔽的结构密切相关。

本节将在前面讨论的基础上，进一步讨论 EMI 滤波器的电路设计和布线设计。

5.4.1　阻抗匹配情况下单级 EMI 滤波器的设计

EMI 滤波器通常是以插入损耗而不是电压衰减作为其性能指标的。由于电压衰减和插入损耗并不完全等效，所以在设计 EMI 滤波器时不能使用已知的按电压衰减设计的办法。为简化分析过程，下面以阻性源和阻性负载的情况讨论单级 EMI 滤波器的设计，其他负载特性的分析与阻性的情况类似，这里不再赘述。

（1）单级 LC 滤波器设计

该滤波器电路如图 5-19 所示，这里假定源阻抗和负载阻抗均为电阻，且它们数值相等。

LC 滤波器的插入损耗为

$$IL = 10\lg\left[1+\pi^2(RC-L/R)^2 f^2 +4\pi^4 L^2 C^2 f^4 \right] \tag{5-26}$$

式中，f 为干扰信号的频率。

当干扰信号频率较高时（滤波器截止区），可忽略上式中 f 的低次项，即此时滤波器的插入损耗可近似为

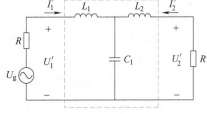

图 5-19　电阻性源和负载阻抗匹配时的 LC 滤波器

$$IL_a = 10\lg(4\pi^4 L^2 C^2 f^4) = 10\lg(4\pi^4 L^2 C^2)+40\lg f \tag{5-27}$$

即在滤波器截止区域内滤波器插入损耗以 40dB/dec 的斜率增加。

为便于讨论，引入归一化频率 F。F 是相对于滤波器转折频率的归一化频率。转折频率 f_c 是滤波器截止区域插入损耗渐近线与频率轴的交点，令 $IL_a = 0$，可得

$$f_c = \frac{\sqrt{2}}{2\pi\sqrt{LC}} \tag{5-28}$$

归一化频率 F 为

$$F = \frac{f}{f_c} \tag{5-29}$$

插入损耗的公式可进一步简化为

$$IL = 10\lg\left(1+F^2 \frac{D^2}{2}+F^4\right) \tag{5-30}$$

式中，F 是对截止频率 f_0 归一化的频率；D 是阻尼比 d 的函数，阻尼比代表了滤波元件参数与负载电阻/源电阻的关系

$$D = \frac{1-d}{\sqrt{d}} \tag{5-31}$$

$$d = \frac{L}{CR^2} \tag{5-32}$$

根据式（5-30），可得插入损耗的频率特性，如图 5-20 所示。

图 5-20 中 $d=1$ 对应巴特沃斯低通滤波器情况，其在过渡区中 IL 以 40dB/dec 的斜率衰减；而 $d \neq 1$ 时，则以 20dB/dec 的斜率衰减。从图中可见，当 LC 电路的源电阻和负载电阻相等时，无论 $d=1$ 还是 $d \neq 1$，LC 滤波器都不出现谐振。因为相对于谐振电阻，在 $d<1$ 时，负载电阻是与电容并联的小电阻可以起到阻尼作用，而当 $d>1$时，源电阻是与电感串联的大电阻也

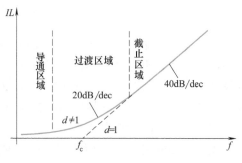

图 5-20 插入损耗的频率特性

可以起到阻尼作用。图 5-20 还表明，在导通区域和截止区域，滤波器设计时均可用 $d=1$ 的理想阻尼情况计算，而在过渡区域中，则必须用 $d \neq 1$ 的曲线计算。

为了计算方便，通常将单级 LC 滤波器的插入损耗 IL 制成图表形式，如图 5-21 （$d=1$）及图 5-22（$d \neq 1$）所示。图 5-21 展示了作为频率函数的插入损耗曲线渐近

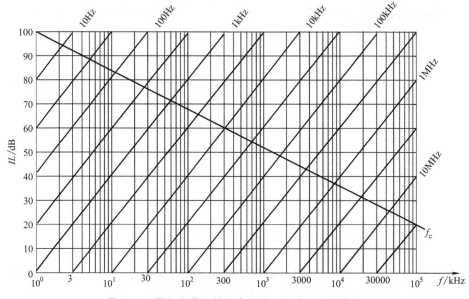

图 5-21 源和负载阻抗为电阻性，阻抗匹配且具有
理想阻尼（$d=1$）的 LC 滤波器插入损耗特性

线变化情况，频率参数是单级 LC 滤波器的转折频率 f_c，f_c 的值可以从图中斜线的坐标上读出。由图 5-21 可知单级 LC 滤波器在过渡区的插入损耗是以 20dB/dec 的斜率变化的，图 5-22 中画出了这些插入损耗曲线，其中横坐标是以归一化频率 F 表示。结合图 5-21 和图 5-22 就可以确定 LC 滤波器的插入损耗曲线了。

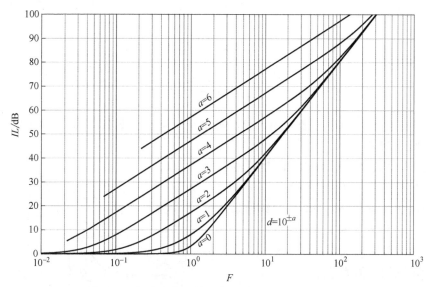

图 5-22　源和负载阻抗为电阻性，阻抗匹配但具有
非理想阻尼（$d \neq 1$）的 LC 滤波器插入损耗特性

图 5-21 和图 5-22 不仅可以用来确定元件值已知的 LC 滤波器的插入损耗，也可以用于 EMI 滤波器的设计，即在已知插入损耗的情况下来确定 EMI 滤波器的元件值。通常都是在滤波器阻带的下限频率上对插入损耗提出最严格的要求，因此可以从这一点出发来设计 EMI 滤波器。图 5-21 的具体使用方法为：由滤波器阻带的下限频率和该频率上所允许的最小插入损耗可以在图 5-22 中确定一个点，过这一点作一条与图中表示插入损耗的斜线族（渐近线）平行的直线，延长所作直线与横轴相交，则可以确定所需插入损耗的转折频率 f_c。然后可以按两种方法确定滤波元件值和阻尼比 d。一种方法是先按图 5-22 确定阻尼比 d 的取值范围，再根据考虑实际情况和阻抗限制来确定元件值。另一种方法是先确定一个元件的值，再根据转折率 f_c 计算出另一个元件的值，确定了所有元件的值后可以计算得出阻尼比 d。注意在设计完成后需要检查以下滤波器转折频率是否落在过渡区内，并检查实际插入损耗是否会小于所需要的插入损耗。

（2）单级 Π 型滤波器的设计

单级 Π 型滤波器的电路如图 5-23 所示。

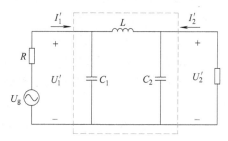

图 5-23　电阻性、源和负载阻抗
匹配时的 Π 型滤波器

通过计算可得滤波器插入损耗为

$$IL = 10\lg\left[1+(FD)^2-2F^4D+F^6\right] \tag{5-33}$$

为了计算归一化频率 F，首先求 Π 型滤波器的转折频率 f_0 和 D

$$f_0 = \frac{1}{2\pi}\sqrt[3]{\frac{2}{RLC^2}} \tag{5-34}$$

$$D = \frac{1-d}{\sqrt[3]{d}} \tag{5-35}$$

$$d = \frac{L}{2CR^2} \tag{5-36}$$

其中，$C_1 = C_2 = C$。根据式（5-33）求得不同阻尼比下 Π 型滤波器插入损耗的特性如图 5-24 所示。

与 LC 滤波器不同的是，Π 型滤波器的插入损耗与阻尼率 d 密切相关；当 $d = 1$ 时，插入损耗曲线与 Butterworth 的曲线相同；当 $d > 1$ 时，滤波器出现过阻尼响应；$d < 1$ 时，滤波器出现欠阻尼响应，插入损耗曲线在过渡区内出现最大值 IL_{max}。

$$IL_{max} = 10\lg\left(1+\frac{4D^3}{27}\right) \tag{5-37}$$

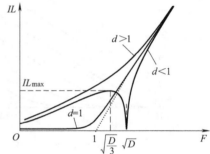

图 5-24　Π 型滤波电路的插入损耗曲线

该点对应的归一化频率 F_{max} 为

$$F_{max} = \sqrt{\frac{D}{3}} \tag{5-38}$$

插入损耗曲线凸起最低点处的归一化频率 F_{min} 为

$$F_{min} = D \tag{5-39}$$

对于理想元件来说，在插入损耗凸起最低点的插入损耗值为 0dB，而在实际情况下，最低点处的插入损耗值是由电路的品质因素 Q 所决定。

图 5-25、图 5-26、图 5-27 分别示出了单级 Π 型滤波器，在源及负载阻抗为电阻性，阻抗匹配的情况下，对应理想阻尼（$d = 1$）、过阻尼（$d > 1$）、欠阻尼（$d < 1$）情况下的插入损耗特性。

图 5-25~图 5-27 的使用方法和前面 LC 滤波器中介绍的图 5-21 和图 5-22 的使用方法一样。图 5-25~图 5-27 在设计 Π 型滤波器中滤波元件值时也很有用，不过此时仅知道转折频率及电感或电容的取值对于设计整个滤波器来说还是不够的，因为转折频率还取决于源电阻和负载电阻，所以设计时还必须知道滤波器两端电阻值（或阻尼比）。

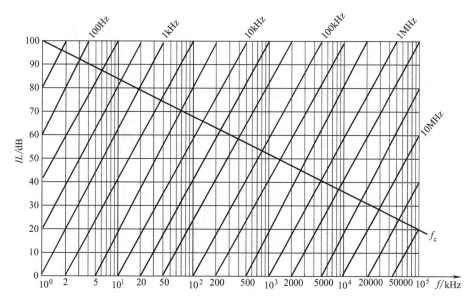

图 5-25 单级 II 型滤波器在源及负载阻抗为电阻性、阻抗匹配、
理想阻尼（$d=1$）情况下的插入损耗特性

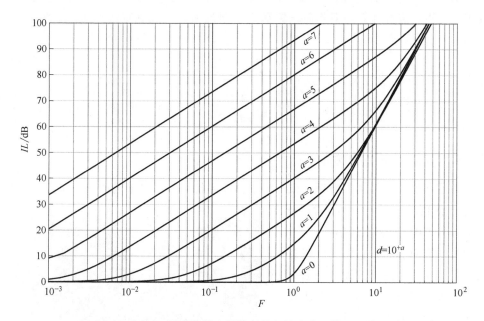

图 5-26 单级 II 型滤波器在源及负载阻抗为电阻性、阻抗匹配、
过阻尼（$d>1$）情况下的插入损耗特性

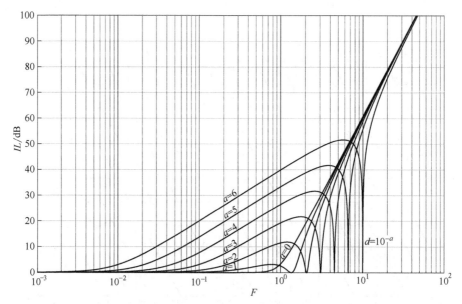

图 5-27　单级 II 型滤波器在源及负载阻抗为电阻性、阻抗匹配、
欠阻尼（$d<1$）情况下的插入损耗特性

（3）单级 T 型滤波器的设计

单级 T 型滤波器也可利用图 5-25 ~ 图 5-27 的图表进行设计，插入损耗同样可按式（5-30）进行计算，但是截止频率 f_0 和阻尼率 d 应按下面公式进行计算：

$$f_0 = \frac{1}{2\pi} \sqrt[3]{\frac{2R}{L^2 C}} \tag{5-40}$$

$$d = \frac{R^2 C}{2L} \tag{5-41}$$

5.4.2　多级滤波器的设计

为了获得更大的插入损耗，或是为了消除阻抗不匹配带来的影响，工程上也会采用多级滤波器结构。图 5-28 为一种两级 EMI 滤波器实物图。

为了简便起见，这里用电压衰减来分析多级滤波器的设计，因为对于多级滤波器电路结构，电压衰减和插入损耗值十分相近。

对于单级 LC 滤波电路，电压衰减为

图 5-28　两级 EMI 滤波器

$$K_1(\omega) = 1 - k = 1 - \alpha_{11}k \quad (k = \omega^2 LC) \tag{5-42}$$

对于两级 LC 滤波电路而言

$$K_2(\omega) = 1 - 3k + k^2 = 1 - \alpha_{21}k + \alpha_{22}k^2 \tag{5-43}$$

对于 n 级 LC 滤波电路而言

$$K_n(\omega) = 1 - \alpha_{n1}k + \alpha_{n2}k^2 - \cdots \pm \alpha_{nn}k^n \tag{5-44}$$

当 $n<7$ 时，α_{nj} 的数值列于表 5-2。

表 5-2　计算 n 级 LC 滤波器电压衰减的系数表

n	α_{n1}	α_{n2}	α_{n3}	α_{n4}	α_{n5}	α_{n6}
1	1					
2	3	1				
3	6	5	1			
4	10	15	7	1		
5	15	35	28	9	1	
6	21	70	84	45	11	1

若 n 级滤波器由每级 L、C 数值相同的 LC 滤波器构成，设单级滤波器的 L、C 值分别为 L_i 和 C_i，则多级滤波器的电感、电容的总值为 L_m 和 C_m，$L_m = nL_i$，$C_m = nC_i$

则式（5-42）中的参数

$$k = \omega^2 L_m C_m = \frac{k_m}{n^2} \tag{5-45}$$

代入式（5-43），可得

$$K_n(\omega) = 1 - \alpha_{n1}\left(\frac{k_m}{n^2}\right) + \alpha_{n2}\left(\frac{k_m}{n^2}\right)^2 - \cdots \pm \left(\frac{k_m}{n^2}\right)^n \tag{5-46}$$

如前所述，根据式（5-29）可得归一化的频率 F

$$F = 2\pi f \sqrt{L_m C_m} \tag{5-47}$$

代入式（5-45）可得

$$K_n(F) = 1 - \alpha_{n1}\left(\frac{F^2}{n^2}\right) + \alpha_{n2}\left(\frac{F^2}{n^2}\right)^2 - \cdots \pm \left(\frac{F^2}{n^2}\right)^n \tag{5-48}$$

式（5-48）对应的 K_n-F 的曲线如图 5-29 所示。

根据图 5-29，可以对多级 LC 滤波器进行设计和计算。在相同的电压衰减条件下，要求多级滤波器的总电抗值较小，这样就可以减小滤波器的尺寸和重量。多级滤波器的最佳级数与归一化频率 F 的关系曲线如图 5-30 所示。

有时对滤波器的 LC 乘积并没有严格的限制，只要求保证滤波器的频率下限和期望获得的插入损耗大小，这时可以从经济角度考虑 LC 的乘积限制：所选的 LC 乘积应该能使滤波器频率下限对应的归一化频率尽可能靠近图 5-29 的曲线包络。

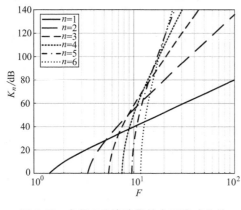

图 5-29　多级 LC 滤波器的电压衰减特性

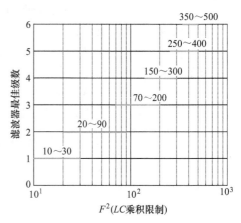

图 5-30　多级 LC 滤波器的最佳级数
与归一化频率 F 的关系

5.4.3　阻抗失配情况下 EMI 滤波器的阻抗匹配网络

设计标准 EMI 滤波器的一般步骤是：先决定滤波器的电路结构，然后计算滤波器中各个元件值，最后分析阻抗失配的影响。很显然，这是一种重复迭代的设计方法，它的主要缺点是不满足正向设计的要求，当某一滤波特性不满足要求时，需要用新的数据把整个设计过程重复一遍。

针对滤波器阻抗不匹配的影响，这里着重介绍一种简便的基于"最差情况"的 EMI 滤波器设计方法——匹配网络法。采用这种方法设计的滤波器，即使在 EMI 滤波器与其源阻抗和负载阻抗都处于最不匹配的情况下，滤波器的插入损耗也不会低于设计时所给定的最小值。

匹配网络法的设计原则是：先保证滤波器在滤波频率下限所对应的插入损耗满足设计要求，即当滤波频率高于滤波频率下限 f_L 时，无论负载阻抗和源阻抗怎么变化，EMI 滤波器所提供的插入损耗都大于 IL_S。

EMI 滤波器，特别是电源 EMI 滤波器的插入损耗特性可以用图 5-31 表示，由图可见，EMI 滤波器必须满足下列几点要求：

1）在电网频率 f_m 附近，EMI 滤波器造成的插入衰减或插入增益均必须限制在 $+IL_m \sim -IL_m$ 范围之内。

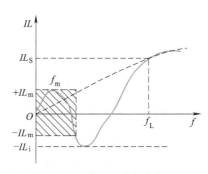

图 5-31　EMI 滤波器的插入损耗特性

2）在电网频率 f_m 到滤波下限频率 f_L 之间的频率范围内，滤波器不能导致谐振，并且其插入增益不允许超过 $-IL_i$。

3）在截止频带范围内，即 $f \geqslant f_L$，插入损耗应高于 IL_S。

为了简化计算，常用计算电压衰减因子 K 来近似计算插入损耗 IL，其定义如下：

$$K = \frac{U_g}{U_m} \qquad (5\text{-}49)$$

电压衰减因子 K 反映了干扰源和电网上高频干扰之间的关系，它不仅与插入损耗紧密相关，还能恰当地描述滤波器噪声抑制的真实情况。

图 5-32 是一个用来讨论最坏情况下，EMI 滤波器设计的示意图。

最坏情况下插入损耗设计方法的基本出发点是，通过在 EMI 滤波器的输入和输出侧插入适当的匹配网络，可以将因为源和负载阻抗不匹配而引起的不良影响削弱到可接受的程度。例如：当所设计的 EMI 滤波器因为电路谐振而导致插入损耗下降时，可以使用简单的电阻作为匹配网络，当选择的电阻值合适时即可消除谐振。图 5-33a 所示电路就是采用了电阻匹配网络，

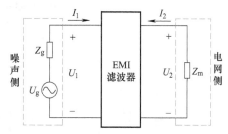

图 5-32　用电压衰减因子来解释最坏情况下的 EMI 滤波器设计

只要选择适当的 R_P 和 R_S，衰减因子（即插入损耗）将不会降到给定值以下。虽然这样的损耗匹配网络电路设计十分方便，而且也能做到合适的阻抗匹配，但是，由于它对工作频率有用信号的衰减很大，使得它不能成为实际的工程解决方案。为此，实际应用的匹配网络和噪声抑制元件可采用图 5-33b 所示的电路，其中电容和电感元件按以下原则取值：在工频处，C_P 的阻抗要远大于 R_P，L_S 的阻抗要远小于 R_S；在滤波频率下限 f_L 处，C_P 的阻抗要远小于 R_P，L_S 的阻抗要远大于 R_S。

图 5-33 所示的匹配网络，显然适用于高的一次侧（输入端）输入阻抗和低的二次侧（输出端）输入阻抗的 EMI 滤波器电路结构，而在 EMI 滤波器电路结构中广泛采用的典型的 LC 滤波器电路正好具备这样的输入阻抗要求。

在介绍了阻抗失配情况下 EMI 滤波器的阻抗匹配网络后，下面讨论 EMI 滤波器阻抗匹配网络的设计方法。

当滤波器两侧源阻抗为零，负载阻抗无穷大时 EMI 滤波器的衰减系数为 K_0，则图 5-33 中带匹配网络的 EMI 滤波器的衰减系数 K 可表示为

$$K = \left| \frac{U_g}{U_m} \right| = \left| \frac{U_g}{U_1} \right| \times K_0 \times \left| \frac{U_2}{U_m} \right| \qquad (5\text{-}50)$$

确定了式（5-50）中 $|U_g/U_1|$ 及 $|U_2/U_m|$ 的最小值后，即可确定 EMI 滤波器的最小插入损耗。其中，$|U_g/U_1|$ 是 Z_g 和"P"匹配网络阻抗的函数，它的最小值可以通过"P"匹配网络的阻抗对 Z_g 求导得到；$|U_2/U_m|$ 是 Z_m 和"S"匹配网络阻抗的函数，它的最小值同样可以通过"S"匹配网络的阻抗对 Z_g 求导得到。"P"和"S"网络的匹配效果 μ 可以这样来表征：

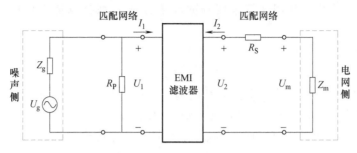

a) 带有损耗匹配电阻的EMI滤波器

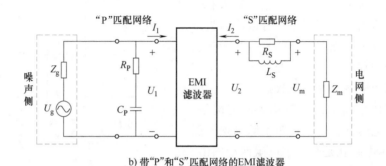

b) 带"P"和"S"匹配网络的EMI滤波器

图 5-33 在最坏情况下用匹配网络进行 EMI 滤波器设计

$$\mu = \frac{\text{加匹配网络后最差情况下的衰减因子}}{\text{截止频率} f_L \text{下不加匹配网络时的衰减因子}} \qquad (5-51)$$

式（5-51）中 μ 的值通常大于 1，因为在阻抗失配条件下，电压衰减因子通常总是小于加了匹配网络以后的电压衰减因子。将"P"网络的匹配效果用 μ_P 表示，"S"网络的匹配效果用 μ_S 表示，则可以求得对并联电阻 R_P 及串联电阻 R_S 的限制，并可表示成输入阻抗的形式

$$\begin{cases} R_P < X_{10}(\omega_L) \times \sqrt{\mu_P^2 - 1} \\ R_S > \dfrac{X_{2S}(\omega_L)}{\sqrt{\mu_S^2 - 1}} \end{cases} \qquad (5-52)$$

式中，$X_{10}(\omega_L)$ 是在滤波频率下限处，滤波器从输入端看进去的开路阻抗；$X_{2S}(\omega_L)$ 是在滤波频率下限处，滤波器从输出端看进去的短路阻抗。

由图 5-33，"P"匹配网络接在 LC 滤波器的输入端，这时滤波器的等效源阻抗 Z_{Pg} 变成为"P"匹配网络的阻抗与 Z_g 并联。同样地，滤波器的等效负载阻抗 Z_{Sm} 为"S"匹配网络的阻抗与 Z_m 串联，Z_{Pg} 和 Z_{Sm} 的大小和性质随频率和 Z_g、Z_m 的变化而变化。此外，可以看出，在滤波器一次侧输入阻抗 Z_{1i} 低于其最小值时，"P"匹配网络的接入要能减小从滤波器噪声源看的总输入阻抗，这样才能消除因 Z_g 阻抗失配造成的不良影响；同理，当滤波器二次侧输入阻抗 Z_{2i} 高于其最小值时，"S" 匹配网络的接入必须要能增加向电网（负载）侧的输入阻抗，从而消除因 Z_m 阻抗失配造成的不良影响。这也可以作为匹配网络中电阻取值的另一套限制条件。

在这种情况下，匹配网络对输入阻抗的影响可以用 ε 来表征，它等于带匹配网络时，从滤波器向源和向负载侧看的输入阻抗与不带匹配网络时的相应输入阻抗的比值。根据上述分析，可以将对匹配网络参数选择的限制，写成下列形式：

$$
\begin{cases}
|Z_{Pg}| = |Z_g /\!/ Z_P| < 2\varepsilon_P Z_{1\text{imin}} \\[2mm]
|Z_{Sm}| = |Z_m /\!/ Z_S| > \dfrac{Z_{2\text{imin}}}{2\varepsilon_S}
\end{cases}
\tag{5-53}
$$

设计匹配网络时，选取较低的 ε_S 和 ε_P，LC 滤波器电路将工作在接近于阻抗匹配状态，此时 Z_g 和 Z_m 的变化不会对带匹配网络的 EMI 滤波器的输入阻抗造成明显影响，即使在 $\varepsilon_S < 0.1$ 这种"最差情况"下，EMI 滤波器的设计也不会十分困难。由于滤波器和匹配网络的电压衰减因数都大于或等于其插入损耗，因此，在知道了 EMI 滤波器"最差情况"衰减因数的前提下，可以按下式计算 LC 滤波器的理想衰减因数：

$$
IL_S \geqslant K = K_0 \frac{(1-\varepsilon_P)(1-\varepsilon_S)}{\mu_P \mu_S}
\tag{5-54}
$$

为了简化设计过程，可以先假设 ε_P 较小，并且与 Z_m 值无关时，一次侧输入阻抗的最小值与二次侧开路时截止频率 f_L 处的输入阻抗相等；在 ε_S 较小，并且与 Z_g 无关，二次侧输入阻抗的最小值与一次侧短路时截止频率 f_L 处的输入阻抗也相等，即

$$
\begin{cases}
Z_{1\text{imin}} = Z_{10}(\omega_L) = X_{1m} \\
Z_{2\text{imin}} = Z_{10}(\omega_L) = X_{1m}
\end{cases}
\tag{5-55}
$$

设定 μ_S、μ_P、ε_S、ε_P 的值后，可以计算匹配网络的元件值：

$$
C_P \geqslant \frac{1}{\varepsilon_P \omega_L X_{1m}}
\tag{5-56}
$$

$$
\varepsilon_P X_{1m} - \sqrt{(\varepsilon_P X_{1m})^2 - \frac{1}{(\omega_L C_P)^2}} \geqslant R_P \geqslant \varepsilon_P X_{1m} + \sqrt{(\varepsilon_P X_{1m})^2 - \frac{1}{(\omega_L C_P)^2}}
\tag{5-57}
$$

$$
R_P \geqslant \frac{1}{\omega_L C_P \sqrt{\mu_P^2 - 1}}
\tag{5-58}
$$

$$
L_S \geqslant \frac{X_{2m}}{\varepsilon_S \omega_L}
\tag{5-59}
$$

$$
\frac{1}{\dfrac{\varepsilon_S}{X_{2m}} + \sqrt{\left(\dfrac{\varepsilon_S}{X_{2m}}\right)^2 - \dfrac{1}{(\omega_L L_S)^2}}} \leqslant R_S \leqslant \frac{1}{\dfrac{\varepsilon_S}{X_{2m}} - \sqrt{\left(\dfrac{\varepsilon_S}{X_{2m}}\right)^2 - \dfrac{1}{(\omega_L L_S)^2}}}
\tag{5-60}
$$

$$R_S \leqslant \omega_L L_S \sqrt{\mu_S^2 - 1} \tag{5-61}$$

需要注意的是，式（5-56）~式（5-61）仅仅适用于 ε_P 和 ε_S 非常小时 LC 滤波器的设计。当 ε_P 的值不是非常小时，需要采用图 5-34 所示的改进的匹配网络进行滤波器设计，这里"P"匹配网络中增加了一个串联电感 L_P，这样可以减少源阻抗 Z_g 变化对二次侧输入阻抗的影响；"S"匹配网络中增加了一个并联电容 C_S，也能减小 Z_m 变化对一次侧输入阻抗的影响。这时最坏情况下 EMI 滤波器设计方法与前述方法基本相同。

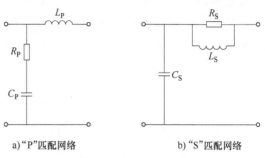

a)"P"匹配网络　　　　b)"S"匹配网络

图 5-34　改进的匹配网络

电感器的电感量 L_P 和电容器的电容量 C_S，以及带有改进匹配网络的 LC 滤波器的电压衰减可按式（5-62）~式（5-64）计算：

$$L_P = \frac{1 + (\omega_L C_P R_P)^2}{2R_P (\omega_L C_P)^2} \tag{5-62}$$

$$C_S = \frac{R_S^2 + (\omega_L L_S)^2}{2R_S (\omega_L L_S)^2} \tag{5-63}$$

$$IL_S \geqslant K = K_0 \frac{1}{\mu_P \mu_S} \tag{5-64}$$

前面所述的设计思想和设计公式，虽然是针对 LC 滤波器的，但是，只要遵循下列设计原则，它们也适用于另外的电路结构："P"匹配网络主要是为高输入阻抗的滤波器端口提供并联损耗；"S"匹配网络则主要是给低输入阻抗的滤波器端口提供串联损耗。下面给出其他电路结构下 EMI 滤波器匹配网络的计算方法。

（1）低输入阻抗和高输出阻抗——CL 结构

按照前面所说的设计原则，该电路结构的输入端应该接"S"匹配网络，而输出端接"P"网络。此时最坏情况下的衰减因子为

$$IL_S \geqslant K = K_0 \frac{1}{4\varepsilon_P \varepsilon_S} \left(\frac{\omega}{\omega_L} \right)^2 \tag{5-65}$$

式中，系数 $\dfrac{1}{4\varepsilon_P \varepsilon_S}$ 反映了滤波器输入端的 RC 衰减器及输出端的 LR 衰减器对电压衰减的影响。输入衰减器由"S"网络的串联电阻 R_S 和滤波电路的电容器组成；输出衰减器则由滤波电路的电感器和"P"网络的并联电阻 R_P 组成。

（2）低输入阻抗和低输出阻抗——Π 结构

按照前面所说的设计原则，该电路结构的输入及输出端均应接"S"匹配网

络，最差情况下的衰减因子为

$$IL_S \geq K = K_0 \frac{1-\varepsilon_{So}}{2\varepsilon_{Si}\mu_{So}} \cdot \frac{\omega}{\omega_L} \qquad (5\text{-}66)$$

式中，系数 $\dfrac{1-\varepsilon_{So}}{2\varepsilon_{Si}\mu_{So}}$ 反映了滤波器输出端（用下标 o 表示）和输入端（用下标 i 表示）衰减器对电压衰减的影响。这两个衰减器分别由 "S" 网络的串联电阻 R_S 和滤波电路的输入电容组成。

（3）高输入阻抗和高输出阻抗——T 结构

按照前面所说的设计原则，应该在 T 型滤波器的输入端及输出端都接 "P" 匹配网络，最差情况下的衰减因子为

$$IL_S \geq K = K_0 \frac{1-\varepsilon_{Po}}{2\varepsilon_{Po}\mu_{Po}} \cdot \frac{\omega}{\omega_L} \qquad (5\text{-}67)$$

综上所述，最差情况下 EMI 滤波器的一般设计步骤概括如下：

1）选择合适的滤波器结构。根据所需要的插入损耗大小，以及源和负载阻抗的大小，选择最合适的 EMI 滤波器电路形式。对于最坏情况的 EMI 滤波器，最好采用单级滤波器，并加上合适的阻抗匹配网络，而不要采用多级滤波器。

2）设置匹配效果系数和输入阻抗匹配系数的数值。

3）设计匹配网络和滤波器电路的元件参数。匹配网络元件的数值由不等式（5-56）~式（5-64）进行计算，其实际采用的数值，在满足上述不等式限制条件下可自由选用。为减小低频损失，C_P、L_S 的数值应当越小越好，另外，如果可能的话，μ_S 和 μ_P 的数值都应小于 $\sqrt{2}$。

4）如果 μ 和 ε 的数值设置不当，导致计算得到的匹配网络元件的数值不切实际，这时需要重新设置 μ 和 ε 的数值并重复上述步骤。

5.4.4　共模和差模滤波器的设计

一般 EMI 滤波器的基本结构如图 5-35 所示。

其中，C_X 和 C_Y 分别是差模滤波电容和共模滤波电容；L_1 为共模扼流圈，L_2 为差模电感，它可以由独立电感构成，也可以由共模扼流圈的漏感形成。该 EMI 滤波器的差模等效电路和共模等效电路如图 5-36 所示，其中 L_e 为共模扼流圈的漏感。

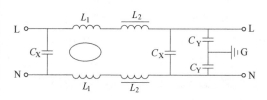

图 5-35　一般 EMI 滤波器基本结构

EMI 滤波器的设计通常按以下步骤进行：测试并分离原始噪声→计算所需衰减量→选择滤波器拓扑→确定截止频率→选择合适的元件值→制作实物并进行实验验

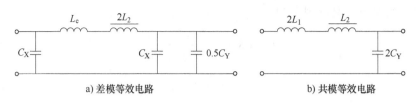

a) 差模等效电路　　　　　　　　　　　　b) 共模等效电路

图 5-36　EMI 滤波器的差模、共模等效电路

证。下面对各部分分别进行介绍。

（1）测试并分离原始噪声

测量噪声的设备包括线路阻抗稳定网络（LISN）、噪声分离器、频谱分析仪、计算机和被测设备（EUT），设备的连接如图 5-37 所示。被测设备的 EMI 噪声由 LISN 提取后，经过噪声分离器将噪声分离为共模、差模两部分，分离网络的输出的 CM、DM 信号输入至频谱分析仪，而后由诊断软件对从频谱分析仪传送到计算机的信号进行处理，计算机可以方便显示和储存噪声频谱图。

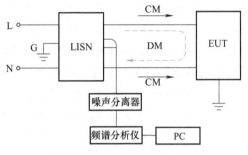

图 5-37　噪声测试设备连接图

（2）计算所需衰减量

要使经过滤波器后的噪声被衰减至规范标准以下，就要令滤波器所能提供的衰减量大于等于噪声值与标准值之差。计算时采取频点法，计算各个频点处所需的衰减量，之后得到整个频段内的所需衰减曲线。在此基础上，必须考虑如果发生相位相同或相位相反而使得电力电子系统总电压噪声超过规范的情况，所以还需要在计算的衰减量上加一个 6dB 的衰减裕量，也即令噪声抑制的要求更为严格，以避免滤波后噪声大小仍然超过规范限制。

（3）确定 EMI 滤波器拓扑

EMI 滤波器作为无源网络，因其具有互易性，所以把负载接在 EMI 滤波器的输入端或者输出端均可。但在实际应用中，为了使 EMI 滤波器在通带频率范围和在截止频率处的插入损耗在阻抗严重失配条件下都能满足设计要求，必须将 EMI 滤波器的输入输出端合理地连接到源阻抗和负载阻抗。EMI 滤波器结构的选取原则如图 5-8 所示。

选择拓扑时要考虑滤波器中电容电感的布置位置，从而选择遵循"阻抗失配"原则，即电感与低的源阻抗或者负载阻抗串联，电容与一个高的负载阻抗或源阻抗并联。这样，EMI 滤波器中的 LC 电路仍能够部分补偿或削弱源阻抗和负载阻抗变动对滤波器特性的影响，也可以维持其谐振滤波特性。

（4）确定滤波器截止频率

EMI滤波器的实质是低通滤波器，对于低通滤波器而言，LC的谐振频率就是其截止频率，截止频率之后滤波器开始衰减或者说有插入损耗。

假设共模、差模滤波电路都等效为二阶滤波器，而二阶滤波器的插入损耗的斜率为40dB/dec，为了保证在整个频带内的噪声频谱都在限值以下，就这样设定转折频率：画一条斜率为40dB/dec的直线与第二步中得到的共模衰减曲线相切，该直线与水平轴的交点即共模滤波器的截止频率$f_{R,CM}$，同理得到差模滤波器的转折频率$f_{R,DM}$。当然若等效成n阶滤波器，就画斜率为$20n$（dB/dec）的直线。

（5）选择合适的元件值

有了转折频率后，就可根据低通滤波器的截止频率的定义计算元件值了。以L型和滤波器为例，假设共模噪声源阻抗很大，差模噪声源阻抗很小，其对应的共模/差模等效电路如图5-38所示。

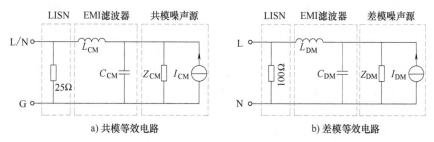

a) 共模等效电路   b) 差模等效电路

图5-38 EMI滤波器共模/差模等效电路

共模截止频率为

$$f_{C,CM} = \frac{1}{2\pi\sqrt{L_{CM}C_{CM}}} = \frac{1}{2\pi\sqrt{\left(L_C + \frac{1}{2}L_D\right)\cdot 2C_Y}} \tag{5-68}$$

差模截止频率为

$$f_{C,DM} = \frac{1}{2\pi\sqrt{L_{DM}C_{DM}}} = \frac{1}{2\pi\sqrt{(L_e + 2L_D)\cdot(2C_X + 0.5C_Y)}} \tag{5-69}$$

式中，L_{CM}、C_{CM}为等效共模滤波电感和共模滤波电容；L_{DM}、C_{DM}为等效差模滤波电感和差模滤波电容；L_e为共模扼流圈的漏感；L_D为独立的差模电感；L_C为共模扼流圈的电感值。选取元件时，式（5-68）中的L_D对于L_C来说较小，可以忽略不计；式（5-69）中如果两条电源线上均串有差模扼流圈，就取$2L_D$，如果仅在一条电源线上串有差模扼流圈，就取L_D，如果无差模扼流圈，则只取L_e。另外要注意，滤波器电感电容值越大，其截止频率越低，对噪声的抑制效果越好，但同时成本和体积也相应增加。而且由材料特性可知，当电感电容值越大时，可持续抑制噪声的频率范围也相对变窄，因此其值不可以取到无限大。另外，考虑到电容对于体积的影响较电感小，而且市场上出售的电容器都有固定的电容值，与电感值相比缺乏弹性，故在设计电感和电容值时，应优先考虑电容。

选取共模滤波元件 L_{CM} 和 C_Y 时，要注意 Y 电容有接地漏电流的限制，其值不能太大，在选取时应选择符合安规的最大值。共模电感的取值由式（5-70）确定：

$$L_{CM} = \frac{1}{(2\pi f_{C,CM})^2 \cdot 2C_Y} \tag{5-70}$$

选取差模滤波元件 L_D 和 C_X 时，满足相应截止频率的元件取值弹性较大。选用较大的 L_D 时，就可以选用较小的 C_X，反之亦然。另外，由于共模扼流圈的漏感 L_e 通常是 L_C 值的 0.5%~2%，因此共模扼流圈的漏感也可以作为差模滤波电感，所以不需要再设计分立的差模扼流圈。

5.4.5　滤波元件非理想特性的影响

电感和电容是构成 EMI 电源滤波器的主要元件，它们的高频分布参数直接影响到滤波器的性能。在低频状态下，电感和电容一般被当作理想器件即纯电感和纯电容。但是在高频状态下，它们的特性将远远偏离理想状态时的特性。

EMI 滤波器中的电感器通常都是以线圈形式绕制而成的，磁心为铁氧体软磁磁心。与一般的电感器一样，在一个很宽的频率范围内，滤波电感具有线圈的直流电阻 R_S 和分布电容 C_P，分布电容存在于电感绕组匝与匝的导线之间及多层绕组的层与层之间。分布电容是影响电感频率特性的主要指标。实际电感的等效电路如图 5-39a 所示。

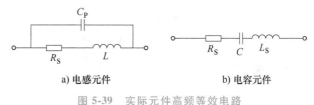

a) 电感元件　　　b) 电容元件

图 5-39　实际元件高频等效电路

根据这一等效电路，电感的阻抗 Z_L 为

$$Z_L = \frac{R+j\omega L}{1-\omega^2 LC_P + j\omega C_P R} \tag{5-71}$$

在直流段，即 $\omega = 0$ 时，$Z_L = R$；在低频段即 $\omega < \omega_0$ 时，电感的阻抗随频率升高而增加；当 $\omega = \omega_0$ 时，电感 L 与分布电容 C_P 发生并联谐振，Z_L 达到最大值；当 $\omega > \omega_0$ 时，电感的阻抗呈现电容阻抗的特性，阻抗随频率升高而降低。频率 ω_0 是电感器的谐振频率，且

$$\omega_0 = \frac{1}{\sqrt{LC_P}} \tag{5-72}$$

实际的电容器和电感类似，也不是一个纯粹的电容。实际的电容器由绝缘漏电阻 R_P、等效串联电阻 R_S、等效串联电感 L_S 和电容 C 构成。绝缘漏电阻 R_P 是介质材料本身的电阻，等效串联电阻 R_S 是电容器引线等的等效电阻，而等效串联电感 L_S 是由电容引线和结构所决定的。高频状态下，电感分量是影响电容频率特性的主要指标。实际电容器的等效电路如图 5-39b 所示。

在频率非常低时，电容器表现出电阻特性，其数值主要取决于绝缘漏电阻 R_S。当频率逐渐升高时，电容阻抗 Z_C 可近似等效为

$$Z_C = R_S + j\omega L_S + \frac{1}{j\omega C} \tag{5-73}$$

在低频段即 $\omega < \omega_0$ 时，电容的阻抗随频率升高而降低；当 $\omega = \omega_0$ 时，等效电感 L_S 与电容 C 发生串联谐振，电容阻抗 Z_C 最小，旁路效果最好；当 $\omega > \omega_0$ 时，电容的阻抗呈现电感阻抗的特性，阻抗随频率升高而增加。频率 ω_0 是电感器的谐振频率，且

$$\omega_0 = \frac{1}{\sqrt{L_S C}} \tag{5-74}$$

实际电容器的高频特性主要取决于等效串联电感 L_S，等效串联电感 L_S 实际上包含两个部分，即内部结构及引线电感 L_i 和外部引线电感 L_w。L_i 取决于电容器的结构和尺寸，一般为 $5\sim50\mathrm{nH}$。L_w 取决于电容器外部引线的长短，是影响电容高频特性和谐振频率的主要因素。因此，在使用电容器时应设法将外部引线长度控制到最短，以达到提高噪声抑制效果的目的。

综上所述，在高频条件下进行滤波器插入损耗分析时，必须按照电感和电容的高频等效电路进行考虑。在计算高频插入损耗时，需要将理想状态下电感和电容的阻抗用高频时的阻抗代替，然后求出相应的 T 参数矩阵。

在 EMI 滤波器设计时，如果在设计初期就考虑滤波元件的非理想特性，那么整个设计过程将非常复杂而无法应用于工程实际，因此通常都是在设计完成后再来考虑元件的高频特性，主要是分析它们对实际插入损耗的影响，这类计算通常是由计算机来完成的。

5.4.6 EMI 滤波器磁元件的电磁特性

共模扼流圈是组成 EMI 滤波器的重要的磁元件，研究共模扼流圈的电磁特性是研究分析 EMI 滤波器特性的重要组成部分。图 5-40 所示的是一种常见的共模扼流圈。实际工程中为了实现 EMI 滤波器结构的小型化，提高功率密度，常将共模扼流圈的漏感用作差模电感来抑制电力电子系统中的差模噪声。在产品设计时，共模扼流圈作为客制化非标准器件，其结构相对复杂，不同的磁心材料和绕法的差异都会影响共模扼流圈的高频特性以及共模扼流圈的漏感，且共模扼流圈磁心饱和特性还容易受到温度、频率和直流偏磁特性的影响，进而影响整个滤波器的滤波效果。此外，共模扼流圈的漏磁通常广泛分布于元器件内部和周围空间，极易与近距离的其他元件产生电场或磁场耦合，也会影响 EMI 滤波器的滤波性能。因此，有必要对

图 5-40 共模扼流圈

EMI 滤波器磁元件的电磁特性进行分析。

1. 共模扼流圈的磁心饱和特性

理想情况下功率电流（差模电流）在共模扼流圈内产生的磁通大小相等，方向相反，磁通相互抵消，不会对共模扼流圈的饱和特性产生明显影响；而共模噪声由于电流较小，所以产生的磁通较小，也不容易导致磁心饱和。但实际上，共模扼流圈的周围存在泄漏磁场，漏磁通的大小与功率电流的大小有关，漏磁通的存在会导致绕组部分磁心中的最大磁通密度 B 接近饱和磁通密度 B_s，磁心容易达到局部饱和，从而使磁心元件有效磁导率下降，共模扼流圈的差、共模电感量大幅降低，最终导致 EMI 滤波器对噪声的衰减幅度降低，因此研究共模扼流圈的磁心饱和特性有助于理解和解决设计 EMI 滤波器中所遇到的问题。

导致共模扼流圈磁心饱和的主要因素有直流偏磁、工作温度以及工作频率。当环境温度升高时，共模扼流圈磁心的饱和磁通密度 B_s 会下降，在相同功率电流和漏感的条件下，共模扼流圈磁心中最大的磁通密度更容易接近磁心的饱和磁通密度，从而导致磁心达到部分饱和，使磁心的有效磁导率降低，最终导致 EMI 滤波器对差、共模噪声的抑制效果变差。如材料为 R10K 的磁心在环境温度为 30℃、60℃、80℃、100℃ 时磁心磁化曲线如图 5-41 所示，可见，随着环境温度的升高，磁心的最大磁通密度 B_{max} 和最大磁场强度 H_{max} 都会降低。因此，在使用集成共模扼流圈的 EMI 滤波器时，要注意其工作环境温度变化对滤波器滤波效果的影响。

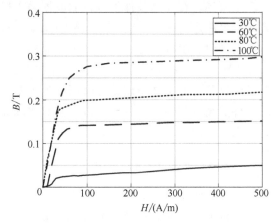

图 5-41   不同环境温度下磁环的磁化曲线

另外，当流经共模扼流圈的功率电流产生的磁通不能完全抵消时，共模扼流圈中就存在直流偏磁，直流偏磁同样会导致磁心的局部饱和。直流偏磁对磁心饱和特性的影响可以用式（5-75）表示：

$$\frac{I_{dm}L_{dm}}{NA_e} \leqslant B_s \tag{5-75}$$

式中，I_{dm} 为直流偏磁；L_{dm} 为共模扼流圈的漏感；N 为匝数；A_e 为共模扼流圈的等效截面积；B_s 为饱和磁通密度。

根据式（5-75），当共模扼流圈的漏感、匝数和磁环的尺寸固定时，直流偏磁是影响磁通密度的主要因素，经过共模扼流圈的直流偏磁越大，磁心越容易达到局部饱和。同样取材料为 R10K 的磁心，在磁心大小、绕组不变的情况下对共模扼流圈施加不同的直流偏磁，测试得到共模扼流圈的电感随直流偏磁的变化如图 5-42 所示。

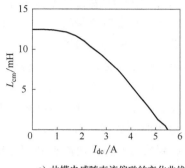
a) 共模电感随直流偏磁的变化曲线

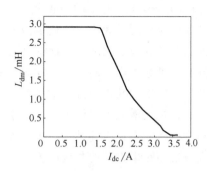
b) 差模电感随直流偏磁的变化曲线

图 5-42　共模扼流圈电感随直流偏磁的变化曲线

当直流偏磁较小时，共模扼流圈的共模电感量和差模电感量几乎不发生变化；但随着直流偏磁的增大，共模扼流圈的磁心达到局部饱和，其共模电感量和差模电感量急剧下降。因此，在设计 EMI 滤波器时，要留意功率电流中是否含有直流分量，并考虑其对共模扼流圈饱和特性的影响。

功率回路工作频率的变化同样会引起共模扼流圈的饱和。在低频共模等效电路中，共模扼流圈的等效电感与电容元件在特定频率处会产生谐振，导致共模等效电路的阻抗降低，从而导致共模电流增大，最终引起共模扼流圈的饱和。下面以图 5-43a 所示的共模等效电路为例，分析频率对共模扼流圈饱和特性的影响。

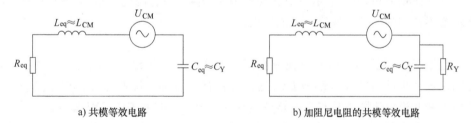

a) 共模等效电路　　　　　　b) 加阻尼电阻的共模等效电路

图 5-43　频率对共模扼流圈饱和特性的影响

图中，U_{CM} 为等效共模干扰源，L_{eq} 为等效共模电感，其大小为共模扼流圈的等效共模电感，C_{eq} 为等效共模电容，其大小为 Y 电容的阻抗，R_{eq} 为共模等效电阻。当共模干扰源的频率为 f_s 时，共模等效电路中的共模电流可以表示为

$$|I_{CM}| = \frac{|U_{CM}|}{|Z_{CM}|} = \frac{|U_{CM}|}{\sqrt{R_{eq}^2 + 4\pi^2 f_s^2 + L_{CM}(1-f_0^2/f_s^2)^2}} \tag{5-76}$$

$$f_0 = \frac{1}{2\pi\sqrt{L_{CM}C_{CM}}} \tag{5-77}$$

$$|I_{CM}|_{max} = \frac{|U_{CM}|}{R_{eq}}\bigg|_{f_s = f_0} \tag{5-78}$$

式中，f_0 即为共模等效电路的谐振频率。当干扰源频率 f_s 接近自谐振频率 f_0 时，电路中共模电流达到最大值。共模电流的增大会导致共模扼流圈的饱和，从而使共模扼流圈的等效共模电感减小，而这又会进一步导致共模电流的增大。

为抑制这种饱和现象的出现，常需要重新选取磁导率更大的磁心材料，或是增大磁环的尺寸以增大共模扼流圈的等效共模电感，但这种做法需要对滤波元件的取值重新计算，极大增大了工作量，也会增大滤波器的体积和重量。从共模等效电路阻抗的角度考虑，当在 Y 电容上并联一个阻尼电阻时，如图 5-43b 所示，就可以减小电路在自谐振频率附近的共模电流值，从而达到预防共模扼流圈饱和问题出现的目的。当增加阻尼电阻 R_Y 后，共模等效电路中共模阻抗为

$$Z'_{CM} = R_{eq} + j\omega L_{CM} + \frac{R_Y}{1 + j\omega C_{eq} R_Y} \qquad (5\text{-}79)$$

$$f_1 = \frac{1}{2\pi R_Y C_{eq}} \qquad (5\text{-}80)$$

式中，f_1 为增加阻尼电阻后共模等效阻抗的转折频率。当 $f_1 = f_0$ 时，共模等效电路在自谐振频率 f_0 处的阻抗就会增大，从而抑制共模电流的增大。这样可以求得并联阻尼电阻的取值为

$$R_Y = \sqrt{\frac{L_{eq}}{C_{eq}}} \qquad (5\text{-}81)$$

需要注意的是，R_Y 取值过小会导致很大的漏电流，因此，R_Y 应该在保证共模扼流圈不饱和的前提下取值尽可能地大。

2. EMI 滤波器的近场耦合特性

由于 EMI 滤波器中的共模扼流圈周围存在大量的漏磁通，因此，共模扼流圈易与电容产生近场耦合而影响 EMI 滤波器的滤波性能。除此之外，EMI 滤波器中的电容和共模扼流圈也易与主电路产生近场耦合，影响系统的 EMI 噪声。

近场耦合程度的大小与耦合磁元件间的距离和角度有关，一般可以通过改变耦合元件间的布局降低两者间的耦合程度。图 5-44a 为共模扼流圈共模电感分量的漏

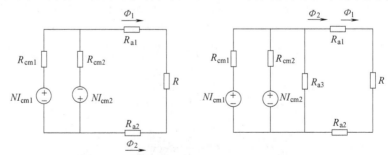

a) 共模分量磁场分布等效磁路图　　　　b) 差模分量磁场分布等效磁路图

图 5-44　共模扼流圈共模/差模电感分量磁场分布的等效磁路图

磁通与周围磁元件的等效磁路图。

其中，NI_{cm1}、NI_{cm2} 分别为共模扼流圈两个绕组上的磁势，R_{cm1}、R_{cm2} 分别为共模扼流圈两绕组的对应磁心磁阻，R_{a1}、R_{a2} 分别为共模扼流圈两绕组周围的空气磁阻，R 为共模扼流圈周围磁元件的等效磁阻，Φ_1、Φ_2 分别为共模电流产生的漏磁通。由于通入共模扼流圈的电流大小相等、方向相同，根据叠加定理，该共模扼流圈的漏磁通在磁阻 R 上产生的磁势大小相等、方向相反，从而互相抵消，因此共模扼流圈的共模电感分量的磁场分布与周围磁元件基本上没有近场耦合。

共模扼流圈差模电感分量的漏磁通与周围磁元件的磁路等效电路如图 5-44b 所示，其中，NI_{cm1}、NI_{cm2} 分别为共模扼流圈两个绕组上的磁势，R_{cm1}、R_{cm2} 分别为共模扼流圈两绕组的对应磁心磁阻，R_{a1}、R_{a2}、R_{a3} 分别为共模扼流圈两绕组周围的空气磁阻及磁心中心的空气磁阻，R 为共模扼流圈周围磁元件的等效磁阻，Φ_1、Φ_2 分别为差模电流产生的漏磁通，差模电流在绕组周围产生的磁通方向相同，相互叠加，在周围磁元件的等效磁阻 R 上产生的磁势也相互叠加，因此共模扼流圈的差模电感分量产生的漏磁通容易与周围磁元件产生近场耦合。

磁场的近场耦合主要为磁元件间的磁通交链，通常用互感 M 绝对值的大小来评估交链的程度大小，也可以用一个 $j\omega M\dot{I}$ 的受控电压源表示干扰源在被干扰对象上产生的近场耦合模型。以共模扼流圈和电容为例，两者的近场耦合模型如图 5-45 所示，其中电流 $\dot{I}$ 为干扰源中的电流。

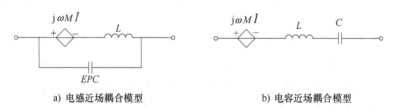

a) 电感近场耦合模型　　　　　　　　b) 电容近场耦合模型

图 5-45　近场耦合模型

图 5-46a 为一个 EMI 滤波器的基本结构，C_1、C_2 为差模电容，L_{cm} 为共模电感，C_Y 为共模电容，共模电感的漏感常作为差模电感处理，泄漏电感常常会与其他器件产生耦合。图 5-46b 是它的差模等效电路，$M_1 \sim M_5$ 是差模等效电路元器件间的互感耦合，这部分互感会影响滤波器的性能。L_{p1}、L_{p2} 是引线电感，ESR、ESL 是差模电容的分布电阻和分布电感，L_{dm} 是差模电感（L_{cm} 的泄漏电感），M_1、M_2 是 L_{dm} 和引线电感之间的互感，M_3、M_4 是 L_{dm} 和电容支路的互感，M_5 是两个电容支路的互感。

下面以一个带有 C-L 型滤波器的功率因数校正（Boost PFC）电路为例，从滤波器与主电路近场耦合的角度分析 PCB 元器件布局对电磁干扰的影响，其电路如图 5-47 所示。

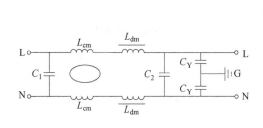

a) EMI滤波器基本结构

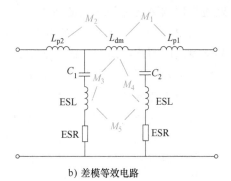

b) 差模等效电路

图 5-46　近场耦合对滤波器性能的影响

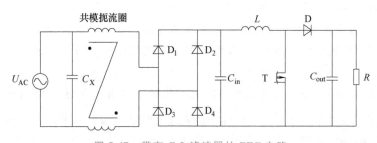

图 5-47　带有 C-L 滤波器的 PFC 电路

对于功率变流器的主电路而言，电感 L 是磁场能量的主要来源，输入电容 C_{in} 为高频噪声提供了低阻抗回路。当功率变流器工作在断续状态时，续流二极管不能产生反向恢复电流，由开关器件 T、二极管 D、输出电容 C_{out} 形成的回路的杂散场耦合可以忽略不计，主电路的敏感器件主要是输入电容 C_{in} 和电感 L。由于 Boost 电路中的滤波器和主电路的杂散磁场耦合比电场耦合对 EMI 影响要大，所以这里只考虑该电路的杂散磁场耦合，电路中存在的近场耦合效应主要有以下几类：

1）差模滤波电容 C_X 与共模扼流圈之间的近场耦合。

2）变流器输入电容 C_{in} 与变流器电感 L 之间的近场耦合。

3）C_X 与 C_{in} 之间的近场耦合。

4）C_X 与 L 之间的近场耦合。

5）C_{in} 与共模扼流圈之间的近场耦合。

6）共模扼流圈与 L 之间的近场耦合。

当 PFC 电路按图 5-48 所示方式进行 PCB 布局，既滤波器板上平行依次放置元器件 C_X 和共模扼流圈，主电路板上依次放置整流桥、C_{in} 和 L、开关管和电解电容。此时滤波器板和主电路板平行放置，且距离较近，根据上面的分析 EMI 滤波器中的元件会与主电路的各元件间产生近场耦合。

当改变两个电路板之间的距离，将滤波器和主电路之间用 50cm 长的导线连接时，滤波器和主电路足够远，它们之间的电感耦合就可以忽略不计，两种情况下测试得到的差模干扰频谱如图 5-49 所示，从中可以看出，当增加滤波器与主电路之间的距离后，差模干扰明显比原始布局减小了很多，这是因为此时电路中仅存在差模电容 C_X 与共模扼流圈之间以及输入电容 C_{in} 与 L 之间的电感耦合，其他耦合可以忽略不计。

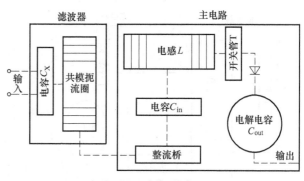

图 5-48　原始布局

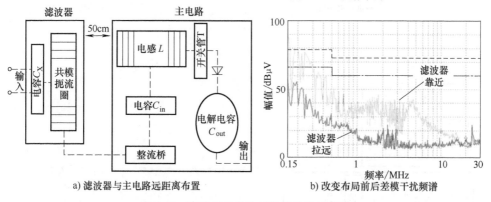

a) 滤波器与主电路远距离布置　　　　b) 改变布局前后差模干扰频谱

图 5-49　滤波器与主电路远离的改进布局

这种将滤波器和主电路分开布置的布局方式可以将滤波器与主电路间的杂散磁场耦合减小，从而减小差模干扰，需要注意的是，它对共模干扰的影响不大，因为共模干扰电流要经过大地形成环路，其环路面积很大，滤波器与主电路间的距离增大 50cm 对共模干扰的环路阻抗变化影响很小。

如果保持共模扼流圈和主电路的位置不变，将 C_X 在原始布局上远离共模扼流圈 50cm 时，C_X 与共模扼流圈及主电路相距足够远，它们之间的磁场耦合就可以忽略不计了。这种情况下的布局示意图以及差模干扰测试结果如图 5-50 所示。

从图 5-50b 中差模干扰侧测试结果可以看出，当 C_X 远离共模扼流圈 50cm 后，低频 EMI 基本保持不变，而高频 EMI 大幅降低。这说明 C_X 的磁场耦合对高频 EMI 有很大影响。

如果将滤波器垂直摆放，如图 5-51a 所示，那么相较于原始布局，共模扼流圈与电感 L 之间的耦合磁通就会减小，这种布局也能降低元器件间的近场耦合效应，布局改变前后差模干扰的频谱测试结果如图 5-51b 所示。

当滤波器与主电路垂直布置时，低频处差模干扰相较于两者平行放置大幅降低，而高频 EMI 基本保持不变。考虑到改变两者相对位置后，共模扼流圈与电感 L 之间的耦合磁通减小，而电容 C_X 与主电路电感耦合变化较小，其他元件间的电感

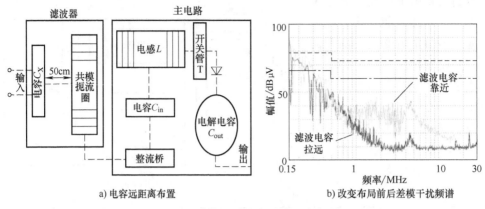

a) 电容远距离布置　　　　　　b) 改变布局前后差模干扰频谱

图 5-50　电容远距离布置的改进布局

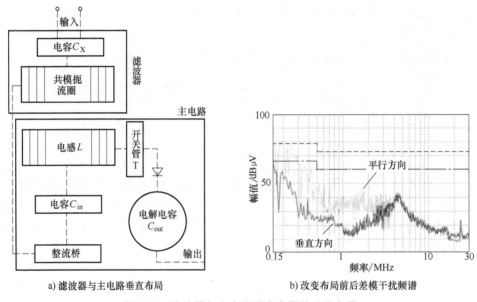

a) 滤波器与主电路垂直布局　　　　　b) 改变布局前后差模干扰频谱

图 5-51　滤波器与主电路垂直布置的改进布局

耦合不变。因此测试结果可以表明，共模扼流圈与主电路的磁场耦合对低频 EMI 影响很大。

以上的分析表明，EMI 滤波器中元器件的近场耦合特性会影响滤波器的滤波性能，在设计过程中，如果不考虑这一因素，可能会使设计的滤波器无法达到预期效果。因此，在滤波器设计初期，就要考虑元器件布局对它们耦合关系的影响，通过选择合理的布局方式可以达到改善 EMI 滤波器滤波性能的目的。

5.4.7　滤波器的选择与安装

EMI 滤波器的安装和实际布局，同样关系到 EMI 滤波器的噪声抑制效果，这里将讨论有关滤波器安装和布局的注意事项：

1）EMI滤波器应当尽量安装在靠近噪声的端子处。为了保证得到最好的噪声抑制效果，滤波器接入电网或供电网络通常不用熔丝，因此，滤波器中用的电容器必须要特别注意安全可靠，并且滤波器的盒盖上应当清楚地标明警告标志。必须指明，即使在电气设备断电的情况下，滤波器也仍旧接在电源网络中。滤波器的外壳必须设计成即使人们意外地接触外壳也不会引起触电的结构，并且必须用不易腐蚀的材料制成。对于小电流的EMI滤波器，还特别要注意将它们良好地屏蔽起来。

2）在设计和装配EMI滤波器时，必须做到无论是电网中的瞬态电压，还是电气设备引起的浪涌电流，均不会造成滤波器的损坏。为此，对一个EMI滤波器，必须特别说明两个工作限制条件：能正常连续工作的条件和极限工作条件。

3）大电流EMI滤波器的损耗可能会很大，能量将大部分损耗在EMI扼流圈上，因此，必须十分注意它们的有效冷却，并尽量使它们与滤波电容器远离。

4）电力电子装置经常会导致非正弦的网侧电流的产生，这些电流中含有大量的低次谐波，可能会引起明显的音频噪声。因此，在需要保证高质量音频信号的场合下，安装滤波器时应将EMI滤波电感线圈进行浸渍处理，并将铁心胶合，再用有弹性的紧固物将EMI滤波电感器紧固，从而减小音频噪声。

5）在正确安排EMI滤波器内部的元件位置时，应主要考虑三个方面的问题：①滤波电感器的杂散磁场；②滤波电容器的引线走向；③接地线的布置。下面对这三个方面分别加以说明。

圆筒型滤波电感线圈通常会产生很强的杂散磁场，并且通常集中在电感器两端。因此，滤波电容器及滤波器内所有引线应当尽量远离电感器的端口。电感线圈形成的工频磁场可以通过安装铁质装配元件来进行屏蔽，但这样也会增加EMI滤波器的损耗，同时还可能构成一个热源。为此，在紧固EMI滤波器时应当使用非磁性的材料以尽可能减少发热。

EMI滤波器中滤波电容的引线长度也在很大程度上决定滤波器的滤波效果，因为过长的引线会引入高频寄生参数，它们会导致滤波器在高频段插入损耗的下降。因此，在布置电容器时，应当使用尽可能短的引线。

另外，在安装EMI滤波器时应该让它的输入输出电路尽量分开，这样可以在避免噪声源电路与待滤波电路间噪声耦合的同时还能避免出现公共的I/O到地回路。特别是对于小电流的EMI滤波器，尤其需要注意输入与输出电路之间的隔离，因为输入和输出电路的电流即使在低阻抗非常小的情况下也会流过公共地阻抗产生耦合。图5-52a是一个不推荐的布线安排，这时输入电路的电流I_i和输出电路的电流I_o均流过公共地阻抗Z_g，它们之间产生的地阻抗耦合电压$U_m = U_o + (I_i - I_o) \times Z_g$。显然，这时滤波器的输出信号包含了噪声源的噪声电流分量，为此，应采用图5-52b所示的推荐接地方式，当然在这种接地方式中，也同样要保证尽量小的Z_{gi}和Z_{go}。

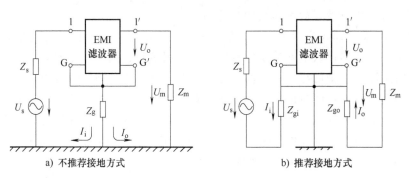

a) 不推荐接地方式　　　　　　　　　b) 推荐接地方式

图 5-52　EMI 滤波器的地线安排

上述原理同样适用于地线系统的设计。在有些情况下，设备中的主电路板的地并没有和电网地直接相连，但 EMI 滤波器实际工作时是与电网地相连的，在测量 EMI 时，通常是以机壳（架）的地作为参考地。因此，在高频情况下，设备经滤波器到地的阻抗会很高，所以在 EMI 滤波器的地通路上，就会检测出较高的 EMI 电平。这时，可以在 EMI 滤波器的地和测量 EMI 的参考地之间加接一个高频旁路电容，这样在高频时设备的接地阻抗会因为电容的并联作用而减小。不过最好的办法还是在安装 EMI 滤波器时就保证机滤波器外壳和设备地之间有最低的阻抗。

此外，电源 EMI 滤波器中用的滤波电容必须配接一个 $0.1 \sim 1\mathrm{M}\Omega$ 的泄放电阻，用于切断 EMI 滤波器时后为滤波电容器提供放电通道，保证电容器在几秒钟内完成放电。

最后，在对带有 EMI 滤波器的电力电子装置进行绝缘耐压试验时，必须特别当心。因为试验时，滤波器中的 C_Y 将同时承受试验电压，如果 C_Y 耐压足够，可以进行直流耐压试验；如果必须对设备进行交流耐压试验的话，必须将滤波器中的 C_Y 断开，否则可能导致装置绝缘达不到要求的错误结论。

第 6 章

屏蔽技术

6.1 屏蔽概述

屏蔽技术是利用屏蔽体阻断或减小电磁能量在空间传播的一种技术，是减少电磁发射和实现电磁骚扰防护的最基本、最重要的手段之一。按欲屏蔽的电磁场性质分类，屏蔽技术通常可分为三大类：电场屏蔽（静电场屏蔽及低频交变电场屏蔽）、磁场屏蔽（直流磁场屏蔽和低频交流磁场屏蔽）及电磁场屏蔽（同时存在电场及磁场的高频辐射电磁场的屏蔽）。

从屏蔽体的结构分类，可以分为完整屏蔽体屏蔽（屏蔽室或屏蔽盒等）、非完整屏蔽体屏蔽（带有孔洞、金属网、波导管及蜂窝结构等）以及编织带屏蔽（屏蔽线，电缆等）。

本章着重讨论上述三种屏蔽的不同机理，系统地分析影响屏蔽效果的各种因素，以便根据屏蔽的具体要求，来确定选择屏蔽材料及厚度的原则。由于屏蔽体的结构往往是屏蔽能否达到设计要求的关键，所以，对一些当前最新的，重要的屏蔽结构部件和有关辅助技术也作了讨论。

6.2 屏蔽的基本原理

6.2.1 电场屏蔽的基本原理

电场屏蔽的目的是消除或抑制静电场或交变电场与被干扰电路的电耦合。下面分别讨论静电场屏蔽和交变电场屏蔽这两种情况。

1. 静电场屏蔽

导体置于静电场中并达到静电平衡后，该导体是一个等位体，内部电场为零，导体内部没有静电荷，电荷只能分布在导体表面。若该导体内部有空腔，空腔中也没有电场，因此，空腔导体起到了隔绝外部静电场的作用。若将带电体置于空腔导体内部，会在空腔导体表面感应出等量电荷，如果把空腔导体接地，则不会在导体外部产生电场，可以起到隔绝内部电荷的作用。上述两种情况均为静电场屏蔽现象。

由上可知，要实现静电场屏蔽，需要满足两个条件：①有完整的屏蔽体；②屏蔽体良好接地。

2. 交变电场屏蔽

由电场耦合可知，在交变电场情况下，导体间的电场感应是通过耦合电容起作用，为减小这种影响，就要减小耦合电容，其中的一个方法就是对被干扰电路采取屏蔽措施。

为获得好的电场屏蔽效果，应采取如下措施：①使屏蔽体尽量包围被保护电路，完全封闭的屏蔽效果最好，开孔或有缝隙会使屏蔽效果受到一定影响；②使屏蔽体良好接地，并且靠近被保护电路；③屏蔽体采用良导体，对厚度没有要求，能满足机械强度要求即可。

6.2.2 磁场屏蔽的基本原理

磁场屏蔽的目的是消除或抑制直流或低频交流磁场噪声源与被干扰回路的磁耦合。

图 6-1a 中，当电流流过一根导线时，在导线四周会同时产生电场和磁场。如果该导线用一个良好接地的非导磁金属屏蔽体封闭起来的话，电场的电力线则终止于该金属屏蔽体，电场得到了良好屏蔽，而对原磁力线没有什么影响，如图 6-1b 所示。

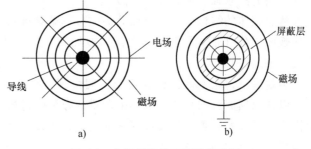

图 6-1 电场屏蔽体不能屏蔽磁场

为了使噪声源的磁场不致对周围物体产生电磁干扰，就必须将由噪声源产生的噪声磁场削弱到允许的程度。通常可以采取两种办法：

（1）采用高导磁率材料的屏蔽体进行磁屏蔽

如图 6-2a 所示，磁场噪声源或需要磁屏蔽的电路或元件用一个由高磁导率材料制成的磁场屏蔽体封闭起来。由于高磁导率材料具有很低的磁阻，噪声源的磁力线将被封闭在磁屏蔽体内或外界干扰磁场的磁力线被磁屏蔽体旁路，从而起到了磁屏蔽的作用。显然，在这种情况下，为了获得良好的磁屏蔽效果，必须保证磁路畅通。当磁屏蔽体必须要开狭缝时，狭缝不能切断磁路，即狭缝只能与磁通方向一致，而不能与磁通方向垂直，否则将影响磁屏蔽的效果。上述这种用高导磁率材料屏蔽体屏蔽磁场的方法，只能用于屏蔽直流和低频磁场，因为只有在低频时，这些材料才能保持着它们自身的高导磁率。

（2）采用反向磁场抵消的办法，实现磁屏蔽用这种方法实现磁屏蔽的原理如图 6-2b 所示。图中中心载流导线用一个非导磁的金属屏蔽体包围起来，并让该屏蔽体中流过与中心载流导线电流大小相等、相位相反的电流。这样，在屏蔽体的外部总的噪声磁场强度变为零，达到了磁屏蔽的目的。这种磁屏蔽原理适用于高频磁场屏蔽及利用屏蔽电缆实现磁屏蔽的场合，这种金属屏蔽体应为良导体。

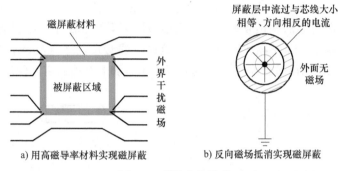

a) 用高磁导率材料实现磁屏蔽　　b) 反向磁场抵消实现磁屏蔽

图 6-2　磁屏蔽的原理

对于高频磁场，因为高频磁场的作用，屏蔽壳体表面会产生电磁感应涡流。根据楞次定律，该涡流将产生一个反磁场 $B_{涡}$ 来抵消穿过该屏蔽体的原来磁场 $B_{干}$，如图 6-3 所示。

显然，在这种情况下，涡流越大，屏蔽效果越好。因此，对于高频磁场的屏蔽应选用良导体材料，如铜、铝或铜镀银等。随着频率的增高，磁屏蔽效果变好。当涡流产生的反磁场足以完全排斥噪声磁场时，涡流将不再增大而保持一个常值。此外，由于趋肤效应，涡流只在材料的表面流动，因此，只要用很薄的一层金属材料就足以屏蔽高频磁场。

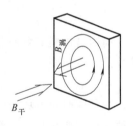

图 6-3　金属板对高频磁场的排斥作用

利用反相磁场抵消干扰磁场的磁屏蔽方法，主要用于电缆芯线的屏蔽。图 6-4a 示出一个用输出电缆向负载电阻 R_1 传输输出信号的电路，该电缆芯线流过电流 I_1，电缆屏蔽层必须在两端接地，这样可以将芯线中产生的磁场抵消掉，而达到磁场屏蔽的目的。

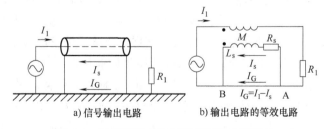

a) 信号输出电路　　b) 输出电路的等效电路

图 6-4　用屏蔽层电流屏蔽高频干扰源磁场

图 6-4b 是图 6-4a 所示输出电路的等效电路，沿地回路（A-R_s-L_s-B-A）写出电路方程，然后可求得屏蔽层电流 I_s。

$$0 = I_s(j\omega L_s + R_s) - I_1(j\omega M) \tag{6-1}$$

式中，M 为屏蔽电缆屏蔽层和芯线之间的互感，且 $M = L_s$，可得

$$I_s = I_1\left(\frac{j\omega}{j\omega + R_s/L_s}\right) = I_1\left(\frac{j\omega}{j\omega + j\omega_c}\right) \tag{6-2}$$

式中，ω_c 为屏蔽电缆的截止频率，当今大多数屏蔽电缆的截止频率只有几千赫兹。从式（6-2）可见，当 $\omega \gg \omega_c$ 时，$I_s \approx I_1$。这时，屏蔽层由于互感的作用，它表现出的阻抗值要比地的阻抗低得多，因此它成为主电流的返回通道，使芯线产生的磁场得到"屏蔽"。

但是，如果 $\omega < 5\omega_c$ 时，$I_s < I_1$，随着 ω 的降低，越来越多的电流将从地阻抗分流，因而磁屏蔽效能将随之下降。所以，在低频时，图 6-4 所示屏蔽层在电缆两端接地的方式是不能达到磁屏蔽目的的。这时，应采取图 6-5 所示的方式—屏蔽层在源端一点接地，以保证 $I_s = I_1$ 磁屏蔽的条件。

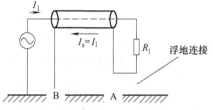

图 6-5　屏蔽层在源端一点接地，屏蔽低频磁场

6.2.3　辐射电磁场屏蔽的基本机理

前面讨论的屏蔽问题，实际上是采用了集总参数等效电路（或磁路）分析法进行的。本节则主要从电磁场的角度，进一步分析屏蔽问题的物理实质。

对于电磁场来说，电场分量和磁场分量总是同时存在的。所以，在屏蔽电磁场时，必须同时对电场与磁场加以屏蔽，故通常称为"电磁屏蔽"。高频电磁屏蔽的机理，则主要是基于电磁波穿过金属屏蔽体产生波反射和波吸收的机理。电磁波到达屏蔽体表面时，之所以会产生波反射，其主要原因是电磁波的波阻抗与金属屏蔽体的特征阻抗不相等，两者数值相差越大，波反射引起的损耗也越大。波反射还和频率有关：频率越低，反射越严重。而电磁波在穿透屏蔽体时产生的吸收损耗则主要是由电磁波在屏蔽体中感生涡流引起的。如前所述，感生的涡流可产生一个反磁场抵消原干扰磁场，同时涡流在屏蔽体内流动，产生热损耗。可以设想，频率越高，屏蔽体越厚，涡流损耗也越大。除此以外，电磁波在穿过屏蔽层时，有时还会产生多次反射。图 6-6 示出了电磁波穿过屏蔽层时能量损失及电磁波穿过屏蔽层电场、磁场变化的示意图，图中 E_i 为进入屏蔽体 T 的能量，E_o 为穿过屏蔽体 T 的能量，A 和 B 分别为屏蔽体的两个表面，R_1 和 R_2 分别为屏蔽体内外的阻抗，E_0 为屏蔽体外的电场强度，H_0 为屏蔽体外的磁场强度，E_1 和 H_1 分别为屏蔽体内的电场强度和磁场强度，E_t 和 H_t 分别为穿过屏蔽体的电场强度和磁场强度，E_{r1} 和 H_{r1} 分别为界面 1 的反射电场强度和磁场强度。

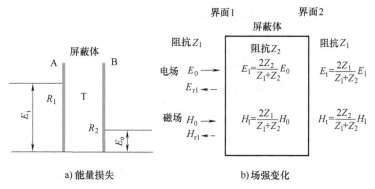

图 6-6　电磁波穿过屏蔽层因吸收、反射及屏蔽体内多次反射
造成能量损失及场强变化示意图

6.3　理想屏蔽体屏蔽效能的计算

6.3.1　衡量屏蔽体屏蔽效果的几种表示方法

为了衡量屏蔽体的屏蔽效果，人们常常采用下列三种表示方法：

（1）屏蔽系数 η_s

屏蔽系数 η_s 系指被干扰的导体（或电路）在加屏蔽后的感应电压 U_s 与未加屏蔽时感应电压 U_o 之比，即

$$\eta_s = \frac{U_s(\text{有屏蔽})}{U_o(\text{无屏蔽})} \tag{6-3}$$

显然，η_s 越小，表示屏蔽效果越好。

（2）透射系数 T（transmmission）

透射系数 T 系指加屏蔽后某一测量点的场强（E_s，H_s）与同一测量点未加屏蔽时的场强（E_o，H_o）之比，即

对电场

$$T_E = \frac{E_s(\text{有屏蔽})}{E_o(\text{无屏蔽})} \tag{6-4}$$

对磁场

$$T_H = \frac{H_s(\text{有屏蔽})}{H_o(\text{无屏蔽})} \tag{6-5}$$

T 越小，表示屏蔽效果越好。

（3）屏蔽效能 SE（shielding effectiveness）

屏蔽效能 SE 指未加屏蔽时某一测量点的场强（E_o，H_o）与加屏蔽后同一测量点的场强（E_s，H_s）之比，以 dB 为单位。

对电场
$$SE_E = 20\log \frac{E_o(无屏蔽)}{E_s(有屏蔽)} \qquad (6\text{-}6)$$

对磁场
$$SE_H = 20\log \frac{H_o(无屏蔽)}{H_s(有屏蔽)} \qquad (6\text{-}7)$$

屏蔽效能 SE 越大，表示屏蔽效果越好。

从式（6-6）、式（6-7）可见，屏蔽效能 SE 与透射系数 T 的关系为

$$SE = 20\log \frac{1}{|T|} \qquad (6\text{-}8)$$

屏蔽效果与频率、屏蔽体的几何形状、尺寸、测试点在屏蔽体中的位置、被衰减场的形式、电磁波注入的方位、极性等许多因素有关。本章着重讨论一块导电屏蔽板的屏蔽效果。我们将介绍有关屏蔽的基本概念并指明屏蔽材料性质对屏蔽效果的影响，但是，我们将不讨论屏蔽体几何形状、尺寸对屏蔽效果的影响。虽然如此，一块简单的屏蔽板屏蔽电磁场的计算结果对评价不同材料的屏蔽能力还是很有价值的。

图 6-6 已经描绘了电磁波穿过金属屏蔽板所发生的表面反射、体内吸收及多次反射的电磁波场强及能量的衰减过程。根据图 6-6b 以及透射系数的定义式（6-4）及式（6-5），我们不难得出

$$|T| = |T_{反射}| \times |T_{吸收}| \times |T_{多次反射}| \qquad (6\text{-}9)$$

代入式（6-8），得

$$SE = R + A + B \qquad (6\text{-}10)$$

式中，R 为反射损耗；A 为吸收损耗；B 为多次反射损耗。R、A、B 的表达式为

$$R = 20\log \frac{1}{|T_{反射}|} \qquad (6\text{-}11)$$

$$A = 20\log \frac{1}{|T_{吸收}|} \qquad (6\text{-}12)$$

$$B = 20\log \frac{1}{|T_{多次反射}|} \qquad (6\text{-}13)$$

下面分别对反射损耗 R、吸收损耗 A 和多次损耗 B 进行详细讨论。

6.3.2　电磁波的吸收损耗 A

当电磁波进入一种吸收介质时，电磁场强度会随着深入的距离按指数规律衰减，如图 6-7 所示。电磁波强度之所以会产生这种衰减，其原因在于，电磁波在该介质中会感生涡流，涡流通过介质电阻发热产生损耗。由图 6-7 可得

$$E_1 = E_o e^{-t/\delta} \qquad (6\text{-}14)$$

$$H_1 = H_o e^{-t/\delta} \qquad (6\text{-}15)$$

我们定义电磁波强度衰减到原强度的 $1/e$，即 37% 处所对应的深度称为趋肤深

度 δ，它等于

$$\delta = \sqrt{\frac{2}{\omega\mu\sigma}} = \frac{1}{\sqrt{\pi f\mu\sigma}} \quad （6-16）$$

由式（6-14）、式（6-15）、式（6-4）、
式（6-5）及式（6-12）可得吸收损耗

$$A = 20\left(\frac{t}{\delta}\right)\lg(e) = 8.69\left(\frac{t}{\delta}\right)$$
$$（6-17）$$

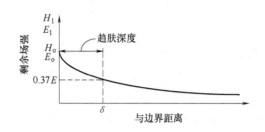

从式（6-17）可见，电磁波在
屏蔽体中经过一个趋肤深度的距离，
吸收损耗约等于9dB。经过两个趋肤
深度的距离，损耗增加一倍，吸收
损耗增大到18dB。若将式（6-16）代入式（6-17），可得

图 6-7　电磁波穿过吸收介质按指数规律衰减

$$A = 1314.3t\sqrt{f_{\mathrm{MHz}}\mu_r\sigma_r} \quad （6-18）$$

式中，t 为金属屏蔽体的厚度，单位为 cm；f_{MHz} 为电磁波的频率，单位为 MHz。

6.3.3　电磁波的反射损耗 R

众所周知，光线入射到两种不同介质的界面时，要产生反射、折射、吸收和透
射，同时产生能量损失。电磁波与光线一样，当电磁波传播到两种不同介质的界面
时也会发生这些类似的现象。电磁波在两种不同介质界面产生反射损失的原因是电
磁波在两种介质中的特性阻抗不同，如图6-8所示。

在图6-8中，介质1的特
性阻抗为 Z_1，介质2的特性
阻抗为 Z_2，则电磁波在两种
介质的界面上发生波反射。
设入射波场强为 E_o、H_o，则
在界面上反射到介质1的反
射波的场强 E_r、H_r 为

$$E_r = \frac{Z_1 - Z_2}{Z_1 + Z_2}E_o \quad （6-19）$$

$$H_r = \frac{Z_2 - Z_1}{Z_1 + Z_2}H_o \quad （6-20）$$

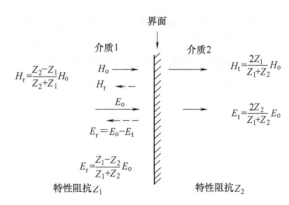

图 6-8　电磁波通过特性阻抗不同的介质，产生波反射

穿过界面透射到介质2的透射波的场强 E_t、H_t 为

$$E_t = E_o - E_r = \frac{2Z_2}{Z_1 + Z_2}E_o \quad （6-21）$$

$$H_t = H_o - H_r = \frac{2Z_1}{Z_1 + Z_2} H_o \tag{6-22}$$

实际的金属屏蔽体具有一定厚度，用上述同样方法可画出图 6-9。

从图 6-9 可以看出，电磁波在穿过界面 1 到达界面 2 时，同样还要产生一次反射。设在屏蔽材料内部传播的反射波 E_{r2}、H_{r2} 再次传播到界面 1 产生的反射波忽略不计的话，可得到

$$E_t = \frac{4Z_1 Z_2}{(Z_1 + Z_2)^2} E_o \tag{6-23}$$

$$H_t = \frac{4Z_1 Z_2}{(Z_1 + Z_2)^2} H_o \tag{6-24}$$

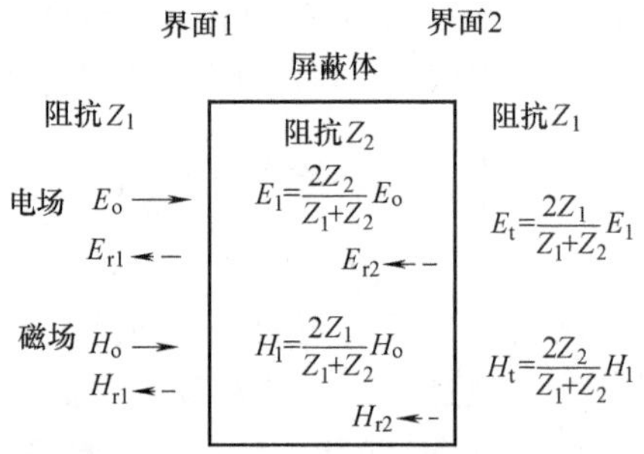

图 6-9　电磁波穿过金属屏蔽层的反射

在界面 1 反射的反射电场强度为

$$E_{r1} = \frac{Z_1 - Z_2}{Z_1 + Z_2} E_o \tag{6-25}$$

在界面 2 反射的反射磁场强度为

$$H_{r2} = \frac{(Z_1 - Z_2) \times 2Z_1}{(Z_1 + Z_2)^2} H_o \tag{6-26}$$

在大多数情况下，屏蔽体材料为金属，它周围的介质为空气或绝缘体，所以 $Z_1 \gg Z_2$，可得如下几点结论：

1）由式（6-25）可得，$E_{r1} \approx E_o$，即电场在屏蔽体的界面 1 几乎被全部反射。这意味着，很薄的一层金属板就可以良好地屏蔽电磁场中的电场分量。

2）由式（6-26）可得，$H_{r2} \approx 2H_o$，这意味着，电磁场中的磁场分量进入屏蔽体后，在体内得到加强，并在屏蔽体的界面 2 处反射最强。由此可见，对磁场的屏蔽必须依靠在屏蔽体内对磁场分量的吸收才行，因而对屏蔽体材料及厚度均有一定要求。

3）将 $Z_1 \gg Z_2$ 代入式（6-23）和式（6-24）得

$$E_t = \frac{4Z_2}{Z_1} E_o \tag{6-27}$$

$$H_t = \frac{4Z_2}{Z_1} H_o \tag{6-28}$$

用 Z_s 表示屏蔽体介质的特性阻抗 Z_2，用 Z_w 表示屏蔽体外介质（通常是空气）的特性阻抗，由式（6-27）、式（6-28）及式（6-11）得到

$$R = 20\lg \frac{|Z_w|}{4|Z_s|} \tag{6-29}$$

必须注意，反射损耗方程式（6-29）只适用于远场平面波垂直入射界面的场合，在电磁波斜入射的场合，反射损耗则随入射角的增大而增大。

（1）远场中的反射损耗 $R_{远}$

前面已经述及，在远场平面波的情况下，波阻抗 Z_w 与自由空间介质的特性阻抗 Z_o 相等，其值为 377Ω，代入式（6-29）可得

$$R_{远} = 20\lg \frac{94.25}{|Z_s|} \tag{6-30}$$

因此，为了求得反射损耗 $R_{远}$，必须首先对屏蔽体对电磁波的特性阻抗进行分析。Hayt 定义了任意介质的特性阻抗为

$$Z_{sp} = \sqrt{\frac{j\omega\mu}{\sigma + j\omega\varepsilon}} \tag{6-31}$$

式中，μ 为磁导率，单位为 H/m；ε 为介电常数，单位为 F/m；σ 为电导率，单位为 S/m。对于屏蔽体而言 $\sigma \gg j\omega\varepsilon$，其特性阻抗用 Z_s 表示，式（6-31）可简化为

$$Z_s = \sqrt{\frac{j\omega\mu}{\sigma}} = \sqrt{\frac{\omega\mu}{2\sigma}}(1+j) \tag{6-32}$$

得

$$|Z_s| = \sqrt{\frac{\omega\mu}{\sigma}} \tag{6-33}$$

式（6-33）用对铜的相对电导率 σ_r 及相对磁导率 μ_r 来表示，可得

$$|Z_s| = 3.68 \times 10^{-7} \sqrt{\frac{\mu_r}{\sigma_r}} \sqrt{f} \tag{6-34}$$

表 6-1 列出了各种典型金属材料的 σ_r 与 μ_r 值。

表 6-1　各种金属材料的相对电导率 σ_r 与相对磁导率 μ_r

材料	σ_r	μ_r	材料	σ_r	μ_r	材料	σ_r	μ_r
银	1.05	1	磷青铜	0.18	1	铁	0.17	50~1000
铜	1	1	白铁皮	0.15	1	冷轧钢	0.17	180
金	0.7	1	锡	0.15	1	不锈钢	0.02	500
铝	0.61	1	钽	0.12	1	4%硅钢	0.029	500
锌	0.29	1	铍	0.10	1	热轧硅钢	0.038	1500
黄铜	0.26	1	铅	0.08	1	高磁导率硅钢	0.06	80000
镉	0.23		钼	0.04	1	坡莫合金	0.04	8000~12000
镍	0.20		钛	0.036		铁镍钼超导磁合金	0.023	10^5

（2）近场中的电磁波反射损耗 $R_{近}$

前已述及，在近场（$r \ll \lambda/2\pi$）中，某一点的波阻抗，即电场强度与磁场强度的比值不再取决于介质的特性阻抗，而更多地取决于源（或发射天线）的特性。如果源具有高电压小电流的性质，则波阻抗大于 377Ω（空气介质的特性阻抗），这个场可以近似看成是高阻抗的电场。如果源具有低电压、大电流的特性，则波阻抗

小于 377Ω，这个场可以近似看成是低阻抗的磁场。而且，它们的阻抗随频率的增高而改变，因此，我们必须将电磁波在近场中的反射损耗，按照电场和磁场情况分别考虑。若将电磁波在空气介质中的波阻抗统一表示为

$$|Z_w| = k \cdot Z_0 \tag{6-35}$$

式中，Z_0 为空气介质的特性阻抗，等于 377Ω，远场时

$$k = 1 \tag{6-36}$$

近场高阻抗电场时

$$k = \frac{\lambda}{2\pi r} = \frac{4.87 \times 10^7}{rf} > 1 \tag{6-37}$$

近场低阻抗磁场时

$$k = \frac{2\pi r}{\lambda} = \frac{rf}{4.87 \times 10^7} < 1 \tag{6-38}$$

将式（6-35）、式（6-37）代入式（6-29），可得高阻抗电场时的反射损耗

$$R_E = 20\lg \frac{4.51 \times 10^9}{fr|Z_s|} = 321.7 + 10\lg \left(\frac{\sigma_r}{\mu_r f^3 r^2} \right) \tag{6-39}$$

将式（6-35）、式（6-38）代入式（6-29），可得低阻抗磁场时的反射损耗

$$R_H = 20\lg \frac{1.97 \times 10^{-6} fr}{|Z_s|} = 14.6 + 10\lg \left(\frac{fr^2 \sigma_r}{\mu_r} \right) \tag{6-40}$$

从式（6-39）和式（6-40）可见：

1）近场中，高阻抗电场的波阻抗比远的高，反射损耗比远场时更高，所以，反射损耗仍是电场屏蔽的主要机理。

2）近场中，低阻抗磁场的波阻抗比远场的低，所以第一界面的反射损耗比远场时还要小。

6.3.4 电磁波的多次反射损耗 B

图 6-9 已经表明，电磁波进入屏蔽材料以后，在第二界面还要发生波的反射。如果屏蔽层较薄，从第二界面反射的电磁波，返回到第一界面时还要再次被反射，如此周而复始，直到电磁波能量在屏蔽层中被吸收到可以忽略为止，这一现象称之为多次反射。

前面对反射损耗的分析表明，无论是远场还是近场情况，入射电磁波中电场分量的大部分已在第一界面被反射掉了，因而，进入屏蔽层内的电场分量已经很弱了，再加上 $Z_2 \ll Z_1$，在第二界面的反射损耗又很小，所以，在考虑多次反射损耗时，电场在屏蔽层内部的多次反射完全可以忽略不计。

对于磁场分量，情况恰恰相反。根据式（6-26），入射波中的磁场分量穿过屏蔽层的界面 1，在界面 2 反射的磁场强度为

$$H_{r2} = \frac{(Z_1 - Z_2)2Z_1}{(Z_1 + Z_2)^2}H_o$$

由于 $Z_2 \ll Z_1$，故 $H_{r2} \approx 2H_o$，即磁场反射波要比入射波的磁场强度大一倍，所以，磁场在屏蔽层中的多次反射必须考虑。伴随着磁场波在屏蔽层中的多次反射，屏蔽层内的多次吸收和磁场分量在界面 2 的多次透射也同时发生，如图 6-10 所示。

为了计算上述电磁波磁场分量在屏蔽层中的多次反射对屏蔽效能的影响，我们引入一个对磁场多次反射校正因子 B

$$B = 20\lg(1 - e^{2t/\delta}) \tag{6-41}$$

式中，t 为屏蔽层的厚度；δ 为趋肤深度。B 与 t/δ 的关系曲线示于图 6-11。

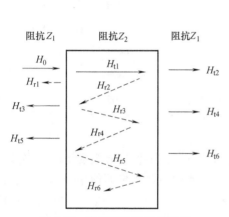

图 6-10 电磁波的磁场分量在
屏蔽层中多次反射的示意图

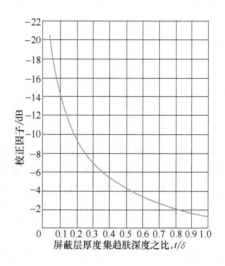

图 6-11 磁场的多次反射因子与 t/δ 关系

6.3.5 屏蔽效能的计算

（1）电场屏蔽效能的计算

当计算一块金属屏蔽板对远场中电场分量对高阻抗电场（近场）的屏蔽效能时，由于大部分电场能量在电磁波入射的第一界面被反射掉，剩余部分透过屏蔽经部分吸收，残余的穿过屏蔽层进入接收部分的电场能量很小，所以多次反射损耗可忽略不计。对电场的总屏蔽效能则等于反射损耗与吸收损耗之和

$$SE_E = R_E + A_E \tag{6-42}$$

式中，对远场，R_E 可由式（6-30）求得；对近场，R_E 由式（6-39）求得；A_E 则由式（6-18）求得。

（2）磁场屏蔽效能的计算

如前所述，在计算磁场屏蔽效能的时候，必须考虑屏蔽层内的多次反射。因

此，远场及低阻抗磁场的屏蔽效能应为

$$SE_H = R_H + A_H + B_H \qquad (6\text{-}43)$$

对远场，R_H 由式（6-30）求得；对近场，R_H 由式（6-40）求得；A_H 由式（6-18）求得；B_H 由式（6-41）求得。实际上，在式（6-43）中 R_H 要比后两项小，所以对磁场在第一界面的反射损耗可以忽略不计。

（3）辐射电磁场（远场）屏蔽效能与频率的关系

从前面所述的反射损耗 R、吸收损耗 A 和多次反射损耗的表达式可以看出，它们均与频率、屏蔽厚度、屏蔽层材料密切相关。图 6-12 示出了一块 0.05mm 厚的铜皮对平面波屏蔽效能的频率关系曲线。

从图 6-12 可以清楚地看出，在低频时，屏蔽效能以反射损耗为主，而在高频时则以吸收损耗为主。

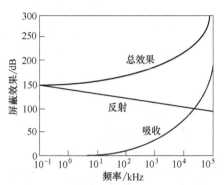

图 6-12　0.05mm 厚的铜皮对平面波的屏蔽效能频率特性

6.3.6　建筑物的屏蔽效能

屏蔽室用来达到特定的衰减电平，主要用于 EMI 测量和遏制保密电子信息泄露或限制其传输。本节考虑如表 6-2 所示的商业建筑物和居民住宅的屏蔽效能。在需要接收的时候，不希望因为无线电信号在建筑物内传播而使信号强度下降。多数人都已注意到当便携式收音机从接近窗户的位置移到建筑物更里面的一个地方时，信号强度要下降。但是，当场源是具有干扰潜能的高电平广播发送、闪电或雷达波时，建筑物的衰减作用是期望的一种属性。

在 EMC/EMI 研究中，需要关于各种类型建筑物的平均衰减数据，包括在辐射传播路径上的建筑物。当建筑物中有敏感设备时，入射到建筑物的场的大小可以根据场源的特性和距离来预估。当建筑物用于保护感受器免受场源的影响时，除了通过建筑物造成的衰减以外，还必须考虑围绕建筑物的衍射。

如所指出的那样，在外壳屏蔽中，由于材料的原因，电场分量和磁场分量可能有不同的衰减，在波的传输通过介质以后波阻抗可能发生变化。

实验对 7 个不同类型的建筑物内部和外部对环境广播信号的电场和磁场进行测量，7 个建筑物的情况如下：

1）牧场式错层单个家庭独立住宅。材料：木结构，墙板为木板和砖，天花板用铝箔保温材料覆盖。

2）升高的牧场式木结构单个家庭独立住宅。材料：较低层为混凝土空心砖墙，较上层为铝墙板，主层正面为贴面砖。

3）单层混凝土排屋。材料：混凝土空心砖，有大型店面橱窗，结构为钢柱和工字钢梁支承屋顶，内部分隔成小单间，有可拆卸的钢件和玻璃。吊顶上面的空间有一大排管道、水管和电缆占据着。

4）单层混凝土排屋。材料：混凝土砖块、钢结构建筑物建造在钢筋混凝土板上。内部情况与上述3）类似。

5）4层办公楼。材料：钢结构，有预成形混凝土外墙板，有一面覆盖着金属外墙板。各楼地面是瓦楞钢板浇灌混凝土。内部情况与上述3）类似。

6）4层办公楼。材料：钢结构，用砖作外墙各露面瓦楞钢浇灌混凝土。内部情况与上述3）类似。

7）20层办公楼。材料：钢结构，外墙为大理石板，内部钢柱间隔约7m，各楼面瓦楞钢浇灌混凝土，内部整洁，几乎没有内墙和隔墙。建筑物的衰减电平与内部进行测量的位置有关。因此，测量是在每一幢建筑物内部许多不同的位置进行的。表6-2提供了测到的7幢建筑物的平均衰减、最小衰减和最大衰减的概况。

表 6-2　7 幢建筑物的平均衰减、最小衰减和最大衰减程度

建筑物	频率	磁场平均值/dB	磁场限值/dB	电场平均值/dB	电场限值/dB
	20kHz	0	–	32	–
1	1MHz	0	–	30	–
	500MHz	0	−5～3	0	−5～8
	20kHz	3	–	22	12～33
2	1MHz	0	−5～2	9	−8～34
	500MHz	10	2～20	12	7～20
	20kHz	−1	–	–	–
3	1MHz	3	–	18	–
	500MHz	8	−3～19	8	−3～15
	20kHz	−3	–	–	–
4	1MHz	12	5～25	28	12～28
	500MHz	8	–	10	–
	20kHz	2	–	–	–
5	1MHz	3	–	22	–
	500MHz	6	–	3	–
	20kHz	3	–	32	–
6	1MHz	8	–	28	–
	500MHz	10	–	10	–
	20kHz	20	–	40	–
7	1MHz	20	–	35	–
	500MHz	10	–	10	0～25

6.4　不完整屏蔽对屏蔽效果的影响

本章6.3节对屏蔽体屏蔽效能的讨论，均是针对完整屏蔽体而言的。计算表明，除了对低频磁场以外，要达到90dB的屏蔽效能是毫不困难的。而事实并非如

此，因为完整的屏蔽体是不存在的，屏蔽体上的门、盖、各种开孔、通风孔、开关、仪表和铰链等，均不得不破坏屏蔽的完整性，使实际屏蔽体的屏蔽效能降低。

实践证明，屏蔽材料本身固有的屏蔽效能与由这些缝隙、开孔引起的实际屏蔽效能的下降相比，后者的影响常常更为严重。而屏蔽的不完整性对磁场泄漏的影响又常常比对电场泄漏的影响严重。

磁场泄漏主要与下列因素有关：

开孔的最大线性尺寸（不是面积）、波阻抗、电磁波的频率。下面分别加以讨论。

6.4.1 缝隙的影响

如图 6-13 所示，设在金属屏蔽体中有一无限长的缝隙，其间隙为 g，屏蔽板的厚度为 t，入射电磁波的磁场强度为 H_0，泄漏到屏蔽体中的磁场强度为 H_P，当趋肤深度 $\delta > 0.3g$ 时，得

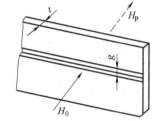

$$H_P = H_0^{\frac{-\pi t}{g}} \qquad (6\text{-}44)$$

式（6-44）给出的结论是十分明白的：当缝隙又窄又深时（t 大，g 小），磁场泄漏就小；反之则大。磁场通过该缝隙的衰减为

$$S_g = 20\log\frac{H_0}{H_P} = 27.27\,\frac{t}{g} \qquad (6\text{-}45)$$

图 6-13 无限长缝隙

实际上，缝隙引起的泄漏要比前述的要复杂得多。它不仅与缝隙的宽度、板的厚度有关，而且与其直线尺寸、隙的数目以及波长等有密切关系。频率越高，缝隙的泄漏越严重。而且在相同缝隙面积的情况下，缝隙的泄漏比孔洞的泄漏严重。特别是当缝隙的直线尺寸接近波长时，由于缝隙的天线效应，屏蔽壳体本身可能成为一个有效的电磁波辐射器，从而严重地破坏屏蔽体的屏蔽效果。所以，在设计屏蔽体结构时，尽力减少屏蔽缝隙是至关重要的。

6.4.2 开孔的影响

由于安装按钮、开关、电位器等元件的需要，常常必须在屏蔽板上开有圆形、正方形或矩形的孔洞，这时电磁波会通过这些孔洞产生泄漏。

设屏蔽板上开有圆孔或方孔，每个孔的面积为 S，屏蔽板的面积为 A，当 $A \gg S$、圆孔的直径或方孔的边长比波长小得多时，则通过孔洞泄漏的磁场强度 H_P 为

$$H_P = 4\left(\frac{S}{A}\right)^{3/2} H_0 \qquad (6\text{-}46)$$

若屏蔽板上有 n 个孔，则总的泄漏磁场为

$$H_{Pn} = 4n\left(\frac{S}{A}\right)^{3/2} H_0 \qquad (6\text{-}47)$$

若孔洞为矩形，其短边为 a，长边为 b，面积为 S'，设与矩形孔泄漏等效的圆面积为 S，则

$$S = kS' \tag{6-48}$$

其中

$$k = \sqrt[3]{\frac{b}{a} \varepsilon^2}$$

$$\varepsilon = \begin{cases} 1, \text{当} = 1 \text{ 时（即正方形孔）} \\ \dfrac{b}{2a \ln \dfrac{0.63b}{a}}, \text{当} \gg 1 \text{ 时（即狭长矩形孔）} \end{cases}$$

将式（6-48）代入式（6-46）及式（6-47），即可求得泄漏磁场强度。

在有孔洞的实际情况下，金属屏蔽板后侧电磁波总的透射系数 $T_{总}$ 应为金属屏蔽板本身的透射系数 T_S 与孔洞电磁波的透射系数之和，即

$$T_{总} = T_S + T_{nh} \tag{6-49}$$

其中

$$T_{nh} = \frac{H_{Pn}}{H_0} = 4n \left(\frac{S}{A} \right)^{3/2}$$

因此实际的屏蔽效能变为

$$SE = 20 \log \left(\frac{1}{T_S + T_{nh}} \right) \tag{6-50}$$

6.4.3　金属网的影响

金属屏蔽网是常见的非完整屏蔽体，它广泛地用于需要自然通风或可向内窥视的屏蔽体。网的材料常为铜、铝或镀锌铁丝，而结构有两类：一是将每个网孔的金属交叉点均焊牢；另一种是将编织的细金属丝夹于两块玻璃或有机玻璃之间。设网眼的空隙宽度为 b，则由网眼构成的波导管的截止频率为 $2b$，金属屏蔽网的屏蔽效能可近似地用下式估算：

$$SE = \begin{cases} 0, \text{当} \dfrac{\lambda}{2} = b \text{ 时} \\ 20 \log \left(\dfrac{\lambda/2}{b} \right) = 20 \log \dfrac{1.5 \times 10^4}{bf}, \text{当} \dfrac{\lambda}{2} \neq b \text{ 时} \end{cases} \tag{6-51}$$

式中，b 是网眼的空隙宽度，单位为 cm；f 是电磁波的频率，单位为 MHz。

实践证明，在最主要的电磁干扰频率范围（1~100MHz）内，$b = 1.27$mm 时，金属屏蔽网的屏蔽效能 $SE = 60 \sim 100$dB。玻璃夹层金属屏蔽网的屏蔽效能也可做到 $50 \sim 90$dB。

6.4.4 薄膜及导电玻璃的影响

在需要窥视窗的屏蔽体结构中，常常采用薄膜屏蔽体结构来代替玻璃夹层的金属屏蔽网结构。这种结构通常是在光学玻璃、有机玻璃或有机介质薄膜上真空蒸发、溅射或喷涂一层导电薄膜作为电磁屏蔽层。为保证一定的透光率，这层导电薄膜的厚度通常只有几微米，其表面方块电阻在几欧姆至几百欧姆之间，透光率为60%~80%，并随方块电阻的增大而增大。薄膜常用的导电材料有 Cu、Al、SnO_2 等。

根据前面对屏蔽效能的讨论，我们不难推论，这种薄膜屏蔽体结构对电磁场中电场分量的屏蔽是有效的，因为它仍旧具有较高的反射损耗，而对磁场分量的屏蔽还是比较微弱的，因为屏蔽层厚度太薄，吸收损耗有限。因此，它的屏蔽效能与金属网相比要低一些。表 6-3 是两者比较的数据。

表 6-3　金属网与导电玻璃窗屏蔽效能的比较

频率/MHz	金属屏蔽网/dB	导电玻璃/dB	屏蔽网的优势/dB
1	98	74~95	3~24
10	93	52~72	21~41
10^2	82	28~46	36~54
10^3	60	4~21	39~56

6.4.5 屏蔽电缆的影响

屏蔽线和屏蔽电缆是各种电子装置中最常用的两个屏蔽体之间的连接导线。为保证柔软、易于弯曲，其外层屏蔽层通常用多股金属丝编织而成。很显然，它是一个非完整的屏蔽体。典型的编织屏蔽层结构示意图如图 6-14 所示。它的屏蔽效能很难计算，通常靠实验测量决定。不言而喻，编织层的密度与编织层材料性质会直接影响其屏蔽的完整性。一般来说，单层编织材料的屏蔽效能大约在50~60dB 之间，双层编织材料可达 80~90dB。

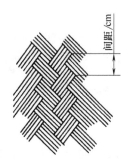

图 6-14　典型的编织
屏蔽层结构示意图

6.5　屏蔽体的设计

在实际应用中，屏蔽体包含的范围很广，大到屏蔽室、屏蔽电缆和大型电气设备的机壳；小到各种传感器的屏蔽壳体、电子本体的屏蔽盒和机内屏蔽线（缆）等。它们的工作环境不同，对屏蔽的要求也不同。本节着重在前面讨论屏蔽效能的基础上，对屏蔽体设计中的一些最基本的设计原则作一些概括和原则性的讨论。从某种意义上说，屏蔽的结构设计是能否真正达到预想屏蔽效果的关键所在，千万不能掉以轻心。许多具体的屏蔽工艺细节,主要靠设计者在实践中加以摸索和积累。设计者应当尽量采用一些先进的屏蔽专用附件,以期达到满意的屏蔽效果。

6.5.1 屏蔽体设计的一般原则

必须根据实际情况和设计要求,有的放矢地决定最经济、有效的屏蔽体设计方案,决不能采取只凭经验加上尝试的错误方法。为了做到有的放矢、针对性地决定屏蔽设计方案,通常,应按下列步骤逐步明确设计要求:

1)首先要确定屏蔽设计所面临的电磁环境。例如:欲屏蔽的主要电磁干扰源是什么?它属于什么类型?是高阻抗电场、低阻抗磁场还是平面波?场的强度、频率以及屏蔽体至主要干扰源的距离或被屏蔽的干扰源到被干扰电路的距离等。

2)确定最易接受干扰电路的敏感度,以决定对完整屏蔽体的屏蔽要求。

3)进行屏蔽体的结构设计,包括:① 确定屏蔽体上必需的各种开孔、窥视窗以及必要的电缆进出口孔。这些开孔均不可避免地使屏蔽完整性遭到破坏,从而造成部分磁场的泄漏,对此必须要作出估算,从而确定对实际屏蔽体的屏蔽要求。② 根据上述屏蔽要求,决定屏蔽层数(单、双层)、屏蔽材料、防止屏蔽完整性遭到破坏的各种窗口屏蔽结构等。

4)进行屏蔽完整性的工艺设计。主要目的是保证前述各种可能出现的非完整屏蔽窗口的屏蔽完整性。

在上述步骤中,第3)、4)两步是实现良好屏蔽设计的关键所在,绝对不能掉以轻心。下面将着重围绕这两方面问题进行讨论。

6.5.2 屏蔽层材料的选择

(1)电场及平面波电磁场屏蔽材料的选择

前已述及,为了良好地屏蔽高阻抗电场及平面波电磁场,屏蔽材料必须具有良好的电导率。因为,对于电场而言,屏蔽效能主要取决于第一界面的反射,而反射损耗

$$R_E = 20 \lg \frac{94.25}{|Z_S|}$$

其中

$$|Z_S| = 3.68 \times 10^{-7} \sqrt{\frac{\mu_r}{\sigma_r}} \sqrt{f}$$

所以,必须选择 μ_r 小,σ_r 大的材料,如铜、铝、银等以保证小的 $|Z_S|$。由于这些要求与材料厚度无关,因此,可不考虑材料厚度,只要考虑它有足够的机械强度即可。

对于平面波而言，其电场分量主要靠屏蔽层的第一界面反射，所以对它的屏蔽要求与对电场的要求相同；其磁场分量主要依靠磁场在屏蔽层材料内的吸收损耗，如式（6-18）所示 $A_H = 1314.3t\sqrt{f_{MHz}\mu_r\sigma_r}$。为此，必须选择电导率 σ_r 高、具有一定厚度 t 的材料，以保证在磁场分量作用下，屏蔽层能产生足够大的涡流，并感生成足够大的反磁场，以达到屏蔽磁场分量的目的。上述吸收损耗 A_H 的表达式表明，频率越高，A_H 也越大，磁场分量的屏蔽效果也越好。由此可见，屏蔽平面波对屏蔽材料的要求与屏蔽电场相同，只是要求屏蔽材料有一定的厚度，具体数值与电磁波的频率有关。

（2）磁场（特别是低频磁场）屏蔽材料的选择

前节已经述及，磁场屏蔽主要是依靠磁场在屏蔽材料中的吸收损耗。对高频磁场的屏蔽，屏蔽材料的选择与屏蔽电场的要求一样：选择高电导率、一定厚度的材料。可是，当频率较低时，为了屏蔽低频磁场，对磁屏蔽材料的选择原则却完全不同了。根据式（6-18）磁场吸收损耗 A_H 的表达式，当 f 下降到很低时（在低频下，可下降到几十赫兹至几千赫兹，与高频兆赫兹相比要低几个数量级），为了满足屏蔽效能的要求，不可能通过无限增加厚度 t 的途径达到。唯一的解决办法是选择高磁导率材料，即提高 μ_r（但必须注意，高磁导率材料的电导率通常是随 μ_r 的提高而下降的，但总乘积 $\mu_r\sigma_r$ 还是增大的）。从物理本质来说，对低频磁场的屏蔽不是靠感生涡流产生的反磁场，而是靠屏蔽材料的低磁阻特性，让磁力线局限在屏蔽材料中，不致穿出屏蔽体。

特别需要指出的是，通常手册或产品说明书中给出的磁性材料的磁导率，均是指在直流工作情况下的磁导率。当频率增高时，磁导率将逐渐下降，而且，直流磁导率越高的材料，随频率的增高，磁导率下降得也越厉害，图 6-15 示出几种典型磁性材料磁导率与频率的关系曲线。

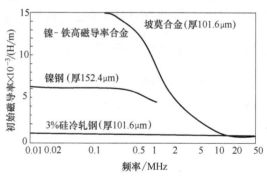

图 6-15 几种常用磁性材料的磁导率与频率的关系

由于磁性材料的磁导率大小与工作频率密切相关，在设计磁屏蔽时，必须根据工作频率，仔细选择最合适的磁屏蔽材料。

除此以外，在使用磁性材料时，还必须注意：① 磁导率与工作磁场强度有关。由于磁饱和的关系，当磁场强度较大时，磁导率会下降。在这种情况下最好采用多层屏蔽的结构，下节将专门加以讨论。②在加工高磁导率材料的过程中，磁性材料因受到敲打、冲击、钻孔、弯折等各种原因造成的机械应力，材料的磁导率都会明显下降。为了保持其高磁导率，应尽量避免过多的机械加工。加工后，还必须进行适当的热处理，同时，热处理后不允许再作任何机械加工或撞击。

从上述讨论不难看出，对低频磁场的屏蔽是比较困难的。而在电力电子装置的 EMC 设计中，由于这些装置通常功率容量很大，工作频率又较低，它们的低场磁场强度常常是很强的，对这类装置的磁场屏蔽常常是比较困难的。

图 6-16 是几种不同材料的金属板，在近场磁场中，它们的磁屏蔽能力与材料厚度及工作频率关系的实验曲线。纵坐标是磁场衰减度（dB），横坐标是金属板的厚度，源与测量点的距离是 2.54mm。图中三组曲线是分别在 1kHz，10kHz 和 100kHz 下测

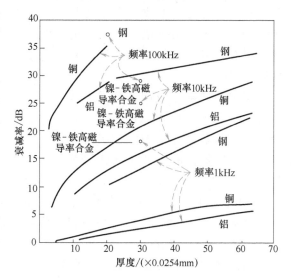

图 6-16　几种金属的磁屏蔽能力与金属板厚度及频率的关系

得的。从图可见，在 1kHz 以下，Ni-Fe 高磁导率合金具有最好的磁屏蔽能力；在 10kHz，钢具有最好的磁屏蔽能力；而到了 100kHz，高电导率的铜则具有最好的磁屏蔽能力，这与我们前述分析得到的结论是完全一致的。

6.5.3　屏蔽体的结构设计

1. 单层屏蔽结构与多层屏蔽结构

根据对屏蔽体屏蔽效能的设计要求，应尽量采用单层、完整的屏蔽结构。如果单层结构不能满足设计要求，可以采用多层屏蔽结构。

对于单层完整屏蔽结构的屏蔽效能，前节已作了详细的分析。近年来，电子设备使用塑料外壳的越来越多，为了防止电磁波的辐射或屏蔽外界电磁波的干扰，必须采用新的单层屏蔽方法。最常见的是，用金属箔带在设备壳体内壁粘贴一层或几层金属箔（通常是用铜箔或铝箔），为保证其屏蔽的完整性，接缝处必须要用导电黏合剂或混有金属微粒的黏合剂，同时，要保证它们良好接地。当表面形状复杂或几何尺寸很小时，用金属箔粘贴构成屏蔽体的方法不方便，则可采用导电涂料和金属喷涂（镍粉涂料或镀锌喷涂）等方法制成薄膜屏蔽层。图 6-17 是 $100\mu m$ 厚的镀锌喷涂屏蔽层和 $40\mu m$ 厚的镍粉涂料屏蔽层屏蔽效能的比较曲线。由图可见，在 $30\sim500MHz$ 范围内，它们的屏蔽效能可达到 40dB 以上。

目前国外正致力于研制导电塑料。据报道，在 ABS 塑料中添加 8% 的不锈钢纤维，制成 3mm 厚的导电塑料，这种导电塑料在 $30\sim1000MHz$ 范围内屏蔽效能可达

到 60dB 左右。

显然，上述这些本质上属于薄膜屏蔽的结构，主要用于电场及高频电磁场的屏蔽，对于低频磁场它们没有任何屏蔽作用。

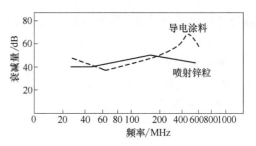

图 6-17　镍粉导电涂料和锌喷镀屏蔽层
屏蔽效能的比较

多层屏蔽的屏蔽效能为每层屏蔽的屏蔽效能之和。前面已经述及，电场屏蔽主要依靠高导电率屏蔽层的反射损耗，一层极薄的实壁铜屏蔽层对电场的屏蔽效能就能达到 100dB，一般的双层金属铜丝网的屏蔽效能也能达到 100~120dB。因此，对电场屏蔽而言，多层屏蔽是没有必要的。而对磁场屏蔽而言，特别是对低频磁场而言，常常不得不采用多层屏蔽，通常采用双层屏蔽结构。

设计多层屏蔽结构的原则是：

1）各屏蔽层之间不能有电气上的连接，即两相邻屏蔽层应彼此绝缘，而每层屏蔽层应保证良好的电气性能。

2）应根据所处电磁环境最大磁场强度的情况，合理安排各屏蔽层的材料。例如，在靠近磁场干扰源的第一层应采用高电导率，低磁导率，高磁饱和强度的材料，一方面可以保持对电场良好的屏蔽，同时又能削弱部分磁场强度，使第二层不致发生磁饱和；第二层则采用高磁导率的材料，以衰减磁场强度，达到预期的屏蔽效能。如果欲屏蔽的磁场强度太强，还得考虑第三磁屏蔽。

3）由于利用高磁导率材料屏蔽低频磁场主要是利用旁路磁力线的原理，所以，用磁性材料制成的屏蔽罩尽量不要开孔或开缝，以使磁力线在磁性材料中能均匀分布，不致产生局部磁饱和。

4）第一屏蔽层屏蔽高频电磁场时，主要是依靠屏蔽板内感生的涡流产生反磁场以达到屏蔽的目的，所以，当屏蔽罩上必须开孔时，应该注意开孔的方位，以保证涡流能在材料中均匀分布，其示意图如图 6-18 所示。显然，图 6-18d 是较好的结构方案，而图 6-18b 与图 6-18c 不但不能起到屏蔽作用，相反地它们可能成为电磁波的狭缝天线而彻底破坏屏蔽。

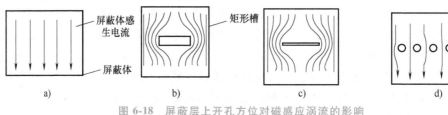

图 6-18　屏蔽层上开孔方位对磁感应涡流的影响

2. 屏蔽体通风孔的结构设计

大多数的屏蔽室和电子设备都需要考虑通风问题。合理的结构设计，可以使屏蔽体上开了若干通风孔以后，不但能保证良好的通风散热，而且能保证屏蔽效能不下降。其基本出发点在于，将每个通风孔设计成对欲屏蔽的电磁波构成衰减波导管的形状，如图 6-19 所示。

图中，d 为圆形通风孔的直径，l 为矩形通风孔最长直线尺寸，t 为波导管的深度。图 6-19 中波导管的截止频率为

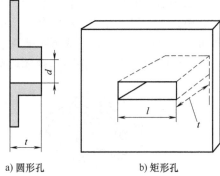

圆形波导管 $\quad f_c = \dfrac{6.9 \times 10^9}{d}$ (6-52)

矩形波导管 $\quad f_c = \dfrac{5.9 \times 10^9}{l}$ (6-53)

当电磁波的频率远低于上述波导管的截止频率时，波导管对电磁波具有衰减器特性，它对磁场的屏蔽效能为

a) 圆形孔 b) 矩形孔

图 6-19 波导管形式的通风孔截面图

$$SE_{圆} = 32 \frac{t}{d} \tag{6-54}$$

$$SE_{矩} = 27.2 \frac{l}{b} \tag{6-55}$$

从上两式可见，当 $t \geq 3d$ 或 $l \geq 3b$ 时，屏蔽效能可高达 100dB。

下面分别讨论几种常见的通风孔结构设计。

（1）实壁通风窗结构

最常见的通风窗结构是直接在屏蔽体壁上开孔，如图 6-20 所示。

由图 6-20 可见，每个通风孔直径为 d，相邻通风孔间距为 c，通风孔形成的通风窗口（孔阵列）的边长为 l，屏蔽壁厚为 t，则该窗口对磁场的总屏蔽效能为

$$SE_{窗} = 20 \lg \frac{c^2 l}{d^3} + 32 \frac{t}{d} + 3.8 \quad \left(d < \frac{\lambda}{2\pi} \right) \tag{6-56}$$

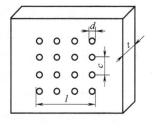

图 6-20 实壁开孔通风

若通风窗口不是正方形，而是边长分别为 l_1、l_2 的矩形，则 $l = \sqrt{l_1 l_2}$。式（6-56）中的第一项是不考虑波导管的附加衰减作用，电磁波通过这些通风孔考虑到磁场泄漏的屏蔽效能；第二项及第三项则反映了通风孔设计成衰减波导管后的附加磁场衰减校正量。

（2）蜂窝结构的通风窗结构

前述实壁开孔的通风窗结构，实际上存在一些问题：①前述分析表明，要满足构成衰减器的条件，必须满足 $t > d$ 的条件，即要求屏蔽板的厚度应比孔径大。此外，d 还必须小于 $\lambda/2\pi$。而从通风的角度，则希望 d 大一些，可减少风阻，这就要求 t 很大，这是很不经济的。②从设备防尘的角度来说，直接在屏蔽板上开孔的结构也是不太合适的。蜂窝结构的通风窗就是为解决上述矛盾而设计的。蜂窝结构

的通风窗就是为解决上述矛盾而设计的，所以，蜂窝结构的通风窗在工程实际中得到了广泛的应用。

典型的六角形蜂窝通风窗结构如图6-21所示。其中图6-21a为通风窗总体结构的示意图，图6-21b为单个六角形单元示意图，每个单元形成一个波导，它的截止频率可用式（6-52）计算。表6-4是一个长为0.32cm，孔深为1.27cm的六角形钢结构构成的蜂窝通风窗屏蔽效能的实验数据。

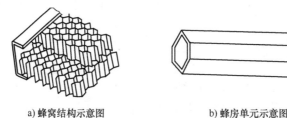

a) 蜂窝结构示意图　　　　　　　　b) 蜂房单元示意图

图 6-21　六角形蜂窝通风窗结构

表 6-4　六角形蜂窝结构通风窗屏蔽效能与频率的关系

频率 f/MHz	屏蔽效能 SE/dB
1.0	45
50.0	51
100.0	57
400.0	56
2200.0	47

3. 与屏蔽体外有关联的部件屏蔽结构设计

通常，屏蔽体内有些部件或电路必须与它外面的一些电路关联，比如：电缆连接器、电源变压器（电源滤波器）、仪表盘、可调电位器、调谐电容器、转动轴和窥视窗等。对诸如上述这些部件的屏蔽结构设计不当，会使整个屏蔽设计遭到彻底破坏。下面对它们的屏蔽防护结构分别加以分析：

（1）电缆连接器的屏蔽

屏蔽体与其外围电路通常均要用电缆线相连，为保证屏蔽体的屏蔽完整性，必须使用电缆连接器。连接器的插座配合同轴电缆插头，必须与屏蔽体壁构成无缝隙的屏蔽体，其结构示意图如图6-22所示。

为了控制地电流，一般来说，电缆的屏蔽层只在特定的接地端接地。在屏蔽体的电缆连接器处，电缆的屏蔽层应与其外壳四周均匀地良好焊接或紧密地压在一起，以保证插座与插头四周保持均匀的良好接触，力求没有缝隙泄漏。

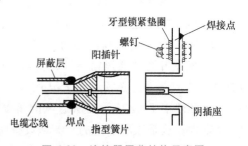

图 6-22　连接器屏蔽结构示意图

（2）变压器的屏蔽

在屏蔽体的结构设计中，必须十分重视可能由变压器引起的对屏蔽完整性的破坏以及由变压器本身漏磁通耦合造成的对其他电路的干扰。下面将着重分析变压器的静电屏蔽和磁屏蔽问题。

1）变压器的静电屏蔽。大多数的电子电路，都是采用由市电变换成直流供电的，所以，电网中出现的各种噪声（如雷击、浪涌、跌落等引起的各种瞬态噪声）都会通过输电线进入电源变压器，再通过变压器一、二次侧之间的分布电容耦合进入电子电路。即使该电源变压器密封在一个屏蔽盒中，它仍旧给该屏蔽体与外界电网之间造成了一个窗口，从而破坏了屏蔽体的完整性。

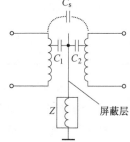

由于电源变压器的一、二次绕组靠得很近，它们之间的分布电容可能达到数百皮法。解决这个问题的最简单的办法是在变压器一、二次绕组之间加一层静电屏蔽，如图 6-23 所示，其中，C_1、C_2 分别为变压器初级绕组和次级绕组与静电屏蔽层之间的分布电容，C_s 为初、次级之间的漏电容，Z 为接地层接地阻抗。理想的静电屏蔽应当是 $C_s = 0$，$Z = 0$。变压器静电屏蔽层的具体做法是，在绕制完一次绕组后，包上一层 0.02～0.03mm 厚的薄铜皮，铜皮的始端与末端必须有 3～5mm 的重叠（重叠部分必须相互绝缘）。为了保证静电屏蔽达到预期的目标，关键是

图 6-23　电源变压器初、次级绕组之间分布电容耦合及静电屏蔽

从工艺设计上（线包、屏蔽层安排、一次和二次线圈引出线的安排等）尽力减小漏电容 C_s 和接地阻抗 Z 的大小。

2）多层屏蔽变压器。在对隔离电网中各种噪声通过电源变压器进入电子设备要求严格的场合（例如，微弱信号测量、放大），仅仅依靠前述简单的单层静电屏蔽结构，有时还是不能满足实际需要的，常常需要采用各种多层屏蔽变压器结构，它们有：双屏蔽隔离变压器、三屏蔽变压器和噪声隔离变压器等。

① 双屏蔽隔离变压器。双屏蔽隔离变压器的原理图示于图 6-24。它的一次、二次匝数比为 1∶1，它们分别绕制在环形铁心的两臂上，并分别设置各自独立的静电屏蔽层，铁心及两个屏蔽层均必须良好接地。这种结构

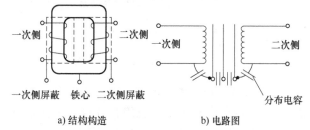

a) 结构构造　　　　b) 电路图

图 6-24　双屏蔽隔离电源变压器结构原理图

清楚地表明，它是以减小一、二次侧线圈之间的分布电容为主要目的的。它的一、二次侧线圈的漏感通常都比较大，因此，这种具有较好静电屏蔽功能的变压器是以牺牲电源变压器的常规指标为代价的。表 6-5 列出了这种结构变压器的一次侧屏

蔽、二次侧屏蔽及铁心在不同接法时，对一、二次侧线圈之间的分布电容 C_s 的影响。表 6-5 数据表明，第一行一、二次侧屏蔽层与铁心均接地的接法是最佳的，其漏电容只有 1.2pF，比常规静电屏蔽时的数据（20pF）要小 20 倍左右。

表 6-5 双屏蔽隔离变压器初、次级漏电容与接地方式关系

接地方法	分布电容/pF
一、二次侧屏蔽层与铁心均接地	1.2
一次侧屏蔽层与铁心接地,二次侧屏蔽悬空	1.9
一次侧屏蔽层与铁心接地,二次侧屏蔽接二次侧另电位	2.1
一次侧屏蔽层接初级另电位,铁心及二次侧屏蔽接地	4.2
一次侧屏蔽层悬空,铁心及二次侧屏蔽接地	6.0
一次侧屏蔽层接地,铁心悬空	1.4
一次侧屏蔽层接地,铁心及二次侧屏蔽悬空	4.0
铁心接地,一次侧屏蔽层悬空	27
二次侧屏蔽层接地,铁心及一次侧屏蔽悬空	6.1

② 三屏蔽电源变压器。三屏蔽电源变压器的结构原理图示于图 6-25。该变压器的一次侧线圈具有单独的静电屏蔽层，它与铁心同时接机壳及安全地，而二次侧线圈则具有双重静电屏蔽层：内屏蔽层接仪器主要电路的信号地；外屏蔽层接仪器的内屏蔽罩，作为仪器的防护端，接测量电缆的屏蔽层，保证了仪器内屏蔽罩的屏蔽完整性。这种结构比较复杂，广泛地用于高精度、高性能的数字测量仪器中。因为，这些仪器对防范电源共模噪声及由电网引入的噪声往往有较高的要求。在这些仪器中，采用了工艺良好的三屏蔽电源变压器以后，变压器一、二次侧之间的漏电容也可做到只有几皮法，整机共模抑制比可达到 140dB 以上。

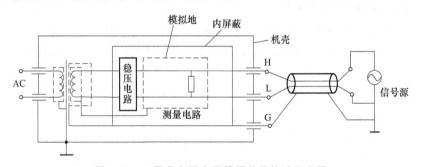

图 6-25 三屏蔽电源变压器屏蔽层接地示意图

③ 多屏蔽噪声隔离变压器。噪声隔离变压器（noise cutout transformer，NCT），是一种变压器整体和变压器绕组都加屏蔽的多层屏蔽变压器。它的结构、铁心材料、铁心形状以及线圈的位置都比较特殊。它的主要特点是一、二次侧之间的漏电容极小，保证了很高的共模噪声抑制比，同时它采用了特殊的磁性材料，并从结构上尽量减少空间耦合，使它的磁导率在几千赫兹时即急剧下降。这样，就能非常有效地抑制一、二次侧线圈之间的高频差模噪声的磁耦合，保证很高的高频差模噪声抑制比。这种变压器在国外已作为电磁兼容专用元件投入市场，最大的功率容量可

达 50kVA，在 10kHz~5MHz 频带范围内，共模噪声抑制比一般为 40~100dB，高者可达 140dB；差模噪声抑制比也可达到 16~74dB 不等。

这种噪声隔离变压器主要适用于下列一些特殊情况：

① 系统本身是很强的噪声源，不允许噪声传导到电网中，同时又不允许电网中任何噪声传入系统中，例如，EMI 屏蔽室的交流供电系统。

② 由于现场要求或人身安全要求，系统的机壳不允许接地，而系统仍要求具有较高的共模噪声抑制比，而电源入端又不允许使用电源 EMI 滤波器的场合。

③ 电网中存在着频谱很宽的噪声或非常严重的低频共模干扰时。

这种变压器的主要缺点是：只能当隔离变压器用，与电源滤波器相比，体积较大，也比较笨重，不适合于小型电子装置。

这种变压器有多种结构方案，均属专利，根据它的应用场合不同，有相应不同的接线方式，可以参阅有关产品详细说明。

3）变压器和电抗器漏磁场的屏蔽。变压器和电抗器的漏磁通，是它们本身成为系统内主要磁场噪声源的根本原因之一。特别在电力电子装置或系统中，流过变压器和电抗器的电流通常都很大，有时频率还相当高，这时，漏磁通产生的噪声磁场强度可以非常强。所以，在进行 EMC 设计时，必须对变压器和电抗器本身结构的设计予以足够的重视。设计要求可归结于两点：一是通过磁性材料的正确选择、变压器一、二次侧线圈结构及绕制方法的仔细安排，力求减小变压器本身的漏磁通；二是通过变压器的磁屏蔽设计，将它们产生的漏磁通对周围电子电路的影响减到最小。

关于减小变压器一、二次侧线圈漏磁通的各种方法，可参阅变压器制作工艺手册。这里着重讨论变压器和电抗器漏磁通的磁屏蔽问题。

变压器绕组产生的磁通大部分沿铁心构成闭合磁路，但也有少部分磁通泄漏到铁心外部，通过空气构成闭合磁路。以图 6-26 为例，其中，图 6-26a 为变压器的示意图，图 6-26b 为在图示三个方向上测量得到的漏磁场强度与测量点距离的关系曲线。

图 6-26b 表明，变压器沿线包轴线方向（z 方向）的漏磁通密度最大，而沿铁心方向（y 方向）最小，各方向上的漏磁场强度与距离平方成反比。

对电抗器来讲，漏磁通比变压器还要严重得多。这是因为，在电力电子装置中，电抗器中往往要流过相当大的直流电流分量，为了防止磁饱和，铁心之间必须垫以一定厚度的绝缘材料以保持一定的气隙。这样，就使得铁心缝隙处的漏磁变得十分严重。

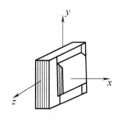

a)变压器示意图

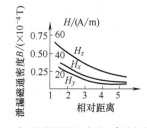

b)变压器漏磁场强度随距离的变化

图 6-26 变压器的漏磁场

为了屏蔽变压器和电抗器的漏磁通，应根据漏磁场的频率，选择相应的磁屏蔽方法。

对于工作在高频的变压器和电抗器，主要采用高导电率金属材料实现电磁屏蔽的原理，即在线包及铁心的外面包上一层铜皮作为漏磁通的短路环，如图 6-27a 所示。漏磁通在铜皮中产生涡流，依靠涡流产生的反磁场抵消部分漏磁通，其屏蔽效能如图 6-27b 所示。

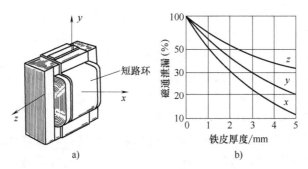

图 6-27　利用铜皮短路环屏蔽高频漏磁通

对于电抗器，短路环应将气隙四周全部包住。

对低频漏磁通，则应采用磁性材料旁路漏磁通的原理实现磁屏蔽。一般情况下，可在变压器或电抗器的侧面包一层薄铁板进行磁屏蔽。作为磁屏蔽层的薄铁板应与铁心保持电气上的绝缘，确保薄铁板中只有旁路漏磁通。在要求控制漏磁通十分严格的场合，应当将整个变压器用铁皮或高导磁率材料做成的屏蔽罩密封。

（3）其他各种非完整屏蔽窗口屏蔽结构设计

除前述电缆连接器和电源变压器以外，屏蔽体可能还有许多明显的非完整屏蔽窗口。对它们必须作屏蔽结构上的仔细考虑，以保证屏蔽体的屏蔽完整性不致受到破坏。这些窗口通常是窥视窗、仪表盘、可调电位器（或电容器）和传动轴等，下面分别作简要分析。

1）窥视窗的屏蔽结构。如前所述，窥视窗可以采用薄膜屏蔽体结构（如导电玻璃）或玻璃夹层金属屏蔽网结构。它们的屏蔽效能比较参看表 6-3。如前所述，导电玻璃的屏蔽效能与其表面喷涂的导电金属层的方块电阻值有关，通常涂层越厚，方块电阻值越小，透光率越小，屏蔽效能越高。图 6-28 是几种导电玻璃的屏蔽效能与频率的关系曲线。

在考虑窥视窗屏蔽结构时，应特别注意保持窥视窗的导电金属层要与屏蔽体保持良好的电气上的连续性，不能留有缝隙，以防电磁波的泄漏。

2）仪表盘的屏蔽结构。装在面板上的仪表盘，开孔很大，有可能彻底破坏屏蔽体的屏蔽效能。为此，应按图 6-29 所示的结构，设计屏蔽盒。

由图 6-29 可见，表计用一个电气上金属密封的小屏蔽罩罩起来，四周用金属垫衬与金属面板相连，保持电气上的良好接触。表计的面板部分用导电玻璃密封，

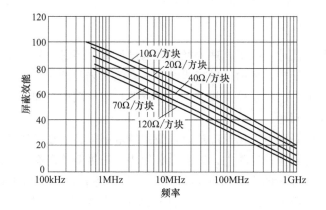

图 6-28 导电玻璃的屏蔽效能与频率的关系

表计与屏蔽体内其他电路用穿芯电容器连接。

3）面板上可调电位器、可调电容器及传动轴的屏蔽结构。在有些仪器面板上或屏蔽体的表面，有时要安装可调节的电位器、电容器，甚至有时需要安装传动轴。这时，仪器面板或屏蔽体表面必须开孔。为了保证屏蔽体屏蔽的完整性，仅仅在开孔四周采用金属衬垫是不可能做到可转动手柄与开孔之间没有缝隙的。为此，在要求较高的场合，可将调节手柄改为用绝缘材料做成，并

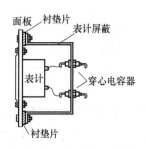

图 6-29 仪表盘屏蔽结构

通过衰减波导管引到仪表面板，其结构如图 6-30 所示，这种结构的屏蔽效能可做到 80dB。

4）屏蔽罩、盖板屏蔽结构。屏蔽罩、盖板应保证屏蔽体为一个理想的完整的封闭屏蔽体，其四周必须保持良好的电接触。实际上它们不可避免地存在着缝隙，当缝隙长度 $l \gg \lambda/10$（λ 为噪声电磁场的波长）时，将产生严重的电磁泄漏。因此，在设计时要力求使接缝长度尽可能短，接触尽可能好。为此，应保证接缝处的接触面尽量平整、无挠曲、洁净、无油脂、无氧化物、无灰尘等。此外，还应当用点焊及加紧固螺钉的办法来减小接缝长度。螺钉间距越小，屏蔽越好。

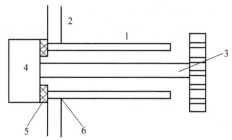

图 6-30 面板或屏蔽体上调节手柄或
传动轴的屏蔽结构

1—波导管 2—面板 3—非金属轴杆 4—电位器
5—高频衬垫 6—焊接点

当然，最好在可拆卸的罩、盖与屏蔽体之间采用 EMI 衬垫，以保证屏蔽体的全密封。

6.5.4 屏蔽体的工艺设计

良好的屏蔽体设计，除了合理的屏蔽结构设计外，还必须依靠仔细的工艺设计来保证。关于屏蔽低频磁场的磁屏蔽体的一些有关工艺问题，在前面介绍低频磁场屏蔽材料选择一节中已作了简要叙述。这里着重介绍屏蔽电场和屏蔽高频电磁场涉及的一些工艺设计问题。

如前所述，电场和电磁场的屏蔽通常使用导电率很高的良导体，如铜、铝等来实现。为了保证屏蔽体的完整性，工艺上必须要保证屏蔽体所有可能的接缝处在电气上的长期稳定、可靠的良好接触和密封。为了上述目的，专门设计的各种 EMI 衬垫、弹性指簧和导电密封胶作为 EMI 的特殊元件得到了广泛的应用。

（1）EMI 衬垫

射频衬垫是置于两块金属之间、对射频密封的垫衬元件，其目的是保证它们之间的接缝处具有良好的电气接触。最常用的材料是内部含有金属丝的泡沫橡胶或充填银粉等导电粉料的导电橡胶，也有的用各种软金属、金属编织物或接触簧片等。它们可制成各种形状，视具体结构设计要求加以选择。所用的金属材料也有许多可供选择，如钢-铜合金、镀银的黄铜、铝和蒙乃尔（Monel）高强度耐腐蚀镍铜合金等。选择这些衬垫材料的原则是，EMI 垫衬材料不能与相接触的两接触表面形成化学原电池。同时，为了保证接触处电气上的连续性，两边金属不能涂漆，无氧化层和绝缘膜。图 6-31 是当前国际上采用的各种 EMI 垫衬的照片。

（2）弹性指簧

弹性指簧通常安装在设备门框上，以保证关上门后能保持接触面屏蔽的完整性，而且能提供跨配合表面的地接触。弹性指簧的材料多用表面镀金或镀银的铜铍合金，这种合金的弹性较好，可以进行热处理或抛光。当前国际上有关产品的外形如图 6-32 所示。

图 6-31　各种现代 EMI 衬垫元件

图 6-32　各种现代弹性指簧

（3）导电胶

导电胶在防护金属表面、保证两金属面电气上的连续性特别有用。常用的导电胶是银硅胶，它是具有高电导率的润滑的黏性胶。它在高温及低温（−54～232℃）时均稳定，能抗潮湿，抗腐蚀，化学稳定性好，对辐射不敏感，高温时不会流动，有很好的固定作用，其典型电阻率为 0.02Ω·cm。

6.5.5 电磁屏蔽材料

对设计工程师而言，采用 EMI 屏蔽用的吸波材料是一种有效降低 EMI 的方法。针对不同的干扰源，在考虑安装尺寸及空间位置后选择最优的吸波材料，这样就能保证系统达到最佳屏蔽效果。

（1）导电泡棉

导电泡棉是由高弹性的聚氨酯发泡海绵外裹金属化导电纤维布制成的，具有重量轻、柔性好、抗压缩疲劳性能优、导电性能高等特点，是各类导电衬垫中达到一定屏蔽效能所需压力最小的一类衬垫。由于安装方便（可采用槽嵌入、胶粘等方式），所需变形压力小，因而导电布屏蔽衬垫尤其适用于刚度较低且具有较大缝隙以及结合面不太平整的机柜、机箱的缝隙电磁泄漏抑制，被广泛用于从便携式电子设备、服务器、计算机外设到大型通信设备等各类电子设备。导电泡棉对电镀表面以及涂漆表面具有相当好的耐磨性，而且它们能够和许多金属表面保持电镀兼容。导电泡棉都是经过严格测试的产品，它们完全能够满足 UL94-VO 以及 HB 产品认证要求。

导电泡棉可分普通导电泡棉，镀镍铜导电泡棉，镀金导电泡棉、镀碳导电泡棉，镀锡导电泡棉，导电铝箔泡棉，导电铜箔泡棉，全方位导电泡棉，SMT 导电泡棉，I/O 导电泡棉衬垫等，广泛应用于等离子电视，液晶显示器、液晶电视、手机、笔记本计算机、台式计算机、通信机柜、医疗仪器等电子产品以及军工、航天领域。

（2）导电橡胶

导电橡胶是由高性能硅橡胶和铜镀银、铝镀银、玻璃镀银、石墨镀镍颗粒等填料构成，形成低体电阻，具有良好压缩回弹性能的导电橡胶。导电橡胶提供了很高的电磁屏蔽效果，并提供了优良环境密封和耐腐蚀功能，现在已经发展成为应用于 EMI 领域的标准产品，主要用于要求密封和频率范围特别宽（＞10GHz）屏蔽性能优良的场合。同时拥有良好的环境密封、优异的物理机械性能以及良好的屏蔽效能，以满足电子设备在复杂电磁环境下的使用要求。导电橡胶有多样的加工方式，能够加工成模制产品、模切产品、挤出成型产品等几乎所有的尺寸和形状以适合不同的应用。导电橡胶作为屏蔽密封衬垫已广泛地应用于各类电子设备，是抑制辐射干扰、确保设备电磁兼容性能所必不可少的材料，是具有水密、气密及屏蔽要求的民用、军用电子设备首选的屏蔽衬垫。

根据材料的不同，导电橡胶可以分为不同的类型，见表 6-6 所示。

表 6-6　不同类型导电橡胶的特性

材料	材料特性
铝镀银（g/Al）导电橡胶	高屏效,和铝机箱电化学兼容,最佳的抗盐雾环境性能即电化腐蚀最小,且重量轻等
石墨镀镍（Ni/C）导电橡胶	价格较低,和铝电化学兼容性好,较高导电性、宽频屏蔽和环境密封,可适用于一般军品
铜镀银（Ag/Cu）导电橡胶	最佳的导电性、可耐 EMP 冲击,适用于军用场合,可作为波导和连接器的衬垫
玻璃镀银（Ag/Gl）导电橡胶	最佳性能价格比,适用于通信领域和普通军用的场合
石墨（C）导电橡胶	提供高的屏蔽和可靠的环境密封,可在很宽温度范围内能保持物理和电性能,最适合应用于静电放电或电晕放电方面
纯银（Ag）导电橡胶	可防霉菌,适用于防止微生物生长的条件

导电橡胶应用场合：导电橡胶主要用于要求密封或频率范围特别宽（高达 40GHz 以上），并具有优良屏蔽性能的场合，特别适用于中、小型军用电子机箱和微波波导系统。几十年实践表明，导电橡胶在航空、航天、舰船等军用电子设备中是应用最广泛的导电衬垫。尤其在恶劣环境中，水气密橡胶均可用导电橡胶替代，同时完成环境密封和电磁密封。特别适用于中、小型军用电子机箱和微波波导系统；航天、航空、舰船等；军用方舱和军用电子设备、电子产品（如计算机机箱、手提电话）；电信、高频控制设备等；电力、铁路等环境恶劣的电子设备。

（3）屏蔽胶带

屏蔽胶带主要是以各种导电基材，如导电纤维布、导电铜箔、导电铝箔、导电泡棉、胶带、胶黏带、导电胶带、导热胶带、高温胶带、绝缘胶带等材料为基材，单面或双面涂布覆合导电压敏胶黏剂而成。胶带具有高初黏力，高保持力、高剪切力，易冲型模切加工，具有优异的服帖性和抗化学性能，主要应用于电子设备缝隙处，使用方便，直接粘贴在有 EMI 泄漏的缝隙处。导电布胶带由于质地软和可缠绕在金属箔带不易缠绕的地方，且可避免金属箔带在缠绕时的拉破手的情况，屏蔽胶带粘贴好后，要用力碾压多次后才可达到最佳屏效。电磁屏蔽胶带分铜箔带、铝箔带、导电布胶带、等各种由金属箔或导电布制成的屏蔽不干胶带。

屏蔽胶带应用场合：用于数码产品，如手持设备，显示设备、计算机、精密电子仪器等领域的电磁屏蔽。如封闭高频及微波导接口和电子设备中金属连接处的缝隙，以防止电磁波的泄漏和外界电磁波对设备的影响，FPCB 电磁屏蔽，用于线束的绕包，静电释放、做电磁屏蔽接地，抗指印残留，抗氧化等综合优异性能！品种多样，产品符合 ROHS 环保。

（4）铍铜簧片

目前应用广泛的指形簧片基本由铍青铜合金精制而成，另外也有一些使用不锈钢作为原料的，相较而言，不锈钢簧片在保证电连接的可靠上远远低于铍青铜簧片。铍青铜合金本身具有的机械性能不仅容易制造出更多的形状，以配合不同的使用要求和安装方式，更重要的是在外力释放后，铍青铜簧片表现出来的优越恢复能力，可以满足频繁开合柜门等运动部件电连接的应用要求，由特殊合金铍青铜制成的指形簧片，能够解决其他衬垫不能在剪切方向的受力问题，同时具有接合压力小，形变范围大，低频段和高频段屏蔽性能优异，重量轻，安装方式灵活等种种优点。铍青铜簧片被用于要求 EMI、RFI 和 ESD 各种场合，被广泛用于通信、计算机、移动电话和军用电子设备中，它具有高屏蔽性能，高导热和不受核爆炸，紫外线，臭氧影响等特性。它形状多样，可用于各种屏蔽室/舱门/机箱门/盖板/印制板插板/集成电路屏蔽等。

铍铜簧片的特性有：

1）导电性佳、高抗张弹性、高屏蔽效果、防腐蚀性佳、使用寿命长、安装容易。

2）成本效益高、多种电镀选择、高温下性能佳、抗潮湿及紫外线。

3）材质为高铍铜材，有最佳的弹性，所占 PCB 的面积小，可以以 SMT 方式取代人工。

4）特殊之外形设计，除有极佳的导电性，更对 EMI、ESD 或信号传输效果良好。

5）接触面大，EMI 效果好，且焊接容易、产品可靠度佳。

（5）吸波材料

吸波材料是一种以吸收电磁波为主，反射、散射和透射都很小的高科技功能性复合材料，其原理主要是在高分子介质中添加电磁损耗性物质，当电磁波进入吸波材料内部时，推动组成材料分子内的离子、电子运动或电子能级间跃迁，产生电导损耗、高频介质损耗和磁滞损耗等，使电磁能转变成热能而发散到空间消失掉，从而产生吸收作用。不发生反射而造成二次污染，主要特点：厚度薄、柔性好、强度高、吸收率大、抗老化（载体为硅橡胶材料）、稳定性（-50~180℃）、低频特性（10MHz~10GHz），对镜面波和表面波都具有良好的吸收特性。广泛适用于电磁兼容、电子仪器设备、高频设备、屏蔽箱、射频屏蔽箱、屏蔽机柜、测试治具、微波暗室中，在工业微波设备内部吸收屏蔽以防止微波泄漏、通信导航系统等高频电子电气设备的抗干扰防辐射等领域。

吸波材料设计原理：采用纳米材料、平面六角铁氧体、非晶磁性纤维、颗粒膜等高性能吸收剂作为吸收介质；利用新型吸收原理—电磁共振及涡流损耗，制备的吸波材料厚度薄、重量轻、吸收频带宽、吸收率高；根据麦克斯韦方程，采用遗传算法，实现电磁波吸收材料仿真（CAD），最大发挥吸收介质特性，并缩短材料的研制周期，可满足用户特种需求。

吸波材料应用领域：抑制电磁波干扰，改善天线方向图，提高雷达测向测距准确性；防止微波器件及设备的电磁干扰、电磁波辐射及波形整形；微波暗室、电磁兼容室、吸收负载、衰减器、雷达波 RCS 减缩等。

第7章

接地技术

7.1 接地的概念、作用与分类

广义地说："地"可以定义为一个等位点或一个等位面，它为电路、系统提供一个参考电位，其数值可以与大地电位相同，也可以不同。正因为"地"在电路系统中充当这样一个重要角色，电路、系统中的各部分电流都必须经"地线"或"地平面"构成电流回路。这时，人们会很自然地考虑到，一个良好的接地系统必须达到下列几个目的：①保证接地系统具有很低的公共阻抗，使系统中各路电流，通过该公共阻抗产生的直接传导噪声电压最小。②在有高频电流的场合，保证"信号地"对"大地"有较低的共模电压，使通过"信号地"产生的辐射噪声最低。③保证地线与信号线构成的电流回路具有最小的面积，避免由地线构成"地回路"，使外界干扰磁场穿过该回路产生的差模干扰电压最小，同时，也避免由地电位差通过地回路引起过大的地电流，造成传导干扰。④保证人身和设备的安全。

从上述情况可见，对一个设备或系统来说，接地系统就相当于一个建筑物的基础。它对设备或系统的稳定可靠工作关系极大，它不但关系到设备本身产生的EMI，还关系到该设备或子系统接入整个系统后的抗干扰能力（EMS）。所以，在工程设计初期，人们首先应当认真考虑和精心设计接地系统。实践已经证明，良好的接地系统设计加上良好的屏蔽设计，可以解决大部分的设备在现场运行的噪声干扰问题。所以，接地和上一章讨论的屏蔽一样，是EMC设计中最重要的基础技术之一。

按照接地的主要功能划分，接地系统主要由下列四种接地子系统组成：安全地、信号地、机壳（架）地和屏蔽地。虽然在绝大多数设备或系统中，上述几个接地子系统的地线均汇总在一点与大地相连，但是，绝不意味着它们可以随意接大地。下面就这些接地子系统的设计分别加以讨论。

7.2 安全地子系统

在设计一台设备或一个系统时，安全必须放在首位，这包括人身安全以及设备的安全。为此，在设计接地系统时，首先要考虑安全接地，它包括防止设备漏电的安全接地和防止雷击的安全接地两种。

7.2.1 防止设备漏电的安全接地

图 7-1 是说明设备漏电危及人身安全的示意图。在图 7-1a 的情况下，U_1 是设备或系统内部产生的一个危及人身安全的电压源，Z_1 为该源到设备机壳的寄生阻抗（一般是容抗和漏电阻），Z_2 为该设备机壳对大地的漏电阻。在这种情况下，机壳到大地之间的电压为

$$U_{机壳} = \left(\frac{Z_2}{Z_1 + Z_2} \right) U_1 \tag{7-1}$$

即使在设备内部及外部绝缘良好的情况下（即 Z_1、Z_2 均很大），$U_{机壳}$ 也可能达到危及人身安全的数值。如果操作人员接触机壳就可能造成触电事故。

图 7-1b 是大多数设备目前实际存在的情况：通常这些设备均由电网通过变压器供电，经长期使用，变压器的绝缘因长期发热必然老化，绝缘电阻 Z 降低，甚至可能造成绝缘击穿。在这种情况下更加危险，如果操作人员一旦接触设备机壳就会造成严重的触电事故。

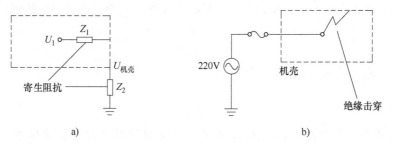

图 7-1 机壳安全接地必要性示意

由上述可见，任何高压电器及电子设备的机壳和底座都应当接大地，以避免因漏电危及人身安全。在工业现场，可能导致设备漏电的原因很多，例如绝缘老化、环境潮湿、多尘、有酸碱气氛、局部放电使绝缘碳化、绝缘因擦碰或鼠咬破损等。

人体的皮肤处于干燥洁净和无破损情况下，人体电阻可达 $40 \sim 100 \mathrm{k}\Omega$，当人体处于出汗、潮湿状态时，人体电阻可降到 1000Ω 左右。通常，当人体流过 $0.2 \sim 1 \mathrm{mA}$ 的电流时，会感到麻电；流过 $5 \sim 20 \mathrm{mA}$ 电流时，会发生肌肉痉挛，不能自控脱离带电体；当电流大于几十毫安时，心肌则会停止收缩和扩张；如果电流与时间的乘积超过 $50 \mathrm{mA \cdot s}$，便会造成触电死亡。实用上，通常以电压表示安全界限，例如，我国规定在没有高度危险的建筑物中，安全电压为 $65 \mathrm{V}$；在高度危险的建筑物中为 $36 \mathrm{V}$；在特别危险的建筑物中为 $12 \mathrm{V}$。而一般家用电器的安全电压为 $36 \mathrm{V}$，以保证万一触电时流经人体的电流也小于 $40 \mathrm{mA}$。

为了确保人身安全，必须将设备金属外壳或机架与接大地的接地体相连。通常，接地体接大地的电阻为 $5 \sim 10\Omega$。万一设备漏电，当人体接触带电外壳时，大部分漏电流将被接地电阻分流，使流过人体的电流大大减小，保障了人身安全。但是，在特别严重的情况下（例如强雷击、高压击穿等），接地电流过大时，上述接地系统仍旧可能危及人身安全。这是因为，当很大的接地电流经接地棒流入大地时，在接地棒周围会产生流散电流和流散电场，如图 7-2 所示。设接地棒半径为 a，埋入大地的高度为 h，流入的接地电流为 I_0，接地电阻为 r_0，则在接地棒处建立的电压为

$$U_0 = I_0 r_0 \tag{7-2}$$

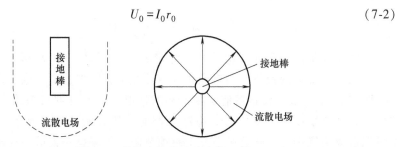

图 7-2　接地电流及跨步电压

这时，流入大地的电流将沿径向扩散，在接地棒表面处的流散电流密度为

$$J = \frac{I_0}{2\pi a h} \tag{7-3}$$

则距中心半径为 r 处的电流密度为

$$J = \frac{I}{2\pi r h} \tag{7-4}$$

由此可见，流散电流流经地面，会产生人体两脚跨步之间的电位差（跨步电压）。若接地电流太大，这个跨步电压也可能导致人体触电，而对设备和系统而言，"跨步电压"可能导致连接于两地的设备与系统损坏或受干扰。所以，通常在安全接地的地电流回路中，串联一台相应的保护电气设备，进行限流或保护。

7.2.2　防雷安全接地

防雷击是电气和电子设备以及人身安全防护的重要内容之一，也是 EMC 设计中必须考虑的重要问题之一。防雷接地的目的是将雷电电流引入大地，保护设备和人身安全。从防雷安全保护的观点出发，我们特别关心的是防止直接雷击——即云层与地面之间发生的放电过程。众所周知，防止雷击的措施，通常是采用避雷针，雷击电流将沿避雷针下引导体流入大地。若避雷针离地面高度为 h，则它的防雷保护面积等于 $9\pi h^2$。实验数据表明，接地电阻为 10Ω 左右，就可以保证在上述保护面积内的建筑物、变压器、输电线、塔及其他露天设施得到保护。

但是，在设计防雷安全接地时，仅仅考虑到直接雷击的直接保护还是不够的，

还必须注意防护雷击接地瞬态电流通过避雷针下引导体所产生的瞬态高压可能对它周围的物体、设备或人体造成的间接伤害。下面举一个实例说明这个问题的危害：设避雷针下引接地导体的直径为 0.894cm，长为 30m，其直流电阻为 8.64mΩ，电感为 52.5μH。若它遭到直接雷击，其一次典型闪击的电流峰值为 20kA，上升时间为 1μs，则它在该下引接地导体直流电阻分量上建立的瞬态峰值电压仅为 173V，还不算太高，无碍大局。但是，它在电感分量上产生的瞬态电压 U_L 就十分危险了。因为，这时 $U_L = L \times di/dt = 1.05 \times 10^6$V。这样高的瞬时电压足以使离下引导体半径 35cm 以内的任何物体产生场致击穿。为此，在考虑防雷接地时，离下引导体15cm 以内的所有金属导体都应与下引导体良好搭接以保持同电位。

7.3 信号地子系统

信号地是指信号或功率传输电流流通的参考电位基准线或基准面。如果在一个实际的系统中，信号或功率的传输未经任何形式的电隔离（如变压器电隔离、光耦合电隔离等），整个系统则只有一个信号地，否则就可能有若干独立的信号地。由于信号地是信号和功率传输的公共通道，它不但对噪声的直接传导耦合具有直接的影响，而且它对拾取或感应外界噪声也举足轻重。所以，信号地系统的设计与屏蔽设计一样，在 EMC 设计中具有十分重要的作用。下面将要讨论的接地原理和设计原则，既适用于印制电路板的布线设计，也适用于由多台设备组成的系统相互连接的地线系统设计。

信号地系统可概括成下列几种形式：单点信号地系统，多点地网或地平面信号地系统，混合信号地系统和浮空信号地系统。

7.3.1 单点信号地系统

单点信号接地系统，就是系统中所有的信号接地线只有一个公共接地点，而把这个公共点的电位作为参考点电位，如图 7-3 所示。该系统包含了三台设备或三级单元电路，它们各自有自己的地线 1、2、3，均连到公共信号接地点 G。

而在实际使用的单点信号接地系统中，又有下列两种情况：共用信号地线串联一点接地与独立信号地线并联一点接地两种情况，下面分别加以讨论。

图 7-3 单点信号接地系统示意

1. 地线串联一点接地方式

这种接地方式如图 7-4 所示。

其中 Z_1、Z_2、Z_3 分别代表电路或设备 1、2、3 的地线阻抗，I_1、I_2、I_3 分别代表电路或设备 1、2、3 各自的电流。由于这种信号接地方式简单、方便、易行，所以用得最为普遍。但是，从减小噪声的观点看，这是一种最不理想的信号接地系

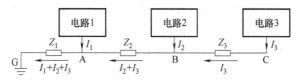

图 7-4　地线串联一点接地方式

统。这是因为系统内各部分的电流均会通过地线公共阻抗产生直接传导耦合，给整个系统带来不良影响。从图可得各接地点对公共接地点 G 的地电位为

A 点
$$U_A = (I_1 + I_2 + I_3) Z_1 \tag{7-5}$$

B 点
$$U_B = (I_1 + I_2 + I_3) Z_1 + (I_2 + I_3) Z_2 \tag{7-6}$$

C 点
$$U_C = (I_1 + I_2 + I_3) Z_1 + (I_2 + I_3) Z_2 + I_3 Z_3 \tag{7-7}$$

这些电位都将作为差模干扰信号串联在各自的输入回路中。所以，公共接地点 G 应放在最靠近低电平的电路或设备处，以保证该处产生最小的噪声直接传导耦合。由于这种信号接地系统固有的优缺点，它多用于要求不高、各级电平悬殊不太大的场合。

2. 独立地线并联一点接地

独立地线并联一点接地方式示于图 7-5。图中，各设备电路单元分别用各自的地线，最后并联于一个公共接地点 G。

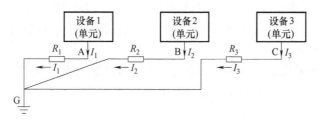

图 7-5　独立地线并联一点接地方式

这时，图中各设备、电路单元的地电位分别为

A 点
$$U_A = I_1 Z_1 \tag{7-8}$$

B 点
$$U_B = I_2 Z_2 \tag{7-9}$$

C 点
$$U_C = I_3 Z_3 \tag{7-10}$$

由此可见，这时不存在各设备、电路单元之间通过公共地线阻抗的耦合问题，只是各单元自身电流通过各自的地线阻抗为本身造成某种形式的反馈而已。所以，这种接地方式，对于防止各设备、电路单元之间的直接传导耦合是十分有效的。它特别适合于各单元地线较短，而且工作频率比较低的场合。这种接地方式的缺点也是显见的：由于各设备、电路单元各自分别接地，势必增加了许多根地线，使地线长度加长，地线阻抗增加。这样，不但造成布线繁杂、笨重，而且，地线与地线之间，地线与电路各部分之间的电感和电容耦合强度都会随频率的增高而增强。特别

在高频情况下，当地线长度达到 $\lambda/4$ 的奇数倍时，地线阻抗可以变得很高，地线会转化成天线，而向外辐射干扰。所以，在采用这种接地方式时，每根地线的长度都不允许超过 $\lambda/20$。

7.3.2　多点地网或地平面信号地系统

由于多点信号接地系统可以得到最低的地阻抗，所以它主要用于高频（通常大于 10MHz）。在这种系统中，必须使用在高频电路和高速数字脉冲电路中广泛采用的"地栅"或"地平面"的信号接地结构。

1. 地平面和地栅系统

众所周知，在一个实际的高频和高速数字脉冲电路中，它们的信号接地系统必须具有极低的地阻抗（极低的地线电感量），并希望这些电路中所有元件接到参考地的引线电感越小越好。解决这个问题的最好方法是，给整个系统提供一个理想的地平面，使得系统中每个需要接地的元器件，都能最短捷地就地接地。这种地平面，有如图 7-6a、b 所示的两种形式，其中，图 7-6a 所示的地平面要占用印制电路

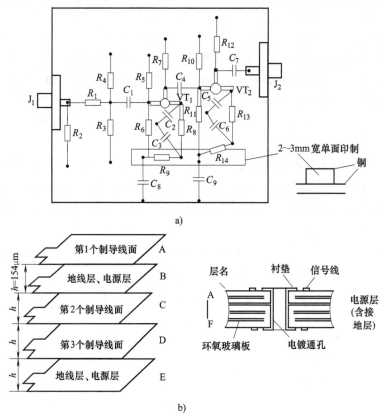

图 7-6　地平面及地栅系统

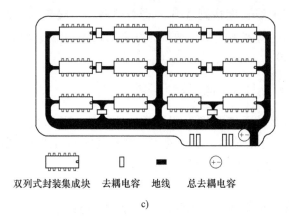

双列式封装集成块　去耦电容　地线　总去耦电容

c)

图 7-6　地平面及地栅系统（续）

板较大的面积，并采用若干绝缘支架将元件架空，而图 7-6b 所示的地平面则采用多层印制电路板，效果最好，但会增加成本。为此，可以采用一种效果比完全地平面略差，但仍能有效地减小地阻抗的接地系统——"地栅"系统，如图 7-6c 所示。即在双面印制板的两面分别制作互相垂直的地栅网络，空间交叉点处用导线穿板相连构成"地栅"，它们组成的每一网络间距可控制在 1.3cm 左右，但最好不要超过 5cm，具体尺寸要视元器件大小和电路密度而定。在这种接地系统中，主要的地线应用粗的栅条，以便运载电路中的主要电流；其他栅网则可以用细一点的线条。

实验证明，地栅网与单点信号接地相比，地噪声电压可以减小一个数量级左右。

2. 多点信号接地系统

多点信号接地系统的等效电路如图 7-7 所示。其中，R_1、R_2、R_3 为设备电路单元接到地平面的那段接地引线的交流电阻，L_1、L_2、L_3 为接地线的引线电感。地平面本身的阻抗值极低，可按式（3-32）计算。由此可计算各设备电路单元的接地点对地平面的地电位

$$U_i = (R_i + j\omega L_i) I_i \tag{7-11}$$

式中，$i = 1$，2，3。显然，为了降低各单元的地电位，每个单元接地线应当尽量短直，为了减小其阻抗值，常用矩形截面的镀银铜片作地线带。

7.3.3　混合信号地系统

在一个实际的工业系统中，情况往往比较复杂，很难只采用单一的信号接地方式，而常常采用串联和并联接地或单点和多点接地组合成的混合接地方式。

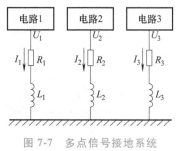

图 7-7　多点信号接地系统
等效电路

1. 串联和并联接地组成的混合低频信号接地系统

大多数实际的低频接地系统，常常采用串联和并联接地相结合的混合信号接地系统，既要保证 EMC 的设计要求又不致使接地系统变得过于庞杂。要做到这一点，首先要将各种接地线有选择地归类：几个低电平的电路可以采用串联接地的形式共用一根地线（称为小信号地线）；而高电平电路和强噪声电平电路（如电动机、继电器等）则采用另一组串联接地形式的公共地线（称为噪声地线）；机壳及所有可移动的抽斗、门等再单独连成一根地线（称为机壳、架地线）。最后将这些各自分开的小信号地线、噪声地线和机壳（架）地线再以并联接地的形式连于一个公共连接点，再将这点接大地。上述将地线分类组成的信号接地系统的示意图如图 7-8 所示。

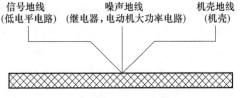

图 7-8　三种信号接地线分类以并联接地形式组成的混合低频信号接地系统

为了进一步阐明上述低频系统的实用接地技术，以一个如图 7-9 所示的九踪数字记录仪接地系统为例加以进一步说明。从图可见，它包含了三条小信号地线、一条噪声地线和一条机壳（架）地线。其中信号电平最低、敏感度最高的 9

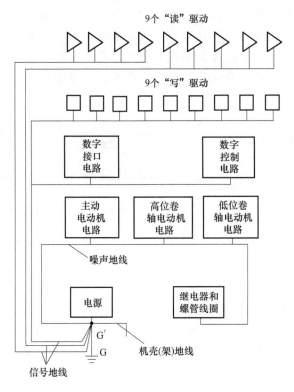

图 7-9　实际低频接地系统举例—9 迹数字记录仪接地系统

个"读取"放大器，以串联及并联混合接地的形式，分成两根独立的信号地线；由于9个"写"放大器和接口逻辑电路电平较高，所以只采用了一根串、并联混合接地线；电动机、继电器、电磁阀等噪声较高的电路则共用一条噪声地线；机壳单独接一条机壳（架）地线。最后，所有的信号地线、噪声地线和机壳（架）地线，均接于整机电源的接地点 G′，最后接大地 G。

图7-9所表示的单台设备或系统的地线系统的方框图，具有一定的普遍性，在EMC设计的地线系统设计中是十分必要和十分有用的。

此外，在设计一个电力电子系统时，常常碰到几台独立装置一同运行的情况。有时装置与装置之间，装置与负载之间，可能相距几米甚至几十米。在这种情况下，地线系统的合理设计与连接电缆的设计一样，对系统的安全可靠运行关系极大，即使对机壳（架）地的设计也不能掉以轻心。例如：在比较大型的设备中，电子电路常常装在插件和抽斗中。为了保证设备能安全可靠地运行，这些插件和抽斗的外壳，必须可靠地接机壳地和安全地，而其中的电子电路的地又必须接信号地。

以图7-10为例，说明合理安排设备的正确接地的重要性。图中，两台设备的信号地均采用了并联接法方式，分别引了两条地线，而两台设备的机壳，则采用串并联混合接地的方式。可是，如果将设备Ⅱ的信号地错误地直接与其抽斗机壳相连的话，这是十分有害的。这种接法将给设备Ⅱ带入很大的噪声干扰，因为这时会形成一个包含面积很大的地回路，将拾取穿过它的任何电磁场的噪声信号，给设备Ⅱ中的电子电路带来严重的串模干扰。为此应采用图7-10所示的正确接法。

此外，在设计机壳（架）接地时，还必须注意以下事项：

1) 外壳、机架、控制台、抽斗等都必须可靠地接硬件地，千万不能依赖于可抽动的抽斗、铰链等机械接触的手段接地，否则会造成系统的不稳定。

2) 接地点处必须要采用牢固的紧密接触，如：焊接、铜焊、熔焊等，不能靠螺钉机械紧固接触。

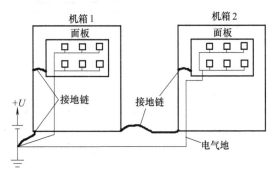

图 7-10 比较大型设备机壳接地示意图

3) 不同金属焊在一起时，要防止化学原电池引起的腐蚀效应。

4) 若不得不采用紧固接触，接触表面应涂稳定的导电涂层。

2. 单点与多点接地组成的高、低频混合信号接地系统

对于宽频系统，就必须同时兼顾低频单点信号接地和高频多点信号接地的不同要求。这时，可以采用如图7-11所示的简单的宽频混合信号接地系统。

图 7-11 中，电容对高频等效短路，而
对低频等效开路，所以该接地系统对低频
而言是串联单点接地，而对高频则是多点
接地。为此，电容必须选用无感电容器，
而且电容器接地引线越短越好，相邻电容
器之间的距离应小于 $\lambda/10$。

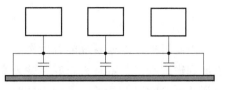

图 7-11 简单的宽频混合信号接地系统

对于比较复杂的既包含高频、又包含低频的电子系统，可以采取如图 7-12 所
示的高、低频混合接地系统。

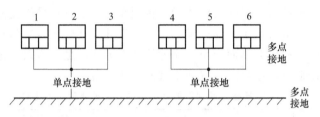

图 7-12 高、低频混合信号接地系统

在混合信号接地系统中，局部高频电路采用多点信号接地方式，该局部地线结
构必须采用地平面结构，低频电路部分则可根据电路工作特点采用串、并联混合低
频信号接地方式。

7.3.4 浮空信号地系统

工作于直流及低频范围的小型设备（例如测量仪器），有时常常要求对市电频
率（例如 50Hz）高电平的共模噪声具有很高的共模抑制比，而设备自身的功率和
电压电平又不太高，这时常常采用如图 7-13 所示的浮地系统。

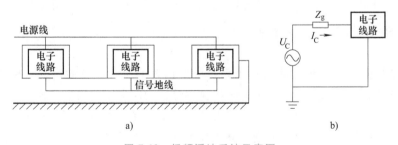

图 7-13 低频浮地系统示意图

从图 7-13a 可见，所谓浮地就是将电路或设备的信号接地系统与机壳及安全地
（大地）相隔离。设信号接地系统与机壳及安全地之间的漏电阻及分布电容构成的
漏阻抗为 Z_g，电路或设备输入端对大地之间的共模噪声电压为 U_C，则电路或设备
输入端的等效电路如图 7-13b 所示。由图可见，在输入电路中流过的共模噪声电
流为

$$I_C = \frac{U_C}{Z_g}$$

由此可见，浮地系统能否发挥它的优势，关键是要做到 Z_g 越大越好，这就要求做到输入端漏电阻越大越好，输入端分布电容越小越好。实际上输入端漏电阻要做到几十兆欧以上是不困难的，这时地线子系统也必须使用绝缘子。表7-1列出了几种典型绝缘材料性能的对比。从表可见，四氟乙烯或聚三氟氯乙烯制成的绝缘材料，具有比较良好的综合性能，电阻率可达 $10^{17} \sim 10^{18}\Omega$。

但是，要将信号接地系统对机壳和大地的分布电容做到几个皮法却是很困难的，必须采取非常严密的屏蔽措施才行。特别在电路或设备采用交流电网供电的情况下，要做到分布电容很小更加困难。显然，当外界共模噪声源为高频噪声时，分布电容的容抗随频率的升高而减小，浮地的条件无法满足。所以，这种浮地信号系统只能用于抑制低频共模噪声干扰和小型便携式设备和系统。

表 7-1　典型绝缘材料的绝缘性能及其他物理性能比较

材料名称	电阻率/$(\Omega \cdot cm)$	材料特性		
		抗吸水性	最小的压电效应	最小的摩擦电效应
蓝宝石	$10^{16} \sim 10^{18}$	+	+	0
四氟乙烯	$10^{17} \sim 10^{18}$	+	−	−
聚乙烯	$10^{14} \sim 10^{18}$	0	+	0
聚苯乙烯	$10^{12} \sim 10^{18}$	0	0	−
聚三氟氯乙烯	$10^{17} \sim 10^{18}$	+	0	−
陶瓷	$10^{12} \sim 10^{14}$	−	0	+
尼龙	$10^{12} \sim 10^{14}$	−	0	+
环氧玻璃	$10^{10} \sim 10^{17}$		0	
PVC 塑料	$10^{10} \sim 10^{15}$	+	0	0
酚醛塑料	$10^{7} \sim 10^{12}$	−	+	+

7.4　机壳（架）地子系统

所谓机壳（架）地，就是一个系统中所包含的所有设备的机壳、机箱、机架乃至可移动、可接插的部件、抽屉等机械部分，均应当用一根地线连在一起，然后再与其他子系统地线汇总，在一点接大地。通常，在正常情况下希望该地线子系统不流过什么电流，所以可以采用串联接地方式。而在系统出现故障（如绝缘击穿、高压短路、雷击等）时，该地线中会流过较大的电流。所以，这个接地子系统常常接入保护用的电气设备（如断路器、保护开关等），一旦发生故障，立即切断主电源。

由上所述我们不难看出，机壳（架）地的主要作用，是保证整个系统机壳能保持一个恒定的电位（与接大地处电位相同），对整个系统来讲，它起到一个大的"静电屏蔽罩"的作用。当然，它同时也起到保护人身与设备安全的作用。

至于设计机壳（架）地子系统的一些重要原则，已在上文中讨论过了，这里不再重复。

7.5　屏蔽地子系统

前一章已经详细讨论了屏蔽的有关问题。为了实现对电场的屏蔽，必须用良导体金属作静电屏蔽层，而且必须接以恒定不变的电位（通常接大地）。否则，该屏蔽层不但不起任何静电屏蔽作用，相反地，还会因之加大了分布电容，从而加强了电容耦合。正因为这个原因，屏蔽高频电磁场的良导体屏蔽层也应当接地。此外，对用于屏蔽低频磁场的磁屏蔽体最好也接地。可是，在一个实际的电子系统中，除了上述这些屏蔽体以外，还存在着许多其他的屏蔽体，其中最常见的是屏蔽线、屏蔽电缆、电源滤波器、变压器等。如前所述，这些屏蔽体的屏蔽层都必须接地。在设计这些屏蔽层接地方式时，必须要注意，既要保证原屏蔽设计的要求，不降低屏蔽效能；又要保证原接地系统设计的要求，不会因之构成不合理的地回路，这就是屏蔽地子系统设计的主要任务。

在一个系统中，屏蔽体通常安排在两个部分：一是信号输入敏感电路部分，用屏蔽来削弱外界噪声引起的干扰；另一个是输出部分，屏蔽自身产生的干扰噪声电平。所以我们下面将分别讨论这两种不同情况下的屏蔽地子系统的设计问题。

7.5.1　低电平、信号输入部分的屏蔽地子系统设计

与信号地系统一样，信号输入部分的屏蔽，随信号频率的不同，屏蔽要求也各异，所以下面将对低频及高频两种情况分别加以讨论。

1. 低电平、低频信号屏蔽地子系统设计

前已述及，频率低于1MHz的低频接地系统，通常应当采用单点接地方式。低频信号电缆，通常是采用双绞屏蔽线或多芯绞合屏蔽线，那么屏蔽层应当怎样接地呢？是在屏蔽线的两端均接地，还是只在一端接地？如在一端接地，是在信号源端接地，还是在放大器输入端接地？下面，再分三种情况来分析：一是信号源本身浮空，放大器接地；二是信号源本身接地，放大器浮空；三是信号源与放大器均接地。

（1）信号源本身浮空，放大器接地

其示意图如图 7-14a 所示，图中 U_S 为输入信号源，C_1、C_2、C_3 分别为信号线之间及信号线与屏蔽层之间的分布电容，U_{g1} 为放大器的信号地对放大器端大地的共模噪声电压，U_{g2} 为信号源处大地电位与放大器地线系统接的大地接地点电位之间的噪声电位差。若双绞屏蔽线的屏蔽层分别按图示虚线所表示的四种不同方式接地，可以得到如图 7-14b、c、d 对应接法 B、C、D 的三个等效电路。

从图可见，接法 A 是最不可取的，因为它使流过屏蔽层的各种屏蔽噪声电流，

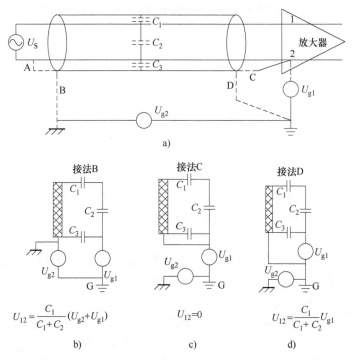

图 7-14　信号源不接地，放大器接地时，屏蔽层应接放大器的信号地线 （接法 C）

统统经过一条输入信号线后，再流入接大地点 G，因此产生很大的串模噪声信号。比较其他三种接法的等效电路及对 U_{12} 的计算，很容易看出，接法 C 是最合适的，因为这时由噪声源 U_{g1}、U_{g2} 在放大器输入端产生的噪声电压 $U_{12} = 0$。

（2）信号源接地，放大器浮空

这种情况的示意图和屏蔽层的四种可能接地方式及其相应等效电路如图 7-15 所示。与前类似，接法 C 是最不可取的，而接法 A 最佳。

（3）信号源、放大器均接地

其示意图如图 7-16 所示，图中 U_{g1} 为信号源 U_S 的接地端 0 对信号源处大地 G_1 之间的共模噪声电压，U_{g2} 为放大器信号地端 2 对放大器处大地 G_2 之间的共模噪声电压，U_{g3} 为 G_1、G_2 两个不同接大地端之间的噪声地点位差。从图可见，当屏蔽层浮空时，U_{g1}、U_{g2}、U_{g3} 串联在 G_1-0-2-G_2-G_1 中形成地回路噪声电流，它在信号地线 0-2 上产生的压降，成为差模噪声电压进入放大器。解决这一问题的唯一办法，是将屏蔽层屏蔽线两端分别与信号源信号地端及放大器信号地端相联，如图 7-16 中虚线所示。

通常，屏蔽层的电阻要比信号线 0-2 的电阻要小得多，所以，由 U_{g1}、U_{g2}、U_{g3} 三个噪声电压产生的地回路电流，将主要被屏蔽层分流，从而达到较好的屏蔽接地效果。显然，用这种接法来抑制噪声是很不彻底的，在微弱信号测量对 EMS

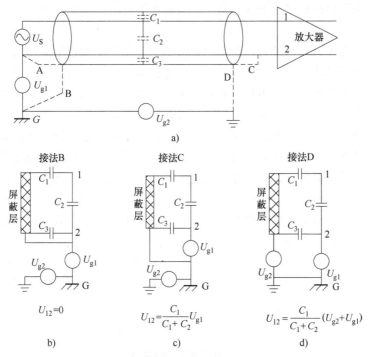

图 7-15　信号源接地、放大器浮空时，屏蔽层应与信号源的接地点相接

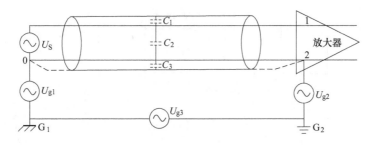

图 7-16　信号源及放大器均接地时，屏蔽层两端应与两者信号地端相连

要求较高的场合是不行的。唯一的办法就是设法破坏图 7-16 中由 G_1-0-2-G_2-G_1 构成的地回路。具体的解决措施，就是利用屏蔽良好的信号隔离变压器、平衡变压器、光耦合器或差动放大电路等，将信号源信号地与放大器信号地隔离，然后再采用图 7-14 的方法处理屏蔽接地。下面对这几种信号源隔离措施分别加以讨论。

（4）信号源与放大器均接地时的隔离技术

1）用信号隔离变压器或平衡变压器实现地环路的隔离。示意图如图 7-17a、b 所示。图 7-17a 为信号隔离变压器情况，它的隔离作用是显而易见的，其原理与电源流隔离变压器的原理相同，只是工作频率和电平不同。如前所述，这种方案的实际隔离效果，取决于它的静电屏蔽结构与工艺。必须注意，这里的隔离变压器本身就是一个对周围噪声磁场十分敏感的元件，由于它处于低电平，因此必须对它进行仔细的磁屏蔽。

在实际应用中，信号源有时为非电量传感器，信号常为直流量或频率极低的分量。这时，就不可能采用上述信号隔离变压器的方法，而应当采用如图 7-17b 所示的平衡变压器的方案。从图可见，对信号电流而言，该变压器的两个绕组中流过大小相等的差模电流，所以，变压器对信号分量呈现极低的阻抗，而对由地电位差引起的共模噪声而言，它们使两个绕组中同时流过大小相等的共模电流，只要变压器绕组的电感对共模噪声频率的感抗足够高，这就能使平衡变压器对地电位差引起的共模噪声分量呈现高阻抗，这样就等效于隔离了信号源和放大器输入信号回路两个接地端形成的地回路。为了进一步分析平衡变压器法的工作原理，可将图 7-17b 中的等效电路，分成对有用信号及对地电位差共模噪声的两个等效分析电路，然后分别进行讨论。它们分别示于图 7-18a、b。

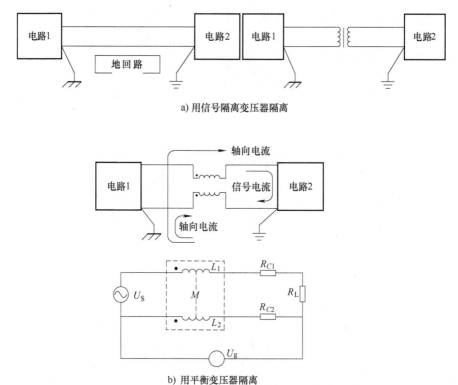

a) 用信号隔离变压器隔离

b) 用平衡变压器隔离

图 7-17   用信号隔离变压器和平衡变压器隔离地回路

图 7-18 中 R_{C1}、R_{C2} 分别为两条输入导线及平衡变压器两个绕组的铜电阻，R_L 为电路 2 的等效输入电阻，L_1、L_2 及 M 分别为平衡变压器两个绕组的自感和互感，U_S 为有用信号电压，U_g 为地电位差共模噪声电压，$R_{C1}+R_{C2}=R_{C3}$。下面公式中，ω_S 为有用信号角频率，ω_N 为共模噪声角频率。

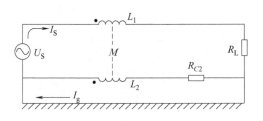
a) 对有用信号的等效分析电路

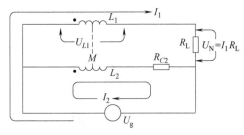
b) 对共模噪声的等效分析电路

图 7-18　平衡变压器法的等效分析电路

① 有用信号 U_S 的响应。从图 7-18a 可得

$$U_S = j\omega_S(L_1+L_2)I_S - 2j\omega_S M I_S + (R_L+R_{C2})I_S$$

设 $L_1=L_2=M$，可得

$$I_S = \frac{U_S}{R_L+R_{C2}} = \frac{U_S}{R_L} \tag{7-12}$$

由式（7-12）可知，平衡变压器的介入不会给有用信号的传输带来任何影响。

② 对地电位差噪声共模电压 U_g 的响应。从图 7-18b 可得上回路及下回路的回路方程分别为

$$U_g = j\omega_N M I_1 + j\omega_N M I_2 + I_1 R_L \tag{7-13}$$

$$U_g = j\omega_N L_2 I_2 + j\omega_N M I_1 + I_2 R_{C2} \tag{7-14}$$

可得

$$I_2 = \frac{U_g - j\omega_N M I_1}{j\omega_N L_2 + R_{C2}} \tag{7-15}$$

设 $L_1=L_2=M=L$，将式（7-15）代入式（7-13），可得

$$I_1 = \frac{U_g R_{C2}}{j\omega_N L(R_{C2}+R_L) + R_{C2}R_L} \tag{7-16}$$

由式（7-16）可以计算由 U_g 共模噪声电压在放大器输入端产生的实际噪声电压为

$$U_N = I_1 R_L = \frac{U_g \dfrac{R_{C2}}{L}}{j\omega_N + \dfrac{R_{C2}}{L}} \tag{7-17}$$

由式（7-17）可得 U_N/U_g 对 ω_N 的关系曲线如图 7-19 所示。

由图 7-19 可见，只要满足 $L \gg R_{C2}/\omega_N$ 的条件，由共模噪声电压 U_g 在放大器输入端产生的噪声干扰就可以得到有效的抑制。

这种平衡变压器可以按图 7-20 所示很方便地制取。实际上，一个磁心中可以绕制多组线圈，为许多对电路同时提供平衡变压器。

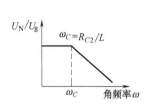

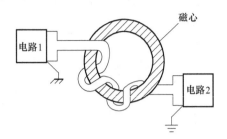

图7-19 平衡变压器抑制共模噪声的频率特性

图7-20 实际平衡变压器绕制示意图

2）用光耦合器实现地环路的隔离。如图7-21所示，基本的光耦合器是由一个发光二极管通过光与一个晶体管、二极管或一个晶闸管耦合组成的，并封装在同一管壳中。这种光耦合器提供了最彻底的隔离，因为电路1和电路2只可能通过光束实现耦合。

光耦合器在数字脉冲电路中得到了最广泛的应用。近年来，性能良好的线性光耦合器也已商业化。

3）用差动放大器实现地环路的隔离。如图7-22a所示，这是一个单端输入、单端输出的差动放大器。它对共模噪声电压U_g的等效分析电路如图7-22b所示，其中，R'_{l1}为R_{L1}和R的等效电阻，R'_{l2}为R_{L2}和R的等效电阻。该放大器输出端的噪声电压为

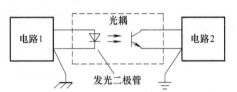

图7-21 用光耦合器隔离地环路

$$U_N = U_1 - U_2 = \left(\frac{R_{L1}+2R}{R_{L1}+R_{C1}+R_S+2R} - \frac{R_{L2}+2R}{R_{L2}+R_{C2}+2R} \right) U_g \tag{7-18}$$

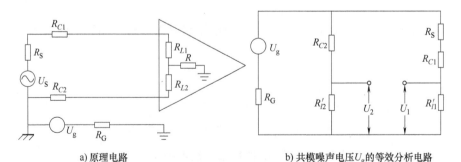

a）原理电路　　　　　　　b）共模噪声电压U_g的等效分析电路

图7-22 用差动放大器隔离地环路

从方程式（7-18）清楚可见，通常$R_{L1}=R_{L2}$，$R_{C1}=R_{C2}$，$R_S \ll R_L$，所以$U_N \approx 0$，实现了地环路的隔离。

190

4）用防护屏蔽实现对地环路实现隔离。当信号电平极低，由地电位差引起的共模噪声电平太高，或者各种抑制共模噪声的措施已经采用，希望对共模噪声引起的干扰能得到最大限度的抑制时，可以对放大器采取防护屏蔽的方法，对地环路实现更为彻底的隔离。其原理示意图如图 7-23 所示。

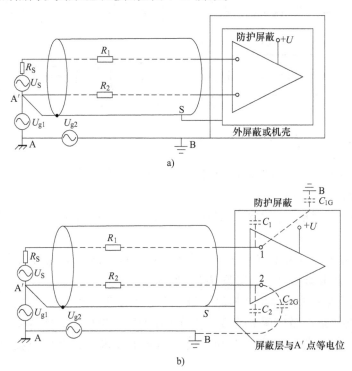

图 7-23 用防护屏蔽对地环路实现彻底的隔离

由图 7-23 可见，防护屏蔽与输入屏蔽线的屏蔽层构成输入差动放大器的屏蔽体，屏蔽层的左端接信号源的接地端 A′，右端接防护屏蔽，起到静电屏蔽的作用。如果屏蔽是理想的，即防护屏蔽层的漏电容 C_{1G} 及 C_{2G} 等于零的话，共模噪声电压 U_{g1}、U_{g2} 在差动放大器输入电路中产生的共模噪声电流为零，在放大器输入端产生的噪声电压也为零。实际上，屏蔽良好的防护屏蔽，漏电容 C_{1G} 和 C_{2G} 总是存在的，大约为几皮法。这样，由于差动放大器输入电路的高度对称性，由已被大大减小的共模噪声电流转化为放大器输入端的差模噪声将是非常小的。必须指出，这种防护屏蔽能否充分发挥作用的关键在于：极小的漏电容、防护层对机壳（接大地 B 点）极高的漏电阻 R_S 和较小的分布电容 C_S。它们对限制屏蔽层中流过的噪声电流是十分重要的。为此，在设计差动放大器的直流供电电源时，必须予以足够的重视。

综上所述，对于低电平、频率低于 1MHz 的低频信号的屏蔽地子系统，通常采用一端接信号地的方式。这种屏蔽方式一方面可避免屏蔽层中流过的噪声电流对放大器造成干扰，另一方面可避免造成地环路及感应穿过地环路的噪声磁场。根据实际情况，这时的屏蔽地子系统可概括为图 7-24 所示的四种情况。

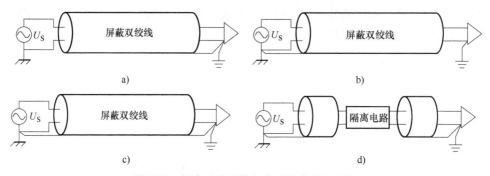

图 7-24 低电平信号输入部分屏蔽地子系统

① 当信号源浮空、放大器接地时，输入双芯电缆屏蔽层应仅与放大器的接地点相连，如图 7-24a 所示。

② 当信号源接地、放大器浮空时，输入双芯电缆屏蔽层应仅与信号源接地端相连，如图 7-24b 所示。

③ 当信号源和放大器均接地时，输入双芯电缆屏蔽层应在两端分别与信号源接地点和放大器接地点相连，如图 7-24c 所示。

④ 在信号源和放大器均接地时，为了进一步提高由地电位差共模噪声造成的干扰，应用各种隔离技术隔离信号源和放大器的两个接地点，这些技术有隔离变压器和平衡变压器、光耦合器、差动放大器和防护技术等，屏蔽层接地如图 7-24d 所示。

2. 低电平、高频信号屏蔽地子系统

如前所述，当频率高于 1MHz 或者电缆线长度超过 1/10 波长，以及在处理高速脉冲数字电路时，信号地必须采用多点接地、地栅网或地平面信号接地系统，以保证各部件、电路的信号地保持同一电位。

从信号或功率传输的角度讲，高频时必须考虑阻抗匹配的问题，否则，传输的信号会在负载终端处发生反射，使传输的信号波形出现上冲、下降或振荡，造成波形严重畸变和加长延迟时间。因此，在传输低电平、高频信号的情况下，常常使用具有固定特性阻抗的同轴电缆线，而不用带双绞芯线的屏蔽线作屏蔽电缆，它的外屏蔽层用来作为传输信号的返流地线。因此，它必须遵循高频多点接地的原则，将同轴电缆的屏蔽层多点接信号地平面（每相邻屏蔽接地点之间的距离应小于等于 $\lambda/10$）。当电缆长度较短时，则将电缆屏蔽层两端分别接信号源及放大器的信号地。这时，由于地电位差引起的市电频率的共模噪声电压的频率远低于信号频率，所以，可以用高通滤波器滤除；屏蔽电缆周围的高频噪声电磁场，则由于趋肤效应的关系，只在屏蔽层表面流过，得到有效的屏蔽；高频信号电流则在屏蔽层的内表面流过。在使用同轴电缆线的低电平、高频信号传输电路中，屏蔽地子系统可用图 7-25 概括。

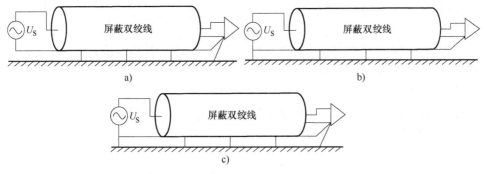

图 7-25　低电平信号输入部分屏蔽地子系统

7.5.2　高电平、功率输出部分的屏蔽地子系统设计

如前所述，高电平、功率输出部分的地应采用噪声地。在对设备、系统本身产生的电磁环境污染必须加以严格控制的场合，其高电平、功率输出部分连接到负载端的输出线，也必须采用屏蔽电缆。

关于屏蔽体的设计，前面章节已作了详细的分析，这里不予重复。对于这种情况下的屏蔽地子系统设计，根据前面的分析，可概括成如下几点原则：

① 屏蔽体应接噪声地。

② 在低频时，输出电缆通常用双芯或多芯绞合屏蔽电缆接负载。屏蔽层接地的原则与上节所讨论的情况类似：当负载不接地时，屏蔽层在噪声地一端接地；当负载也接地时，可在噪声地与负载地两端同时接地。

③ 在传输高频及脉冲功率信号时，输出电缆通常用同轴电缆线，以确保良好的阻抗匹配和较长距离的低损耗传输。这时，同轴电缆线的屏蔽层通常同时充当返流导线，可以保证输出电缆最小的杂散电磁场。这时，屏蔽层应采用多点接噪声地的形式。

④ 在对输出电缆杂散低频磁场需要严格控制的场合，应用铁管等高磁导材料制成的金属管，将输出电缆屏蔽。

7.6　地线干扰的抑制措施

搭接是将需要等电位连接的点通过机械、化学或物理方法实现结构相连，以实现低阻抗的连通。搭接可实现电路与参考地、电路与机壳、电缆屏蔽层与机壳、滤波器与机壳、不同备的机壳之间的地线连接等。搭接分直接搭接和间接搭接两种基本类型。直接搭接是将要连接的导体直接接触，而不通过中间过渡导体；间接搭接则是通过中间过渡导体，如搭接片、跨接片以及铰链等，实现连接导体之间的互连。

常用的搭接方法有：

（1）焊接

通过焊接使需要接触的导体永久连接，是比较理想的搭接方法，可避免金属面暴露在空气中，因锈蚀而引起的搭接性能下降。

（2）铆接

铆接也实现了永久连接，在铆接部位的阻抗很小，但其他部位阻抗较大，在高频时不能提供良好的低阻抗连接。

（3）栓接

通过螺栓连接，可以拆卸，但长时间使用后可能出现连接松动，有时通过螺纹接触的两个面会变成接触线，并且由于腐蚀及高频电流的趋肤效应，射频电流沿螺旋线流动，因而在很大程度上呈现电感性。搭接处理最重要的是强调搭接良好，这对于有射频电流流过的情况尤为重要。无论是直接搭接还是间接搭接，对搭接表面都需要进行认真处理，清除影响搭接质量的表面的氧化层、油漆和附着物，保证搭接表面是面接触。此外，还应注意搭接金属间的电化学性能的兼容，以及搭接后刷的漆层是否会渗入搭接部位，从而影响搭接质量。

搭接不良会影响设计电路的工作性能及引入干扰。由于搭接不良附加的阻抗的影响，使被滤波器滤除的干扰信号不能顺畅地通过接地返回干扰源，而是通过后一级电容又馈入被保护电路；由于搭接不良则引入新的干扰电压。

7.6.1　地线干扰的来源

理想的接地平面，即地线是零电阻实体，电流在地平面中流过时，任意两点电位无电位差。但在实际条件下，任何两点间的地线既有电阻，又有电抗。当有电流流过，地线两点间必然存在地电压。当电路多点接地，且各电路间又有信号联系时，将形成地环路。地电压会通过传输电缆对负载造成差模干扰。在电路测试过程当中，经常会谈到地线问题，因为地线与噪声有着密切的联系，如果地线干扰没解决好，地线干扰带来的噪声会严重影响测试系统的测试精度。系统中尤其在对微弱信号测量等 EMS 要求较高的场合，由地环路引起的干扰问题必须加以解决。

地线干扰主要有地环路干扰和公共阻抗干扰两种。

图 7-26 是两个接地的电路。由于地线阻抗的存在，当电流流过地线时，就会在地线上产生电压。当电流较大时，这个电压可以很大。例如附近有大功率用电器起动时，会在地线中流过很强的电流。这

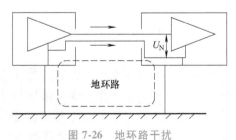

图 7-26　地环路干扰

个电流会在两个设备的连接电缆上产生电流。由于电路的不平衡性，每根导线上的电流不同，因此会产生差模电压 U_N，对电路造成影响。由于这种干扰是由电缆与地线构成的环路电流产生的，因此称为地环路干扰。地环路中的电流还可以由外界电磁场感应出来。

7.6.2 隔离变压器

正如第 5 章所述，许多元器件的特性并不是理想的，如电容器实际上不是一个纯电容，还包括电阻和电感，因此，在选择电容器时，工作频率是一个重要因素。电容器的最高使用频率受其损耗、电感及引线长度的限制，在低频时可使用铝电解电容，而在高频时则需采用云母电容、陶瓷电容等；在高频时，引线电感是必须考虑的问题，尽量选择引线电感小的穿心电容器，如必须使用引线式电容，则必须记及引线电感对滤波效果的影响。同样，电感器也不是一个纯电感，还包括电阻和寄生电容，寄生电容将影响其高频特性。一般情况下，大电感的寄生电容较大，用电感滤除高频信号时，应选择寄生电容小的电感或采用多个小电感组成多级滤波；由于磁心具有饱和特性，对于带磁心的电感，应考虑其承受大电流负载时电感值的降低。电阻器也存在寄生电感和寄生电容，它们影响其高频特性。为此，在超高频段时，应使用片状电阻器。

在图 7-27 中，显示了两个电源的输入侧都使用了隔离变压器，这将切断中线电流在信号回路导线中的流通。然而，这个解决办法不仅过于昂贵，而且可能不符合安全规范。若该设备是系统的一个组成部分，而且又远离系统中的其他设备的话，那么宁可选用单一位置作为供电电源，并从该电源向远离主机的设备供电。假定用一根足够粗的"绿色"导线来连接远端的设备的话，此时不仅不需要附加的大地线，与此同时，在单端信号回路中的低频电流问题也变小了。至于在哪里把设备（如一个天线）与大地线进行隔离，则需要个案考虑。但有两个位置不可取：一是当存在有用于避雷目的的大地线，而该线又靠近天线结构本身的位置。此时为

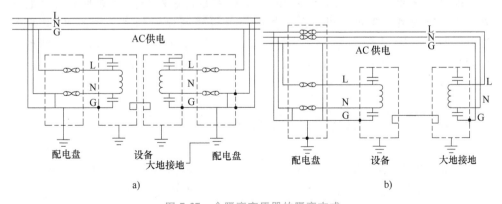

图 7-27 含隔离变压器的隔离方式

了避免飞弧，该天线结构应该用一个单一连接与大地相连。第二个要重新考虑设备的对地隔离的位置是当设备本身太靠近一个高功率电场的结构（即一个发射天线）。设备结构与一个低阻抗大地的连接通常会降低在互连电缆中的 RF 电流，从而降低了 EMI 的可能性。

电气规范文本仅仅考虑了测试系统的要求。然而把接地线路设计成两者兼顾，既能改善信号的接地，又能符合安全规范的规定也完全是可能的。

7.6.3 共模扼流圈

由于电源线和返回线一同穿过该电感器，因此，电源线和返回线产生的 DC 磁通在磁心材料中趋于相互抵消。在连接电缆上使用共模扼流圈相当于增加了地环路的阻抗，这样在一定的地线电压作用下，地环路电流会减小。但要注意控制共模扼流圈的寄生电容，否则对高频干扰的隔离效果很差。共模扼流圈的匝数越多，则寄生电容越大，高频隔离的效果越差。共模扼流圈的缺点是当双线并绕即导线并绕穿过磁心时，它不能衰减差模噪声电流。当电感器用于 AC 和 DC 电源线时，若导线是漆包线，漆层的绝缘可能不能满足要求。在制造过程中，漆层若被磨损了，就会出现这种情况。为了提高绝缘性能，应在这些电磁线外套一层聚四氟乙烯管或使用聚四氟乙烯绝缘的导线。若将共模绕组分散绕在磁心圆周上，则可以增加绝缘性能和差模（泄漏）电感。已经知道，将很高电感量的共模线圈绕在高磁导率的磁心上，并用于大 DC 电流的电源上，其泄漏电感足以使磁心的磁导率减小。这是因为 DC 磁通量不能完全抵消，除非是用双线并绕的方法并且使电源线和返回线靠得相当近。当绕组分开绕在环形磁心上，可能会产生一些泄漏电感。这样会增加一些差模电感量，但会使磁心电感对 DC 电流更敏感，还会劣化高频信号。

因此，使用分段绕制的绕组，每段绕组有不同的电感和电容，从而可以增加电感器的有用频率范围。另一个办法就是用一组串联的独立电感器，每个电感器都有各自不同的电感量和谐振频率。当已知某个或某些有问题的频率时，可以选择电感器（组）或通过附加电容来改变谐振频率，以便匹配有问题频率，从而得到最大阻抗。可以采用类似于电阻器的建模形式来构建 RF 电感线圈的模型。可用酚醛（空心）、铁心或铁氧体作为其内心。其电感量可从 $0.022\mu H$（谐振频率为 50MHz，DC 电阻为 0.01Ω，载流量为 3.8A）至 10mH（0.25MHz、72Ω 和 48mA）。

7.7 电子装置组合系统接地举例

不同类型控制装置和成套设备组合的系统，应根据其所处的电磁和工作环境，和它们本身及负载的运行特点，遵照前面讨论的接地原则，设计相应的接地系统。这里介绍几种典型的大型电子装置组合接地系统的例子。

7.7.1 集中控制组合装置的接地系统

这类装置包括单台大型复杂机械的驱动和控制设备，简单的生产线或者复杂生产线中具有独立功能的生产线的控制设备等。在这类系统中，通常控制设备集中安装在一个控制室中，驱动设备则集中安装在电气室中，受控输出则通过屏蔽电缆线，传送给生产现场的电机或其他功率负载（如电炉等）。

这类装置的接地系统如图 7-28 所示。

图 7-28 中，机壳（架）地、信号地及噪声地均采用了串、并联混合接地的形式。图中防雷安全接地没有画出，这是因为通常在这种情况下，厂房本身已采用了一系列的防雷措施，所以没有必要对装置本身再加防雷措施，以降低成本。图中机壳（架）地是装置的安全地，通常又充当保护电路的取样电路，

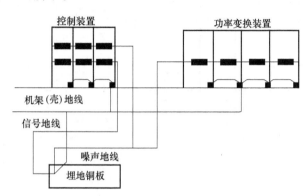

图 7-28 集中控制组合装置的接地系统示意

一旦流过的设备漏电流超过预定值，保护电路动作切断主电源。由图可见，在控制装置和功率变换装置中，专门设计了噪声地线，通常供装置中的继电器、接触器、电动机等专用，以免它们造成的瞬态噪声进入控制信号电路造成干扰。控制装置输出到功率变换装置的控制信号线及功率变换装置反馈到控制装置的反馈信号线，均必须采用屏蔽电缆，并与功率变换装置输出电缆及电力电缆尽量远离，其屏蔽层应按前述屏蔽地系统的设计原则接相应接地点。

上述系统的分布范围，通常以 15m 为限。而在大型复杂的生产过程自动生产线上，常常要用到多种装置，如交、直流传动装置、加热装置、电磁阀控制站、人机通信装置、现场巡逻检测和监察装置，用于过程控制的可编程序控制器等。有时，上述这样的装置要通过计算机集中监控。这样一个大型系统的分布范围常常远远超过 15m，如果用单根的信号接地干线或机壳（架）接地干线，其长度会很长，干扰将很大，接地效果很差。这时，就必须按分散的组合系统来设计其地线系统。

7.7.2 大型分散组合系统的接地系统

这种接地系统示于图 7-29a、b。图 7-29a 是多干线接地法的示意图。由图可见，该系统由两组装置组成，每组装置按前述接地方式设计接地系统，而两组装置之间的信号地系统实行电位隔离，避免构成地环路。很显然，这种接地方式的缺点是整个系统的总接地干线很长，影响接地效果。同时大的地电位差仍会给系统引入

较大的干扰。

图 7-29b 是地网等电位式接法的示意图。由图可见，这种接法基于地平面及地栅网具有优良接地性能的优点，利用厂房的钢结构和钢地桩，用地网连接线将它们连接成一个类似于地栅网的接地网，保持了极低的地阻抗，然后各组装置则就近与接地网相连。这种接地方式无疑是较好的接地方案。但是，这种方案必须在厂房设计时就要全面考虑好，费用也较高。

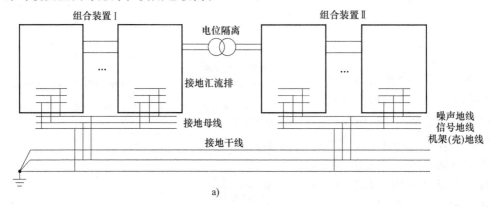

a)

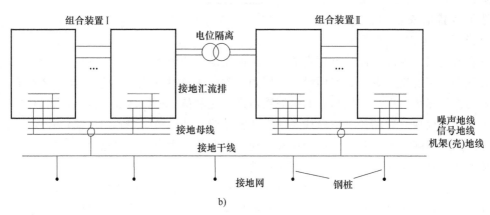

b)

图 7-29　大型分散组合系统的接地系统

无论在集中控制的组合装置中，还是在分散的组合系统中，都常常要用到计算机集中监控设备，它通常安装在一个独立的计算机监控室中，所以它本身就是一个独立的组合装置。为了保证计算机系统具有很强的抗干扰功能，能保证稳定可靠地工作，计算机集中监控系统必须配置专用的计算机接地系统，不允许与其他装置的接地系统相连，并且保持足够远的距离。而计算机和其他装置间的信号传送，必须经过信号隔离和良好的屏蔽。

7.7.3　计算机集中监控室的接地系统

通常，工业部门应用的计算机集中监控系统的工作频率不太高，但是，工作现场的电磁环境却比较恶劣，干扰电平较高。所以，对现场计算机集中监控室的接地系统及屏蔽设计必须给予足够的重视。图 7-30 是这种接地系统的示意图。

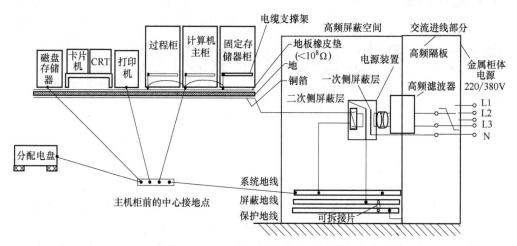

图 7-30　计算机监控系统接地系统示意

由图 7-30 可见，交流进线部分用了电源 EMI 滤波器，将电网与系统的瞬态及高频噪声加以有效的隔离；供电柜的电源变压器采用双屏蔽，将变压器一、二次侧绕组之间的漏电容减小到几个皮法左右，保证电网中任何瞬态噪声均不会进入计算机主控电源；此外，计算机集中监控室的输入和输出信号线，均采用适当的屏蔽电缆，屏蔽层正确接地。

第8章

电力电子电路电磁干扰分析

8.1 元器件的电磁干扰特性分析

本节针对电力电子电路设计时所用的典型元件，分析这些元器件的非理想特性，以及它们在 EMI 产生、传播和抑制方面的作用。元器件的非理想特性对于它们能够提供的抑制能力有很大影响。理想情况下，电容器高频阻抗很低，通常用于高频信号的旁路或转移、抑制电缆的辐射发射；如果发射的频率超过电容器的自谐振频率，那么电容器的性能将类似于电感性能，无法实现预期的低阻抗，抑制效果将大打折扣。本节针对电阻、电容、电感、功率半导体器件、高频变压器等常用元件，重点介绍其非理想特性、测试方法、建模方法以及对电磁兼容的影响。

8.1.1 无源器件的非理想特性

常用的无源器件包括电阻、电感、电容器等，是电力电子电路的重要组成部分，可以用于分压、限流、平波、续流、吸收、EMI 滤波等用途。

1. 电阻器

理想电阻器的阻抗幅值等于它的阻值，相位为零度。实际电阻器的阻抗特性与上述理想特性有较大区别。常见电阻器，如金属膜电阻、线绕电阻等，其高频等效电路如图 8-1 所示，L_s 是电阻器的等效串联电感，C_p 是电阻器的寄生电容。直流情况下，不需考虑寄生电感和电容的影响；频率升高到一定值时，电阻器呈现出电感特性，阻性与感性之间的转折频率 f_1，其表达式为

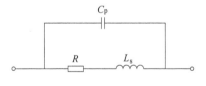

图 8-1 电阻器的高频等效电路

$$f_1 = \frac{R}{2\pi L_s} \qquad (8\text{-}1)$$

当频率再升高到一定程度，寄生电容将起主要作用，此时电阻器成容性，转折频率 f_2 的表达式为

$$f_2 = \frac{1}{2\pi\sqrt{L_s C_p}} \tag{8-2}$$

频率在 $f_1 \sim f_2$ 之间，电阻器的阻抗以 20dB/dec 的斜率上升，相位逐渐接近 90°；在转折频率 f_2 处，电阻器的寄生电感与寄生电容产生并联谐振，阻抗幅值最大；频率在 f_2 以上，电阻器的阻抗以 -20dB/dec 的斜率下降，相位逐渐接近 $-90°$，电阻器的幅频和相频特性曲线如图 8-2 所示。

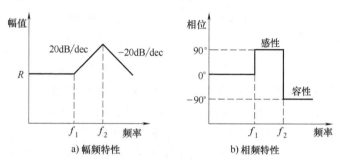

图 8-2 电阻器的幅频和相频特性示意图

2. 电容器

实际的电容器也并不是纯粹的电容，在计算损耗时，它的绝缘漏电阻和等效串联电阻（ESR）都不能被忽略。在考虑高频时，绝缘漏电阻很高，可以简化；但还需考虑寄生电感的影响，电容器的高频特性可以用图 8-3 所示的等效电路来说明，其中 R_s 为等效串联电阻，L_s 为寄生电感。

低频段电容器近似表现为理想电容特性，随着频率进一步地增加，电容器的阻抗更多地取决于寄生电感 L_s 的阻抗大小，这意味着在高频段，电容器更像一个电感而不是电容。电容的阻抗表达式为

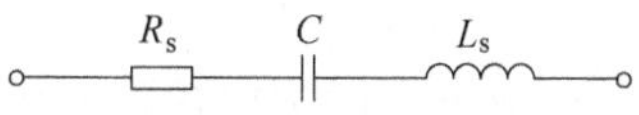

图 8-3 电容器的高频等效电路

$$Z_C = R_s + j\omega L_s + \frac{1}{j\omega C} \tag{8-3}$$

对于电容器，其谐振频率 f 为

$$f = \frac{1}{2\pi\sqrt{L_s C}} \tag{8-4}$$

在谐振频率点，电容器的阻抗恰好为等效串联电阻 R_s，图 8-4 画出了电容器的幅频和相频特性曲线，由图可见，电容器只有在频率低于 f 的范围内才能被认为是容性的。

电容器的串联寄生电感 L_s 可以细分为三部分：①绕线形成的电感 L_{s1}；②电容内部引线的电感 L_1；③电容外部连接导线的电感 L_w。其中，前两项是电容器内部的寄生电感，与电容器的大小和结构有关，通常为 $5 \sim 50$nH。

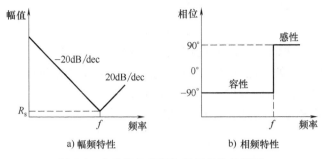

图 8-4　电容器的幅频和相频特性示意图

为了增加电容器的有效频率范围，即电容器呈容性的频率范围尽量宽，应当尽可能使用具有高谐振频率的电容器。通常电容器的内部寄生电感已经不可能再更改，此时外部连接导线的寄生电感就成为电容器谐振频率的决定因素，在应用时连接电容器的导线应该尽量短，以降低电容器的寄生电感。这里不得不提一种连接技术—表面贴技术（SMT），不仅加速了印刷电路板上元件的自动装配，同时也减小了连接引线的长度，改善了电路的高频特性。

连接引线的电感可以按下式估算

$$L_{\mathrm{w}} = 2l_{\mathrm{w}} \left[\ln\left(\frac{4l_{\mathrm{w}}}{d_{\mathrm{w}}} - 1 \right) \right] \times 10^{-7} \tag{8-5}$$

式中，l_{w} 是连接导线的长度，单位为 m；d_{w} 是连接导线的直径，单位为 m。

不同种类电容器的容值范围、绝缘等级、寄生参数有较大的区别，下面简要介绍几种常见的电容器特性。

（1）电解电容器

电解电容的主要优点在于其容积比（容量-体积比）较高，主要缺点是具有较高的寄生电感和等效串联阻抗，这是由其绕线结构决定的。其等效串联阻抗会随频率的增大而加大。电解电容有两种：铝电解电容和钽电解电容。钽电解电容的性能比铝电解电容的高频性能好，但也只有在 20~50kHz 以下呈容性，由于这些缺点，电解电容极少用于噪声抑制。

（2）纸电容器

在电力电子系统中广泛使用纸电容器和敷金属纸电容器。纸电容器的额定容量和额定电压较高，性能好、可靠性高，因此也常被用于电源线滤波。纸电容的等效串联电阻比电解电容的 ESR 低得多，但仍具有中等高的寄生电感值，谐振频率一般为 0.5~5MHz。对于传导干扰抑制的频率上限来说，纸电容的谐振频率还是相当低的，因此在使用时需要注意其外部连线设计以避免进一步降低它的谐振频率。

（3）聚苯乙烯电容器

聚苯乙烯电容器具有很低的电解损耗和非常稳定的电容-频率特征。聚苯乙烯电容器的电容容量和耐压等级使得它们非常适合电力电子设备的噪声抑制。

（4）瓷片电容器

瓷片电容器具有极好的高频特性，在 20 世纪 80 年代时，瓷片电容的容量仅有几个纳法，耐压也仅有 100V。随着技术的进步，现在瓷片电容的容量和耐压都被提高了许多。瓷片电容体积小，被广泛应用于 PCB 中，新研制出的瓷片电容器能同时抑制高频干扰和脉冲类瞬变，即多功能瓷片电容器（MFC）。在正常运行时，MFC 具有极好的高频特性，漏电流也在毫安范围内，当出现高压瞬变时，MFC 的伏安特性使得电容器可以像 ZnO 可变电阻一样吸收浪涌。MFC 电容器具有很好的温度稳定性和极好的脉冲吸收能力，可以把 MFC 电容器看作是瓷片电容器和可变电阻的并联。两端型 MFC 的谐振频率约为 10MHz，为改进 MFC 的高频特性，已研制出一种三端 MFC 电容器，谐振频率可达到 100~500MHz。

一般来说，陶瓷电容和电解电容的杂散电感都在 10~30nH 之间，电解电容的杂散电感要稍大一些。通常认为电解电容的高频特性比陶瓷电容要差，这是因为陶瓷电容的电容值比较小，转折频率较高，适用于高频滤波，电解电容的电容值较大，转折频率较低，一般在几十千赫兹级别，适用的频率范围较低。通常电解电容与陶瓷电容并联使用，既可获得较大的电容值，又可以有较好的阻抗频率特性。

3. 电感器

在 EMI 抑制元件中，电感使用最多。电感器通常绕制成线圈形式，绕组环绕的磁心通常是空气磁心和磁性磁心。实际电感绕组的匝与匝之间、层与层之间、绕组与磁心之间存在分布电容，另外电感

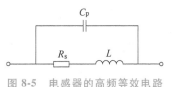

图 8-5　电感器的高频等效电路

的绕组和磁心还存在一定的损耗。因此一个很宽的频率范围上可以用图 8-5 所示的等效电路来描述其寄生参数特性，其中电阻 R_s 是磁心铁耗和绕组铜耗的等效，C_p 是电感匝间及层与层之间总寄生电容的等效。

以螺线管电感为例，为了增加电感的感抗，电感线圈绕在铁磁心上。从铁到粉末状的铁氧体材料有很多种类型的铁磁性材料。所有类型的铁材料都具有很大的相对磁导率 μ_r，而磁导率为 $\mu = \mu_r \mu_0$。举个例子，钢（SAE1045）的相对磁导率为 1000，而坡莫合金的相对磁导率为 30000。非铁磁金属比如铜和铝，具有自由空间的相对磁导率。对于这些材料引用的相对磁导率的值是在低电流和低频（典型值为 1kHz 或更低）时测量得到的。

随着频率的升高，带磁心电感器的电感量会下降，这种非线性特性与铁磁心材料相关。铁磁性材料有 3 个重要特性：①饱和；②频率响应；③集中磁通的能力。

铁磁性材料的典型磁导率曲线如图 8-6 所示。设想一个绕有 N 匝导线的铁磁性线圈，假设电流 I 流过这个线圈，该电流产生了一个磁场强度 H，H 与线圈匝数和电流的乘积 NI 成正比。这样，磁心中产生了一个磁通密度 B。H 和 B 的关系如图 8-6 所示，磁导率是这个 B-H 曲线的斜率

$$\mu = \frac{\Delta B}{\Delta H} \tag{8-6}$$

当电流 I 的值较小时，B-H 曲线的斜率很大，磁导率很大。随着电流的增大，工作点沿曲线移动且斜率减小。因此随着电流的增大，电感量减小。这是由于电感是磁心磁导率的直接函数。随着电流的增加，铁磁心的磁导率减小的现象称为饱和。

铁磁心的磁导率也随频率而变，某磁心材料磁导率的频率特性曲线如图 8-7 所示，其中 μ' 为磁心材料的实部磁导率，μ'' 为磁心材料的虚部磁导率。可以看出随着频率的升高，磁心材料的实部磁导率下降，虚部磁导率上升。随着频率的升高，电感的电感值会下降，等效电阻会上升。

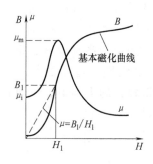

图 8-6　B-H 曲线与磁导率曲线

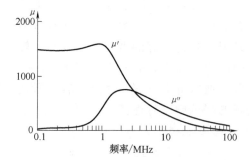

图 8-7　磁导率随频率变化曲线

$$\frac{B}{H} = \mu_0 (\mu' - j\mu_1'') \tag{8-7}$$

$$Z = \frac{N^2 A}{l} \mu_0 (j\mu'' + \mu') \tag{8-8}$$

4. 导体

导体（导线、PCB、连接器等）作为系统中的重要元件，在精密测量、高频测量、干扰抑制等领域有重要作用，但其非理想特性也经常被忽略。如果一对导体在所关注的频率处是电长的（$l > \lambda/10$），那么它的特性就和传输线一样，不能用集总参数电路来表示；如果导线在所关心的频率处是电短的，那么集总参数电路模型将提供精确的预测。

这里主要关注它们在规定频率处的性能。在辐射发射频率范围（30MHz ~ 40GHz）和较低的传导发射频率范围（150kHz ~ 30MHz）内，这些元件远远达不到理想性能。至少在数字电路中，最重要影响可能为导体的电感。导体的电阻在功能设计中通常更为重要，比如确定要求的连接盘和/或导线规格以确保电源分配电路中该导体的压降最小。尽管如此，在规定限值的频率上，尤其在辐射发射频段内导体的电感比电阻要重要得多。

8.1.2 功率半导体的电磁干扰分析

通常功率半导体器件可以被认为是开关，但它们产生的 EMI 与那些机电开关产生的 EMI 不同，一方面由机电开关产生的干扰重复频率较低，而由功率半导体产生的干扰重复频率较高，且功率半导体处于脉宽调制状态；另一方面功率半导体还存在正向导通特性和反向恢复特性。

1. 二极管的 EMI

在一般的电路分析中，常把二极管看作是理想开关，在正向偏置时短路，在反向偏置时开路。但实际上，二极管开通、关断状态的切换并不是瞬时完成的。功率二极管的开通过程如图 8-8 所示，其中 $-U_d$ 为二极管关断时两端的电压，U_0 为 t_1 时刻正向导通压降。在 t_0 时刻，二极管从关断状态转向导通状态，此时会在二极管上出现一个相当高的导通电压。在 $t_0 \sim t_1$ 时间内，导通电流迅速增加，导通电压下降到它的稳态值，到 t_1 时刻导通过程结束。$t_0 \sim t_1$ 这一段时间是载流子进入 PN 结耗尽层所必需的，从电磁兼容的角度看，导通时的电压尖峰实际上是一个宽带发射源。

二极管在关断时的电压和电流波形如图 8-9 所示。导通电流在 t_0 时刻下降到零，与理想开关不同的是，此时由于在 PN 结耗尽层中的少数载流子仍储存有电荷，因此电流还会继续下降转变为负值，直到电荷完成复合之前，电流都是反向流动的。在 t_s 后，反向电流迅速趋向于零（$t_r \ll t_s$），或更严格地说，是趋向反向电流稳态值。二极管关断时反向脉冲电流的幅度、持续时间及波形性状等与二极管特性和外部电路参数有关。由于反向电流峰值 I_m 相当高，并且关断时间非常短（通常小于 $1\mu s$），在相连电路的电感（包括导线电感）上会出现高的电压跳变，这会形成一个很强的干扰源，它具有很宽的频谱。

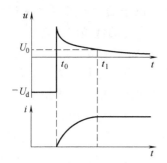

图 8-8　二极管开通时电压、电流波形

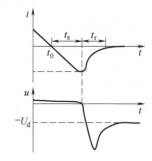

图 8-9　二极管关断时电压、电流波形

2. MOSFET 的 EMI

功率 MOSFET 存在输入电容 C_{iss}，当驱动脉冲由低电平跳变至高电平，C_{iss} 存在充电过程，栅极电压 u_{gs} 呈指数曲线上升，当 u_{gs} 上升到开启电压时，MOSFET 开始出现导通电流，u_{ds} 开始下降；随后 MOSFET 进入有源区，受栅漏极电容 C_{gd}

的影响，C_{iss} 剧变，驱动回路的时间常数增大，u_{gs} 增长缓慢，波形上出现平台期，称为"米勒平台"。MOSFET 进入电阻区后，米勒效应消失，u_{gs} 继续升高至稳态，MOSFET 进入稳态导通状态。

当驱动脉冲电压由高电平跳变至低电平，栅源极电压通过栅极电阻放电，栅极电压按指数曲线下降；栅极电压下降到特定值时，MOSFET 进入有源区，u_{ds} 开始上升，C_{iss} 再次剧变，栅极电压又出现"米勒平台"；当 MOSFET 完全关断时，外回路电感与漏源极电容谐振，u_{ds} 将出现振铃，MOSFET 开关过程中漏源极电压如图 8-10 所示。

3. IGBT 的 EMI

IGBT 是一种用 MOS 控制晶体管的复合器件，与 MOSFET 相比，IGBT 多了一层 P+注入区，形成了一个基极电流由 MOS 栅压控制的双极性晶体管，其目的是从集电极侧注入载流子，利用 PN 结电导调制效应，降低导通电阻和导通电压。IGBT 的开关机理是：通过施加正向栅极电压形成沟道，给 PNP 晶体管提供基极电流，使 IGBT 导通；反之，加反向栅极电压消除沟道，使 IGBT 关断。与

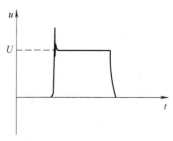

图 8-10　MOSFET 开关过程中漏源极电压波形

MOSFET 的关断过程不同的是，由于 PNP 晶体管的存在，IGBT 在沟道消失后还需要一定的复合时间，会形成相应的拖尾电流。因此 IGBT 开通和关断都存在电磁瞬态过程，且该瞬态过程与器件内部的寄生电感和寄生电容相关。

电力电子系统主要利用了电力电子器件的开关特性，以完成各种电能之间的相互转换。实际上电力电子器件就是一个电子开关，因此电路中的电流电压都将是一种开关特性（非线性）。与机械开关不同的是，电力电子器件的开关频率相当高，其开关重复频率可以从工频一直到数百千赫兹。除了常见的低频谐波之外，在传导射频段（10kHz 以上）系统中同样会出现大量的开关频率谐波，这一干扰频段范围将从数千赫兹一直到数兆赫兹。另外，随着目前电力电子器件的发展，各种器件开通关断的 di/dt、du/dt 都越来越高。在这种尖峰电流的激励下，系统中的寄生电感、电容往往会形成谐振，频率可达数十兆赫兹。因此电力电子电路中干扰的频谱是相当宽的。电力电子系统中产生的干扰分为三类：第一类是电网电源的各次谐波，这种干扰一般是由于电力电子系统中带有相控整流环节形成的，称为电网频率谐波；第二类是电力电子器件本身的开关频率 F_{sw} 及其倍数频率附近的干扰，这一干扰是由系统中一些高频开关环节（斩波、逆变）产生的，其频率分布和幅值与开关的控制策略有关，称为开关频率谐波；第三类干扰则是出现在数十兆赫兹以上，这些干扰是由于开关本身通断时器件内部的瞬变过程引起的，与开关器件内部的载流子运动有关，称为开关暂态干扰。电力电子系统中这三类传导干扰的频段不同，起因也不同，因此在对干扰进行预测时，应当分频段对这几类干扰进行研究。

8.1.3 高频变压器的电磁干扰分析

高频变压器通常指工作频率超过 10kHz 的电源变压器，其原理图与结构示意图如图 8-11 所示。由于其一、二次侧之间具有电气隔离功能，主要用于隔离开关电源、LLC 谐振变换器中、高频逆变电源等场景。

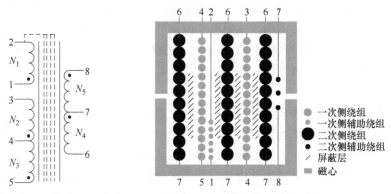

图 8-11 高频变压器原理图与结构示意图

高频变压器的结构与工频变压器类似，但高频变压器传输的是高频脉冲方波信号。高频变压器在传输瞬变信号时，漏感和分布电容会引起浪涌电流和尖峰电压，增加损耗，因此高频变压器的漏感和分布电容应设计成很小。

高频变压器的每个绕组绕制一层或多层，为了减少漏感，高频变压器层与层之间距离近，相邻绕组之间存在较大的寄生电容，不相邻绕组之间的寄生电容较小，忽略不计。因此功率器件开关动作产生的电磁干扰噪声会高频变压器不同绕组之间传播，最典型的噪声传播路径就是一次侧耦合至二次侧，变压器的绕组间寄生电容通常是共模噪声传播的主要路径。

高频变压器模型是表征共模噪声的关键，为了便于共模噪声分析，基于位移电流等效的思路，使用等效集总电容来表示具有分布式寄生电容的真实变压器的共模噪声模型。由于实际变压器的复杂性，通常会做出两种假设来简化分析：①电压电势沿绕组线性变化；②两个相邻绕组之间的寄生电容均匀分布。这两种假设都线性化并简化了实际变压器的位移电流计算，适用于螺旋线绕组变压器的建模。

为简化分析，仅考虑 1 组一次侧绕组和 1 组二次侧绕组构成的高频变压器，一般认为变压器绕组上电位线性分布，绕组间寄生电容均匀分布，对一次侧绕组和二次侧绕组之间的位移电流进行等效，可以得到变压器的高频等效模型，如图 8-12 所示。其中，C_{AB}、C_{CD} 分别为一、二次侧绕组的匝间电容，C_{AC}、C_{BC}、C_{AD}、C_{BD} 为一、二次侧绕组间寄生电容。

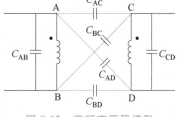

图 8-12 高频变压器模型

8.2 阻抗测量与参数提取

8.2.1 阻抗测量方法

阻抗由实部和虚部组成，实部用于描述电路损耗的大小，虚部用于度量电路或环路中与电压或电流有关的场。根据电路原理可知，EMI 干扰电流总是流过阻抗最小的路径，因此，在 EMC 领域，阻抗参数有着重要的意义。本节将介绍两种阻抗测量方法：离线阻抗测量方法和基于在线测试的高频阻抗测量方法。

1. 离线阻抗测量

离线阻抗测量是一种较为常用的高频阻抗测量方法，该方法将阻抗分析仪或矢量网络分析仪等阻抗测量装置连接至待测阻抗的端口，利用这些测试设备测量目标端口的高频阻抗。由于在阻抗测量过程中，被试部件无工作电流、处于离线状态，而是由阻抗分析仪或矢量网络分析仪向被测端口注入一个幅值较小的扫频信号，通过测量响应信号来计算阻抗，因此称这种阻抗测量方法为离线阻抗测量方法。

阻抗分析仪可以测量阻抗、导纳、相角、品质因素、寄生电容、寄生电感、等效电阻等参数，常用于测定电子材料、元件、器件和电路的性能。常见的阻抗分析仪的工作原理有两种：反射系数法，V/I 法。反射系数法是测量入射波（从测量端口到被测件）与反射波（从被测件到测量端口）的矢量比，根据反射系数求解出被测元件的阻抗。V/I 法是测量端口上的电压向量和流进端口的同频电流向量，根据欧姆定律，通过电压与电流之比计算出被测元件的阻抗。阻抗分析通常使用四端子对端口来提高小阻抗的测试精度。

矢量网络分析仪是一种常见的射频测量仪器，主要用来测量高频器件、电路及系统的性能参数，常见的测试功能有：S 参数、Z 阻抗参数、驻波比、回波损耗、插入损耗、平坦度、带外抑制、衰减、增益、隔离度、特性阻抗、输入输出阻抗、相位、延时等。根据 Z 阻抗的定义：Z_{11} 为其他端口开路时，端口 1 的电压与电流之比，也就是端口 1 对外呈现的阻抗。因此可以使用矢量网络分析仪测量 Z_{11} 来得到被测元件的阻抗。

离线阻抗测量方法操作简单，可以准确测量幅值较小的阻抗，且测试频率范围较宽，应用较为普遍。

2. 基于在线测试的高频阻抗测量

考虑到零部件在工作时本身就有电流通过，并在其两端形成电压降，因此可以通过在线的方式，同时测量被测零部件两端的电压和通过电流；通过频谱变换可以得到电压和电流幅值谱和相位谱，通过计算即可得到被测零部件阻抗的幅值和相位。在线式阻抗测量时，被试零部件处于实际工况，测试结果能反映出非线性特性（如电感饱和、温升等）对阻抗的影响。

基于在线测试的高频阻抗测量主要由以下 4 个步骤组成：①宽频带高精度的电压和电流测量；②电压电流频谱幅值和相位的计算；③幅值谱和相位谱的包络线计算；④各个频点的电压除以对应的电流，得到阻抗的幅值和相位，如图 8-13 所示。这种方法比较依赖电压和电流的测量精度以及频谱和相位的分析精度，因此该方法需要使用者对上述步骤中的各环节有准确的把控，本节将对这种测量方法进行详细说明。

（1）宽频带高精度的电压和电流在线测量

电力电子电路产生的电磁干扰具有如下特征：低频干扰幅值较大，高频干扰幅值很小。使用探头配合示波器测量干扰电压和电流时，为了避免示波器超量程削波，通常设置示波器的量程较大，导致示波器的垂直分辨率不高，由示波器垂直分辨率产生的低噪声淹没了电压和电流干扰高频段的频谱，以至于无法有效地获得干扰的高频分量。

为了更好地解释这一现象，此处简单介绍示波器底噪声产生机理。示波器在测量信号时，输入端口的连续模拟信号，会经过采样、模/数转换等过程，被离散化和被四舍五入为垂直分辨率的整数倍，转换为离散数字信号。

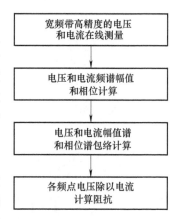

图 8-13　基于在线测试的高频阻抗测量步骤

$$x_{\text{record}}(n) = x_{\text{real}}(n) + e_{\text{round}}(n) \tag{8-9}$$

式中，$x_{\text{record}}(n)$ 为示波器记录的离散信号；$x_{\text{real}}(n)$ 表示真实信号经过采样后的离散信号；$e_{\text{round}}(n)$ 为示波器模/数转换器四舍五入取整引入的误差；n 表示时域信号的序号，$n = 0$，1，$\cdots$，$N-1$；N 为时域信号的长度，即示波器的记录长度。

根据示波器以及模数转换器的工作原理，$e_{\text{round}}(n)$ 可以近似看作一个峰值等于示波器垂直分辨率的线性随机信号，$e_{\text{round}}(n)$ 引入的噪声即为示波器的底噪声，使用示波器测量得到某电压频谱与估算的底噪声的对比如图 8-14 所示，可以看出示波器的底噪声直接影响了高频干扰的测量。

为了解决上述测试问题，可以使用一些更准确的频域测量仪器，如 EMI 接收机；通常频域测量仪器比时域测量仪器灵敏度高、频率范围宽、动态范围大。为了进一步提高测量的带宽和精度，可采用分段测量的方法：①使用示波器或接收机直接测量低频段的干扰；②设计高通滤波器对低频段幅值较大的干扰信号进行抑制，降低被测量信号的动态范围，提升模数转换器的垂直分辨率，降低测量设备的底噪声，来实现高频干扰准确测量的目的。图 8-15 为基于高通滤波器测量得到的某电压频谱图。

（2）电压电流频谱幅值和相位计算

示波器采样得到的信号为有限长度的离散信号，是由真实的无限长度的连续时

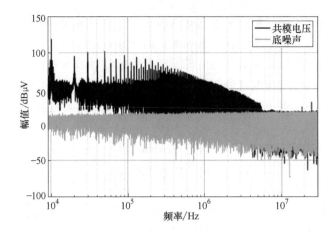

图 8-14　使用示波器测量得到某电压频谱与估算的底噪声对比图

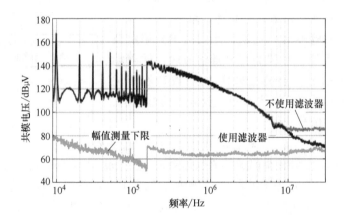

图 8-15　基于高通滤波器测量得到的某电压频谱图

间的待测信号经过截断、采样、模/数转换等过程，处理后得到的，这些处理过程都会产生一定程度的精度问题，由于采样、截断产生的精度问题，在信号经过离散频谱计算后，会产生为频谱泄漏问题。

　　电力电子系统内部的高频 EMI 信号，如共模电流和共模电压，是由于电力电子开关器件的开关动作产生的，这些高频 EMI 信号主要由开关频率的基波以及谐波构成。在研究频谱计算方法时，可以将测量得到 EMI 信号的有限长度离散时域波形等效为以下形式：

$$y(n) = \sum_{i=0}^{m} A_i e^{j(\omega_i n \Delta t + \theta_i)} \tag{8-10}$$

　　对于信号 $y(n)$ 来说，由 FFT 计算得到的频谱为

$$Y_{\mathrm{FFT}}(k) = \sum_{i=0}^{m} F_{\mathrm{g}}(k\Delta\omega - \omega_i) A_i e^{\mathrm{j}[\,\theta_i - \tau(k\Delta\omega - \omega_i)\,]} \tag{8-11}$$

为了提高频谱计算的精度，有文献提出了一种全相位快速傅里叶变换（ApFFT），与 FFT 相比，ApFFT 具有相位不变、主谱线更明显等优点，由 ApFFT 计算得到的频谱为

$$Y_{\mathrm{ApFFT}}(k) = \sum_{i=0}^{m} F_{\mathrm{g}}^2(k\Delta\omega - \omega_i) A_i e^{\mathrm{j}\theta_i} \tag{8-12}$$

上述三式中，A_i、ω_i、θ_i 分别代表第 i 个频谱正弦分量的幅值、数字角频率以及相位；n 表示采样得到的离散时间信号的序号，$n=0,\cdots,N-1$；N 为离散时间信号的长度；Δt 表示采样间隔，$\Delta t=1/f_s$；f_s 表示采样频率；$F_{\mathrm{g}}(\omega)$ 表示标准化的窗函数的频谱表达式；k 代表谱线的序号，$k=0,\cdots,N-1$；$\Delta\omega$ 代表数字角频率的分辨率，$\Delta\omega=2\pi/N$；τ 表示群延迟系数，$\tau=(N-1)/(2f_s)$。

由于 $F_{\mathrm{g}}(\omega)$ 是标准化的窗函数的频谱表达式，当 $k\Delta\omega=\omega_i$ 时，$F_{\mathrm{g}}(k\Delta\omega-\omega_i)$ 的幅值最大，且为 1，当 $|k\Delta\omega-\omega_i|$ 很大时，$F_{\mathrm{g}}(k\Delta\omega-\omega_i)$ 的幅值约等于 0，可以得出，对于由 FFT 和 ApFFT 计算得到的频谱来说，在某个频率的频谱矢量值，是在该频率和在附近频率的频谱正弦分量的实际频谱矢量值的加权和，也就是说，对于由 FFT 和 ApFFT 计算得到的频谱来说，其计算得到频谱矢量值的精度，会受到相邻频率处频谱正弦分量的影响，这就是所谓的频谱泄漏问题。

尽管 ApFFT 比 FFT 更准确，但是频谱泄漏问题仍会对 ApFFT 的准确性造成一定的影响，ApFFT 不够准确，计算得到的阻抗自然存在偏差。为了进一步提高频谱计算的精度，基于 IIR 滤波器、零相位滤波方法、ApFFT，有文献提出了一种新型全相位频谱计算方法，首先提取了频谱峰值点的频率，然后使用 IIR 滤波器加两次窗函数，再结合 ApFFT 计算这些点的频谱矢量值，得到由 ApFFTIF 计算得到的频谱为

$$Y_{\mathrm{ApFFT}}(k) = \sum_{i=0}^{m} \frac{F_{\mathrm{g}}^2(\omega_0 - \omega_i) \cdot |H_{k_0}(e^{\mathrm{j}\omega_i})|^2}{|H_{k_0}(e^{\mathrm{j}\omega_0})|^2} A_i e^{\mathrm{j}\theta_i} \tag{8-13}$$

根据标准化窗函数 $F_{\mathrm{g}}(\omega)$ 以及带通 IIR 滤波器的特性，可以推断出，在绝大多数情况下，ApFFTIF 计算得到的频谱，其由于频谱泄漏产生的误差比 FFT 频谱和 ApFFT 频率的频谱泄漏误差要小，因此建议使用 ApFFTIF 算法来计算电压和电流的幅值和相位谱。

（3）幅值谱和相位谱包络计算以及阻抗计算

基于计算得到的干扰电压和电流的幅值和相位谱图，通过峰值包络，可以得到干扰电压和电流的频谱包络图。图 8-16 和图 8-17 分别为某电机干扰电压和干扰电流的幅值谱和相位谱。

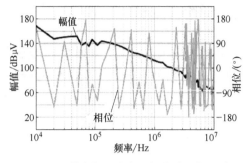

图 8-16 某电机干扰电压幅值谱和相位谱

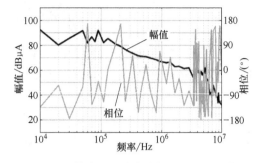

图 8-17 某电机干扰电流幅值谱和相位谱

然后根据欧姆定律，将电压和电流的频谱相除，可以计算得到提取的某电动机阻抗的幅值频谱和相位频谱。图 8-18 所示为提取的阻抗与模型阻抗频谱对比图。

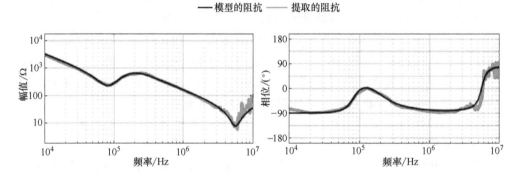

图 8-18 提取的阻抗与模型阻抗频谱对比图

8.2.2 模型参数提取方法

本节介绍 3 种常用的模型参数提取方法：① 特征点计算法，主要适用于特征清楚且简单的曲线拟合；②矢量匹配法，本质上是一种纯数学拟合方法，可以拟合任意有理函数，适用范围广，但是得到的模型通常无实际的物理含义；③遗传算法，可以在约定拓扑、约定参数范围的情况下，求解最优的模型参数，因此该方法也要求对建模对象的特征有较深刻的认知。

1. 特征点计算法

图 8-19 中黑色曲线为一个 $1\mu F$ 膜电容的阻抗特性曲线，从图中可以看出，电容器的阻抗在低于 660kHz 的频率段是电容特性，在高于 660kHz 的频率段是电感特性。用图 8-3 所示的等效电路对该电容器进行建模，根据谐振点的阻抗，可以得到等效串联电阻的阻值；低频段的阻抗由电容值决定，可以由低频段的阻抗值求解出电容器的电容值；最后根据谐振频率计算出电容器的等效串联电感。由此得到被测电容器的等效参数为：$C = 1.03\mu F$，$R_s = 47.8m\Omega$，$L_s = 56.1nH$，电容模型的阻抗

特性曲线如图 8-19 中灰色曲线所示。

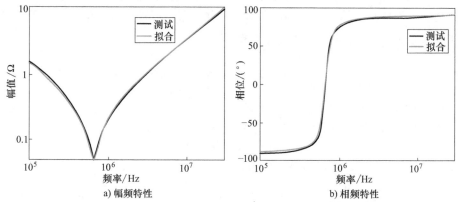

a) 幅频特性　　　　　　　　　b) 相频特性

图 8-19　1μF 电容器的幅频和相频特性测试与拟合结果对比

2. 矢量匹配法

矢量匹配法（vectorfitting）也称为矢量拟合法，是 Gusavsen 和 Semlyen 于 1999 年提出的一种稳定、有效的拟合方法，该方法避免了有理函数逼近过程中出现的病态和不平衡加权问题，目前广泛应用于电力系统和高速电路设备频率特性拟合，矢量匹配法特别适用于有关频变效应的建模，并在拟合过程中表现出良好的鲁棒性、有效性和稳定性。

在网络理论中，线性集中参数电路的网络函数可表达为一有理函数

$$Z(s) = \frac{U(s)}{I(s)} = \frac{a_0 + a_1 s + a_2 s^2 + \cdots + a_m s^m}{1 + b_1 s + b_2 s^2 + \cdots + b_n s^n} \tag{8-14}$$

式（8-14）是关于未知系数的非线性函数，其中 $s = j\omega$。如果将式（8-14）写成极点-留数的形式，即

$$Z(s) \approx \sum_{n=1}^{N} \frac{r_n}{s - p_n} + d + e \cdot s \tag{8-15}$$

式中，留数 r_n 和极点 p_n 是实数或共轭复数对，d 和 e 是实数。

当极点 p_n 给定时，式（8-15）就转变成求待求参数 r_n、d 和 e 的线性函数。

对于一组阻抗数据 $Z(s_k)(k = 1, 2, \cdots, P)$，用矢量拟合法可解出式（8-15）中的 r_n、p_n、d 和 e，其求解过程如下：

给定一组初始极点 $\overline{p_n}$，引入辅助函数 $\sigma(s)$，将其与 $Z(s)$ 相乘，假设 $\sigma(s)Z(s)$ 与 $\sigma(s)$ 有相同的极点，可得方程

$$\begin{pmatrix} \sigma(s)Z(s) \\ \sigma(s) \end{pmatrix} = \begin{pmatrix} \sum_{n=1}^{N} \dfrac{r_n}{s - p_n} + d + e \cdot s \\ \sum_{n=1}^{N} \dfrac{\overline{r_n}}{s - \overline{p_n}} + 1 \end{pmatrix} \tag{8-16}$$

式中，$\overline{r_n}$ 是函数 $\sigma(s)$ 的留数。此外，函数的项被强制为 1。

将式（8-16）中第二行两端同乘 $Z(s)$ 并与第一行进行减法运算，整理后可得关于待求参数 r_n、$\overline{r_n}$、d 和 e 的线性方程：

$$\left(\sum_{n=1}^{N}\frac{r_n}{s-p_n}+d+e\cdot s\right)-\sum_{n=1}^{N}\frac{\overline{r_n}}{s-\overline{p_n}}Z(s)=Z(s) \tag{8-17}$$

将一组测试数据的频率 s_k 及其阻抗 $Z(s_k)$（$k=1,2,3\cdots,P$）代入式（8-17），可以得到一组线性方程，其矩阵形式为

$$Ax=\boldsymbol{b} \tag{8-18}$$

式中，系数矩阵 $A_{P\times(2N+2)}$ 的第 k 行元素为

$$A_k=\left[\frac{1}{s_k-\overline{p_1}}\quad\cdots\quad\frac{1}{s_k-\overline{p_N}}\quad 1\quad s_k\quad\frac{-Z(s_k)}{s_k-\overline{p_1}}\quad\cdots\quad\frac{-Z(s_k)}{s_k-\overline{p_N}}\right] \tag{8-19}$$

解向量 $\boldsymbol{x}$ 和已知向量 $\boldsymbol{b}$ 分别为

$$\boldsymbol{x}=(r_1\quad\cdots\quad r_N\quad d\quad e\quad\overline{r_1}\quad\cdots\quad\overline{r_N})^{\mathrm{T}} \tag{8-20}$$

$$\boldsymbol{b}=(Z(s_1)\quad Z(s_2)\quad\cdots\quad Z(s_k)\quad\cdots\quad Z(s_P))^{\mathrm{T}} \tag{8-21}$$

当极点和留数为一组共轭复数时

$$r_n=r'+\mathrm{j}r'',\quad r_{n+1}=r'-\mathrm{j}r''$$
$$p_n=p'+\mathrm{j}p'',\quad p_{n+1}=p'-\mathrm{j}p'' \tag{8-22}$$

则矩阵 A 中对应元素为

$$\begin{cases}A_{k,n}=\dfrac{1}{s_k-p_k}+\dfrac{1}{s_k-p_{k+1}}\\[3mm]A_{k,n+1}=\dfrac{\mathrm{j}}{s_k-p_k}-\dfrac{\mathrm{j}}{s_k-p_{k+1}}\end{cases} \tag{8-23}$$

此时矩阵 $\boldsymbol{x}$ 相应的留数分别 r' 和 r''。

一般有 $P>N$，即数据点数大于极点的阶数，因此式（8-18）是超定的，可以用最小二乘法求解得到 r_n、$\overline{r_n}$、d 和 e。但是，由给定的初始极点 $\overline{p_n}$ 解式（8-18）得到的 r_n、d 和 e 并不准确，因此，需要修正初始极点 $\overline{p_n}$，使 $Z(s_k)$ 逐步逼近 $Z(s)$。

用表示式（8-16）第一个方程的右边，将 $(\sigma Z)(s)$ 和 $\sigma(s)$ 写成零极点形式有

$$\begin{cases}(\sigma Z)(s)=h\dfrac{\displaystyle\prod_{n=1}^{N+1}(s-z_n)}{\displaystyle\prod_{n=1}^{N+1}(s-\overline{p_n})}\\[10mm]\sigma(s)=\dfrac{\displaystyle\prod_{n=1}^{N+1}(s-\overline{z_n})}{\displaystyle\prod_{n=1}^{N+1}(s-\overline{p_n})}\end{cases} \tag{8-24}$$

式中，z_n 和 $\overline{z_n}$ 分别是 $(\sigma Z)(s)$ 和 $\sigma(s)$ 的零点。

用 $(\sigma Z)(s)$ 除以 $\sigma(s)$，得

$$Z(s) = \frac{(\sigma Z)(s)}{\sigma(s)} = h \frac{\prod\limits_{n=1}^{N+1}(s - z_n)}{\prod\limits_{n=1}^{N+1}(s - \overline{z_n})} \tag{8-25}$$

式（8-25）表明，$Z(s)$ 的极点就是 $\sigma(s)$ 的零点。因此，在求解 $\sigma(s)$ 的零点时，也得到了 $Z(s)$ 的极点。$\sigma(s)$ 的零点 $\overline{Z_n}$ 可以通过求解矩阵 $\boldsymbol{H}$ 的特征值得到。

$$\boldsymbol{H} = \boldsymbol{A} - \boldsymbol{b}\boldsymbol{c}^{-T} \tag{8-26}$$

式中，$\boldsymbol{A}$ 是包含初始极点的对角矩阵；$\boldsymbol{b}$ 是元素为 1 的列向量；$\boldsymbol{c}^{-T}$ 是包含 $\sigma(s)$ 的行向量。

当 $\boldsymbol{A}$ 中极点和 $\boldsymbol{c}^{-T}$ 中对应留数是共轭复数时，各矩阵相应部分的子矩阵为

$$\hat{\boldsymbol{A}} = \begin{pmatrix} p' & p'' \\ -p'' & p' \end{pmatrix}, \ \hat{\boldsymbol{b}} = \begin{pmatrix} 2 \\ 0 \end{pmatrix}, \ \hat{\boldsymbol{c}} = (\overline{r'} \quad \overline{r''}) \tag{8-27}$$

从式（8-26）获得 $\boldsymbol{H}$ 的特征值后，将其替代式（8-17）的初始极点 $\overline{p_n}$，再求解式（8-18）。经过数次这一迭代过程，最后可以得到非常精确的 r_n、p_n、d 和 e。

根据等效电路综合理论，式（8-15）中每一组留数和极点均可以用一个等效子电路表示，元件的阻抗即可用各个等效子电路的串联网络进行表示，见表 8-1。以上表明，由矢量匹配和等效电路综合理论即可实现对阻抗的建模。

表 8-1 有理函数子项与等效电路对应关系

有理函数项		串联子电路	参数表达式
实极点 $\dfrac{r_i}{s - p_i}$	$r_i > 0$		$C = 1/r_i$ $R = -r_i/p_i$
	$r_i < 0$		$R = r_i/p_i$ $L = -R/p_i$
共轭极点 $\dfrac{a_i s + b_i}{s^2 + m_i s + n_i}$			$C = 1/a_i$ $R_2 = (Cm_i - C^2 b_i)^{-1}$ $R_1 = (n_i/b_i - 1/R_2)^{-1}$ $L = R_1/(b_i C)$
$d + e \times s$			$R = d$ $L = e$

图 8-20 中，灰色曲线是一个单匝纳米晶磁环的阻抗特性曲线，从图中可以看出：①电感阻抗的上升斜率不是 20dB/dec，且阻抗上升的斜率在逐渐下降，与前面磁心材料的频率特性一致；②该磁环阻抗的相位均为正值，说明单匝电感在测试频段内寄生电容非常小，磁环阻抗主要是阻感特性。采用矢量匹配法对该磁环电感器进行建模，对测量阻抗进行拟合，得到有理函数的近似解，由表 8-1 对应关系可以得到该磁环电感的模型，如图 8-21 所示，模型参数见表 8-2，磁环电感阻抗拟合结果如图 8-20 中黑色虚线所示，可以看出拟合结果与实测结果基本一致。

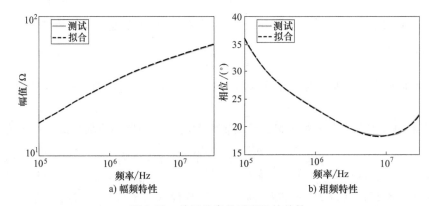

a) 幅频特性   b) 相频特性

图 8-20　单匝纳米晶磁环阻抗特性

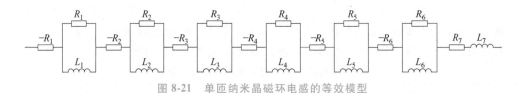

图 8-21　单匝纳米晶磁环电感的等效模型

表 8-2　磁环电感模型参数

参数 R	值	参数 L	值
R_1	11.1Ω	L_1	$44.0nH$
R_2	9.35Ω	L_2	$143nH$
R_3	10.7Ω	L_3	$515nH$
R_4	10.5Ω	L_4	$1.60\mu H$
R_5	8.84Ω	L_5	$4.60\mu H$
R_6	14.6Ω	L_6	$42.9\mu H$
R_7	66.8Ω	L_7	$76.4nH$

3. 遗传算法

元器件阻抗建模问题包含两部分：①建立元器件的等效电路拓扑；②获取等效电路中各元件的参数。在等效电路拓扑确定的情况下，元器件建模问题就简化为等效电路中元件参数的求解问题。此时，元件参数的求解问题又可以转换为非线性优化问题，将测试值与拟合值的误差最小作为优化目标，元件参数的最优解就是元器件模型的参数。

遗传算法（geneticalgorithm，GA）是模拟达尔文生物进化论的自然选择和遗传学机理的生物进化过程的计算模型，是一种通过模拟自然进化过程搜索最优解的方法。其主要特点是直接对结构对象进行操作，不存在求导和函数连续性的限定；具有内在的隐并行性和更好的全局寻优能力；采用概率化的寻优方法，不需要确定的规则就能自动获取和指导优化的搜索空间，自适应地调整搜索方向。遗传算法以一个群体中的所有个体为对象，并利用随机化技术指导对一个被编码的参数空间进行高效搜索。其中，选择、交叉和变异构成了遗传算法的遗传操作；参数编码、初始群体的设定、适应度函数的设计、遗传操作设计、控制参数设定五个要素组成了遗传算法的核心内容。

遗传算法是从代表问题可能潜在的解集的一个种群（population）开始的，而一个种群则由经过基因（gene）编码的一定数目的个体（individual）组成。每个个体实际上是染色体（chromosome）带有特征的实体。染色体作为遗传物质的主要载体，即多个基因的集合，其内部表现（即基因型）是某种基因组合，它决定了个体的形状的外部表现，如黑头发的特征是由染色体中控制这一特征的某种基因组合决定的。因此，在一开始需要实现从表现型到基因型的映射即编码工作。由于仿照基因编码的工作很复杂，我们往往进行简化，如二进制编码。初代种群产生之后，按照适者生存和优胜劣汰的原理，逐代（generation）演化产生出越来越好的近似解，在每一代，根据问题域中个体的适应度（fitness）大小选择（selection）个体，并借助于自然遗传学的遗传算子（geneticoperators）进行组合交叉（crossover）和变异（mutation），产生出代表新的解集的种群。这个过程将导致种群像自然进化一样的后生代种群比前代更加适应于环境，末代种群中的最优个体经过解码（decoding），可以作为问题近似最优解。遗传算法的执行规程如下：

由永磁同步电机的结构可知，定子绕组嵌绕在定子槽中，定子绕组与定子之间的距离小于定子绕组与转子之间的距离，且定子绕组与定子之间的相对面积远大于定子绕组与转子之间的相对面积，定子绕组与转子之间的寄生电容远小于定子绕组与定子之间的寄生电容。因此，定子绕组上的共模噪声主要通过定子绕组与定子之间的寄生电容，耦合到电机机壳。本文在建立永磁同步电机共模阻抗模型时，忽略定子绕组与转子之间的耦合。考虑永磁同步电机绕组自感、匝间效应、绕组与机壳之间的寄生效应以及铜损和涡流损耗等，得到电机的高频等效电路，如图 8-22 所示。

上述永磁同步电机共模等效模型中，C_{g1}、C_{g2} 表示电机定子绕组与电机机壳之间的寄生电容，R_g 表示电机绕组的电阻，R_s-L_s-C_s 表示电机定子前几匝绕组的阻抗特性，C_T-R_T-L_T 表示上述几匝绕组的漏感效应，R_{core}-L_m-R_j-L_j-C_j 表示电机定子剩余绕组的高频阻抗特性，L_m 表示励磁电感，R_{core} 表示铁心损耗，R_j-L_j-C_j 表示绕组的匝间效应。

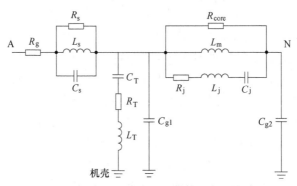

图 8-22　永磁同步电机共模等效电路模型

根据图 8-22 所示永磁同步电机等效电路的串并联结构，可以得到其共模阻抗表达式：

$$Z_e = R_g + (R_s // Z_{L_s} // Z_{C_s}) +$$
$$(Z_{C_T} + R_T + Z_{L_T}) // Z_{C_{g1}} // [Z_{C_{g2}} + (R_j + Z_{L_j} + Z_{C_j}) // R_{core} // Z_{L_m}] \qquad (8\text{-}28)$$

式中，//表示阻抗并联；+表示阻抗串联；Z_e 为电机的等效共模阻抗。

使用阻抗分析仪测试永磁同步电机的共模阻抗，采用遗传算法对测试结果进行拟合，用以提取永磁同步电机的模型参数。拟合的目标函数为测量的共模阻抗幅值和相位与式（8-29）计算幅值和相位的方差的最小值，如式（8-29）所示。模型参数的上下边界是根据各模型参数的物理意义而设定，如式（8-30）所示。

$$d = \min f(R_g, R_s, L_s, C_s, C_T, R_T, L_T, C_{g1}, R_{core}, L_M, R_j, L_j, C_j, C_{g2})$$
$$= \min \left\{ \sum_{s=j\omega} \left[\lg |Z_e(s)| - \lg |Z_m(s)| \right]^2 + \sum_{s=j\omega} \left[\theta_e(s) - \theta_m(s) \right]^2 \right\}$$

$$(8\text{-}29)$$

$$\text{subject to} \begin{cases} 0 < R_g < 5 & 0 < C_{g1} < 200n \\ R_s > 100k & R_{core} > 1k \\ 1n < L_s < 1m & 0 < L_m < 1m \\ 0 < C_s < 1n & 0 < R_j < 10k \\ 0 < C_T < 1n & 0 < L_j < 1m \\ 0 < R_T < 10k & 0 < C_j < 200n \\ 0 < L_T < 1m & 0 < C_{g2} < 200n \end{cases} \qquad (8\text{-}30)$$

式（8-29）中，$|Z_m|$ 为 PMSM 共模阻抗幅值的测试结果；$|Z_e|$ 为 PMSM 共模阻抗幅值的计算结果；θ_m 为 PMSM 共模阻抗相位的测试结果；θ_e 为 PMSM 共模阻抗相位的计算结果。

使用遗传算法对式（8-29）进行求解，得到了电机的共模阻抗参数。永磁同步电机共模阻抗幅值和相位曲线的计算结果如图 8-23 所示，可以看出计算的共模阻抗幅值和相位几乎与测试共模阻抗的幅值和相位完全重合，即该模型可以准确模拟电机实际的共模阻抗特性。

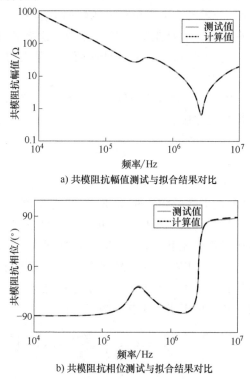

a) 共模阻抗幅值测试与拟合结果对比

b) 共模阻抗相位测试与拟合结果对比

图 8-23　永磁同步电机共模阻抗测试与拟合结果对比图

8.3　开关电源传导电磁干扰分析

开关电源分为直流开关电源和交流开关电源，其中交流开关电源变换器采取 AC/DC-DC/DC 级联的形式，可以直接从交流电网取电，广泛应用于服务器供电、电动汽车充电等场景。其中反激变换器作为小功率、多路输出的隔离型电源拓扑结构，是便携式电子充电设备的常用拓扑，在日常生活中十分常见。开关电源中功率半导体器件在开关动作时会产生高频干扰，可能影响负载或电网中其他设备的正常工作。开关电源电磁干扰具有以下特点：

1）开关电源功率器件工作在 PWM 调制模式，工作电压和电流变化率很高，相比于信号处理的数字电路，开关电源会产生很强的电磁干扰。

2）开关电源作为电网与负载之间的接口，许多国家、地区和组织均对开关电源输入侧的电磁干扰制定了严格的电磁兼容标准。

3）开关频率较高（几十千赫兹到数兆赫兹），开关电源产生干扰的主要形式为传导和近场干扰。

4）开关电源中的干扰源主要集中在功率开关器件以及与之相连的散热器和高频变压器上，相对于数字电路其干扰源非常清晰。

5）功率电路与信号处理电路中线路阻抗匹配的情形不同，开关电源的干扰源阻抗与网侧阻抗不但不匹配，而且是随工况变化的，这给 EMI 滤波器的设计带来了一定困难。同时 EMI 滤波器中的 L、C 元件必须承受很大的无功功率，不但降低了电源的整体效率，也增大了体积。

本节以 Boost PFC 电路和反激电路为例，介绍传导干扰基本的分析方法、测试方法、建模方法和干扰抑制方法。

8.3.1 Boost PFC 的传导电磁干扰分析

1. Boost PFC 电路电磁干扰产生原因

Boost PFC 电路由单相不控整流电路和 Boost 电路级联组成，如图 8-24 所示。电路中的二极管和 MOSFET 为功率半导体，由上一节的分析可知，二极管和 MOSFET 开关动作时均会产生电磁干扰。Boost 电路中 MOSFET 工作在 PWM 模式，功率器件两端的电压 U_{ds} 是导致 EMI 干扰的电压源。共模干扰与差模干扰之间根本的差异在于共模干扰电流和差模干扰电流的传播路径不同，功率变流器中所有的电路参数都对共模干扰电压和差模干扰电压有影响。

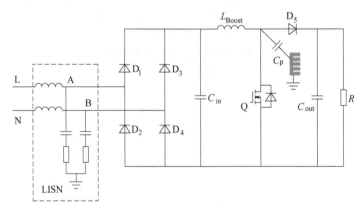

图 8-24　Boost PFC 电路拓扑图

2. 差模干扰分析与抑制措施

（1）Boost PFC 电路差模干扰耦合路径

对于连续导电模式和临界断续模式的 PFC 电路，某一时刻整流桥中总有一对二极管是导通，如 D1 和 D4，或者 D2 和 D3 同时导通；但是在任何一个工频周期内，工作电流都要在 D1、D4 和 D2、D3 之间切换，即一个工频周期内，每个二极管都存在一个开通过程和关断过程。由 8.1 节的分析可知，Boost PFC 中的不控整流电路也会产生电磁干扰。考虑到二极管开通时的 du/dt 很小、开关的频次为 2 倍工频周期，干扰主要位于 100Hz 及其倍频次。因此本节在分析 Boost PFC 电路在

150kHz~30MHz 频率段的传导干扰时，忽略不控整流电路的噪声源特征，将不控整流电流的高频电路简化为短路。

在上述假设的基础上，只需要分析 MOSFET 开关动作产生的电磁干扰。根据差模干扰定义：差模干扰在相线之间（包括中线）流动。Boost PFC 电路差模电流通过 LISN、整流桥二极管 $D_1 \sim D_4$、输入电容 C_{in}、Boost 电感 L_{Boost} 以及 MOSFET 开关 Q 管形成闭合环路，差模干扰电流的传播路径如图 8-25 和图 8-26 所示。

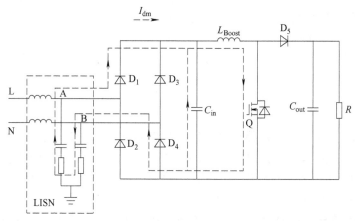

图 8-25　D_1、D_4 导通时的差模干扰电流传播路径

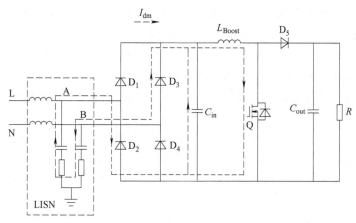

图 8-26　D_2、D_3 导通时的差模干扰电流传播路径

（2）Boost PFC 电路差模干扰测量

CISPR 标准中规定了开关电源干扰电压的测量方法和耦合去耦网络的特性，即使用线性阻抗稳定网络（LISN）和 EMI 接收机来获取噪声干扰信号，LISN 可以用电感、电容和两个 50Ω 的电阻表示，耦合在两个 50Ω 电阻上的电压为传导 EMI 电压，如图 8-27 所示。

用 LISN 上的电压计算可以得到差模干扰电压

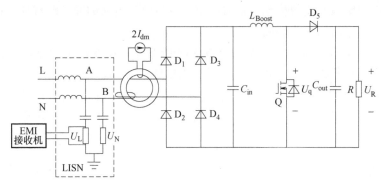

图 8-27　Boost PFC 电路差模干扰测量

$$U_{dm} = \frac{U_L - U_N}{2} \tag{8-31}$$

如图 8-27 所示，还可以使用电压探头配合示波器或频谱仪测量 MOSFET 两端以及 Boost PFC 电路输出的差模干扰电压；对于干扰电流，可以使用电流探头测量 L、N 线上的差模电流，该电流与 LISN 上测得的差模电压是对应的。

（3）Boost PFC 电路差模干扰建模

变流器的传导干扰源建模通常有两种方法：①基于半导体功率器件的物理特性，建立等效电路或微分方程，来模拟功率器件的开关过程；②基于替代定理，用等效电压源或电流源以及内阻来替代功率器件。由于功率器件的物理特性复杂，第 1 种建模方法较为困难，因此常用第 2 种建模方法。

当系统中仅存在一个非线性的电力电子电路时，传导干扰建模将开关器件产生的干扰源用高 du/dt、di/dt 的电压或电流信号等效，将传播路径用开关器件以外的回路等效。这样实际电路就可以用电路模型进行表达，传导干扰能量主要从阻抗最小的通道传播。

当系统中存在多个非线性环节级联的情况，如开关电源就是先整流再斩波，而电力推进系统则是先整流再逆变。尽管系统的结构不同，但电力电子设备产生干扰的原理并没有发生变化，因此对于这种带有多个非线性环节级联的系统，同理可以用等效干扰源替代系统中的非线性环节进行计算。

基于上一节的分析，忽略不控整流电路的非线性特性，将其等效为短路，可以得到 Boost PFC 电路简化的差模干扰等效电路，如图 8-28 所示。根据替代定理，对于 MOSFET 噪声源的建模就是获取 MOSFET 两端的电压或通过 MOSFET 的电流。通常建模时会对 MOSFET 的开关过程进行简化：忽略关断时电压的过冲和振铃，近似地将其暂态过程简化为线性上升（下降）过程，用梯形波或衰减振荡波来近似这种开关过程。当把这一过程考虑为梯形波时，此时可以认为 MOSFET 的开关波形如图 8-29 所示，则可以很容易计算出这种梯形脉冲的频谱包络。为简化起见，在我们仅考虑了等腰梯形波的频谱。

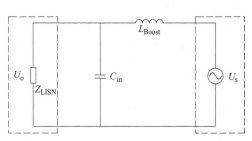

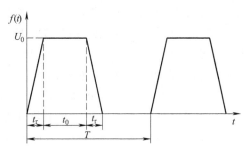

图 8-28　Boost PFC 电路的差模干扰等效电路　　　图 8-29　MOSFET 噪声源简化波形

　　Boost PFC 电路差模耦合路径的建模主要就是无源元件 L_{Boost} 和 C_{in} 的建模。通常基于阻抗-频率特征测量对 Boost 电感和支撑电容进行建模，其建模方法可参考 8.1 节电感器和电容器章节的描述。

　　差模干扰耦合路径可以看成由 L_{Boost} 和 C_{in} 组成的无源二端口网络，其电压增益 U_o/U_s 可以反映网络的电压传输特性。就差模干扰而言，电压增益越低则说明传输网络对噪声源的抑制作用越大，LISN 接收到的干扰信号也就越小。

　　（4）Boost PFC 电路差模干扰抑制

　　电磁干扰的抑制措施大致可分为两类：抑制电磁干扰源、阻断传播路径。干扰源抑制措施主要有软开关技术、缓冲或吸收电路、抖频技术等，即从源头降低电路中的电磁干扰；传播路径抑制措施主要是通过屏蔽、滤波、接地等手段实现干扰的阻隔、旁路或对消。本节介绍软开关技术和无源滤波的方法来抑制差模干扰。

　　1）软开关技术。实际电力电子器件并非理想开关，在开通关断过程中会产生电流、电压振荡尖峰，这不仅会造成较大的开关损耗，还会产生 EMI 噪声对自身及周围设备造成影响。软开关技术就是在电路中增加谐振元件，使开关管在开通和关断过程中避免电压、电流的重叠，从而达到降低开关损耗和抑制 EMI 的目的。软开关技术包括准谐振变换器、有源箝位零电压开关技术、无源损耗型箝位电路、零电压/电流转移技术等。

　　2）无源 EMI 滤波器。与功率电流的工作回路一样，差模干扰电流在 L 线与 N 线之间构成回路，Boost PFC 电路差模等效模型如图 8-28 所示。降低由 L_{Boost} 和 C_{in} 组成无源二端口网络的传递增益，就可以抑制 LISN 上耦合到的差模干扰。因此可以在 L 线和 N 线之间插入 X 电容，X 电容的高频阻抗很小，对差模干扰电流起到旁路作用，从而降低 LISN 上的差模干扰。

　　3. 共模干扰分析与抑制措施

　　（1）Boost PFC 电路共模干扰路径

　　功率 MOSFET 在工作时存在开关损耗和导通损耗，通常功耗为系统功率的 1%~3%，会产生较多的热量，因此功率 MOSFET 须安装在散热器上；为了减小热阻，会在 MOSFET 与散热器之间涂上一层导热硅脂，这样构成了一个平行板电容器的结构，MOSFET 漏极与散热器之间就形成了寄生电容。

　　同样以工作于临界断续 PFC 变流器为例来说明功率变流器中共模干扰传播路径，如图 8-30 所示，功率开关器件 MOSFET 的开关动作导致 MOSFET 的漏极以及与漏极相连的 PCB 导线（图中 n_1 节点）的电位高频变化，其结果是形成位移电流。这些位移电流是产生共模干扰电流的直接因素。用"电路"观点来解释就是电荷流经寄生电容流入地线，对于散热器接地的系统，功率管与散热器间的寄生电容 C_p 以及 LISN 构成了共模干扰电流的通道。

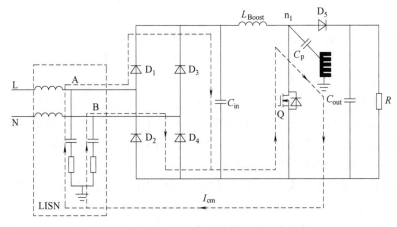

图 8-30　Boost PFC 电路共模干扰耦合路径

（2）Boost PFC 电路共模干扰测量

　　与差模干扰测量方法类似，使用线性阻抗稳定网络（LISN）和 EMI 接收机来获取传导干扰电压，通过计算可以得到共模干扰电压

$$U_{cm} = \frac{U_L + U_N}{2} \tag{8-32}$$

如图 8-31 所示，干扰电压测量，还可以使用电压探头配合示波器或频谱仪测

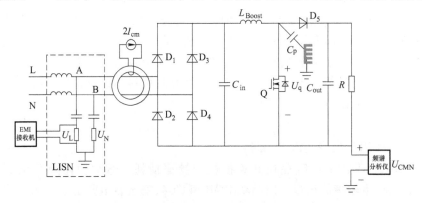

图 8-31　Boost PFC 电路共模干扰测量示意图

量 MOSFET 两端干扰电压以及 Boost
PFC 电路输出对地的共模干扰电压；对
于干扰电流，可以使用电流探头测量
L、N 线上的共模电流。

（3）Boost PFC 电路共模干扰建模

基于 Boost PFC 电路共模噪声耦合
路径，可以得到其共模等效电路，如
图 8-32 所示，其中 R_L、R_N 为 LISN 的
等效电阻，它们的值为 50Ω。

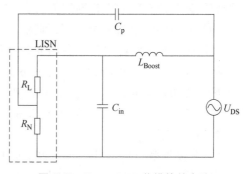

图 8-32　Boost PFC 共模等效电路

经过电路求解，可以得到共模电压
的表达式为

$$U_{CM} = -\frac{1}{2}U_{DS}\frac{2Z_{L_{Boost}}R+Z_{L_{Boost}}Z_{C_{in}}+RZ_{C_{in}}}{Z_{L_{Boost}}(2Z_{C_p}+R)+Z_{C_{in}}(Z_{L_{Boost}}+2Z_{C_p}+R)+\frac{1}{R}Z_{L_{Boost}}Z_{C_p}Z_{C_{in}}} \quad (8\text{-}33)$$

可以看出，寄生电容 C_p、Boost 电感 L_{Boost}、输入电容 C_{in}、LISN 阻抗 R 以及电
压源 U_{DS} 对 Boost 变流器的共模干扰电压都有贡献。

考虑到在传导 EMI 频率范围内输入电容 C_{in} 的阻抗要远小于 LISN 的阻抗 R 和
Boost 电感的阻抗 $Z_{L_{Boost}}$，即满足

$$\begin{cases} Z_{C_{in}} \ll R \\ Z_{C_{in}} \ll Z_{L_{Boost}} \end{cases} \quad (8\text{-}34)$$

式（8-33）中含有 C_{in} 阻抗的项略去，可得

$$U_{CM} = -\frac{1}{2}U_{DS}\frac{2R}{2Z_{C_p}+R} \quad (8\text{-}35)$$

可以看出，只要 Boost PFC 电路满足了式（8-34），共模干扰电压就与 Boost 电
感无关，此时 Boost PFC 变流器的共模干扰等效电路可进一步简化为图 8-33 所示，
此时影响 Boost 电路共模干扰电压的主要因素是电压源 U_{DS} 和寄生电容 C_p。

对电力电子装置的传导干扰进行分析时，
必须解决干扰源模型和干扰传播路径模型的描
述问题，而当考虑可用于系统分析的模型时，
还必须考虑到计算的简化。从上节可以看出，
在进行系统干扰分析时，各种寄生效应都会影
响干扰计算结果。若能在实践中逐步确定电磁
干扰的主要耦合方式，根据不同性质干扰的传
播方式，用实验方法确定出由干扰源和干扰耦

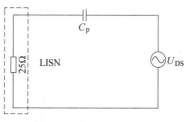

图 8-33　Boost PFC 共模等
效简化电路

合通道组成的基本耦合模型，则可大大缩短对系统电磁干扰的建模过程，同时也可

以得到更为简洁有效的干扰抑制方法。

（4）Boost PFC 电路共模干扰抑制

可以通过接入缓冲电路或者调节 MOSFET 驱动电阻的大小改变电压源 U_{ds} 的波形，从而改变共模干扰的大小，另一方面，也可以通过调节 MOSFET 器件的漏极与散热器之间寄生电容 C_p 的大小来达到降低共模干扰电压的目的。此处介绍两种不增大电路体积，也不会降低系统效率的噪声抑制方法：开关频率调制技术和"构造稳定节点"法。

1）开关频率调制技术。开关频率调制是让开关频率在一定范围内发生变化，使集中在某一频率点的干扰分散到这个频率点的旁瓣上，从而满足 EMC 标准要求。这个方法是把干扰分散开来，总的干扰功率并没有变化，在解决个别频段的干扰超标问题时十分有效。

2）构造稳定节点法。考虑各节点对地的寄生电容，得到 Boost PFC 的高频电路如图 8-34 所示，C_p 为 MOSFET 与散热器之间的寄生电容，C_{p1} 为节点 n_1 导线对散热器寄生电容，C_d 为续流二极管对散热器寄生电容（通常情况二极管本身散热器与其阴极相连），C_{p2}、C_{p3} 和 C_{p4} 分别为对应节点对散热器的寄生电容。构造稳定节点由以下三步来实现：

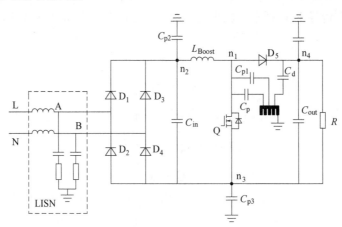

图 8-34 考虑 Boost PFC 电路各节点的寄生电容

第 1 步：改变 Boost 电感器位置。首先将 Boost 电感器安装位置由直流输入正母线移动到直流输入负母线。由于 n_1 节点直接与直流输入正母线相连，因此 n_1 节点电位成为稳定节点，寄生电容 C_p、C_{p1} 对共模干扰没有贡献。此时电路中电位变化剧烈的节点是节点 n_3 和 n_4。由于 Boost 电路输出电压是稳定的，所以 n_3 和 n_4 节点电位变化相同，寄生电容 C_d、C_{p3} 和 C_{p4} 中的位移电流成为主要的共模干扰。如果二极管封装与开关管一样，那么寄生电容 C_d 基本等于 C_p，其产生的共模干扰与原来 C_p 产生的基本相当，所以仅仅移动电感器并不能减小电路的共模干扰发射量。

　　第2步：更换二极管为共阳极二极管。步骤 1 虽然消除了 C_p 对共模干扰的影响，但使 C_d 成为新的干扰耦合路径。为了避免 C_d 对共模干扰的作用，可用散热片与二极管阳极相连的二极管替代原来的二极管，这样寄生电容 C_d 在电路中与 n_1 节点相关，而 n_1 的电位稳定，所以可以消除 C_d 对共模干扰的影响。此时电路中电位变化的节点仍为 n_3 和 n_4 节点，但影响共模干扰的寄生电容仍为 C_{p3} 和 C_{p4}，它们使 PCB 导线对散热器的寄生电容值远远小于 C_p 或 C_d，因此产生的共模电流大大减小。虽然通过上面的变形已经消除了 C_p、C_d 的作用，但是仍然没有达到最优方案。经过下一步变换，能够更进一步减小产生共模干扰的寄生电容。

　　第3步：改变二极管的位置。改变二极管位置可以再次减小产生共模干扰的寄生电容。如图 8-34 所示，将二极管从直流输出正线移动到直流输出负母线，电路中电位剧烈变化的节点仅剩 n_3 节点，其余节点电位均稳定。因此，对共模干扰贡献最大的是与节点 n_3 相连的 PCB 导线对散热器的寄生电容 C_{p3}，其产生的位移电流为 $C_{p3} \cdot du/dt$。在 PCB 布线时尽量减小与 n_3 节点相连的导线面积可将 C_{p3} 降低到几皮法以内，这大大减小了流过 C_{p3} 的位移电流，也即减小了电路产生的共模干扰。

　　通过上述 3 个步骤在 Boost 电路中实现了"构造稳态节点共模干扰抑制"的思想，改造后的 Boost PFC 电路如图 8-35 所示，该电路中没有增加任何元器件就达到了共模抑制的目的，因此相对于其他方法而言，这种方法实现简单。

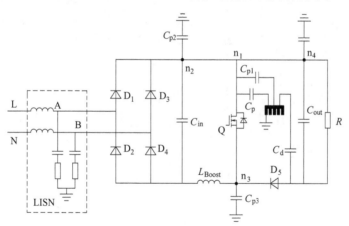

图 8-35　构造稳态节点后的 Boost PFC 电路

8.3.2　反激电路的传导电磁干扰分析

1. 反激电路电磁干扰产生原因

　　本节以电源线电压的正半周为例，分析反激电路传导干扰的产生和耦合机理，负半周的分析可由正弦信号的对称性得到。反激电路拓扑如图 8-36 所示。

　　当 $U_{AB} > U_{CE}$，故 $U_A > U_C$，$U_E > U_B$，二极管 D_1 和 D_4 正向偏置，整流器处于导

通状态。MOSFET 开关动作产生的干扰将通过 D_1、D_4 耦合到 LISN，在 LISN 上产生共模和差模干扰。

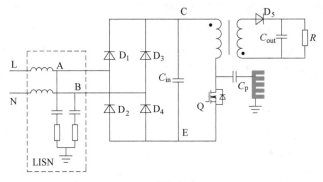

图 8-36　反激电路拓扑

当 $U_{AB}<U_{CE}$，故 $U_A<U_C$，$U_E<U_B$，二极管 D_1 和 D_4 反向偏置，整流器处于关断状态。在开关管 Q 开通的瞬间，C 点的电位被迅速往下拉，导致 $U_A>U_C$，D_1 正向偏置而导通，干扰电流通过 C_{in}、D_1、L 线 LISN、C_p 构成回路，如图 8-37 所示。由于这种模式的干扰电流对差模干扰电压和共模干扰电压均有贡献，且电压幅值相等，故称该模式干扰为混合模式干扰。

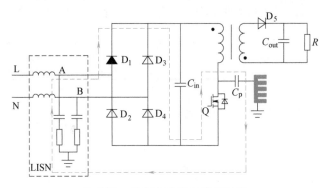

图 8-37　反激电路混合模式干扰

2. 差模干扰分析与抑制措施

（1）Flyback 电路差模干扰耦合路径

由上一节的分析可知，反激电路中存在差模干扰、共模干扰、混模干扰三种干扰形式。当不控整流桥正常导通或者完全关断时，整流桥中二极管处于平衡状态，电路中的差模干扰和共模干扰为本质差模和共模干扰。

同 Boost PFC 电路一样，在分析差模干扰时，忽略整流桥的噪声源特性，仅考虑其噪声传播特性，整流桥导通时，二极管等效为短路，整流桥关断时，二极管用其寄生电容表示。因此，反激电路 MOSFET 产生的差模电流通过 LISN、整流桥二极管 $D_1 \sim D_4$、输入电容 C_{in}、高频变压器一次侧电感形成闭合环路，差模干扰电流的传播路径如图 8-38 所示。

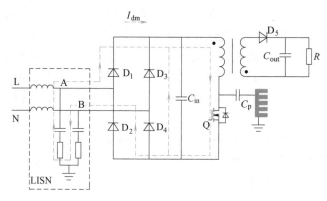

图 8-38　反激电路差模噪声耦合路径

反激电路与 Boost PFC 电路传导干扰测量方法一致，此处不再赘述。

（2）Flyback 电路差模干扰建模

利用替代定理，MOSFET 用其两端电压表示；差模噪声耦合路径中其他元器件用其高频模型表示，可以得到反激电路的差模干扰模型，如图 8-39 所示。

（3）Flyback 电路差模干扰抑制

二极管在关断过程中存在反向恢复现象，大的反向恢复电流是反激变换器二次侧二极管产生 EMI 噪声的主要原因。功率二极管的反向恢复问题的解决思路主要有两种：一种是使用 SiC 二极管，可从根本上避免反向恢复电流的产生，但碳化硅成本较高，并不适合实际

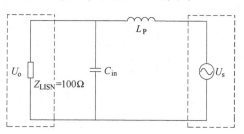

图 8-39　反激电路差模干扰模型

大批量应用；另一种是通过增加辅助电路的手段软化二极管的反向恢复过程。

通常电磁干扰噪声的频率较高，EMI 滤波器的实质为一个低通滤波器。由于 EMI 噪声包含共模和差模分量，可将差模滤波元件和共模滤波元件集成在一起构成 EMI 滤波器，使其对系统差模和共模噪声均有较强的抑制作用。共模电感上的两个线圈匝数相等、绕向相反，理想情况下对差模信号没有影响，这是因为共模电流在 LN 线上是同向的，在磁心中产生的磁场相互叠加，共模感抗值较大，可对共模信号起到阻断作用。实际的共模电感，两绕组可能不对称，两个绕组之间的电感差值可作为差模电感对电路中的差模噪声起到抑制作用，特别是当使用 EE 磁心时，可通过中柱形成差模电感，可达到对共模和差模干扰的同时抑制。

3. 共模干扰分析与抑制措施

（1）反激电路共模干扰耦合路径

反激电路包括整流和 DC-DC 两部分，通常共模干扰以 DC-DC 部分开关管产生

的干扰为主，因此本节主要讨论反激电路中的 DC-DC 电路。对于变压器的一次侧来说，MOSFET 的电压波形在 PWM 信号的控制下高频变化，一次侧负母线对地电位变化不大，因此在这里被称为静电位点。但 MOSFET 相对于直流负母线的电位高频跳变（高 du/dt），因此 MOSFET 漏极（变压器端点 2）的对地电位高频跳变，在这里将 2 称为电位跳变点。同理，二次侧的电位跳变点是 3，静电位点是 4。当某点对地电位跳变时，由于存在对地电容，电容中会有高频电流流过，这就形成了共模电流。

在反激电路中，MOSFET 的漏极和二极管阳极是跳变电位点，共模电流从这两个跳变电位点流出，流回 MOSFET 的源极和二极管的阴极，形成共模干扰回路。如图 8-40 所示，当变压器无屏蔽层时，共模干扰路径包括三条。

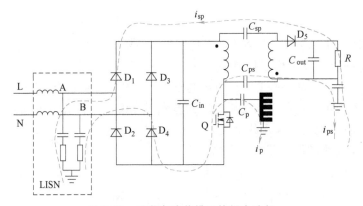

图 8-40　反激电路共模干扰耦合路径

反激变换器中电磁干扰源包括一次侧的 MOSFET 和二次侧的二极管，由于反激电源中的 MOSFET 和二极管的电压波形变化正好相反，因此它们产生的共模电流方向是相反的。如图 8-40 所示，MOSFET 产生的干扰电流通过变压器传导至二次侧，再通过二次侧对地电容、LISN、整流电路和滤波电容传导回 MOSFET，形成一条共模干扰回路，产生共模电流 i_{ps}；另一方面，MOSFET 的漏极和散热片之间还存在一个寄生电容，MOSFET 产生的干扰电流还通过该寄生电容 C_p、LISN、整流电路和滤波电容传导回 MOSFET，形成第二条共模干扰回路，产生的共模电流记为 i_p。二极管产生的干扰电流通过变压器传导至一次侧，再通过滤波电容、整流电路、LISN 和二次侧对地电容传导回二极管，形成第三条共模干扰回路，产生的共模电流记为 i_{sp}。综上可知，流过 LISN 的共模电流就是上述三个回路共模电流之和。

（2）反激电路共模干扰建模

反激电路变压器二次侧二极管功耗较低，通常不接散热器；当反激电路的负载不接地且对地阻抗很高时，可以忽略二次侧对地寄生电容，此时反激电路的共模回路得到极大程度地简化，如图 8-41 所示。图中，C_{D1}、C_{D2} 表示整流桥与地之间的寄生电容，C_{B1} 表示功率地与大地之间的寄生电容，C_{B2} 表示正母线与地之间的寄生电容，C_D 表示 MOSFET 漏极与地之间的寄生电容。C_X 连接到整流桥交流输入端是为了平衡混合模式电磁干扰噪声。

在上述情景下，本节推导得到反激电路的共模干扰频域等效电路：

第 1 步：变流器在电源线电压正负半波周期中对称运行，整流桥通过工作电流时，整流器对共模电

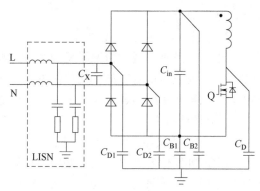

图 8-41 考虑整流桥寄生参数的
反激电源高频电路

流没有任何阻碍作用，当整流桥阻断输入电流时，X 电容能够平衡混模噪声，因此整流桥对于共模电流来说可以看成是短路的，共模通路中可以去除整流桥的影响。在数兆赫兹的频率范围内，一次侧电感的阻抗远远大于 X 电容和储能电容的阻抗，一次侧电感对共模电流的影响非常小。另外考虑到 X 电容和储能电容在数兆赫兹的传导 EMI 频率范围内阻抗都非常小，将这两个电容短路也不会对共模电流产生显著的影响。寄生电容 C_{D1}、C_{D2}、C_{B1}、C_{B2} 并联连接状态，可用 C_B 表示，频域模型如图 8-42a 所示。

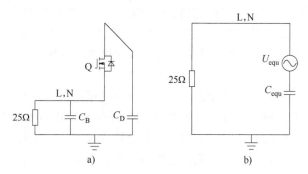

图 8-42 反激电源频域等效电路推导

第 2 步：MOSFET 开关管 Q 等效于一个矩形波电压源，电压幅度为开关管漏极与源极之间的电压 U_{DS}。借助 Thevenin 定理，得到等效电压源和等效内阻 U_{equ} 和 C_{equ} 的表达式为

$$U_{equ} = -U_{DS} \frac{C_D}{C_{equ}} \tag{8-36}$$

$$C_{equ} = C_D + C_B \tag{8-37}$$

得到反激电路的频域建模模型如图 8-42b 所示。

根据上述两式，可以很容易地确定共模噪声的源电压和源阻抗，可用于指导

EMI 滤波器的设计。

（3）反激电路共模干扰抑制

在电路开发时，通常情况干扰源和敏感设备是提前选型好，难以更改，此时改变耦合路径就成为最有效的干扰抑制方法。从干扰耦合路径的角度，本节介绍有源 EMI 滤波方案和变压器屏蔽方案来抑制反激电路的共模干扰。

1）有源滤波方案。

有源 EMI 滤波器基于补偿原理，向干扰接收端注入一个与干扰信号大小相等、相位相反的补偿信号，以抵消线路中的传导干扰信号，并借助动态补偿和调整，达到降低电磁噪声的目的。有源 EMI 滤波器通常由噪声采样电路、放大电路、注入电路三部分组成，其实质是为噪声电流提供一个阻抗极低的内部回路，有源 EMI 滤波器的原理图如图 8-43 所示。

按检测信号和补偿点位置的不同，有源 EMI 滤波器分为前馈有源滤波器和反馈有源滤波器；按照放大电路的类别不同，可以分为模拟型有源滤波器和数字型有源滤波器，其中数字有源滤波器可实现数字化、智能化，是学术界研究的热

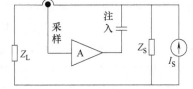

图 8-43　有源 EMI 滤波器原理图

点；按检测信号和补偿方式的不同，可分为电流检测电压补偿，电流检测电流补偿，电压检测电流补偿和电压检测电压补偿 4 种。

2）变压器屏蔽方案。考虑二次侧的影响时，反激电路就存在图 8-40 所示的 3 条共模噪声耦合路径，其中有 2 条路径经过高频变压器，可见变压器是影响共模电流的重要因素，因此可以从变压器的角度对反激电路的共模干扰进行抑制。

由于屏蔽层轻小、成本低，屏蔽技术广泛应用于反激变换器的共模噪声抑制，本节介绍一种变压器的屏蔽设计方法。根据电磁场理论，当一个带电导体放入空间中时会在空间内形成电场分布，空间内的其他导体会在电场的作用下产生感应电荷。而当该带电导体的电荷不断变化时，其他导体所感应的电荷会不断变化，在这两个导体之间形成位移电流。因此，这里引入共模电容来表征此电场耦合的强弱。在共模电流传导的过程中，一次侧绕组与铜箔层之间存在电场耦合，同理，二次侧绕组与铜箔之间存在电容耦合。当一次侧 MOSFET 产生的共模电流通过一次侧绕组耦合至二次侧绕组时，一次侧绕组是电场发射导体，二次侧绕组是感应导体，此电场耦合的强弱用 C_{ps} 来表征；当二次侧二极管产生的共模电流通过二次侧绕组耦合至一次侧绕组时，二次侧绕组是发射导体，一次侧绕组是感应导体，此电场耦合的强弱用 C_{sp} 来表征。这里的 C_{ps} 与 C_{sp} 在数值上并不相等。当变压器加入屏蔽层后，二次侧绕组与屏蔽层之间电场耦合用 C_{ssh} 表示，一次侧绕组与屏蔽层之间的电场耦合用 C_{psh} 表示。小功率便携式的反激电路辐射干扰较低，其 MOSFET 和二极管的散热器可以不接地，此时 C_p 的影响可以忽略，可以得到反激电路的共模干扰耦合路径如图 8-44 所示。

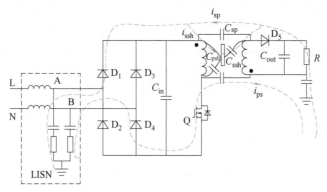

图 8-44　加入屏蔽层后反激电路共模干扰耦合路径

为了便于描述二次侧二极管导致的共模电流在变压器中的传导特性，共模电容 C_{sp} 和 C_{ssh} 合并为一个等效共模电容 $C_{sp}+C_{ssh}$ 来表示。由于两条非公共部分共模干扰路径较短，因此各自公共部分共模干扰路径的阻抗可被忽略，未在图中标出。但公共部分共模干扰路径的阻抗并没有忽略，用 Z_{path} 表示，U_p 和

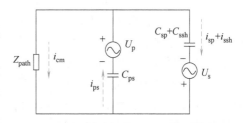

图 8-45　反激电源共模干扰等效电路

U_s 分别表示共模干扰电源源（即一次侧 MOSFET 的电压和二次侧二极管的电压），得到反激电源共模干扰等效电路如图 8-45 所示。i_{ps} 表示由 MOSFET 产生并传导至二次侧的共模电流；$i_{sp}+i_{ssh}$ 表示由二极管产生并传至一次侧的共模电流，i_{cm} 则表示公共共模干扰路径中的叠加的总共模电流。

$$i_{cm}=i_{ps}-(i_{sp}+i_{ssh}) \tag{8-38}$$

总共模电流 i_{cm} 与 MOSFET 产生的共模电流 i_{ps} 以及二极管产生的共模电流 $i_{sp}+i_{ssh}$ 均密切相关。在反激式开关电源的共模干扰回路中，变压器共模电容很小，通常在 100pF 以内，在高频时表现出较大的阻抗特性；而回路中的寄生参数在高频时表现出的路径阻抗相对较小，仅考虑回路中的电容参数时（忽略电感的阻抗、LISN 的阻抗）。一次侧耦合至二次侧的共模电流可近似计算为

$$i_{ps}\approx C_{ps}\frac{\mathrm{d}U_p}{\mathrm{d}t} \tag{8-39}$$

同理，二次侧耦合至一次侧的共模电流可近似计算为

$$i_{ps}+i_{ssh}\approx(C_{ps}+C_{ssh})\frac{\mathrm{d}U_s}{\mathrm{d}t} \tag{8-40}$$

$$i_{cm}=i_{ps}-(i_{sp}+i_{ssh})=C_{ps}\frac{\mathrm{d}U_p}{\mathrm{d}t}-(C_{sp}+C_{ssh})\frac{\mathrm{d}U_s}{\mathrm{d}t} \tag{8-41}$$

由上式可知，共模电流 i_{cm} 的值主要取决于一次侧共模电压源 U_p，二次侧共模电压源 U_s，以及共模电容 C_{sp}、C_{ps}、C_{ssh}；路径中的其他寄生参数也存在影响，此时予以忽略。通过设计屏蔽层的厚度、宽度和位置可以调节变压器内部的寄生电容 C_{sp}、C_{ps}、C_{ssh}，进而可以使得一次侧 MOSFET 与二次侧二极管产生的共模电流相等，实现反激电路共模干扰的内部抵消。

8.3.3 近场干扰问题

1. 近场耦合

从本质上讲，任何干扰源都会产生电磁波，当电磁波通过空间传播时，就会产生辐射干扰。辐射干扰具有很强的空间特性，其特性取决于干扰源、周围的介质以及干扰源到观察点距离等因素。在距离源比较近的点，场的特性主要由源的特性决定；如果距离源比较远的点，场的特性主要取决于传播过程中经过的介质特性。因此辐射源周围的空间可划分为两个区域：近场和远场，通常划分标准是当 $r>\lambda/2\pi$ 时为远场，而当 $r<\lambda/2\pi$ 时为近场。

对于电力电子设备而言，由于其开关动作，内部同时存在高 du/dt 和高 di/dt，因此既具有电场干扰源，也具有磁场干扰源。如果假设电磁波传播介质是均匀的，并且电磁波波长 λ 远大于电路尺寸，电路中高 du/dt 节点可用电偶极子模拟，而高 di/dt（磁性元件、高频电流源）可用磁偶极子模拟。

电流元的近场区（近场）与静态场形式相同，是似稳场或准静态场。似稳电磁场是一种特殊的时变电磁场，由于导电媒介中似稳场变化缓慢（正弦似稳场频率很低），位移电流远小于传导，即

$$\left|\frac{\partial D}{\partial t}\right| \ll |J| \tag{8-42}$$

这时，传导电流 J 占主导地位，位移电流被忽略不计。从麦克斯韦方程出发，结合似稳场的具体情况，即忽略位移电流密度项，并且导电媒体质中的电荷密度 $\rho=0$，于是得到导电媒质中的似稳电磁场的基本方程

$$\begin{cases} \nabla \times H = J \\ \nabla \times E = -\dfrac{\partial B}{\partial t} \\ \nabla \cdot B = 0 \\ \nabla \cdot D = 0 \end{cases} \tag{8-43}$$

近场问题属于似稳场问题，我们可以采用适合解决似稳场问题的电路方法和电磁场方法来处理近场问题。一方面，可以借助电路方法即采用集总参数互感和互电容分别表示近场耦合中的磁场耦合和电磁耦合；另一方面，鉴于电力电子装置中元器件和导线大都采用不规则的形状和布局，可以借助电磁场的方法即通过电磁场分析软件来提取电力电子装置中的近场耦合参数。通常情况用场的方法分析近场干扰

异常复杂，而且不易与传导干扰预测"路"的方法结合。幸运的是，大部分功率变流器的尺寸以及元器件之间的距离远小于干扰源的波长，这给集中参数近似模拟近场耦合的建模方法带来了可能性。

2. 反激电路近场耦合

由于功率变流器内部元器件之间距离远小于 $\lambda/2\pi$，因此各元器件之间的辐射属于近场耦合。如电感器或变压器与电容器、PCB 环路之间存在磁场耦合；开关管（高 du/dt）与 PCB 导线以及机壳之间存在电场耦合；主电路与 EMI 滤波器之间存在电场、磁场耦合；滤波器元件之间存在近场耦合；电路各元器件与外接电缆存在近场耦合。近场耦合可在元器件、PCB 环路或外接电缆上感应电压，此感应电压产生的噪声电流一方面通过传导的方式通过导线直接耦合到受扰设备，另一方面通过电缆向外辐射电磁波。近场耦合会大大影响电路的传导 EMI 发射，因此在传导干扰预测模型中必须考虑近场耦合的因素。图 8-46 所示为功率变流器内部元器件近场耦合示意。

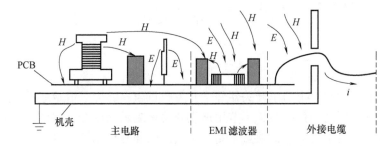

图 8-46　功率变流器内部元器件近场耦合示意图

电流流过共模扼流圈时除了在磁心中产生主磁场以外，在其周围空间还分布着杂散磁场，杂散磁场所对应的磁通如果与临近的环路相交链，就产生了磁场感应耦合。很显然，磁场耦合能够将共模扼流圈中流动的高频干扰信号向临近环路传播，反之亦然，因此共模扼流圈的磁场耦合也是影响系统 EMI 性能的一个重要因素。在一个电力电子装置中，与共模扼流圈相关的近场耦合主要包括三个方面，即：①共模扼流圈与 EMI 滤波器内部临近环路的近场耦合；②共模扼流圈与接地平面之间的近场耦合；③共模扼流圈与功率变流器之间的近场耦合。

8.4 逆变电路的传导电磁干扰分析

逆变器可将直流电变换为幅值和频率可变的交流电，在民用、工业以及军工等领域具有广泛的应用，如空调、感应加热电源、电动汽车、高铁、光伏、电力电子变压器、电推进舰船等，其电磁兼容性的重要性也不言而喻，本节以三相逆变为例分析逆变电路的电磁干扰。

8.4.1 逆变电路结构与干扰源

PWM 逆变器中功率器件高速开通和关断会产生很高的 di/dt 和 du/dt，是逆变器系统的主要电磁干扰源。三相电压源型逆变电路如图 8-47 所示，6 个 PWM 控制的功率开关 $S_1 \sim S_6$ 组成三相桥臂。图中将直流侧电容等效为两个电容 C_{dc} 串联的形式是为了容易给出直流侧等效零电势点 O，以便于后续的理论分析。事实上，如果在直流母线接入两相 LISN 的话，等效中点总是存在的。负载电机假定为星型联结方式，其中性点为 N。

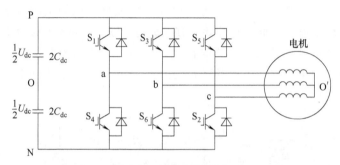

图 8-47 逆变器电路图

逆变器电路中有 6 个功率开关器件，开关数目较多，为了清楚地描述逆变器产生的干扰与其调制之间的关系，本节用理想开关来表示功率开关器件，进而用开关函数描述逆变器的干扰源，但缺点是高频时预测的准确度不够。

首先定义逻辑类型的开关函数来描述其开关状态：设 F_1，F_2，$\cdots$，F_6 分别在开关 S_1，S_2，$\cdots$，S_6 开通时取 1、关断时取 0，则三相桥臂输出端到直流中点 O 的电压可以写为

$$\begin{cases} u_{aO} = U_{dc}(F_1 - F_4) \\ u_{bO} = U_{dc}(F_3 - F_6) \\ u_{cO} = U_{dc}(F_5 - F_2) \end{cases} \tag{8-44}$$

考虑到同一桥臂的上下两个开关不能同时开通或同时关断，从电流连续的角度考虑，必有如下约束条件（考虑死区的影响，上下桥臂存在同时关断的情况）

$$\begin{cases} F_1 + F_4 = 1 \\ F_3 + F_6 = 1 \\ F_5 + F_2 = 1 \end{cases} \tag{8-45}$$

将式（8-45）带入到式（8-44），可得到

$$\begin{cases} u_{aO} = U_{dc}(2F_1 - 1) \\ u_{bO} = U_{dc}(2F_3 - 1) \\ u_{cO} = U_{dc}(2F_5 - 1) \end{cases} \tag{8-46}$$

式（8-46）括号中数值的取值为±1，可定义新的三个变量 F_a、F_b、F_c，作为三相桥臂的开关函数

$$\begin{cases} F_a = 2F_1 - 1 \\ F_b = 2F_3 - 1 \\ F_c = 2F_5 - 1 \end{cases} \tag{8-47}$$

将上式带入到前式，可得到

$$\begin{cases} u_{aO} = U_{dc}F_a \\ u_{bO} = U_{dc}F_b \\ u_{cO} = U_{dc}F_c \end{cases} \tag{8-48}$$

逆变器输出侧 ab 两相之间的差模电压可表示为

$$U_{sdm} = U_{dc}(F_a - F_b) \tag{8-49}$$

由于负载电机为星形联结方式，则电压的相电压可以写为

$$\begin{cases} u_{as} = u_{aO} - u_{sO} \\ u_{bs} = u_{bO} - u_{sO} \\ u_{cs} = u_{cO} - u_{sO} \end{cases} \tag{8-50}$$

为了简便起见，设电机每相阻抗为 $Z(p)$，$p = \mathrm{d}/\mathrm{d}t$ 为时变算子，则可得到

$$\begin{cases} u_{as} = Z(p)i_a \\ u_{bs} = Z(p)i_b \\ u_{cs} = Z(p)i_c \end{cases} \tag{8-51}$$

将上式中的三个表达式相加，可得

$$u_{as} + u_{bs} + u_{cs} = u_{aO} + u_{bO} + u_{cO} - 3u_{sO} = Z(p)(i_a + i_b + i_c) = 0 \tag{8-52}$$

于是，有

$$u_{sz} = \frac{1}{3}(u_{aO} + u_{bO} + u_{cO}) = \frac{U_{dc}}{3}(F_a + F_b + F_c) \tag{8-53}$$

根据共模电压的定义，可得到

$$U_{scm} = \frac{U_{dc}}{3}(F_a + F_b + F_c) \tag{8-54}$$

图 8-47 中的任何一个单电驱系统中均存在共模电压，共模电压的表达式为

$$U_{cm} = \frac{u_a + u_b + u_c}{3} \tag{8-55}$$

式中，u_a、u_b、u_c 为电机端的三相相电压。

实际功率开关器件如 IGBT，在开关过程中存在暂态过程，包括开通时间、关断时间、振铃、死区等。考虑上述特性时，逆变器干扰源的模型将变得非常复杂，通常在分析逆变器干扰源时需采取适当的简化措施。

8.4.2 差模干扰分析与抑制措施

1. 差模干扰耦合路径

差模干扰是逆变器输出差分电压的高频分量，主要在相线之间流动；以逆变器交流输出电流为参考方向，功率开关器件开通关断过程中产生的 $\mathrm{d}i/\mathrm{d}t$ 向系统输出侧传播，经输出侧中的任意两相，流经电机相应的两相绕组，至直流负母线；然后通过直流滤波电容和 LISN 到直流正母线，进而形成闭合回路，差模噪声耦合路径如图 8-48 所示。图中，L_A、L_B、L_C 分别为三个桥臂的寄生电感，$L_{dc\text{-}cable}$ 为直流侧线缆的等效电感，C_C 为上桥臂 IGBT 集电极对地等效电容，C_E 为下桥臂 IGBT 发射极对地等效电容，C_O 为桥臂中点 O 对地等效电容。

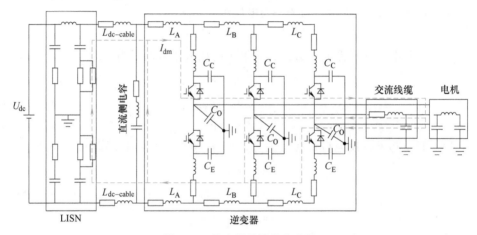

图 8-48　逆变器差模耦合路径

2. 差模干扰测试与建模

传导 EMI 测试是衡量变流器对电源干扰的指标。传导 EMI 的标准试验时，会在电源端接入线性阻抗稳定网络 LISN。LISN 一方面提供标准阻抗，保证测试的一致性；另一方面，LISN 内部的电容和电感可以有效滤除电源侧传播而来的干扰，使得变流器产生的高频干扰全部耦合到 R_{LISN} 上。标准测试中，R_{LISN} 等效为 50Ω，该电阻上的电压即为噪声电压。差模干扰也可以用电流表示，将直流线缆按图 8-49

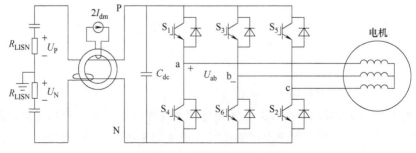

图 8-49　差模干扰测试方法

所示绕在电流探头上，可以得到差模电流 I_{dm}。

如图 8-49 所示，测量正线和负线 LISN 上的噪声电压 U_P 和 U_N，可以计算得到直流侧的差模电压 U_{DM} 为

$$U_{DM} = \frac{U_P - U_N}{2} \tag{8-56}$$

对于逆变器输出侧的差模干扰，可以使用电压探头直接测量得到。如图 8-49 所示，使用电压探头测量逆变器输出线电压：U_{ab}、U_{bc}、U_{ca}，即为逆变器输出差模电压，该差模电压的时域为 PWM 脉冲波，通常由三个电平值$+U_{dc}$，0，以及$-U_{dc}$组成。同理也可以使用电流探头测量三相线缆上的差模电流来表征逆变器交流侧的差模干扰。

逆变器建模时，根据替代定理可知，差模干扰源等效为电压源或电流源。基于 8.3.1 节的分析，若用电压源来表示差模干扰源，则逆变器中存在三个噪声源：U_{ab}、U_{bc}、U_{ca}，逆变器也须使用三相桥臂来表示，模型较为复杂；考虑到逆变器直流侧与交流侧的差模电流相等，分析差模干扰时，整个逆变器可以等效为一个差模电流源，无需考虑逆变器内部的噪声耦合路径和阻抗，差模模型得到极大的简化，因此逆变器的差模干扰源通常建模为电流源，用 I_{dm} 表示。再考虑逆变器中各零部件自身的寄生参数、零部件之间的耦合参数、LISN、电机以及线缆的高频阻抗，可以得到逆变器系统的差模干扰等效模型，如图 8-50 所示。

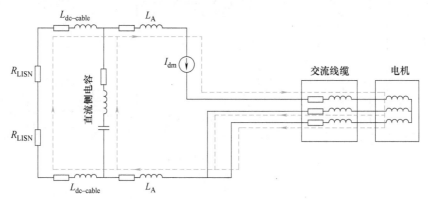

图 8-50　逆变器差模干扰等效模型

3. 差模干扰抑制

差模干扰是电力电子电路的固有特性，不可避免地导致逆变器的直流侧和交流侧本身就存在的差模干扰。

逆变器交流侧驱动电机负载时，电机负载呈感应，可以有效滤除交流电流的高频分量，因此，逆变器交流输出侧一般不进行差模滤波；当逆变器经过长线缆驱动电机时，为了抑制电机端的过电压，逆变器输出侧需安装 du/dt 滤波器；当要求逆变器输出正弦波时，逆变器输出侧需安装正弦滤波器。

逆变器直流侧接直流电源，通常 IGBT 直流侧就近安装大容值的支撑电容和 X 电容（即差模电容），一方面可以抑制 IGBT 开关过程中产生的振铃，另一方面可以较大程度地吸收逆变器产生的差模干扰。如电动汽车的电机驱动器，为了通过严苛的电磁兼容标准，如 Class4、Class5，需要将电机驱动器直流侧的差模干扰在 150kHz~180MHz 频率段都抑制到极低的水平，通常会在电驱直流侧安装多个不同容值 X 电容，结合共模磁环的漏感来实现差模干扰的有效抑制。

8.4.3 共模干扰分析与抑制措施

1. 共模干扰耦合路径

逆变器功率器件存在开关损耗、导通损耗，会产生很多热量，功率器件需安装散热器上（风冷、水冷等）。为了提高导热系数功率器件与散热器（接地）之间存在导热硅脂，因此功率器件与散热器之间存在寄生电容。功率开关器件在开关时产生的 du/dt 在该寄生电容上，进而产生共模干扰。

以逆变器交流输出电流为参考方向，一方面逆变器共模噪声向系统输出侧传播，经电缆对地电容或电机对地电容流至大地，另一方面逆变器共模噪声经功率器件对散热器寄生电容、散热器流至大地；最后，地回路的共模噪声经过 LISN 和直流侧阻抗返回逆变器，共模噪声耦合路径如图 8-51 所示。

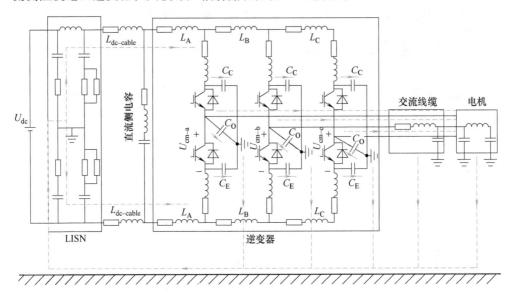

图 8-51 逆变器共模耦合路径

2. 共模干扰测试与建模

与差模干扰类似，可以使用电压法和电流法测量逆变器系统的共模干扰，测试方法如图 8-52 所示。

测试直流侧 LISN 电阻上的电压，可以计算得到逆变器直流侧共模电压：

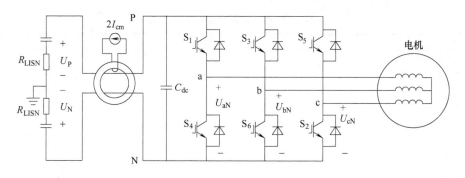

图 8-52 共模噪声测试方法

$$U_{CM-dc} = \frac{U_P + U_N}{2} \tag{8-57}$$

测试逆变器三相输出对负母线的电压：U_{aN}、U_{bN}、U_{cN}，以及直流电压 U_{dc}，可以计算得到逆变器交流侧共模电压

$$U_{CM-ac} = \frac{U_{aN} + U_{bN} + U_{cN}}{3} - \frac{U_{dc}}{2} \tag{8-58}$$

直流侧线缆按图 8-52 所示方法穿过电流探头，可以得到逆变器直流侧共模电流 I_{cm}，同理也可测试逆变器交流侧共模电流。

共模干扰源通常等效为电压源，噪声源计算方法见 8.3.1 节。再考虑逆变器中各零部件自身的寄生参数、零部件之间的耦合参数、LISN、电机以及线缆等无源器件的高频阻抗，可以得到逆变器系统的共模干扰等效模型，如图 8-53 所示。

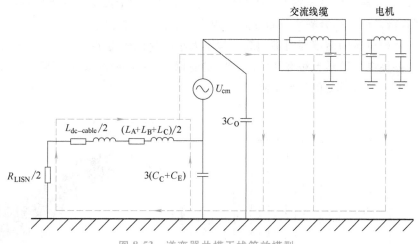

图 8-53 逆变器共模干扰等效模型

共模电压 U_{cm} 通常不为零，其大小可以根据三相 PWM 逆变器的开关状态计算出来，见表 8-3，其中 $V_0 \sim V_7$ 分别为 8 种不同的开关状态，"0""1"分别表示每个逆变器上桥臂开关管的关断、导通状态。

表 8-3　开关状态与共模电压的关系

开关状态	u_a	u_b	u_c	U_{cm}
$V_0(0,0,0)$	$-U_{dc}/2$	$-U_{dc}/2$	$-U_{dc}/2$	$-U_{dc}/2$
$V_1(0,0,1)$	$-U_{dc}/2$	$-U_{dc}/2$	$U_{dc}/2$	$-U_{dc}/6$
$V_2(0,1,0)$	$-U_{dc}/2$	$U_{dc}/2$	$U_{dc}/2$	$-U_{dc}/6$
$V_3(0,1,1)$	$-U_{dc}/2$	$U_{dc}/2$	$U_{dc}/2$	$U_{dc}/6$
$V_4(1,0,0)$	$U_{dc}/2$	$-U_{dc}/2$	$-U_{dc}/2$	$-U_{dc}/6$
$V_5(1,0,1)$	$U_{dc}/2$	$-U_{dc}/2$	$U_{dc}/2$	$U_{dc}/6$
$V_6(1,1,0)$	$U_{dc}/2$	$U_{dc}/2$	$-U_{dc}/2$	$U_{dc}/6$
$V_7(1,1,1)$	$U_{dc}/2$	$U_{dc}/2$	$U_{dc}/2$	$U_{dc}/2$

　　共模电压的这 8 种状态之间是按照阶跃信号的规律变化的，因而具有高频特性。事实上，三相 PWM 波形的频谱的解析计算是相当复杂的，而且与所采取的调制方式有关，在 SPWM 调制情况下，不考虑开关死区以及二极管的反向续流，对于调制输出电压，利用双重傅里叶积分方法，可以得到逆变器输出共模电压解析表达式：

$$U_{CM} = \frac{4V_{dc}}{\pi} \sum_{m=1}^{\infty} \sum_{k=-\infty}^{\infty} \frac{1}{m} J_{3k}\left(m\frac{\pi}{2}M\right) \sin\left[(m+3k)\frac{\pi}{2}\right] \cos(m\omega_c t + 3k\omega_0 t)$$

$$(8-59)$$

　　由上式可知，在调制波为正弦波的情况下，逆变器共模电压的时域波形和频谱如图 8-54 所示，可以看出三相逆变器输出共模电压有以下特点：

　　1）共模电压基波成分幅值为 0，在载波频率奇数倍处存在谐波，偶数倍处无谐波，即逆变器共模电压中无开关频率的偶数次谐波，谐波噪声主要分布在开关频率的奇数倍，还有部分噪声分布在开关频率偶数倍的谐间波。

　　2）共模电压的谐波幅值不随载波频率大小的变化而变化。

　　3）共模电压频谱包络在 $1/(\pi \times t_r)$ 之前以 -20dB/dec 的斜率下降，在 $1/(\pi \times t_r)$ 之后以 -40dB/dec 的斜率下降。

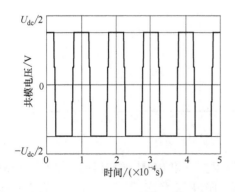 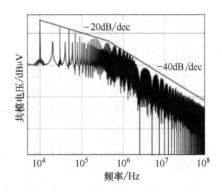

图 8-54　共模噪声源的时域波形及其频谱

3. 共模干扰抑制

电磁干扰抑制即是抑制敏感设备所耦合到的电磁噪声,可以从干扰源和干扰耦合路径的角度,采取措施进行优化。

干扰源角度是从源头采取措施,是最理想的抑制方法,可分为硬件和软件两类。硬件层面可以通过设计功率器件的缓冲电路、吸收电路、驱动电路等,降低功率器件的开关速度,从而削弱干扰源;这种方法会增加电路的复杂度,还会增加损耗。软件层面可以通过改变功率器件的调制算法,在不增大系统成本的情况下,达到抑制共模电压的目的。例如,针对单相PWM逆变器,可以用双极性调制减小共模电压;三相PWM逆变器使用零矢量时,逆变器产生的共模电压最大。因此,从空间矢量调制角度,用一对作用时间相同的相反电压矢量替代零矢量;或者从载波和调制波角度,对载波进行移相或峰值位置调制,可以降低零矢量出现的概率,进而降低共模电压,表8-4对比了不同调制策略对逆变器的共模电压和输出特性的影响,其中包括空间矢量脉宽调制SVPWM、不连续最小值脉宽调制DPWMmin、有效零模态脉宽调制AZSPWM、随机开关脉宽调制RSPWM、邻近模态脉宽调制NSPWM、正弦脉宽调制SPWM、载波移相脉宽调制PSC-PWM、载波峰值位置调制CPPM。

表8-4 不同调制策略下逆变器共模电压、输出性能对比

调制策略	U_{cm} 峰值	U_{cm} 跳变次数	线性调制比	直流电压利用率	开关动作次数	THD
SVPWM	$\pm U_{dc}/2$	6	$0 \sim 0.91$	1	6	1.83%
DPWMmin	$\pm U_{dc}/2$	4	$0 \sim 0.91$	1	4	1.89%
AZSPWM1	$\pm U_{dc}/6$	6	$0 \sim 0.91$	1	6	2.06%
AZSPWM3	$\pm U_{dc}/6$	2	$0 \sim 0.91$	1	6	2.06%
RSPWM 偶矢量	$-U_{dc}/6$	0	$0 \sim 0.52$	0.58	8	5.88%
NSPWM	$\pm U_{dc}/6$	4	$0.61 \sim 0.91$	1	4	2.81%
SPWM	$\pm U_{dc}/2$	6	$0 \sim 0.785$	0.866	6	2.26%
PSC-PWM	$\pm U_{dc}/2$ 或 $\pm U_{dc}/6$	6	$0 \sim 0.785$	0.866	6	3.37%
CPPM	$\pm U_{dc}/6$	6	$0 \sim 0.785$	0.866	6	3.36%

干扰耦合路径层面的电磁干扰抑制是改变耦合路径或耦合路径的阻抗参数,来降低敏感设备耦合到的电磁干扰,可以通过无源滤波器、屏蔽和接地、寄生参数优化、有源EMI滤波器、改进拓扑等方式实现,无源EMI滤波器是最常规和应用广泛的手段,但是EMI滤波器中的滤波电感必须承受额定的负载电流,对于中大功率的PWM逆变器而言,滤波电感导线的截面积很粗,体积和重量大,严重影响装置的功率密度。

此外还有其他措施可以抑制逆变电路的共模电磁干扰:优化接地、有源EMI滤波器、改进功率电路的拓扑结构等措施。其中改进功率电路拓扑就存在多种方案:①双桥逆变器采用两个相同结构的逆变器来消除共模电压,第二个逆变器的驱

动是第一个逆变器驱动信号的反码。②三相四桥臂逆变器在常规逆变器的基础上增加一个辅助桥臂，如图 8-55 所示，结合调制策略使任一时刻都有两个上管和两个下管导通，便可最大程度地抑制共模电压。

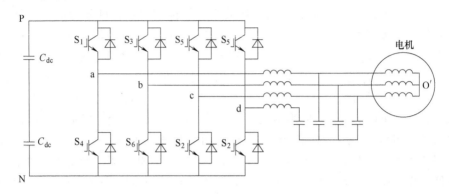

图 8-55　三相四桥臂拓扑逆变器

8.5　电力电子电路辐射电磁干扰分析

8.5.1　辐射发射产生机理

电力电子电路除了会产生传导干扰，还会产生辐射干扰，例如有短（小于 $\lambda/4$）单极天线作用的线路和电缆，或者起小环天线作用的线路和电缆，都有可能辐射电场或磁场。

当场源的电流或电荷随时间变化时，就有一部分电磁能量进入周围空间，这种现象成为电磁能量的辐射。研究电磁辐射，最简单的是电偶极子和磁偶极子的辐射。实际天线可近似为许多偶极子的组合，天线所产生的电磁波也就是这些偶极子所产生的电磁波的合成。电磁辐射的基本理论已在第 2 章中进行介绍，此处不再赘述。

1. 功率器件的辐射发射

电力电子功率单元在运行过程中，由于半导体开关器件的导通和关断，导致电压和电流在短时间内发生连续跳变。器件中导体棒或导体环中会有电压或电流流过，当导体的长度或导体环的半径远小于电磁波波长时，可以将其等效视为电偶极子或磁偶极子。流过这些变化的电压和电流的导体会向空间辐射电磁场，部分高频骚扰能量进入空间，就形成了辐射骚扰源。具体来说，电力电子功率单元辐射骚扰主要由于以下原因产生。

1）$\mathrm{d}u/\mathrm{d}t$ 或者 $\mathrm{d}i/\mathrm{d}t$，电力电子器件通断的瞬间，电压的跳变将在电容上产生很大的充电或放电电流，瞬态电流脉冲可能会导致严重的辐射骚扰；同理，电流的跳变也同样会在周围空间产生辐射电磁场。

2）电力电子器件开关的高频化，电力电子器件中开关器件的开关频率一般为几十到上百千赫兹，随着技术的进步，对其频率要求越来越高，这也使其可能产生较严重的辐射骚扰。

3）电路中杂散电感及杂散电容的存在，使得电力电子设备各部件间存在着电磁场耦合、传导耦合和公共阻抗耦合等多种耦合方式，使得各器件间相互骚扰。

2. 线路板的辐射发射

线路板的辐射主要产生于两个源：一个是 PCB 走线，另一个是 I/O 电缆。电缆辐射往往是主要的辐射源。因为电缆是效率很高的辐射天线。有些电缆尽管传输的信号频率很低，但由于 PCB 上的高频信号会耦合到电缆上，因此也会产生较强的高频辐射。

（1）差模辐射场

差模电流流过电路中的导线环路时，将引起差模辐射，如图 8-56 所示。这种环路相当于小环天线，能向空间辐射电场、磁场，或接收电场、磁场。

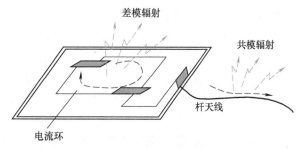

用电流环模型计算得到差模电流的辐射电场强度为

图 8-56 差模辐射与共模辐射

$$E = 131.6 \times 10^{-16} (f^2 AI)(1/r) \sin\theta \qquad (8\text{-}60)$$

式中，E 为电场强度，单位为 V/m；f 为差模电流的频率，单位为 Hz；A 为差模电流的环路面积，单位为 m^2；I 为差模电流的强度，单位为 A；r 为观察点到差模电流环路的距离，单位为 m。

在电磁兼容分析中，常仅考虑最坏情况，因此设 $\sin\theta = 1$，由于在实际的测试环境中，地面总是有反射的，考虑这个因素，实际的值最大可增加一倍，即

$$E = 263 \times 10^{-16} (f^2 AI)(1/r) \qquad (8\text{-}61)$$

测量距离，对于军标，取 $r = 1m$，对于民用标准，距离可以是 3m、10m 或 30m。

（2）共模辐射场

共模辐射是由于接地电路中存在电压降，某些部位具有高电位的共模电压，如图 8-56 所示，当外接电缆与这些部位连接时，就会在共模电压的激励下产生共模电流，成为辐射电场的天线。这种情况多数是由于接地系统中存在电压降所造成的。共模辐射通常决定了产品的辐射性能。

共模辐射主要从线缆上辐射，可用对地电压激励的长度小于 1/4 波长的短单极天线来模拟，对于接地平面上长度为 l 的短单极天线来说，在距离 r 处辐射场（远场）的电场强度为

$$E = 4\pi \times 10^{-7} (f \cdot I \cdot l)(1/r) \sin\theta \qquad (8\text{-}62)$$

式中，E 为电场强度，单位为 V/m；f 为共模电流的频率，单位为 Hz；I 为共模电流的强度，单位为 A；l 为电缆长度，单位为 m；r 为测量天线到电缆的距离，单位为 m；θ 为测量天线与电缆的夹角，单位为（°）。

此公式适合于理想天线，理想天线上的电流是均匀的，实际天线顶端电流趋于0，在实践中，可以在天线顶端加一个金属板，构成容性负载，从而获得均匀电流。实际的电缆，由于另一端接有一台设备，相当于一个容性加载的天线，即天线的端点接有一块金属板，这时天线上流过均匀电流，设天线指向为最大场强，则得到最大场强计算公式

$$E = 12.6 \times 10^{-7} (f \cdot I \cdot l)(1/r) \tag{8-63}$$

从式（8-63）中可以看到，共模辐射与电缆的长度、共模电流的频率和共模电流强度成正比。与控制差模辐射不同的是，控制共模辐射可以通过减小共模电流来实现，因为共模电流并不是电路工作所必需的。

假设差模电流的回路面积是 $10\mathrm{cm}^2$，载有共模电流的电缆长度是 1m，电流的频率是 50MHz，令共模辐射的电场强度等于差模辐射的电场强度，则得到：$I_d/I_c = 1000$。这说明，共模辐射的效率远远高于差模辐射。

3. 变压器的辐射发射

变压器或电抗器属于磁性器件，工作时会产生磁场，铁心材料的磁导率高，会将大部分磁场约束在铁心中。通常变压器或电抗器通过的电流为差模电流，幅值较大；另一方面铁心的饱和磁通密度较低，铁心较容易出现饱和现象。一旦铁心发生饱和，铁心中的磁感应强度就不再随线圈中的电流增大而增大了，变压器也就失去了能量交换的作用了，增大的能量交换不出去。就全部消耗在一次线圈内阻上了。达到一定程度变压器就烧掉了。为防止饱和，就要在磁路中留下一定厚度的"空气隙"，因为空气的磁导率尽管小，但它是一个常数。铁心就不会饱和了，使线圈中的磁感应强度一直随电流线性增加。因此空气隙及其周围空间也存在磁场，这种磁场一般称为漏磁，即变压器或电抗器会以漏磁的形式对外进行磁场辐射。

8.5.2　辐射发射的抑制

1. 降低差/共模辐射的方法

根据差模辐射的计算公式，可以直接得出降低差模辐射的方法：

1）降低电路的工作频率；

2）减小信号环路的面积；

3）减小信号电流的强度。

高速的处理速度是所有软件工程师所追求的，而高度的处理速度是靠高的时钟频率来保证的，因此限制系统的工作频率有时是不允许的。这里所说的限制频率指的是减少不必要的高频成分，主要指 $1/\pi t_r$ 频率以上的频率。信号电流的强度也是不能随便减小的，但有时缓冲器能够减小长线上的驱动电流。最现实而有效的方法

是控制信号环路的面积。通过减小信号环路面积能够有效地降低环路的辐射。

共模辐射与共模电流的频率、共模电流及天线（线缆）长度成正比。因此，降低共模辐射应降低频率、减小电流、减小长度，而限制共模电流是降低共模辐射的基本方法。为此，需要做到以下几点：

1）尽量降低激励此天线的源电压，即地电位；

2）提供与电缆串联的高共模阻抗，即加共模扼流圈；

3）将共模电流旁路到地；

4）电缆屏蔽层与屏蔽壳体做360°环接。

这里采用接地平面就能有效降低接地系统中的地电位。为了将共模电流旁路到地，可以在靠近连接器处，把印制电路板的接地平面分割出一块，作为"无噪声"的输入/输出地，为了避免输入/输出地受到污染，只允许输入/输出线的去耦电容和外部电缆的屏蔽层与"无噪声"地相连，去耦环路的电感应尽可能小。这样，输入输出线所携带的印制电路板的共模电流就能被去耦电容旁路到地了，外部骚扰在还未到达元器件区域时也被去耦电容器旁路到地，从而保护了内部元器件的正常工作。将两根导向同方向绕制在铁氧体磁环上，就构成了共模扼流圈，直流和低频时差模电流可以通过，但对于高频共模电流，则呈现出很大阻抗而被抑制。

2. 辐射屏蔽方法

通过空间辐射发射的干扰是以场的形式存在，抑制场形式干扰的一种有效方法是电磁屏蔽。电磁屏蔽是利用屏蔽体对电磁能量的反射、吸收和引导作用，来阻断干扰源与敏感设备之间的场耦合，而这些作用与屏蔽结构表面和屏蔽体内所感应的电荷、电流及极化现象密切相关。

在交变电磁场中，电场分量和磁场分量总是同时存在。在低频情况下，干扰一般发生在近场，而近场中对于不同特性的干扰源，其电场分量和磁场分量有很大差别。高压小电流源以电场为主，磁场分量可以忽略，此时可以只考虑电场屏蔽。而低压大电流干扰源则以磁场为主，电场分量可以忽略，这时就可以只考虑磁场屏蔽。随着频率增高，电磁辐射能力增强，将产生辐射电磁场，并趋向于远场干扰。远场中的电场和磁场均不能忽略，因而就要对电场和磁场同时屏蔽，即进行电磁屏蔽。对此在本书第6章对屏蔽技术进行了详细说明。

第9章

电力电子电磁干扰源抑制

随着电力电子设备的广泛应用，电力系统的电力电子化特点日益凸显。现代供电系统中往往含有大量非线性的电力电子负载，其产生的谐波干扰及开关瞬态干扰对设备自身及电网稳定性运行存在很大危害。为了能准确评估电网线路上受到的系统级干扰水平并进行有效抑制，本章介绍了各种电力电子设备的谐波特性和开关瞬态干扰的分析和建模方法，并介绍了几种常用的电力电子电磁干扰源抑制方法。

9.1 电力电子装置谐波和开关瞬态干扰源分析

在电力电子系统中，各设备的投切状态很多，系统结构的变换十分灵活。由于电磁干扰模型中含有大量的高频寄生参数，若仍然按第8章中对单个电力电子设备的电磁干扰建模方法，使用完全的时域方法对整个电力电子系统进行电磁干扰水平预测，则不仅会面对大量非线性元件和复杂网络运算过程中的复杂度问题，还可能直接导致模型仿真计算过程的不收敛，其仿真结果也很难反映系统中电磁干扰传导的特性。因此，基于全电路宽频建模的时域分析方法并不适用于电力电子系统电磁干扰建模。

若只按对单个设备建模的频域方法对电力电子系统进行建模，则会遇到多干扰源的提取问题。在单个设备中，开关的工作状态、外电路负载都是一定的，因此可以通过对半导体开关器件进行建模预测，因之得到的干扰源频谱特性也相对稳定单一；而在系统中的噪声源种类繁多、工况多样，很难通过对器件简单建模而做到噪声源的完全准确预测，往往需要在实际运行工况下对器件的开关特性进行测试提取，获得其开关瞬态干扰特性；同时，根据电力电子装置的调制策略，对其谐波特性进行准确预测。从而进行对包括功率二极管、功率晶闸管、大功率IGBT、MOSFET在内的不控、半控、全控各类型电力电子装置进行准确的干扰源建模。

针对电力电子系统中噪声源种类多、系统拓扑复杂多变、电磁干扰传导路径多样的特点，需要对系统中各非线性电力电子设备干扰源经过电磁干扰测试、进行电磁干扰特性的端口干扰源等效建模后，得到其差、共模端口等效的干扰源模型，再同系统中其他线性负载进行时域的全电路仿真。如图 9-1 所示，通过将该电力电子系统中的低频电源 U_A、U_B、U_C 都置零，同时对各个非线性设备的不控、全控、半控的开关管干扰源和设备电磁干扰发射特性进行测试和建模提取后，得到各设备输出的电磁传导干扰端口波形和源阻抗电路（见图 9-2），结合线路和设备的差、共模阻抗高频特性，才能进一步预测得到整个系统中的干扰水平和各设备的电磁干扰耦合情况。

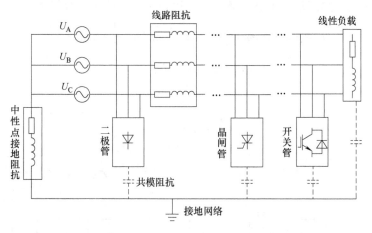

图 9-1　电力电子系统中的线性负载及非线性负载

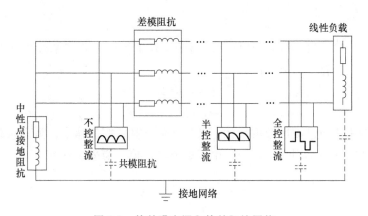

图 9-2　等效噪声源和等效阻抗网络

9.2　电力电子装置谐波分析

由于电力电子器件的开关特性——强非线性，系统中的电力电子装置在运行时会产生大量的谐波干扰，并向系统发送，进而造成正弦波形畸变。本节将对上一节中电力系统中典型的电力电子装置谐波干扰的特点进行逐一介绍。

9.2.1　大功率整流器和逆变器

单相大功率桥式整流器的电路如图 9-3 所示，负载电压和输入电流波形如图 9-4 所示。如果要平稳输出整流后负载电流 i_d，可以如图 9-3 加上平波电抗器，其电感量为 L。这时负载电流的波动就减小了。如果电感量很大，使 $L/R \gg T$，T 为交流电的周期，工频（50Hz）时 $T = 20\text{ms}$，则 i 近似为直流电流不变，用符号 i_d 表示。i_d 为周期函数，它满足狄里赫利条件，故可以用傅里叶级数分解为

$$i_\sim = \frac{4}{\pi} I_d \left(\sin\omega t + \frac{1}{3}\sin3\omega t + \frac{1}{5}\sin5\omega t + \frac{1}{7}\sin7\omega t + \cdots \right)$$

$$= I_d (C_{10}\sin\omega t + C_{30}\sin3\omega t + C_{50}\sin5\omega t + \cdots) \tag{9-1}$$

其中

$$C_{10} = \frac{4}{\pi} = kC_{k0} \tag{9-2}$$

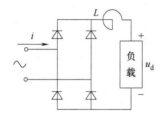

图 9-3　单相桥式整流电路

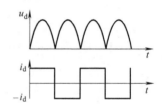

图 9-4　负载电压和输入电流波形

从式（9-1）可以看出，从电网取得的交流电流中，除了基波之外，还有大量奇次谐波存在。存在的谐波次数

$$k = 4l \pm 1 \tag{9-3}$$

式中，l 为正整数。

谐波的幅值与谐波次数成反比，谐波次数越高，幅值越小，呈衰减趋势。我们来看有谐波时的功率因数。电压，电流的方均根值（有效值）定义为

$$\begin{cases} U = \sqrt{\dfrac{1}{T}\displaystyle\int_0^T u^2(t)\,\mathrm{d}t} \\[4mm] I = \sqrt{\dfrac{1}{T}\displaystyle\int_0^T i^2(t)\,\mathrm{d}t} \end{cases} \tag{9-4}$$

表观功率（视在功率）的定义为

$$S = UI \tag{9-5}$$

有功功率的定义为

$$P = \frac{1}{T}\int_0^T u(t)\,i(t)\,\mathrm{d}t \tag{9-6}$$

功率因数（power factor，PF）的定义为

$$PF = P/S \tag{9-7}$$

在正弦波的情况下，$PF = \cos\varphi$，φ 为电压与电流的相位差。

有谐波存在时，必须考虑谐波的影响。图9-3电路当 $L/R \gg T$ 时，电流波形解析式如式（9-1）。若电压为正弦波且与电流同相，则

$$u = U_m \sin\omega t$$

电压方均根值由式（9-4）可得

$$U = \frac{U_m}{\sqrt{2}}$$

电流方均根值由图9-4及式（9-4）可得

$$I = I_d$$

表观功率由式（9-5）可得

$$S = UI = \frac{U_m I_d}{\sqrt{2}}$$

有功功率由式（9-6）可得

$$P = \frac{1}{T}\int_0^T u(t)i(t)\,\mathrm{d}t = \frac{2U_m I_d}{\pi}$$

功率因数由式（9-7）求得为0.9。

由式（9-1）知，基波电流的初相角为0，与电压同相，相位差为0。其余各次谐波的初相角也是0，故 $\cos\varphi = 1$，因此功率因数不等于 $\cos\varphi$。在其他电路中，当有谐波时也常有功率因数与 $\cos\varphi$ 不相等的情况，因之功率因数不宜用 $\cos\varphi$ 表示。

我国国家标准 GB/T 2900.1—2008《电工术语 基本术语》规定，功率因数的定义为有功功率与视在功率之比，即式（9-7），符号用 λ，即 $\lambda = P/S$。

另外定义位移因数（displacement factor）即基波功率因数（power factor of the fundamental）为基波电压和基波电流的有功功率与表观功率之比，也就是电压与电流基波相量之间的角的余弦，用 $\cos\varphi$ 表示。

因为 $\cos\varphi$ 与 λ 不一定相等，定义其比值为畸变因数，符号用 ν 表示，即

$$\nu = \frac{\lambda}{\cos\varphi}$$

$$\lambda = \frac{2\sqrt{2}}{\pi} = 0.9, \ \cos\varphi = 1$$

$$\nu = \frac{\lambda}{\cos\varphi} = 0.9$$

以上是有谐波干扰后的功率因数等的定义和关系式。必须指出：在有谐波干扰

的情况下，不能简单地完全套用正弦波一套，必须按上面所述分别对待。

考虑到硅整流元件所能承受的电流上升率 di/dt 有限，必须限制 di/dt 不超过容许值，于是换流不能瞬时完成，有一时间 t_r，折合成电角度为

$$\gamma = 2\pi t_r / T$$

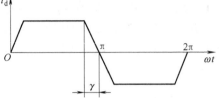

图 9-5 考虑换流重叠角 γ 后的电流波

电流上升或下降有一定的时间 t_r，为简化起见，假定 di/dt 为常数，即电流 i 对时间线性变化进行近似分析，则电流波形如图 9-5 所示。它也是周期函数，同样可用傅里叶级数分解为

$$i_d = I_d(a_1 \sin \omega t + a_3 \sin 3\omega t + a_5 \sin 5\omega t + \cdots) \tag{9-8}$$

式中，a_1、a_3、a_5 分别为基波、三次谐波、五次谐波的系数。

令衰减系数 e_k 表示谐波电流幅值与 $\gamma = 0$ 时基波电流幅值之比，可以推导出

$$e_k = \frac{C_k}{C_{10}} = \frac{1}{k} \frac{\left| \sin\left(k \dfrac{\gamma}{2} \right) \right|}{k \dfrac{\gamma}{2}} = \frac{1}{k} T_k \tag{9-9}$$

式中，T_k 为考虑换流角后校正系数，表达式为

$$T_k = \frac{\left| \sin\left(k \dfrac{\gamma}{2} \right) \right|}{k \dfrac{\gamma}{2}} = \left| S_a\left(k \dfrac{\gamma}{2} \right) \right| \tag{9-10}$$

$S_a(x)$ 称单位采样函数，其定义为

$$S_a(x) = \frac{\sin x}{x} \tag{9-11}$$

以上对单相大功率整流器进行了分析，对单相大功率桥式逆变器，若电感较大使电流近似恒定为 I_d，则电流波形也如图 9-4 和图 9-5 所示，以上分析同样适用。

若将不控器件整流/逆变拓展到三相，则其原理如图 9-6 所示。如果电感 L 足够大，则交流侧电流为一个矩形波。考虑存在重叠角 γ，这时交流侧电流 i_a 的波形如图 9-7 所示。

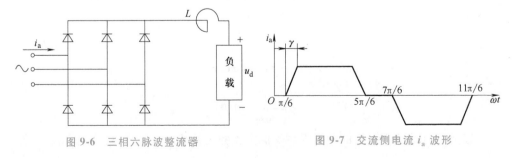

图 9-6 三相六脉波整流器　　　　　　　　图 9-7 交流侧电流 i_a 波形

在稳态时，i_a 是一个周期函数，图 9-7 中电流波形，理论上谐波次数均可达无穷大，并且因其电流波形在周期内是奇函数，其表达式为奇数次谐波的傅里叶级数

$$f(t) = \sum_{k=1,3,5}^{\infty} \frac{8}{\pi} \frac{\cos(k\pi/6)\sin(k\gamma/2)}{k^2\gamma} \tag{9-12}$$

可以看出其中 k 为 3 的奇数倍整数时，其幅值为 0，因此六脉波整流的电流只含有 5，7，11，13 这样 $k=6l\pm1$（$l=1$，2，3…）次数的谐波。根据各次谐波对基波的幅值比例不同，可以得到

$$e_k = \frac{C_k}{C_0} = \frac{\sin(k\gamma/2)}{k^2\gamma/2} \tag{9-13}$$

同样，校正系数有

$$T_k = \frac{\left|\sin\left(k\frac{\gamma}{2}\right)\right|}{k\frac{\gamma}{2}} = \left|S_a\left(k\frac{\gamma}{2}\right)\right| \tag{9-14}$$

工程实用上在测量、计算、考核时，往往只考虑足够的谐波次数 M，M 次以上的谐波很小，可以忽略不计，此时的谐波畸变率近似为

$$DFI_M = \frac{\sqrt{\sum_{k=3,5,7\cdots}^{M} I_k^2}}{I_1} \tag{9-15}$$

图 9-8 示出了校正系数 T_k 与谐波次数 k 及换流角 γ 的关系，仿真结果与式（9-15）符合。可以看出：①T_k 的峰值分别出现于 $k=1$ 和 $k\gamma \approx (2l+1)\pi$ 处，这时 T_k 分别为 1，$2/\pi$，$2/(3\pi)$，$2/(5\pi)$，$2/(7\pi)$，…。②$T_k=0$ 的点，除了 k 为偶次和 3 的倍数外，存在于 $k\gamma=2l\pi$ 处。③由式（9-13）可知：当 $k\gamma$ 很小时，e_k 随 k 以约 20dB/dec 衰减；当 $k\gamma$ 很大时，e_k 的包络线随 k 以约 40dB/dec 衰减。

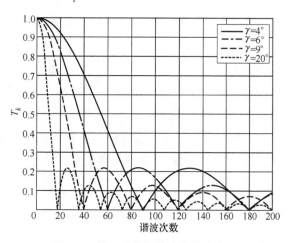

图 9-8 校正系数与谐波次数的关系

以上考虑三相是平衡的。实际上三相的触发角可能有误差。例如 a 相触发滞后了 3°，b、c 两相触发都超前了 3°，则 a 相实际导通 114°，c 相导通 126°。这时 i_a、i_c 出现了三次及其倍数谐波；5、11 次等正序谐波在 i_a 略增大，i_c 略减少；7、13 次等负序谐波在 i_a 略减少，i_c 略增大。但总的影响一般都不太大。

9.2.2 晶闸管换流器

单相晶闸管交流调压器和晶闸管调光器，可以利用相控原理，控制不同的延迟角（触发角、移相角）α，从而改变输出电压的大小，现以阻感负载为例进行此类装置的谐波分析，如图 9-9a、b 所示。

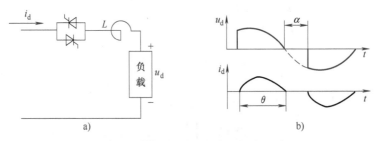

图 9-9　晶闸管整流电路及电流、电压波形

从图 9-9 可以看出，输出电压 u_d 不是正弦波形，其中包含高次谐波，产生干扰；同样，输出电流呈现与电压导通相同步的增减趋势，下面进行分析电压、电流中各次谐波的大小，以及谐波与延迟角 α 的关系。

由晶闸管整流的原理可以知道，输入电压 u_{in} 和负载电压 u_d 关于时间有如下函数关系：

$$u_{in}(t) = \sqrt{2}\, U_{in} \sin\omega t$$

$$u_d(t) = \begin{cases} 0, & 0 < \omega t < \alpha \\ u_{in}, & \alpha < \omega t < \pi \\ 0, & \pi < \omega t < \pi + \alpha \\ u_{in}, & \pi + \alpha < \omega t < 2\pi \end{cases} \tag{9-16}$$

式中，U_{in} 为输入交流电压的有效值。

考虑其周期内的奇函数特性和周期内的分段函数与延迟角 α 的关系，其偶次谐波应该均为 0，同时对其进行傅里叶级数变换的情况下可以得到

$$u_d(t) = \sum_{n=1}^{\infty} a_n \cos n\omega t + \sum_{n=1}^{\infty} b_n \sin n\omega t, \quad n = 1,3,5 \tag{9-17}$$

其中

$$a_n = \frac{2}{\pi} \int_0^\pi u_d \cos n\omega t \mathrm{d}\omega t = \frac{2}{\pi} \int_0^\pi \sqrt{2}\, U_{in} \sin n\omega t \cos n\omega t \mathrm{d}\omega t$$

$$= \frac{\sqrt{2}\, U_{in}}{\pi} \left[\frac{\cos(n+1)\alpha - \cos(n+1)\pi}{n+1} - \frac{\cos(n-1)\alpha - \cos(n-1)\pi}{n-1} \right] \tag{9-18}$$

$$b_n = \frac{2}{\pi} \int_0^\pi u_d \sin n\omega t \mathrm{d}\omega t = \frac{2}{\pi} \int_0^\pi \sqrt{2}\, U_{in} \sin n\omega t \sin n\omega t \mathrm{d}\omega t$$

$$= \frac{\sqrt{2}\,U_{\text{in}}}{\pi}\left[\frac{\sin(n+1)\alpha}{n+1} - \frac{\sin(n-1)\alpha}{n-1}\right], \quad n=3,5,7\cdots \tag{9-19}$$

另讨论 $n=1$ 时，有

$$a_1 = \frac{2}{\pi}\int_0^\pi u_{\text{d}}\cos\omega t\,\mathrm{d}\omega t = -\frac{\sqrt{2}\,U_{\text{in}}}{\pi}\sin^2\alpha \tag{9-20}$$

$$b_1 = \frac{2}{\pi}\int_0^\pi u_{\text{d}}\sin\omega t\,\mathrm{d}\omega t = \frac{\sqrt{2}\,U_{\text{in}}}{\pi}\left(\pi - \alpha + \frac{1}{2}\sin 2\alpha\right) \tag{9-21}$$

综上所述，可以得到

$$u_{\text{d}}(t) = \frac{\sqrt{2}\,U_{\text{in}}}{\pi}\left(\pi - \alpha + \frac{1}{2}\sin 2\alpha - \sin^2\alpha\right) +$$

$$\sum_{n=3}^{\infty} \frac{\sqrt{2}\,U_{\text{in}}}{\pi}\left[\begin{matrix}\left(\dfrac{\cos(n+1)\alpha - \cos(n+1)\pi}{n+1} - \right.\\[2mm] \left.\dfrac{\cos(n-1)\alpha - \cos(n-1)\pi}{n-1}\right)\cos n\omega t +\\[2mm] \left(\dfrac{\sin(n+1)\alpha}{n+1} - \dfrac{\sin(n-1)\alpha}{n-1}\right)\sin n\omega t\end{matrix}\right] \tag{9-22}$$

即为晶闸管整流器的电压谐波表达式。

由于谐波电流是引起畸变和干扰的关键，本文主要对电流 i_{d} 进行谐波分析。电流在一个周期内的表达式为

$$i_{\text{d}}(t) = \begin{cases} 0, & \alpha+\theta-\pi<\omega t<\alpha \\ A\omega f(\omega t), & \alpha<\omega t<\alpha+\theta \\ 0, & \alpha+\theta<\omega t<\pi+\alpha \\ -A\omega f(\omega t-\pi), & \pi+\alpha<\omega t<\alpha+\theta+\pi \end{cases} \tag{9-23}$$

式中，θ 为晶闸管在半周内的导通角，同时有

$$\begin{cases} A=\sqrt{2}\,U_{\text{in}}/\pi Z, \quad Z=\sqrt{R^2+(\omega L)^2} \\ f(\omega t) = \sin(\omega t-\phi) - \sin(\alpha-\phi)\mathrm{e}^{(\alpha-\omega t)/\omega\tau}, \quad \phi=\arcsin(\omega\tau), \quad \tau=L/R \end{cases} \tag{9-24}$$

将 i_{d} 用傅里叶级数展开，与 u_{d} 同理，显然其直流分量和偶次谐波为零，则有

$$i_{\text{d}}(t) = \sum_{n=1}^{\infty} a_n\cos n\omega t + \sum_{n=1}^{\infty} b_n\sin n\omega t, \quad n=1,3,5 \tag{9-25}$$

其中

$$\begin{cases} a_n = A[F_{\text{C}}(1,n,\theta) - F_{\text{C}}(1,n,0) + F_{\text{C}}(-1,n,0) - F_{\text{C}}(-1,n,\theta) - F_{\text{a}}(n)], & n=3,5,7 \\ b_n = A[F_{\text{S}}(-1,n,\theta) - F_{\text{S}}(-1,n,0) + F_{\text{S}}(1,n,0) - F_{\text{S}}(1,n,\theta) - F_{\text{b}}(n)], & n=3,5,7 \\ a_1 = A[F_{\text{C}}(1,1,\theta) - F_{\text{C}}(1,1,0) - F_{\text{a}}(t) - \theta\sin\phi] \\ b_1 = A[F_{\text{S}}(1,1,0) - F_{\text{C}}(1,1,\theta) - F_{\text{b}}(t) + \theta\cos\phi] \end{cases}$$

$$\tag{9-26}$$

式中，各项函数解析式为

$$\begin{cases} F_C(x,y,z) = \dfrac{\cos\left[(x+y)(\alpha+z)-x\phi\right]}{x+y} \\[2mm] F_S(x,y,z) = \dfrac{\sin\left[(x+y)(\alpha+z)-x\phi\right]}{x+y} \\[2mm] F_a(x) = \dfrac{2\sin(\alpha-\phi)}{1/(\omega t)^2+x^2}\left[x\sin(x\alpha+x\theta)\,\mathrm{e}^{-t/\omega\tau}-x\sin(x\alpha)-\right. \\[2mm] \qquad\qquad \left. \dfrac{1}{\omega\tau}\sin(x\alpha+x\theta)\,\mathrm{e}^{-\theta/\omega\tau}+\dfrac{1}{\omega\tau}\cos(x\alpha)\right] \\[2mm] F_b(x) = \dfrac{2\sin(\alpha-\phi)}{1/(\omega t)^2+x^2}\left[-x\cos(x\alpha+x\theta)\,\mathrm{e}^{-t/\omega\tau}+x\cos(x\alpha)-\right. \\[2mm] \qquad\qquad \left. \dfrac{1}{\omega\tau}\sin(x\alpha+x\theta)\,\mathrm{e}^{-\theta/\omega\tau}+\dfrac{1}{\omega\tau}\sin(x\alpha)\right] \end{cases} \tag{9-27}$$

以上表达式说明晶闸管在电流干扰特性上与其负载的阻感值关系很大，谐波特性复杂。当负载电感值很小，可以看作纯阻性 R 时，根据（9-22），以上表达式退化为

$$i_d(t) = \frac{\sqrt{2}\,U_{in}}{\pi R}\left(\pi-\alpha+\frac{1}{2}\sin 2\alpha-\sin^2\alpha\right) +$$
$$\sum_{n=3}^{\infty}\frac{\sqrt{2}\,U_{in}}{\pi R}\left[\begin{array}{l}\left(\dfrac{\cos(n+1)\alpha-\cos(n+1)\pi}{n+1}-\right. \\ \left.\dfrac{\cos(n-1)\alpha-\cos(n-1)\pi}{n-1}\right)\cos n\omega t + \\ \left(\dfrac{\sin(n+1)\alpha}{n+1}-\dfrac{\sin(n-1)\alpha}{n-1}\right)\sin n\omega t\end{array}\right] \tag{9-28}$$

同时可以根据总电流和基波的关系得到电流谐波含量为

$$I_H = \sqrt{I_d^2-I_1^2} = \frac{U_{in}}{R}\sqrt{\frac{2(\pi-\alpha)+\sin 2\alpha}{2\pi}-\frac{\sin^4\alpha+\left(\pi-\alpha+\dfrac{1}{2}\sin 2\alpha\right)^2}{\pi^2}} \tag{9-29}$$

为了要求出总谐波电流有效值的最大值 I_{Hmax}，只要将式（9-29）对 α 求导数。取 $\mathrm{d}I_H/\mathrm{d}\alpha=0$，得 $\alpha=\pi/2$，且 $I_{Hmax}=0.386U_{in}/R$，$I_1=0.593U_{in}/R$。从而得到，电流总畸变率

$$DFI\big|_{\alpha=\pi/2} = \frac{\sqrt{\sum_{n=2}^{\infty}I_n^2}}{I_1} \approx 65.1\% \tag{9-30}$$

由此可以看出电流畸变是相当严重的。串入电感后，用类似的方法可以计算出 $\mathrm{d}I_H/\mathrm{d}\alpha$，当总谐波电流有效值达到最大时，$\alpha$ 将偏离 $\pi/2$，但实用上偏离量不大，

仍可认为 $\alpha \approx \pi/2$。进一步分析可以发现，谐波电流中以 3 次谐波为最大，表 9-1 列出当 $\alpha \approx \pi/2$ 时，纯电阻负载各次谐波幅值 C_n 与基波幅值的比值。

表 9-1　当 $\alpha = \pi/2$ 时的 C_n/C_1 值

谐波次数 n	1	3	5	7	9	11	13	15	17	19	21	23	25	27
C_n/C_1	1.00	0.54	0.18	0.18	0.11	0.11	0.08	0.08	0.06	0.06	0.05	0.05	0.04	0.04

将总谐波电流有效值 I_H 分为两个部分：

① 3 次及 3 的倍数次谐波（简称三倍频）电流有效值 I_{3k}；

② 剩下的只有 $6k \pm 1$ 次谐波，其电流总有效值记作 $I_{6k \pm 1}$，则有

$$I_H^2 = I_{3k}^2 + I_{6k \pm 1}^2 \qquad (9\text{-}31)$$

纯电阻负载下各次谐波电流含量与 α 的关系如图 9-10 所示。

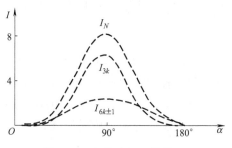

图 9-10　各谐波与 α 的关系

由图 9-10 可以看出，在 $39° < \alpha < 141°$ 范围内 $I_{3k} > I_{6k \pm 1}$，即三倍频谐波电流是主要的。如果能抑制掉三倍频谐波电流 I_{3k}，则对电网干扰将大大减小，在总谐波电流最大的 $\alpha \approx \pi/2$ 时尤为明显。将配电电源变压器由传统的 Yyn 接法改为 Dyn 接法，就可以达到减小干扰的目的。

9.2.3　PWM 整流装置的谐波

随着大功率开关器件和大功率驱动技术的成熟，大功率器件和脉宽调制技术在电力电子系统中得到了日益广泛的应用。因经 PWM 整流后装置输出的电压电流波形具有低频谐波含量小、高频谐波可以通过较小电容电感元件滤波的特点，因此该调制方法及其改进的调制策略目前通用于大部分使用 IGBT/MOSFET 等功率开关器件的电力电子装置中。为方便理解，本节结合单相全桥整流电路对其 PWM 调制后的谐波特性进行分析，如图 9-11 所示。图中 $E_d/2$ 为输入电容两端的电压。

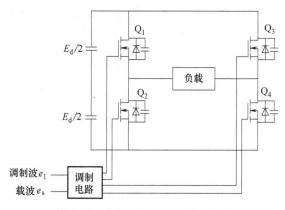

图 9-11　单相全桥 PWM 整流电路

脉宽调制通过对相当于基波分量的信号 e_1 对三角载波 e_s 进行调制，并利用调制结果对功率器件 $Q_1 \sim Q_4$ 的驱动电路进行控制以输出脉冲序列波形。以 Q_1 为例，其调制过程如图 9-12 所示。

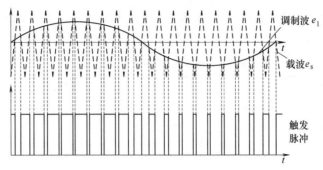

图 9-12　脉宽调制过程

若如图 9-12 所示生成由正弦波和三角载波自然相交的脉冲宽度，则称为自然采样，但这种方式的运算量较大，在载波频率高时，对计算机的运算速度要求较高，因此实际调制时，往往采用规则采样进行调制。一般有如图 9-13a~c 三种采样方式，设调制度为 M，则对于方式一（见图 9-13a）有

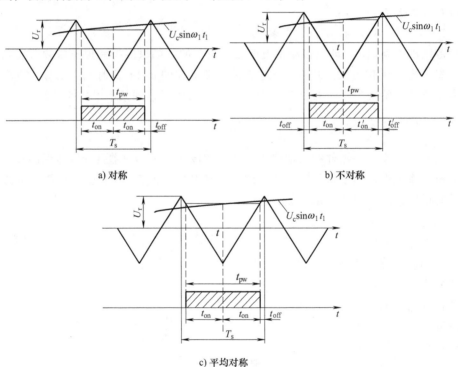

a) 对称　　　　　　　　　　　　　　　b) 不对称

c) 平均对称

图 9-13　规则采样 PWM

$$\begin{cases} t_{\text{off}} = \dfrac{T_{\text{s}}}{4}(1 - M\sin\omega_1 t_1)\ , \ \ t_{\text{on}} = \dfrac{T_{\text{s}}}{4}(1 + M\sin\omega_1 t_1) \\[3mm] t_{\text{pw}} = 2t_{\text{on}} = \dfrac{T_{\text{s}}}{2}(1 + M\sin\omega_1 t_1) \end{cases} \tag{9-32}$$

对于方式二（见图 9-13b）有

$$\begin{cases} t_{\text{off}} = \dfrac{T_s}{4}(1 - U_c \sin\omega_1 t_1) \,, \quad t'_{\text{off}} = \dfrac{T_s}{4}(1 - U_c \sin\omega_1 t_2) \\[2mm] t_{\text{on}} = \dfrac{T_s}{4}(1 + M\sin\omega_1 t_1) \,, \quad t'_{\text{on}} = \dfrac{T_s}{4}(1 + M\sin\omega_1 t_2) \\[2mm] t_{\text{pw}} = t_{\text{on}} + t'_{\text{on}} = T_s\left[1 + \dfrac{M}{4}(\sin\omega_1 t_1 + \sin\omega_1 t_2)\right] \end{cases} \tag{9-33}$$

这两种方式均存在缺陷，前者的脉宽偏小，直流电压利用率较低；后者的采样次数多一倍，对微机的要求速度高，因此，更多的是采用图 9-13c 中的平均对称规则采样进行调制，以三角载波的谷底处进行调制波数值采样，再引水平线与两侧的三角载波相交从而确定 PWM 脉冲的前后沿。其脉冲宽度为

$$t_{\text{pw}} = 2t_{\text{on}} = \dfrac{T_s}{2}(1 + M\sin\omega_1 t_1) \tag{9-34}$$

以平均对称规则采样法对图 9-11 的单相全桥变频逆变器进行单极性调制，其中 Q_1、Q_4 导通时其输出在负载的电压 U_d 为 E_d，反之 Q_2、Q_3 导通时输出电压 U_d 为 $-E_d$，如图 9-14 所示。

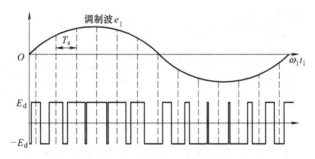

图 9-14　对称规则采样的负载输出电压波形

其中，脉宽调制信号发出的角度 θ_1 和 θ_2 与载波和调制波相交点有关，其表达式为

$$\begin{cases} \theta_1 = -\dfrac{\pi}{2} - \dfrac{1}{2}M\pi\sin\omega_1 t \\[2mm] \theta_2 = \dfrac{\pi}{2} + \dfrac{1}{2}M\pi\sin\omega_1 t \end{cases} \tag{9-35}$$

式中，ω_1 为调制波频率，用 ω_s 表示载波频率，则根据图 9-15 又有

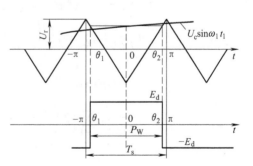

图 9-15　对称规则采样的局部放大示意图

$$\begin{cases} U_d = E_d \,, \quad \omega_s t \leqslant \theta_1 \ \text{或} \ \omega_s t \geqslant \theta_2 \\[2mm] U_d = -E_d \,, \quad \theta_1 < \omega_s t < \theta_2 \end{cases} \tag{9-36}$$

则对 U_d 做傅里叶分解可以得

$$\frac{U_d}{E_d} = \frac{1}{2}a_0 + \sum_{n=1}^{\infty} (a_n \cos n\omega_s t + b_n \sin n\omega_s t) \tag{9-37}$$

根据傅里叶变换和周期函数积分的特点，结合式（9-35）和式（9-36）有

$$\begin{cases} a_0 = 2M\sin\omega_1 t \\ a_n = \frac{2}{n\pi}\sin\left(\frac{n\pi}{2} + \frac{Mn\pi}{2}\sin\omega_1 t\right) \quad n = 1,2\cdots \\ b_n = 0 \end{cases} \tag{9-38}$$

$$\frac{U_d}{E_d} = \frac{1}{2}M\sin\omega_1 t + \sum_{n=1}^{\infty} \frac{4}{n\pi}\sin\left(\frac{n\pi}{2} + \frac{Mn\pi}{2}\sin\omega_1 t\right)\cos n\omega_s t \tag{9-39}$$

结合贝塞尔函数

$$\begin{cases} \sin(x\sin\theta) = 2\sum_{l=1}^{\infty} J_{2l-1}(x)\sin(2l-1)\theta \\ \cos(x\sin\theta) = J_0(x) + 2\sum_{l=1}^{\infty} J_{2l}(x)\cos 2l\theta \end{cases} \tag{9-40}$$

可以将式（9-39）的求和项设为 A，即谐波成分转化为

$$\begin{aligned} A &= \sum_{n=1}^{\infty} \frac{4}{n\pi}\sin\left(\frac{n\pi}{2} + \frac{Mn\pi}{2}\sin\omega_1 t\right)\cos n\omega_s t \\ &= \sum_{n=1}^{\infty} \frac{4}{n\pi}\left[\sin\left(\frac{Mn\pi}{2}\sin\omega_1 t\right)\cos\frac{n\pi}{2} + \cos\left(\frac{Mn\pi}{2}\sin\omega_1 t\right)\sin\frac{n\pi}{2}\right]\cos n\omega_s t \\ &= \sum_{n=1}^{\infty} \frac{4}{n\pi}\left\{ \begin{aligned} &2\sum_{l=1}^{\infty} J_{2l-1}\left(\frac{Mn\pi}{2}\right)\sin\left[(2l-1)(\omega_1 t)\right]\cos\frac{n\pi}{2} + \\ &\left[J_0\left(\frac{Mn\pi}{2}\right) + 2\sum_{l=1}^{\infty} J_{2l}\left(\frac{Mn\pi}{2}\right)\cos(2l)(\omega_1 t)\right]\sin\frac{n\pi}{2} \end{aligned} \right\}\cos n\omega_s t \end{aligned} \tag{9-41}$$

可以看出，若 $n = 1,3,5\cdots$，则有 $\cos(n\pi/2) = 0$，从而式（9-41）可以改写为

$$A = \sum_{n=1}^{\infty} (-1)^{(n-1/2)}\left(\frac{4}{n\pi}\right)\left\{2\sum_{l=1}^{\infty}\left[J_0\left(\frac{Mn\pi}{2}\right) + 2\sum_{l=1}^{\infty} J_{2l}\left(\frac{Mn\pi}{2}\right)\cos(2l)(\omega_1 t)\right]\right\}\cos n\omega_s t \tag{9-42}$$

令 $k = 2l = 2,4,6\cdots$，利用积化和差公式，式（9-42）可以改写为

$$A = \sum_{n=1}^{\infty} (-1)^{(n-1)/2}\left(\frac{4}{n\pi}\right)\left\{2\sum_{l=1}^{\infty}\left[J_0\left(\frac{Mn\pi}{2}\right)\cos n\omega_s t + 2\sum_{k=2}^{\infty} J_k\left(\frac{Mn\pi}{2}\right)\cos(k\omega_1 \pm n\omega_s)t\right]\right\} \tag{9-43}$$

反之，若 $n = 1,3,5\cdots$，则有 $\cos(n\pi/2) = 0$，$k = 2l-1 = 1,3,5\cdots$，从而将式（9-41）可以改写为

$$A = \sum_{n=2}^{\infty} (-1)^{n/2}\left(\frac{4}{n\pi}\right)\sum_{k=1}^{\infty} J_k\left(\frac{Mn\pi}{2}\right)\sin(k\omega_1 \pm n\omega_s)t \tag{9-44}$$

从式（9-43）、式（9-44）可以看出，PWM调制后，单相全桥逆变器存在有调制波频率（ω_1，$k=1$，$n=0$）的基波，其幅值为ME_d，谐振角频率为（$k\omega_1 \pm n\omega_s$，k、n奇偶相反）的高频谐波，且其幅值为$\left(\dfrac{4}{n\pi}\right)J_k\left(\dfrac{Mn\pi}{2}\right)$。依据各个贝塞尔函数的数值情况，以$M=1$时的基波幅值为参考，其他调制度下各次谐波分布特点如图9-16所示。可见，PWM调制的电压中含有大量以开关频率次谐波为中心的高频边带谐波群，且随着调制度的降低，谐波含量会进一步升高，但对于低频的谐波消除效果较好，这也是在采用PWM调制的电力电子系统中滤波装置能小型化的原因。

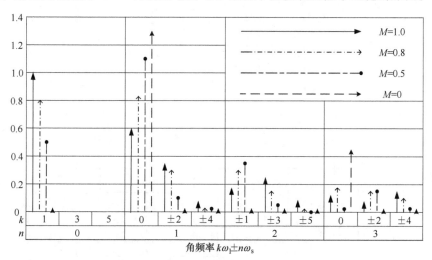

图 9-16　PWM 调制后单相全桥逆变器输出电压的频谱

9.3　电力电子装置谐波抑制

从电磁干扰频域分析的角度看，在9.2节中进行谐波特点分析的二极管不控整流电路、晶闸管半控斩波电路以及PWM开关管的整流电路，其干扰都主要包括两部分：由于整流脉波导致的开关频率倍数的较低频谐波干扰；由于开关动作本身造成的较高频干扰。在本节中，主要介绍电力电子系统中对于较低频谐波干扰的抑制策略。

9.3.1　多重化技术

根据9.2.1节中对三相六脉波整流器的电流谐波分析结果，即式（9-12）的分析可以看出，采用三相六脉波整流后，大电感负载的电流低频谐波输出仅存在5，7，11，13这样$k=6l\pm1$（$l=1$，2，3，…）次数的谐波。而采用多重联结方法后，输入电流的谐波将进一步减小。如图9-17所示，利用变压器二次绕组接法不同，使得两组三相交流电源间相位相错 30°后再串联，则使得输出的整流电压脉动从单个整流器的 6 次变成 12 次，其模块的输入电流如图 9-18 所示。

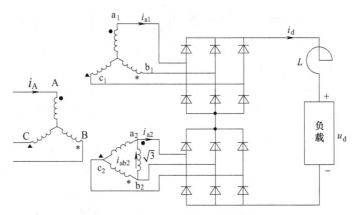

图 9-17　移相 30°串联二重联结电路

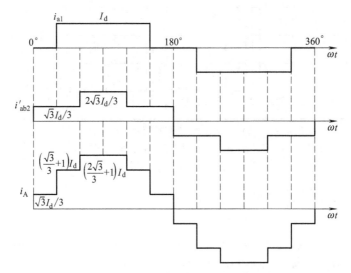

图 9-18　串联二重联结电路的输入电流波形

利用对图 9-18 的输入电流波形，结合 9.2.1 节进行傅里叶分析，可以得到其基波大小为

$$I_{m1} = \frac{4\sqrt{3}}{\pi} I_d \tag{9-45}$$

其他各次谐波大小为

$$I_{mn} = \frac{1}{n} \frac{4\sqrt{3}}{\pi} I_d, \quad n = 12k \pm 1, \quad k = 1, 2, 3 \cdots \tag{9-46}$$

实际上，由于多重化联结的整流方式，消除了输入谐波除了 $12k \pm 1$ 以外的其

他低频谐波，因此这种装置的功率因数比三相六脉波更高。而进一步，如果用两个12脉波整流器，互差15°＝360°/24，则每周期中 u_d 有24次脉动，可以证明谐波次数 $k=24l\pm1$。12脉波整流由互差30°的两个6脉整流桥组成，则24脉整流可由互差15°的4个6脉整流桥组成。更进一步，用类似方法，利用Z形接法或延边三角形接法，可以使输出电压相位互差10°，就成为36脉波整流，谐波次数为 $k=36l\pm1$。若使输出电压相位互差7.5°，则成为48脉波整流。谐波次数为 $k=48l\pm1$。依此类推，随着脉波数目的增多，整流装置的输入电流谐波会进一步减小。不过，更多的脉波数也需要更多的器件，会导致整流设备的成本进一步上升。

9.3.2 无源电力滤波

采用多重化技术可以使得电力电子系统（装置）减少谐波干扰，即非线性的电力电子装置怎样改善其本身的谐波干扰性能。本节将叙述非线性的电力电子装置已经产生了大量谐波，怎样使谐波不流向电网，即采用无源滤波器进行滤波；下节则介绍采用有源滤波器进行相应的补偿。无源电力滤波器（passive power filters，PPF），通常是利用LC电路进行滤波，主要是用电容器为高次谐波提供低阻抗的分流电路。这一技术比较成熟，它的优点是：①电压可以做得较高，容量可以做得较大；②在吸收高次谐波的同时，可以补偿无功功率，改善功率因数；③结构简单，维修方便，成本较低；④运行可靠，技术较成熟，操作人员较熟悉。

最简单的是单调谐的LC滤波器，其原理电路如图9-19a所示，阻抗与频率的关系如图9-19b所示。

由于电路中不可避免地存在电阻，故实际上是RLC串联电路。其复阻抗为

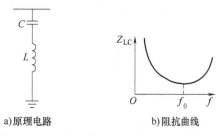

a）原理电路　　　　b）阻抗曲线

图 9-19　LC滤波器原理电路和阻抗曲线

$$Z=R+\mathrm{j}\left(\omega L-\frac{1}{\omega C}\right)=|Z|\angle\varphi \tag{9-47}$$

式中

$$|Z|=\sqrt{R^2+\left(\omega L-\frac{1}{\omega C}\right)^2} \tag{9-48}$$

$$\varphi=\arctan\frac{\omega L-\dfrac{1}{\omega C}}{R} \tag{9-49}$$

当串联谐振时，$\omega L=1/\omega C$，则 $Z=R$，$\varphi=0$。记特征阻抗 X_0 为

$$X_0=\sqrt{\frac{L}{C}} \tag{9-50}$$

品质因数 Q 为

$$Q = \frac{X_0}{R} \tag{9-51}$$

从式（9-47）和式（9-51）可以看出，电路中电阻 R 越小，则谐振时阻抗 Z 越小，滤波效果也越好，并且损耗也越小，这时品质因数 Q 越大。

但 R 太小，则 Q 很大，电网频率略偏离 50Hz，则从式（9-47）可看出 Z 增加很多，即电网频率偏离时，滤波效果变差，因此要适当考虑其 R 的值。

单调谐波 LC 滤波器主要用来抑制某一次低次谐波，在该低次谐波频率下串联谐振。因而形成低阻抗旁路，使该低次谐波不再流入电网，达到抑制谐波干扰的目的。要滤除若干个低次谐波，就要用若干个单调谐 LC 滤波器并联接到电网。

剩下的国家标准（GB/T）控制的各高次谐波，可以用低 Q 值的 LC 滤波器滤除，其电路原理如图 9-20 所示。

在电抗器（电感）旁并联电阻 R_1，以降低 Q 值，其 $Z\text{-}f$ 特性（见图 9-19b）底部比较平缓，在一段频带宽度（称通带）范围内 Z 很小，将 LC 单调谐器所未能吸收的而又需控制的高次谐波都包含在通带之内，都可以取得滤除的效果。有些文献也称之为高通滤波器。它与多个图 9-19a 所示电路组合，可以滤除各次谐波，如图 9-21 所示。

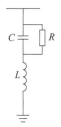
图 9-20 低 Q 值的 LC 滤波器

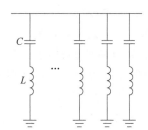
图 9-21 多个滤波电路组合

无源电力滤波器还可以设计成双谐波的，可以同时滤除两种频率的谐波。也可以做成多阶的，但电路复杂，应用较少。工程实用上可以把无源电力滤波器和无功功率补偿装置结合起来，同时改善功率因数，以取得较好的经济效果。但同时，无源电力滤波器由于其采用无源电感、电容器件的特性，也存在如下缺点：

1）流过滤波器的电流除了谐波电流外，还有基波电流；因此滤波器的容量要相应增加，特别是低次谐波滤波器。

2）如果因扩容等原因，所产生的谐波超过滤波器设计时的参数，可能造成滤波器因过载而损坏，因此，电力电子系统扩容时其相应的无源电力滤波装置也需要一同改装，不灵活。

3）当电网频率偏移，电容元件老化，或温度特性变化等因素，滤波器谐振频率与抑制谐波频率有偏移，由图 9-19b 可见，阻抗变大，从而影响装置原本的抑制效果。

4）由图 9-21 可见，为了滤除若干个特定的低次谐波，就需要针对性地采用需要用多个 LC 滤波器，因此体积较大。

因之，近来国内外已研究新型的谐波抑制装置，即有源滤波器。

9.3.3 有源电力滤波

有源电力滤波器（active power filter，APF），其原理是用一个逆变器产生一个与电网谐波电流 i_h 反相的补偿电流 i_c，注入电网，以抵消电力电子装置产生的谐波电流干扰。其原理图如图 9-22a~d 所示。

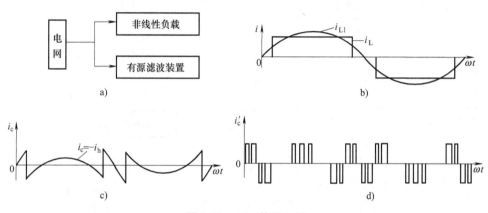

图 9-22　APF 的原理图

图 9-22 中非线性负载是一台电力电子装置，i_L 为其电流，以三相六脉整流器中一相电流为例画出。i_{L1} 为基波电流。

$$i_L = i_{L1} + i_H \tag{9-52}$$

总谐波电流瞬时值

$$i_H = i_L - i_{L1} \tag{9-53}$$

如果有源电力滤波器注入电网的补偿电流

$$i_c = -i_H \tag{9-54}$$

如图 9-22 b 所示，则电网电流

$$i_s = i_L + i_c = i_{L1} + i_H - i_H = i_{L1} \tag{9-55}$$

即只有负载的基波电流 i_{L1}，即电力电子装置所产生的谐波干扰全部为有源功率滤波器 APF 所抵消。但是，要产生精确的补偿电流是不可能的，也没有必要，因此，有文献提出用 PWM 逆变器产生补偿电流 i_c，来抵消一定阶次以下的低次谐波，剩下的高次谐波电流幅值较小，频率较高，可以方便地用无源电力滤波器进一步滤除。

产生补偿电流 i_c 的方法可以图 9-23 来说明，这是一种电流型有源电力滤波器。测量电路由 50Hz 带通滤波器得的基波电流 i_{L1}，从负载电流 i_L 中减去而得 i_H，i_H 的波形如图 9-22c，但是相位相反。

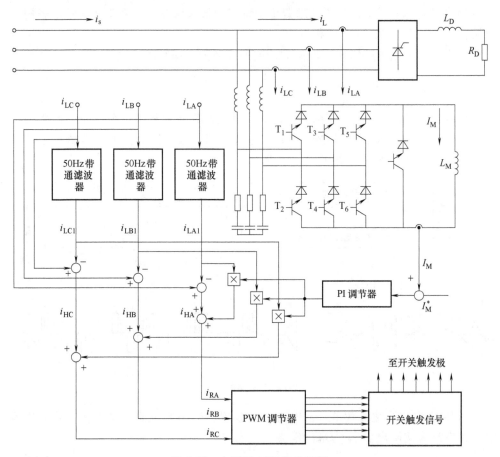

图 9-23　电流型 APF 结构简图

将该波形 i_H 用 PWM 调制器进行调制，得到如图 9-22d 所示脉冲波形。用该脉冲控制三相逆变器中一相上下臂的开通和关断，就可以使该相电流波形如图 9-22b 所示，脉冲幅度为电流型逆变器中储能元件电感上的电流大小 I_M。这一脉冲波形 i_c 经解调滤波器解调，就可以复原为图 9-22c 所示的谐波电流波形 i_c。

根据上述设计，构成一台 APF 装置模型，以三相不控桥式整流装置为其谐波源。实验结果证实了上述设计的正确性。三相桥式不控整流器的直流电感 L_d 为 100mH，电流 I_d 最大值为 5A，实验实测波形如图 9-24 所示。

图 9-24a 为滤波器投入前的电压和电流波形。由波形可以看出，此时电网电流波形为准方波，其谐波含量见表 9-2。滤波器投入后，如图 9-24b 所示，电流波形得到很明显的改善。表 9-2 是实验室测量结果。

测试结果表明，准方波的 5 次、7 次等主要谐波含量大大减小，但基波分量增加了，这是滤波器本身存在损耗的结果。这时 PI 调节器的输出 ρ 由下式计算得到：

$$\rho = (I_{后} - I_{前})/I_{前} = (3.218 - 3.056)/3.056 = 0.05$$

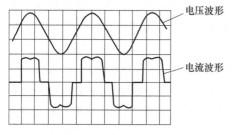

a) APF投入前的电压、电流波形　　　　b) APF投入后的电压、电流波形

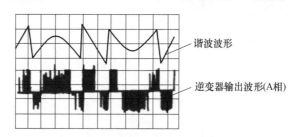

c) APF投入后的谐波波形及逆变器输出的波形(A相)

图 9-24　实测波形

式中，$I_前$ 为 APF 投入前电网基波电流；$I_后$ 为 APF 投入后基波电流。该值也显示 APF 投入后，损耗增加了 5%。图 9-24c 为控制电路测得的电网谐波电流，以及未经解调滤波器的逆变器输出波形，包含了多种谐波。APF 能滤除的不仅是某一次谐波，而是各次谐波，而且不存在过载问题，效果良好，与理论分析一致。

表 9-2　用谐波测试仪测得的数据

电流谐波次数	1	5	7	11	13	17	19
投入前单位/A	3.056	0.645	0.380	0.256	0.207	0.152	0.137
投入后单位/A	3.218	0.083	0.042	0.071	0.101	0.027	0.050

APF 的优点在于：

1）用一台装置可以处理单个高次谐波或多个高次谐波。高次谐波数量及大小的改变，无需改动装置的结构。

2）即使高次谐波的发生量增加，由于本装置能控制使其不超过额定电流，所以不会发生过载和损坏。

APF 的缺点在于：

1）损耗较大，本实验装置达到 5%，当功率增加时，APF 装置损耗百分比可望下降。

2）受电力电子器件功率容量的限制，目前 APF 的容量还不能做得很大。从而影响到 APF 的实用化。但是 APF 作为一种新型的电力滤波装置，必定能在实际中得到广泛应用。

鉴于有源滤波器的缺点，以无源滤波器的优点进行相应补充的思路被提出。在目前电力电子器件容量限制的条件下，有源和无源电力滤波器相结合的混合有源电力滤波器增加补偿装置的容量的滤波方法得到工程界的重视。

9.3.4 混合滤波器设计

该方案是将有源电力滤波器和无源电力滤波器串联，再并联于电网，以补偿谐波的新方案。无源电力滤波器承担主要的补偿容量，有源电力滤波器用来改善无源电力滤波器的特性，其电路原理如图 9-25 所示，该方案又称串联有源电力滤波器（series active power filter，SAPF）。

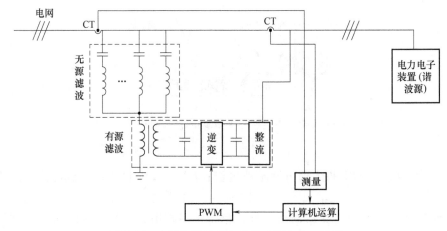

图 9-25 有源和无源结合的混合型电力滤波器

无源电力滤波器包括若干个调谐 LC 滤波器和一个低 Q 值滤波器，类似于 9.3.2 节中图 9-21，它对谐波的阻抗很小，而对基波的阻抗很大。因此基波电压 u_1 主要由无源功率滤波器承担，与它串联的有源电力滤波器则受谐波电流 i_H 的控制，一般经补偿后电网电压 u_S 为

$$u_S = u_1 + u_H \tag{9-56}$$

由 9.2.3 节知谐波电压 $u_H \ll u_1$ 而 u_1 主要由无源电力滤波器承担，故有源电力滤波器承担的电压很小，所以有源电力滤波器的容量可以减小。有文献表明用一台 0.5kVA 的 PWM 逆变器构成 SAPF，可以补偿 20kVA 三相整流器所产生的谐波。反过来说，同样容量的有源电力滤波器，与无源电力滤波器结合后，能补偿谐波的容量大为增加，这就是该方案的优点。

由于有源电力滤波器的电压不高，故用了一个降压变压器 B，以减少整流逆变器的电流。图 9-25 的 h 次谐波等效电路如图 9-26 所示。

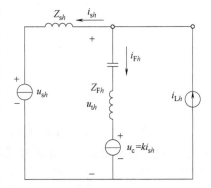

图 9-26 h 次谐波的等效电路图

图 9-26 中，i_{Lh} 为谐波源产生的 h 次谐波；u_{th} 为负载端的 h 次谐波电压；i_{Fh} 为滤波器流过的 h 次谐波电流；i_{sh} 为流到电网的 h 次谐波电流；Z_{sh} 为电网串联阻抗；u_{sh} 为影响电网的 h 次谐波电压；Z_{Fh} 为无源滤波器的 h 次谐波阻抗；u_c 为补偿电压，受 i_{sh} 控制：$u_c = ki_{sh}$。在设计完善时，k 为高阻抗，即 k 很大。因为图 9-26 中 i_{sh} 是个恒流源，故对谐波电流来说，可以等效成图 9-27，于是可得

$$i_{sh} = \frac{Z_{Fh}}{(k+Z_{sh})+Z_{Fh}} i_{Lh} \tag{9-57}$$

式（9-57）说明 APF 相当于在电网中串联了一个可变的电阻 k，单位为欧姆。设计时 $k \gg |Z_{Fh}|$，故 $i_{sh} \approx 0$，谐波电流都从滤波器上流过，抑制了电力电子系统对电网的谐波干扰。

此外，$k \gg |Z_{Fh}|$ 说明 SAPF 设计时与电网参数 Z_{sh} 关系不大，简化了设计，并且可用于不同的电网。电容器可能在谐波频率下与电网中感抗发生谐振，导致电力电容器过载。这在单独应用无源电力滤波器或补偿功率因数的电容器时都可能发生。当联合应用有源电力滤波器时，其等效电路如图 9-28 所示。因为 $k \gg |Z_F| + |Z_s|$，故电网电压谐波主要由 APF 承担，而其电阻又很大，有效地防止了串联谐振。这种滤波器也可以和功率因数补偿相结合，在抑制谐波干扰的同时改善功率因数。

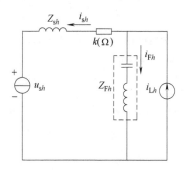

图 9-27 谐波电流等效电路

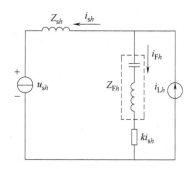

图 9-28 串联谐振时等效电路

将有源和无源电力滤波器结合后，可以使用小容量的有源电力滤波器补偿较大容量的谐波源，这是目前国际上热门的研究课题之一。其原理上面已做介绍，具体实现方法较多，请参阅有关文献。

9.4 电力电子电路开关瞬态干扰的缓冲与吸收

在 9.3 节中，重点介绍了采用有源、无源滤波器对电力电子系统中开关次数谐波的抑制措施，本节主要介绍通过采用缓冲电路（吸收电路）以降低开关动作时产生的高 $\mathrm{d}u/\mathrm{d}t$、$\mathrm{d}i/\mathrm{d}t$ 的电磁干扰抑制措施。缓冲电路（snubber circuit）又称吸收电路，是一种开关辅助电路，很早就被用来改善功率开关元件瞬态工况，其作

用主要是抑制过高的 di/dt 和 du/dt 确保器件工作在安全工作区，在一定程度上降低开关瞬态功耗，缓解 EMI 情况。

缓冲电路可分为关断缓冲电路和开通缓冲电路。关断缓冲电路又称为 du/dt 抑制电路，用于吸收器件的关断，换相过程中产生的尖峰电压；而开通缓冲电路则称为 di/dt 抑制电路，用于抑制器件开通时的电流过冲。如无特别说明，通常讲的缓冲电路专门指关断缓冲电路，而开通缓冲电路则叫作 di/dt 抑制电路。本节重点对（关断）缓冲电路进行介绍。如图 9-29a 所示，给出了一种缓冲电路和 di/dt 抑制电路的相应电路图，其中虚线表示的是无缓冲电路时的波形。但没有缓冲电路存在时，IGBT 导通后，集电极电流 I_C 迅速上升，关断时集电极和发射极之间的电压 U_{CE} 也会迅速上升，造成开关过程中的 du/dt 和 di/dt 都很大。在有缓冲电路的情况下，V 开通时缓冲电容 C_s 先通过 R_s 向 V 放电，使电流 i_c 先上一个台阶，以后因为有 di/dt 抑制电路的电感 L_i，电流 i_c 的上升速度减慢。R_i、VD_i 是为给 L_i 中的磁场能量提供放电回路设置的。而当 V 关断时，负载电流通过 VD_s 流向 C_s 分流，减轻了 V 的负担，抑制了 du/dt 过电压。因为关断时，电路中杂散电感的能量需要释放，因此只能尽量降低过电压，同时降低电压上升速度。

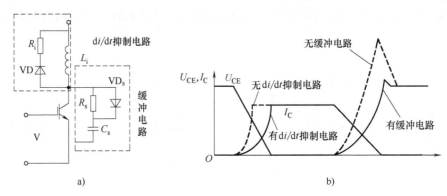

a)　　　　　　　　　　　　　　　　　b)

图 9-29　di/dt 抑制电路和充放电型 RCD 缓冲电路及波形

从直观上看，缓冲电路能够抑制 du/dt、di/dt 大小从而使得开关动作中的电流/电压动作尖峰放缓，从而降低高频的电磁干扰。在这里以周期梯形波边沿对其高频电磁干扰特性的改善来进行说明。

如图 9-30a 所示，直流电压为 U 的梯形波周期为 T，其上升下降时间若均为 t，占空比为 d，则其高频谐波振幅为

$$\begin{cases} |U_n| = 4\dfrac{U}{n^2\pi\omega_0 t}\sin\dfrac{n\omega_0 t}{2}\sin\dfrac{n\omega_0(dT+t)}{2} \\ \omega_0 = 2\pi/T \end{cases} \tag{9-58}$$

从图 9-30b 可以看出在频率达到 $f_r = 1/\pi t$ 后，其原本以 -20dB/dec 衰减的频谱幅值包络变为以 -40dB/dec 加速衰减，因此，当梯形波边沿的上升速度下降时，t

增大，f_r 减小，电磁干扰频谱的高频部分幅值衰减将加快，从而抑制这部分以后的电磁干扰，这就是缓冲电路抑制电磁干扰的数学原理。

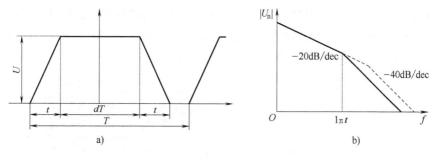

图 9-30　周期梯形波及其频谱

图 9-29 所示的缓冲电路被称为充放电型 RCD 缓冲电路，适用于中等容量的场合。图 9-31 展示了另外两种常用的缓冲电路形式。其中 RC 缓冲电路主要用于小容量器件，而放电阻止型 RCD 缓冲电路用于中大容量器件。

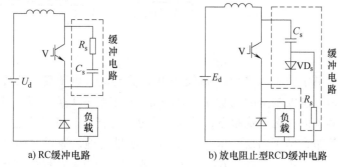

a) RC缓冲电路　　　　　b) 放电阻止型RCD缓冲电路

图 9-31　另外两种常用缓冲电路

缓冲电容 C_s 和吸收电阻 R_s 的取值可用实验方法确定，或参考有关的工程手册。吸收二极管 VD_s 必须用快恢复二极管，其额定电流应不小于主电路器件额定电流 1/10。此外应该尽量减少线路、母排的寄生电感，且选用内部电感较小的吸收电容。在中小容量场合，若线路电感较小，可只在直流侧总设一个缓冲电路，对 IGBT 甚至可以仅仅并联一个吸收电路。晶闸管在实际应用中一般只承受换相过电压，没有关断过电压问题，关断时也没有较大的 du/dt，因此一般采用 RC 吸收电路即可。

9.5　基于调制的电磁干扰抑制方法

从 9.2 节中可以看出，采用 PWM 方式进行开关控制的电力电子系统装置对于低频调制波的谐波具有良好的抑制作用，但随之而来的是开关次高频干扰的问题，针对这一问题，除了 9.4 节中所提到的降低开关动作的过高的 di/dt 和 du/dt 以抑制电磁干扰的方法，还有相关研究提出对调制策略进行改进的电磁干扰抑制方法，本节对此作简要介绍。

如图 9-32 所示，根据目前已有研究中调制策略的不同，各种抑制电磁干扰的调制方式可以大致归类为以下四类：离散随机信号扩频调制、周期信号扩频调制、混沌调制、特定谐波消去调制。其中前三类调制统称为扩频调制，因其通过随机或周期性改变调制信号的开关频率以达到降低谐波峰值的目的，而特定谐波调制方法则旨在通过调整、计算开关时刻以消除特定次数的谐波。

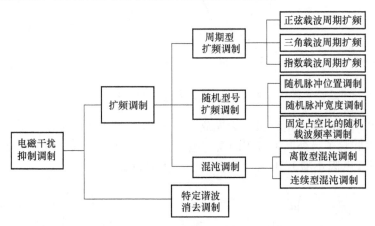

图 9-32　电磁干扰抑制调制策略的分类

由于在电力电子装置的 PWM 调制过程中，决定电力电子变换器传输能量的基波幅值往往只由调制波本身的调制度决定，而与载波频率无关；但载波的频率却决定了电力电子系统的电磁干扰频点，因此一部分研究指出，可以从通信领域引入改进调制方式的策略，基于帕斯瓦尔（Parseval）能量定理，通过在调制中采用不同频率的载波以控制开关频率的方式将原本集中在某一频点的高频电磁干扰能量分散到该频点附近较宽的频带上，从而降低特定频点干扰的危害，达到抑制电磁干扰的目的，如图 9-33 所示。

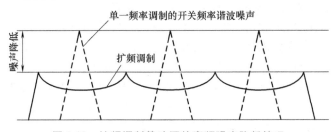

图 9-33　扩频调制策略下的高频噪声降低情况

三类扩频调制方法的区别主要在于其 PWM 调制频率变化的方式存在不同，从其分类命名就可以理解：其中周期型扩频调制采用的是有规律的周期型频率变化方式，这种办法较为简便，同时还可以改变载波的形状，从而将高频的噪声分布到指定的扩频区域，从而降低高频 EMI 噪声，不过正是由于其周期性的变化特点，往往会引入额外的低频谐波；随机型号扩频调制是目前实际应用中扩频调制开关信号的最主要方法，随机 PWM 的基本思想是以随机方式改变一个或多个选通信号参数，如调制频率、脉冲宽度、脉冲位置等，从而使得高频电磁干扰均匀分布在各个频段上；混沌调制策略则通过在开关频率中引入混沌序列，使得 PWM 调制频率以连续或离散的方式跟随指定的混沌序列变动，从而防止电磁干扰能量固定在特定频率。

基于目前电力电子装置中广泛采用 PWM 调制，在 EMC 滤波器优化设计、电力电子装置硬件布置优化设计等传统方法的电磁干扰优化空间逐渐缩小的情况下，

扩频调制策略作为一种软件设计的 EMC 优化方法，近年来得到了许多研究，提出了图 9-32 中的一系列调制策略，在此以其中的随机型扩频调制为例进行介绍。

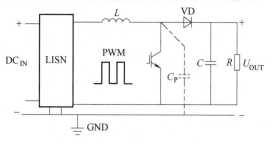

如图 9-34 所示的 5～24V 升压 boost 电路采用 PWM 定频 20kHz 控制，此时其输入侧 LISN 检测到

图 9-34　boost 电路及其共模噪声回路

的共模噪声频谱较高，现在改用随机载波频率调制使其扩频，保持占空比不变，其噪声频谱对比结果如图 9-35 所示。

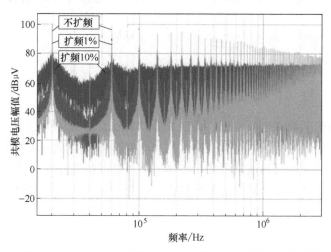

图 9-35　boost 电路扩频调制对开关频谱干扰的搬移抑制结果

可以看出，这一扩频调制策略使得电路的输入侧 EMI 整体高峰处下降了近 20dB，实际上，是将开关频率处集中的能量搬运到了其附近的频谱上，并不针对电力电子系统的相关 EMC 滤波器及其他硬件布置作改动，因此是一种纯粹软件算法上的电磁干扰抑制措施。目前 TI（Texas Instruments）公司的 TPS82671 电源管理芯片、凌特（Linear Technology）公司的 LTC6902 多相振荡时钟芯片都是采用扩频技术以降低电源噪声的典型应用。

第10章

电力电子系统电磁干扰建模及抑制

随着电力电子与电力传动技术以及新能源技术的发展，电机驱动系统和光伏发电系统得到了广泛的应用。如今电机驱动系统已经被应用于新能源汽车、轨道交通、航空航天，以及矿山开采、冶金、化工、造纸、纺织、食品、医药、家电等许多领域。光伏发电系统将光伏电池输出的直流电转换为符合电网要求的交流电，系统里包含多种电力电子电路，也是非常有代表性的电力电子系统。由于非线性高频电力电子器件的大量使用，电力电子系统往往会产生较大的电磁干扰噪声，目前国内外对其差模、共模干扰特征以及 EMI 建模和抑制方法做了许多研究。本章以电机驱动系统和光伏发电系统为例，分别介绍了这两种系统的电磁干扰源、干扰耦合路径、干扰建模和抑制方法，帮助读者更好地理解电力电子系统的电磁兼容分析和设计方法。

10.1　电机驱动系统电磁干扰建模及抑制

10.1.1　电机驱动系统电磁干扰源和耦合路径

一种应用于电动汽车的电机驱动系统的结构示意图如图 10-1 所示。可以看出，该电机驱动系统由电池、线缆、逆变电路和电机等部分组成。其中线缆为两根单芯屏蔽线缆，线缆屏蔽层的两端分别与车体、逆变器的机壳相连，同时逆变器的机壳和车体相连。该电机驱动系统的最大输出功率为 30kW，直流额定电压为 150V，线缆上的最大直流电流为 200A。

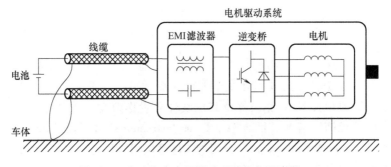

图 10-1　电动汽车电机驱动系统结构示意图

电机驱动系统传导干扰测试方法如图 10-2 所示，为便于在实验室环境下测试，使用直流源代替系统中的电池，使用金属板代替车体，金属板与大地相连，同时在直流源和线缆之间加入 LISN，LISN 的作用是提供稳定的直流侧阻抗、同时隔离直流侧的干扰。线缆屏蔽层的两端分别与逆变器机壳以及 LISN 的接地点相连，逆变器机壳与金属板相连，同时 LISN 的接地点也与金属板相连。电机驱动系统的传导干扰测试需要在暗室环境中开展，电机与一发电机对拖，以提供负载转矩，LISN 的测试端口与 EMI 接收机相连，EMI 接收机、直流源、发电机均安装在暗室外，以测量传导干扰。

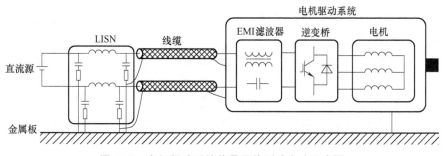

图 10-2 电机驱动系统传导干扰测试方法示意图

在电机驱动系统中，主要的电磁干扰源是逆变电路，逆变电路中的开关器件动作时，会产生高频方波 EMI 噪声信号，这些 EMI 噪声在电机驱动系统内部的共模干扰和差模干扰耦合路径中传播。电机驱动系统内部的共模干扰和差模干扰耦合路径分别如图 10-3 和图 10-4 所示，其中电机驱动系统的共模干扰耦合路径包括电机定子绕组对机壳的电容、线缆的屏蔽层、LISN、接地回路，差模干扰耦合路径包括 LISN、线缆、逆变电路、电机等组成部分的差模阻抗。为了建立电机驱动系统的高频电磁干扰模型，需要分别建立逆变电路和上述耦合路径中各组成部分的高频模型。

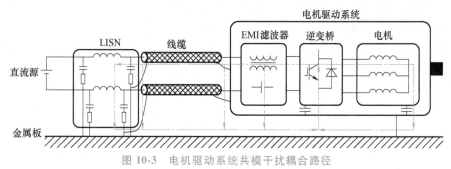

图 10-3 电机驱动系统共模干扰耦合路径

10.1.2 电机驱动系统电磁干扰建模

1. 逆变电路的高频建模

逆变电路由直流母线电容和三相桥臂组成，其中三相桥臂被安装在一块名为功

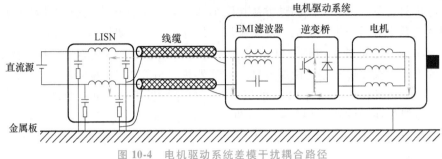

图 10-4　电机驱动系统差模干扰耦合路径

率板的 PCB 上。为了建立逆变电路的高频模型，需要分别建立直流母线电容和功率板的高频模型。

首先，提取直流母线电容阻抗频谱，根据提取结果，直流母线电容可以使用如图 10-5 所示的 R-L-C 串联电路等效建立其高频模型。根据测

图 10-5　直流母线电容的高频模型

量得到的直流母线电容阻抗频谱，利用蒙特卡洛算法，可以提取得到模型参数 $C_{dc} = 6.8\text{mF}$，$ESL_{dc} = 40.14\text{nH}$，$ESR_{dc} = 7.5\text{m}\Omega$。

随后需要建立三相桥臂的高频模型，即功率板的高频模型。本节所研究的电机驱动系统，功率板通过螺丝和直流母排、交流母排、逆变器机壳相连，功率板螺钉的位置如图 10-6 所示。图中螺钉 P1、P2 连接至直流正母排，N1、N2 连接至直流负母排，螺钉 A、B、C 分别连接至三个交流母排，其余螺钉连接至逆变器的机壳。根据逆变器的电路拓扑以及功率板的结构，使用如图 10-7 所示的高频电路对功率板进行建模，该模型由 IGBT、结电容、对地电容、线路电感等部分组成。

功率板高频模型的参数可以按照以下过程提取。首先将功率板和逆变器机壳相连的螺钉全部拧开，并从逆变器中取出，随后使用网络分析仪测量 P1 和

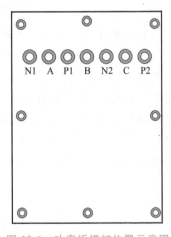

图 10-6　功率板螺钉位置示意图

P2 之间的阻抗、N1 和 N2 之间的阻抗。由于功率板和功率地断开连接，因此测量得到的阻抗频谱是如图 10-7 所示模型中 $Z_{\text{P1-P2}}$ 和 $Z_{\text{N1-N2}}$ 的频谱。根据测量得到的阻抗，并结合遗传算法，使用如图 10-8 和图 10-9 所示的电路网络分别对 $Z_{\text{P1-P2}}$ 和 $Z_{\text{N1-N2}}$ 建模。

随后，在不连接逆变器机壳的情况下，使用阻抗分析仪测量了 P1 与 A、P1 与 B、P2 与 C、N1 与 A、N2 与 B、N2 与 C 之间的阻抗，测量得到的阻抗均符合 LC 一阶谐振阻抗的特性，在不连接逆变器机壳的情况下，测量得到的这些阻抗都可以认为是由 IGBT 的结电容和线路电感的串联产生的。根据这些阻抗测试结果，可以

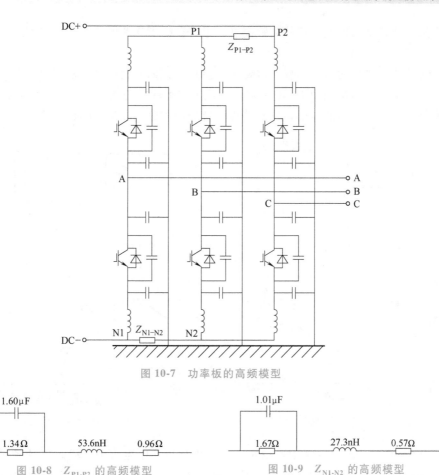

图 10-7 功率板的高频模型

图 10-8 Z_{P1-P2} 的高频模型

图 10-9 Z_{N1-N2} 的高频模型

提取结电容和线路电感等参数的值。对于上三管，线路电感分别为 11.4nH、24.0nH、29.8nH，对于下三管，线路电感分别为 6.9nH、17.0nH、22.0nH，此外，对于所有 6 个 IGBT 管，结电容的容值都约为 250nF。

最后，在功率板接入逆变器机壳的情况下，使用阻抗分析仪测量 P1、P2、N1、A、B 等点对逆变器机壳的阻抗。在 100kHz 时，这几个对地阻抗均为容性，且容值分别为 7.30nF、7.43nF、7.43nF、7.30nF、7.30nF。当频率为 100kHz 时，线路电感的阻抗以及 Z_{P1-P2} 和 Z_{N1-N2} 的阻抗远小于对地电容的阻抗，此外，可看出，这几个点对地的容值远大于结电容。可以认为在 100kHz 时，只有对地电容的阻抗会对对地阻抗起作用，而其他模型参数的阻抗可以被视为短路，因此，根据图 10-7，可以认为在 100kHz 时，这些点对地的阻抗是所有对地电容并联后的阻抗。此外由于功率板和三相桥臂的对称性，为了简化模型，同时方便提取参数，一种常用且合理的假设是认为逆变器中所有 IGBT 的集电极和发射极对地电容的大小是一样的，由此可以计算出功率板各处的对地电容约为 7.4nF/12＝616.7pF。

根据图 10-7 所示的电路模型，结合上述提取的模型参数，建立了功率板的高频模型，结合直流母线电容的高频模型，最终获得了逆变电路的高频模型。

2. 电机的高频建模

为了建立电机的高频模型，需要利用阻抗测试的方法提取电机端口的阻抗。利用阻抗分析仪，使用如图 10-10 所示的接线方式方法，测量电机端口的共模阻抗和差模阻抗，测量得到的共模阻抗和差模阻抗的频谱分别如图 10-11 和图 10-12 所示。

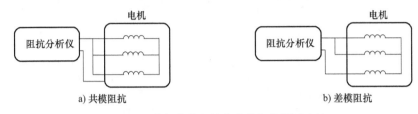

图 10-10　电机共模阻抗和差模阻抗测试方法

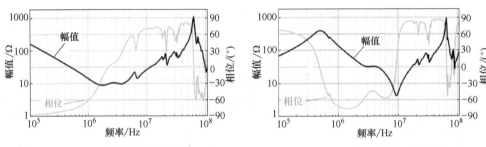

图 10-11　电机共模阻抗频谱　　　　图 10-12　电机差模阻抗频谱

从图 10-11 和图 10-12 中可以看出，电机高频共模阻抗和差模阻抗的频谱涵盖了很多谐振点。为了建立电机的高频模型，根据电机阻抗测试结果以及电机的结构，使用如图 10-13 所示的电路拓扑，建立电机高频模型。该模型主要由三个部分组成，即绕组阻抗 Z_W、两个对地阻抗 Z_{g1} 和 Z_{g2}，其中绕组阻抗 Z_W 由表示定子绕组感性阻抗的 R_s、L_s，表示铜损的 R_e，表示定子匝间高频寄生效应的 R_t、L_t、C_t 等参数组成，对地阻抗 Z_{g1} 由三阶 $R-L-C$ 串联谐振电路组成，Z_{g2} 由二阶 $R-L-C$ 串联谐振电路组成。为了提取这些模型参数，使用如式（10-1）所示的非线性规划

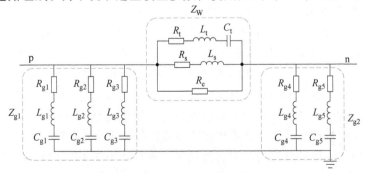

图 10-13　电机单相高频电路模型

问题，求解模型参数。

find $\quad R_s, L_s, R_e, R_t, L_t, C_t$

$\quad\quad R_{g1}, L_{g1}, C_{g1}, R_{g2}, L_{g2}, C_{g2}, R_{g3}, L_{g3}, C_{g3}, R_{g4}, L_{g4}, C_{g4}, R_{g5}, L_{g5}, C_{g5}$

objective min $\quad d = \sum_{s=j\omega} |Z_{CM\_m}(s) - Z_{CM\_c}(s)|^2 + |Z_{DM\_m}(s) - Z_{DM\_c}(s)|^2$

where $\quad Z_{CM\_c}(s) = \dfrac{[Z_W(s) + Z_{g2}(s)] // Z_{g1}(s)}{3}, Z_{DM\_c} = \dfrac{2}{3} Z_W(s) // Z_{g1}(s),$

$\quad\quad Z_W(s) = R_e // (R_s + sL_s) // \left(R_t + sL_t + \dfrac{1}{sC_t}\right),$

$\quad\quad Z_{g1}(s) = \left(R_{g1} + sL_{g1} + \dfrac{1}{sC_{g1}}\right) // \left(R_{g2} + sL_{g2} + \dfrac{1}{sC_{g2}}\right) // \left(R_{g3} + sL_{g3} + \dfrac{1}{sC_{g3}}\right),$

$\quad\quad Z_{g2}(s) = \left(R_{g4} + sL_{g4} + \dfrac{1}{sC_{g4}}\right) // \left(R_{g5} + sL_{g5} + \dfrac{1}{sC_{g5}}\right) \quad\quad\quad (10\text{-}1)$

subject to $\quad \begin{cases} 1\mu H < L_s < 1mH, \ 0\Omega < R_s < 50\Omega, \ 10\Omega < R_e < 1k\Omega \\ 1nH < L_t < 10\mu H, \ 0\Omega < R_t < 100\Omega, \ 0.1nF < C_t < 100nF \end{cases}$

subject to $\quad \begin{cases} 0 < R_{gi} < 1k\Omega \\ 1pF < C_{gi} < 50nF \quad when \quad i = 1,2,3,4,5 \\ 10nH < L_{gi} < 50\mu H \end{cases}$

式中，Z_{CM_m} 表示测量得到的电机共模阻抗；Z_{CM_c} 表示电机模型的共模阻抗；Z_{DM_m} 表示测量得到的电机差模阻抗；Z_{DM_c} 表示电机模型的差模阻抗。

根据式（10-1）以及图 10-11 和图 10-12 所示的测试结果，利用遗传算法求解电机高频模型参数，求解得到的模型参数见表 10-1。

表 10-1 电机高频模型参数

参数	值	参数	值	参数	值
L_s	54.9μH	R_s	9.04Ω	R_e	223Ω
L_t	278nH	R_t	3.08Ω	C_t	1.15nF
C_{g1}	2.48pF	R_{g1}	84.6Ω	L_{g1}	948nH
C_{g2}	206pF	R_{g2}	163Ω	L_{g2}	5.56μH
C_{g3}	856pF	R_{g3}	42.2Ω	L_{g3}	3.45μH
C_{g4}	1.04nF	R_{g4}	21.4Ω	L_{g4}	13.2μH
C_{g5}	31.6pF	R_{g5}	974Ω	L_{g5}	6.11μH

随后，为了验证模型的准确性，将表 10-1 所列的模型参数代入到如图 10-13 所示的模型中，并计算了模型的共模阻抗和差模阻抗。模型的共模阻抗和测量得到的共模阻抗的对比如图 10-14 所示，模型的差模阻抗和测量得到的差模阻抗的对比如图 10-15 所示。

从图 10-14 中可以看出，模型的共模阻抗和测量得到的共模阻抗能较好地吻合。从图 10-15 中可以看出，模型的差模阻抗和测量得到的差模阻抗在 100kHz ~ 60MHz 的频率范围内吻合得很好，而在频率大于 60MHz 有一定的误差，这个误差的产生可能是由于阻抗分析仪的夹具对阻抗测试精度产生了干扰，测得差模阻抗存在误差。图 10-14 和图 10-15 证明了所建立的电机高频模型具有较高的准确性，也证明了所采用的电机建模方法。

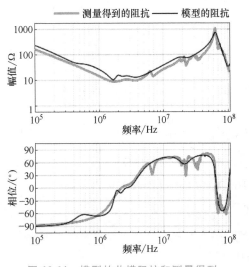 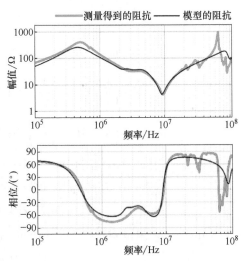

图 10-14　模型的共模阻抗和测量得到
的共模阻抗对比图

图 10-15　模型的差模阻抗和测量得到
的差模阻抗对比图

3. 线缆的高频建模

线缆内部的高频耦合效应包括线芯和自身屏蔽层之间的高频耦合、线芯和线芯之间的高频耦合、屏蔽层和屏蔽层之间的高频耦合。在电机驱动系统中，两根线缆之间的最近处的距离约为 0.15m，而线芯和其自身屏蔽层之间的最近处距离不到 0.01m，因此线芯与自身屏蔽层之间的高频耦合效应，会比线芯与线芯之间的高频耦合以及屏蔽层与屏蔽层之间的高频耦合要强很多。此外，由于屏蔽层的两端都通过连接设备机壳接地，屏蔽层与屏蔽层之间的高频耦合参数会被地回路短路，屏蔽层与屏蔽层之间的高频耦合效应对系统 EMI 特性的影响很小，因此在建立线缆高频模型时，只考虑线芯与屏蔽层之间的耦合。

为了建立线缆的高频模型，需要测试线缆端口的阻抗，由于只考虑线芯和屏蔽层之间的耦合，使用如图 10-16 所示的阻抗测试方法提取线芯和屏蔽层之间的阻抗。利用图 10-16 所示的测量方法，分别测量了直流正母线线缆线芯和屏蔽层之间

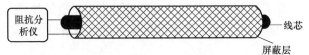

图 10-16　线缆线芯和屏蔽层之间的阻抗的测试方法

的阻抗，以及直流负母线线缆线芯和屏蔽层之间的阻抗，测量结果分别如图 10-17 和图 10-18 所示。

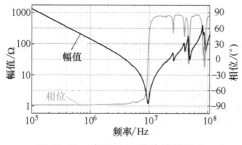

图 10-17　直流正母线线缆线芯和
屏蔽层之间的阻抗

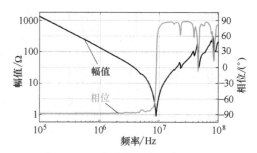

图 10-18　直流负母线线缆线芯和
屏蔽层之间的阻抗

从图 10-17 和图 10-18 中可以看出，线缆线芯与屏蔽层之间的阻抗存在多个谐振峰值点，需要使用高阶阻抗网络建立线缆的模型。为此，使用如图 10-19 所示的九阶阻抗网络建立线缆的高频模型，该模型同时适用于直流正母线线缆和直流负母线线缆。图 10-19 中，L_{co_i}、R_{co_i}（$i = 1, 2, \cdots, 9$）表示线缆线芯的阻抗，L_{sh_i}、R_{sh_i}（$i = 1, 2, \cdots, 9$）表示线缆屏蔽层的阻抗，L_{cp_i}、C_{cp_i}、R_{cp_i}（$i = 1, 2, \cdots, 9$）表示线缆线芯与屏蔽层之间的耦合参数。

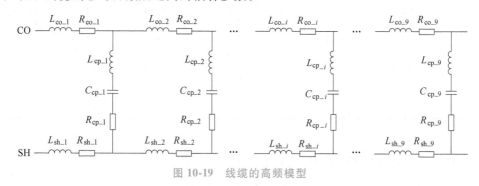

图 10-19　线缆的高频模型

在建立了线缆高频模型的基础上，可以将线缆高频模型参数提取等效为非线性规划问题，即找到最合适的模型参数，使模型的阻抗矢量值和测试得到的阻抗矢量值之间的误差最小。

由图 10-19 可以看出，对于线缆模型 CO 和 SH 端口之间的阻抗 $Z_{CO\text{-}SH}$ 来说，参数 L_{co_i}、R_{co_i} 和参数 L_{sh_i}、R_{sh_i} 对 $Z_{CO\text{-}SH}$ 有着相同的影响。为了获得这些参数的值，需要分别测量线芯自身的阻抗和屏蔽层自身的阻抗，由于阻抗分析仪夹具的尺寸有限，无法直接测量未弯曲状态下的线缆，如果将线芯或屏蔽层弯曲后再测量，由于寄生电容效应，测得的阻抗会和实际未弯曲情况下的不同，因此使用在线阻抗提取法测量了长度相同、且长度约为 0.2m 的线芯和屏蔽层的阻抗。根据测量得到的阻抗频谱，利用蒙特卡罗算法，得出线芯的感值和阻值分别为 18.2nH、

$0.362\text{m}\Omega$，屏蔽层的感值和阻值分别为 9.2nH、$0.362\text{m}\Omega$。根据上述测试结果，可以近似认为 $L_{\text{co\_}i} \approx 2L_{\text{sh\_}i}$，且 $R_{\text{co\_}i} \approx R_{\text{sh\_}i}$。

根据图 10-17 和图 10-18 所示的阻抗测试结果，对应于直流正母线线缆和直流负母线线缆，分别利用遗传算法提取模型参数。遗传算法的种群中个体的数量设置为 10000，变异率设置为 0.1。提取得到的模型参数见表 10-2 和表 10-3，结合如图 10-19 所示的模型拓扑，最终建立了电机驱动系统线缆的高频模型。

表 10-2　直流正母线线缆模型参数

i	$L_{\text{co\_}i}/\text{nH}$	$R_{\text{co\_}i}/\text{m}\Omega$	$L_{\text{sh\_}i}/\text{nH}$	$R_{\text{sh\_}i}/\text{m}\Omega$	$L_{\text{cp\_}i}/\text{nH}$	$C_{\text{cp\_}i}/\text{pF}$	$R_{\text{cp\_}i}/\Omega$
1	109.6	2.75	54.8	2.75	0.101	10.0	0.149
2	20.4	1.85	10.2	1.85	28.6	49.1	1.62
3	24.6	3.29	12.3	3.29	27.8	148.9	2.27
4	28.3	1.72	14.15	1.72	49.9	400.3	1.86
5	2.52	0.375	1.26	0.375	41.4	252.2	0.000354
6	89.4	2.55	44.7	2.55	20.7	880.1	3.46
7	18.64	7.21	9.32	7.21	3.136	134.0	3.98
8	56.2	3.22	28.1	3.22	46.4	88.8	0.0812
9	131.5	1.70	65.8	1.70	19.0	42.8	0.155

表 10-3　直流负母线线缆模型参数

i	$L_{\text{co\_}i}/\text{nH}$	$R_{\text{co\_}i}/\text{m}\Omega$	$L_{\text{sh\_}i}/\text{nH}$	$R_{\text{sh\_}i}/\text{m}\Omega$	$L_{\text{cp\_}i}/\text{nH}$	$C_{\text{cp\_}i}/\text{pF}$	$R_{\text{cp\_}i}/\Omega$
1	127.0	1.42	63.5	1.42	0.0216	10.0	0.000230
2	22.0	2.03	11.0	2.03	1.50	111	0.0000664
3	25.9	1.73	13.0	1.73	4.68	215	1.36
4	9.02	0.0683	4.51	0.0683	49.9	436	1.80
5	37.1	0.565	18.6	0.565	3.25	180	3.63
6	95.0	4.43	47.5	4.43	46.9	202	4.78
7	72.8	1.13	36.4	1.13	3.74	140	0.00131
8	160.2	0.500	80.1	0.500	49.7	50.3	0.0000690
9	65.4	2.45	32.7	2.45	49.3	21.6	0.00109

4. 仿真及实验验证

在建立了逆变电路、电机、线缆的高频模型的基础上，结合如图 10-20 所示的 LISN 模型，在电路仿真软件中搭建了逆变系电机驱动系统的高频模型。随后利用仿真模型，仿真得到了在开关频率为 10kHz、调制频率为 266.67Hz、功率为 20kW、直流电流为 100A 时，电机驱动系统工作时直流线缆上电流的时域波形，并利用 EMI

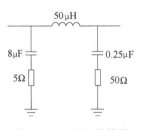

图 10-20　LISN 的模型

接收机模型计算频谱，从而获得了仿真得到的传导干扰。同时，在暗室中搭建电机驱动系统的测试平台，在相同工况下，根据 CISPR 25，利用电流法测量了电机驱动系统的传导 EMI，仿真和测量得到的传导 EMI 的对比如图 10-21 所示。从图 10-21 中可以看出，仿真和测量得到的传导 EMI 吻合得较好，且变化趋势保持一致，这验证了所采用的建模方法的有效性。在频率大于 30MHz 时，两者存在一定的误差，这个误差可能是由于 EMI 接收机的模型不够准确产生的。

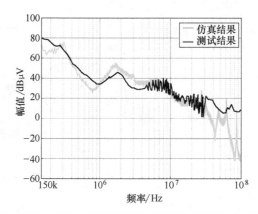

图 10-21 仿真得到的和测试得到的传导干扰对比图

10.1.3 电机驱动系统电磁干扰抑制

1. 无源 EMI 滤波器设计

EMI 滤波器是目前抑制电磁干扰的常用手段，因其结构简单、设计方便、成本低廉等优点在工业界得到了广泛应用。EMI 滤波器是具有互易性的低通滤波器，它具有如下两个特点：①能将有用信号毫无衰减地传输到电子设备，同时能阻断高频电磁干扰信号，以确保设备不受干扰；②能衰减或阻断电子设备自身产生的电磁干扰，防止其通过电源线进入公共电网，干扰其他设备的正常运行。

下面以一种电机驱动系统为例，介绍 EMI 滤波器的详细设计过程。

（1）计算所需的差模、共模插入损耗

电机驱动系统的原始共模干扰、差模干扰如图 10-22 所示。用原始干扰减去标准限值，再加上 6dB 的裕量，得到所需共模插入损耗、所需差模插入损耗的准峰值和平均值，如图 10-23 所示。

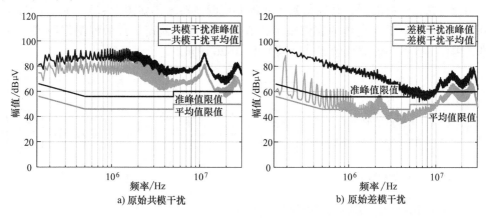

图 10-22 电机驱动系统原始传导干扰

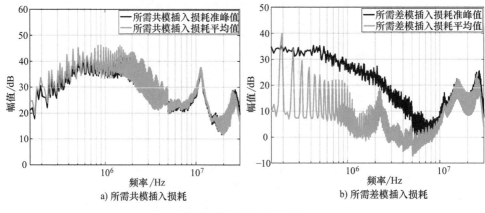

a) 所需共模插入损耗 b) 所需差模插入损耗

图 10-23　所需插入损耗

（2）确定 EMI 滤波器的结构

从图 10-23 中可以看出所需共模插入损耗、差模插入损耗都很大，可以采用两级 EMI 滤波器。根据干扰源和负载阻抗的情况选取的两级 EMI 滤波器结构如图 10-24 所示，拓扑中包含 2 个共模电感 L_{CM1}、L_{CM2}，3 个 X 电容 C_{X1}、C_{X2}、C_{X3} 和 4 个 Y 电容 C_{Y1}、C_{Y2}，其中用共模电感的漏感作为差模电感。

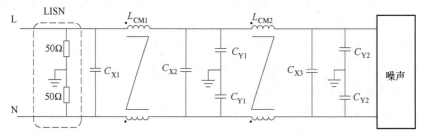

图 10-24　两级 EMI 滤波器电路结构

分析共模干扰的耦合路径得到等效的共模滤波器结构如图 10-25 所示。因为 Y 电容的容值相对于 X 电容的容值很小，所以 Y 电容对差模干扰的抑制作用可以忽略，由此得到的等效差模滤波器结构如图 10-26 所示。

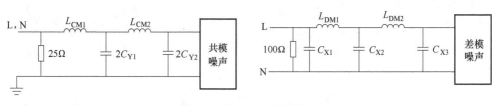

图 10-25　等效共模滤波器结构　　　　图 10-26　等效差模滤波器结构

（3）确定共模、差模滤波器的转折频率

由图 10-25 可知两级共模滤波器在转折频率之后的衰减斜率为 80dB/dec，若该斜率的直线在传导干扰测试频段内都高于所需共模插入损耗曲线，则设计的共模滤波器从理论上讲就能满足要求。因此，可以将斜率为 80dB/dec 的直线逐渐向右平移，直到与所需共模插入损耗曲线相切，则斜率为 80dB/dec 的直线与频率坐标轴交点的横坐标即是共模滤波器的转折频率。差模滤波器的转折频率可用同样的方法得到，只是由图 10-26 可知两级差模滤波器在转折频率之后的衰减斜率变为 100dB/dec。根据上述方法得到共模滤波器的转折频率为 74kHz，差模滤波器的转折频率为 69kHz。

（4）选择 Y 电容的容值

电路中 Y 电容的总容值受到漏电流的限制，流过 Y 电容的漏电流 I_Y 的计算公式为

$$I_Y = 2\pi f C U_C \tag{10-2}$$

式中，C 为 Y 电容的容值；U_C 为加在 Y 电容上交流电的有效值；f 为交流电的频率。考虑到安规中漏电流的限制，并为后续整改留一定裕量，取 $C_{Y1} = C_{Y2} = 1nF$。

（5）计算共模电感的感值

根据图 10-25 和插入损耗的定义可得到两级 EMI 滤波器的共模插入损耗为

$$
\begin{aligned}
IL_{CM}(s) = &L_{CM1}L_{CM2}2C_{Y1}2C_{Y2}s^4 + L_{CM2}2C_{Y1}2C_{Y2}R_{CM}s^3 + \\
&[L_{CM2}2C_{Y1} + 2L_{CM1}(C_{Y1} + C_{Y2})]s^2 + \\
&2R_{CM}(C_{Y1} + C_{Y2})s + 1
\end{aligned}
\tag{10-3}
$$

由式（10-3）可得到共模滤波器转折频率的计算公式为

$$f_C(s) = \frac{1}{2\pi\sqrt[4]{L_{CM1}L_{CM2}2C_{Y1}2C_{Y2}}} \tag{10-4}$$

变换式（10-4）可得 L_{CM1}、L_{CM2} 的乘积应满足如下关系式

$$L_{CM1}L_{CM2} = \frac{1}{2C_{Y1}2C_{Y2}(2\pi f_C)^4} \tag{10-5}$$

若令 $L_{CM1} = L_{CM2}$，并把 $C_{Y1} = C_{Y2} = 1nF$、$f_C = 74kHz$ 代入式（10-5），可计算得到

$$L_{CM1} = L_{CM2} = \frac{1}{(2\pi f_C)^2 2C_{Y1}} = 2.3mH \tag{10-6}$$

到此，共模滤波器中元器件的参数已经计算完成，接下来需要验证共模电感的取值是否满足共模衰减的要求。把 $L_{CM1} = L_{CM2} = 2.3mH$、$C_{Y1} = C_{Y2} = 1nF$、$R_{CM} = 25\Omega$ 代入式（10-3），得到在此元件取值条件下的共模插入损耗表达式为

$$IL_{CM}(s) = 2.14\times10^{-23}s^4 + 2.3\times10^{-19}s^3 + 1.38\times10^{-11}s^2 + 10^{-7}s + 1 \tag{10-7}$$

根据式（10-7），当 $L_{CM1} = L_{CM2} = 2.3mH$ 时共模滤波器的插入损耗不能满足要求。

所以需要适当增大 L_{CM1} 和 L_{CM2} 的值，当取 $L_{CM1} = L_{CM2} = 4mH$ 时，共模插入损耗表达式为

$$IL_{CM}(s) = 6.4 \times 10^{-23} s^4 + 4 \times 10^{-19} s^3 + 2.4 \times 10^{-11} s^2 + 10^{-7} s + 1 \qquad (10\text{-}8)$$

此时计算得到的插入损耗在所需共模插入损耗曲线之上，说明设计的参数满足共模衰减要求。

（6）计算 X 电容的容值

根据图 10-26 可得到两级 EMI 滤波器的差模插入损耗表达式为

$$
\begin{aligned}
IL_{DM}(s) = {} & L_{DM1} L_{DM2} C_{X1} C_{X2} C_{X3} R_{DM} s^5 + L_{DM1} L_{DM2} C_{X2} C_{X3} s^4 + \\
& \left[L_{DM1} R_{DM} C_{X1} (C_{X2} + C_{X3}) + L_{DM2} R_{DM} C_{X3} (C_{X1} + C_{X2}) \right] s^3 + \\
& (L_{DM1} C_{X2} + L_{DM2} C_{X3} + L_{DM1} C_{X3}) s^2 + R_{DM} (C_{X1} + C_{X2} + C_{X3}) s + 1
\end{aligned}
\qquad (10\text{-}9)
$$

所以，差模滤波器转折频率 f_D 的表达式为

$$f_D = \frac{1}{2\pi \sqrt[5]{L_{DM1} L_{DM2} C_{X1} C_{X2} C_{X3} R_{DM}}} \qquad (10\text{-}10)$$

变换式（10-10）可得 C_{X1}、C_{X2} 和 C_{X3} 的乘积应满足如下关系式：

$$C_{X1} C_{X2} C_{X3} = \frac{1}{(2\pi f_D)^5 L_{DM1} L_{DM2} R_{DM}} \qquad (10\text{-}11)$$

两级 EMI 滤波器中把共模电感的漏感作为差模电感，共模电感的漏感经测试为 $10\mu H$。若令 $C_{X1} = C_{X2} = C_{X3}$，并把 $L_{DM1} = L_{DM2} = 10\mu H$、$f_D = 69 kHz$、$R_{DM} = 100\Omega$ 代入式（10-11）可得

$$C_{X1} = C_{X2} = C_{X3} = 1.87\mu F \qquad (10\text{-}12)$$

考虑到安规 X 电容的标称容值，且留有一定裕量，可以取 $C_{X1} = C_{X2} = C_{X3} = 2.2\mu F$，此时计算得到差模滤波器的插入损耗为

$$IL_{DM}(s) = 1.06 \times 10^{-25} s^5 + 4.84 \times 10^{-22} s^4 + 1.94 \times 10^{-14} s^3 + 6.6 \times 10^{-11} s^2 + 6.6 \times 10^{-4} s + 1$$

$$(10\text{-}13)$$

计算得到的插入损耗在所需差模插入损耗之上，说明 X 电容的取值满足差模衰减要求。

计算得到的两级 EMI 滤波器中各个元器件的具体参数见表 10-4。C_{Y1}、C_{Y2} 采用容值为 1nF 的 Y2 安规薄膜电容，C_{X1}、C_{X2}、C_{X3} 采用容值为 $2.2\mu F$ 的 X2 安规薄膜电容，L_{CM1}、L_{CM2} 为 4mH 的纳米晶电感，为了减小寄生电容，电感线圈单层绕制，且两个绕组各自占磁环一半。

表 10-4 两级 EMI 滤波器元器件取值

元器件	取值	元器件	取值
C_{Y1}、C_{Y2}	1nF	L_{DM1}、L_{DM2}	$10\mu H$
L_{CM1}、L_{CM2}	4mH	C_{X1}、C_{X2}、C_{X3}	$2.2\mu F$

为了验证设计是否合理，把设计完成的两级 EMI 滤波器加入电机驱动系统中，

测量得到的传导干扰结果如图 10-27 所示。从测试结果可以看出，传导干扰在 150kHz～30MHz 的整个频段内均满足标准限值要求，传导测试通过，说明 EMI 滤波器设计合理。

2. 有源 EMI 滤波器设计

接入有源 EMI 滤波器的电机驱动系统电路模型如图 10-28 所示。图中网络 1 为有源 EMI 滤波电路，接在逆变器和感应电机之间，主要由以下几个电路组成：由两个对称互补晶体管（T_{r1} 和 T_{r2}）组成的推挽

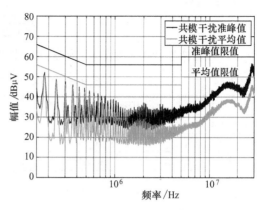

图 10-27 加入两级 EMI 滤波器之后的传导干扰

放大电路；由电流互感器 CT 和检测电阻 R_s 组成的共模电流检测电路；由 3 个电容器 C_1 组成的电流耦合电路；由两个直流侧电容 C_0 组成的抑制直流电流注入共模变压器二次侧绕组电路。网络 2 为感应电机等效电路，C_c 表示电机绕组和电机外壳之间的寄生电容，L_c 和 R_c 分别表示感应电机总的共模电感和电阻。

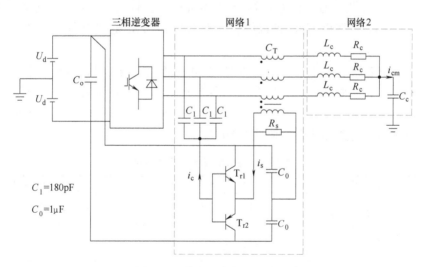

图 10-28 有源 EMI 滤波器在电机驱动系统中的应用

在图 10-28 中，共模电流 i_{cm} 通过电机绕组和电机外壳间的寄生电容 C_c 流向地端。由于逆变器输出一个零序电压，也就是说，在 PWM 调制方式下，逆变器中各开关管上的电压变化都有着很大的不同。有源 EMI 滤波器的目的是彻底消除这些共模电压，以至没有共模电流流过，也就是 $i_{cm}=0$。

电流互感器使用的铁氧体磁心规格见表 10-5，在设计电流互感器时，要求所选磁心不会引起磁饱和。因此，其磁心系数 k 和匝数 N 之间满足

$$kN > \frac{U_d T}{8 A_e B_s} \qquad\qquad (10\text{-}14)$$

式中，T 为逆变器开关周期；A_e 为磁心有效截面积；B_s 为饱和磁感应强度。

表 10-5　TDK 铁氧体磁心参数

参数	H1D T60 * 20 * 36(TDK)	参数	H1D T60 * 20 * 36(TDK)
磁心有效截面积 A_e	235mm^2	磁心重量 W_t	172g
磁路长度 l_e	144mm	饱和磁感应强度 B_s	430(25℃)mT
电感系数 AL	$13.2\mu\text{H}/N^2$		260(100℃)mT

这里选择磁心系数 $k=4$ 的四个环形铁氧体磁心，以确保用作电流互感器磁心时不会出现磁不饱和，其匝数 $N=22$。此时，电流互感器的磁化电感 L_m 为

$$L_m = 4 \times 13.2 \times 10^{-6} \times 22^2 \text{H} = 25.6\text{mH} \qquad\qquad (10\text{-}15)$$

电流互感器中的直流成分会导致推挽放大电路输出端过电流，晶体管被击穿。为了去除直流成分，两个直流侧电容 C_0 连接如图 10-28 所示。由于 C_0 的容值越小，中性点电势 u_0 变化越大，而中性点电势变化值等于补偿电压的误差值，所以中性点电势变化过大将导致逆变器产生的共模电压消除不彻底。因此，为了减小中性点电势 u_0 的变化，直流侧电容 C_0 不得不选择一个较大的容值。在上述系统中，选择 $1.2\mu\text{F}$ 的直流侧电容 C_0 可以将中性点电势 u_0 变化范围限制在直流环节电压 E_d 的 ±1.5% 以内。

为了验证有源 EMI 滤波器对电压型 PWM 三相逆变器驱动电机系统中共模电流以及传导 EMI 的影响，使用电路仿真软件进行仿真。仿真参数设置：电流互感器各绕组匝数比为 1∶1，磁心参数见表 10-5；检测电阻 $R_s = 100\Omega$；耦合电容 $C_1 = 10\text{nF}$；推挽放大电路晶体管参数见表 10-6。

表 10-6　晶体管最大绝对额定值

最大绝对额定值	2SA1772(SANYO)	2SC4615(SANYO)
集电极-基极反向击穿电压 U_{CBO}/V	−400	400
集电极-发射极反向击穿电压 U_{CEO}/V	−400	400
集电极电流 $I_C(DC)/A$	−1	1
集电极最大允许功率损耗 P_C/W	15	15

未接入有源 EMI 滤波器时与接入有源 EMI 滤波器后电机驱动系统传导干扰频谱分布曲线如图 10-29 所示。接入有源 EMI 滤波器后，电机驱动系统传导干扰幅值平均衰减了 40dB。

3. 空间矢量脉宽调制方法

已有研究表明，PWM 逆变环节产生的共模电压是造成电机驱动系统 EMI 相关负面问题的主要原因。因此，要解决电机驱动系统的传导干扰问题，就需要有效抑制其产生的共模电压。目前共模电压的抑制方案主要可以分为硬件方法和软件方法

两大类。其中硬件方法虽然可以在一定程度上抑制共模电压及其引发的负面效应，但使成本与体积大大增加，同时也加大了系统控制与参数设计的复杂性。软件抑制方法主要是通过改进 PWM 算法来改变开关器件的控制信号，从而达到抑制共模电压的效果，相比需要增加额外器件或改变拓扑的硬件方法更加经济、灵活。

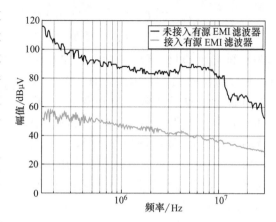

图 10-29　未接入有源 EMI 滤波器与接入有源 EMI 滤波器传导干扰频谱分布曲线

　　本节主要针对传统空间矢量脉宽调制（SVPWM）控制所引起的共模电压进行分析，在此基础上介绍了一种改进控制方法，改变了传统零矢量的产生方式，从而简单有效地降低了共模电压。采用两电平电压源逆变器供电的电机驱动系统如图 10-30 所示。

　　假设电机的三相电流对称，则可以推得共模电压 $\dot{U}_{\mathrm{com}}$ 为

$$\dot{U}_{\mathrm{com}} = \frac{1}{3}(\dot{U}_{\mathrm{ao}} + \dot{U}_{\mathrm{bo}} + \dot{U}_{\mathrm{co}}) \tag{10-16}$$

式中，$\dot{U}_{\mathrm{ao}}$、$\dot{U}_{\mathrm{bo}}$、$\dot{U}_{\mathrm{co}}$ 分别为 3 个桥臂中的 a、b、c 对 o 点的电压。

　　可以用"1"表示逆变器上桥臂功率开关器件的导通状态，关断状态则用"0"表示。由于上下桥臂的开关状态互补，那么逆变器的开关状态共有 8 种组合，构成对应的基本电压矢量，分别为：V_1（001）、V_2（010）、V_3（011）、V_4（100）、V_5（101）、V_6（110）、V_0（000）、V_7（111），如图 10-31 所示。

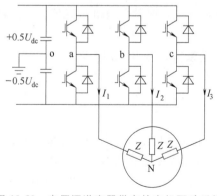

图 10-30　电压源逆变器供电的电机驱动系统

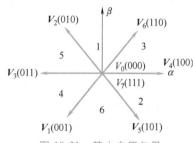

图 10-31　基本电压矢量

　　对于 SVPWM 控制，如果每个 PWM 周期内相邻两个电压矢量的作用时间分别为 T_1 和 T_2，零矢量的作用时间 T_0 则为

$$T_0 = T - T_1 - T_2 \qquad (10\text{-}17)$$

传统 SVPWM 注入两个零矢量 V_0（000）和 V_7（111）来合成所需的电压矢量，且分别作用 $T_0/2$，波形对称。参考电压矢量位于区间 3［参考电压矢量由 V_4（100）和 V_6（110）进行合成］时的一个采样周期内的 PWM 时序如图 10-32 所示。

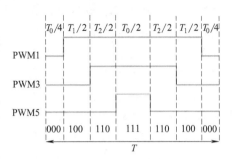

图 10-32　传统 SVPWM 状态图

由式（10-16）可以看出，如采用连续三相平衡电源供电是不会产生共模电压的。但当采用 PWM 方式进行逆变器的电压调制时，共模电压的产生是不可避免的。式（10-18）进一步给出了根据式（10-16）所得到的基本电压矢量产生的共模电压。由于除了 V_0（000）和 V_7（111）外，其余非零电压矢量对应的同一侧桥臂的 3 个功率开关器件的开关状态中有 2 个必定是相同的，故可以分别用 S_A 和 S_B 表示。

S_0 和 S_7 分别为 V_0（000）和 V_7（111）对应的开关状态；S_A 为 V_1（001）、V_2（010）或 V_4（100）对应的开关状态；S_B 为 V_3（011）、V_5（101）或 V_6（110）对应的开关状态。

$$U_{\text{com}} = \begin{cases} -\dfrac{1}{2}U_{\text{dc}}, & S_0 \\[2mm] \dfrac{1}{2}U_{\text{dc}}, & S_7 \\[2mm] -\dfrac{1}{6}U_{\text{dc}}, & S_A \\[2mm] \dfrac{1}{6}U_{\text{dc}}, & S_B \end{cases} \qquad (10\text{-}18)$$

可以得出，当采用零矢量 V_0（000）或 V_7（111）时的共模电压峰值，是采用其他非零矢量的共模电压峰值的 3 倍。

仍以区间 3 为例，传统 SVPWM 的矢量合成原理如图 10-33 所示。

式（10-18）表明零矢量会产生更大的共模电压。为了减小共模电压，可以考虑采用其他相位相反的非零电压矢量进行组合，同样可以起到与零矢量相同的作用。具体的实现方法可以分为三种方式：

1）S_A/S_A，即通过施加 S_A 以及 S_A 对应的电压矢量组合来等效产生零矢量。

2）S_B/S_B，即通过施加 S_B 以及 S_B 对应的电压矢量组合来等效产生零矢量。

3）$(S_A+S_B)/(S_A+S_B)$，即通过施加 (S_A+S_B) 以及 (S_A+S_B) 对应的电压矢量组合来等效产生零矢量。原理分别如图 10-34~图 10-36 所示。

传统 SVPWM 控制方法以及上述三种改进方式所对应的在一个 PWM 采样周期 T 中的开关时序在表 10-7 中列出。

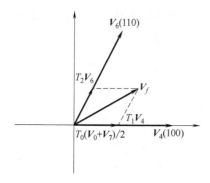

图 10-33　传统的 SVPWM 矢量

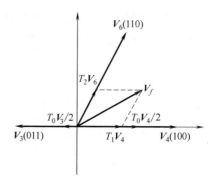

图 10-34　方式一的改进

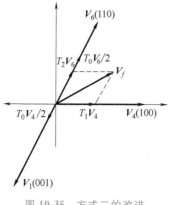

图 10-35　方式二的改进

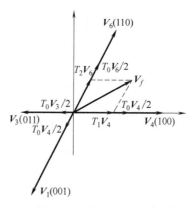

图 10-36　方式三的改进

表 10-7　低共模电压 SVPWM 的开关时序

	$T_0/4$	$T_1/2$	$T_2/2$	$T_0/2$	$T_2/2$	$T_1/2$	$T_0/4$
传统方法开关状态	S_0	S_A	S_B	S_7	S_B	S_A	S_0
S_A 代替零矢量	S_A	S_A	S_B	S_A	S_B	S_A	S_A
S_B 代替零矢量	S_B	S_A	S_B	S_B	S_B	S_A	S_B
(S_A+S_B) 代替零矢量	S_A+S_B	S_A	S_B	S_A+S_B	S_B	S_A	S_A+S_B

仍以区间 3 为例，采用方式一时，一个 PWM 采样周期中的开关状态变化如图 10-37 所示，其中 S_A 为 V_4（100），S_B 为 V_6（110）。

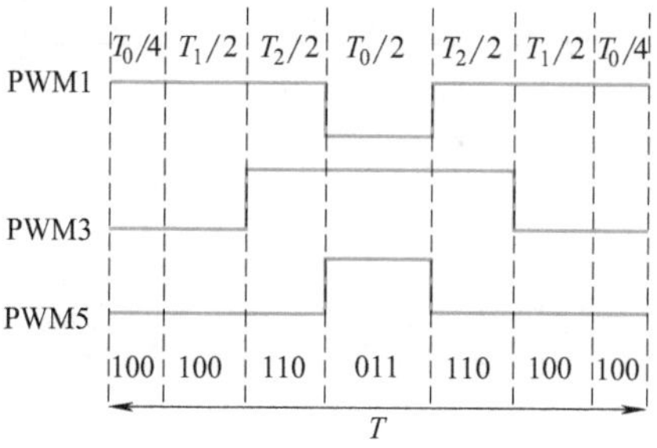

以一台三相异步电机为控制对象，进行了相关的仿真研究。仿真参数如下：母线电压 U_{dc} = 150V，PWM 开关频率 10kHz，异步电机三相绕组为星形联结，逆变器输出一相电压 U_A = 100V。

图 10-37　方式一的改进方法

图 10-38 为采用传统 SVPWM 控制方式的电机共模电压；图 10-39 为采用改进方法中方式一时的电机共模电压情形（方式二

及方式三的情形类似）。从仿真结果可以看出，在保证逆变器输出电压的同时，改进方法有效地减小了共模电压，且其大小与理论分析完全一致。

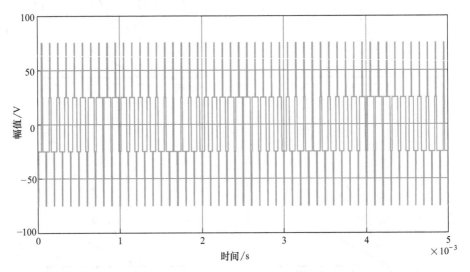

图 10-38　传统 SVPWM 产生的共模电压

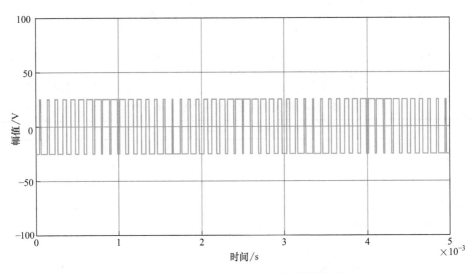

图 10-39　方式一 SVPWM 产生的共模电压

10.2　光伏发电系统电磁干扰分析及抑制

10.2.1　光伏并网逆变器分类

光伏并网逆变器是将太阳电池所输出的直流电转换成符合电网要求的交流电再

输入电网的设备，是并网型光伏系统能量转换与控制的核心。其性能不仅是影响和决定整个光伏并网系统是否能够稳定、安全、可靠、高效地运行，同时也是影响整个系统使用寿命的主要因素。因此掌握光伏并网逆变器技术对应用和推广光伏并网系统有着至关重要的作用。根据有无隔离变压器，光伏并网逆变器可分为隔离型和非隔离型等，具体详细分类关系如图 10-40 所示。以下主要按此分类方法，讨论不同结构的基本性能。

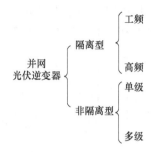

图 10-40 光伏并网逆变器分类

1. 隔离型光伏并网逆变器结构

在隔离型光伏并网逆变器中，又可以根据隔离变压器的工作频率，将其分为工频隔离型和高频隔离型两类。

（1）工频隔离型光伏并网逆变器结构

工频隔离型是光伏并网逆变器最常用的结构，也是目前市场上使用最多的光伏逆变器类型，其结构如图 10-41 所示。光伏阵列发出的直流电能通过逆变器转化为 50Hz 的交流电能，再经过工频变压器输入电网，该工频变压器同时完成电压匹配以及隔离功能。由于工频隔离型光伏并网逆变器结构采用了工频变压器使输入与输出隔离，主电路和控制电路相对简单，而且光伏阵列直流输入电压的匹配

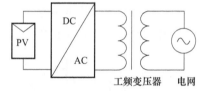

图 10-41 工频隔离型光伏并网
逆变器结构

范围较大。由于变压器的隔离：一方面，可以有效地降低人接触到光伏侧的正极或者负极时，电网电流通过桥臂形成回路对人构成伤害的可能性，提高了系统安全性；另一方面，也保证了系统不会向电网注入直流分量，有效地防止了配电变压器的饱和。

然而，工频变压器具有体积大、质量重的缺点，它约占逆变器的总重量的50%左右，使得逆变器外形尺寸难以减小；另外，工频变压器的存在还增加了系统损耗、成本，并增加了运输、安装的难度。

工频隔离型光伏并网逆变器是最早发展和应用的一种光伏并网逆变器主电路形式，随着逆变技术的发展，在保留隔离型光伏并网逆变器优点的基础上，为减小逆变器的体积和质量，高频隔离型光伏并网逆变器结构便应运而生。

（2）高频隔离型光伏并网逆变器结构

高频隔离型光伏并网逆变器与工频隔离型光伏并网逆变器的不同在于使用了高频变压器，从而具有较小的体积和质量，克服了工频隔离型光伏并网逆变器的主要缺点。值得一提的是，随着器件和控制技术的改进，高频隔离型光伏并网逆变器的效率也可以做得很高。

按电路拓扑结构来分类，高频隔离型光伏并网逆变器主要有两种类型：DC-DC 变换型和周波变换型，如图 10-42 所示。

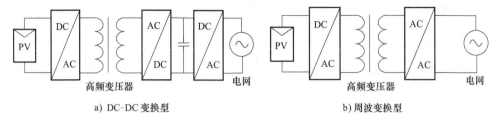

a) DC-DC 变换型   b) 周波变换型

图 10-42　高频隔离型光伏并网逆变器结构

2. 非隔离型光伏并网逆变器结构

在隔离型并网系统中，变压器将电能转化成磁能，再将磁能转化成电能，显然这一过程将导致能量损耗。一般数千瓦的小容量变压器导致的能量损失可达 5%，甚至更高。因此提高光伏并网系统效率的有效手段便是采用无变压器的非隔离型光伏并网逆变器结构。而在非隔离型系统中，由于省去了笨重的工频变压器或复杂的高频变压器，系统结构变简单、质量变轻、成本降低并具有相对较高的效率。非隔离型并网逆变器按拓扑结构可以分为单级和多级两类，如图 10-43 所示。

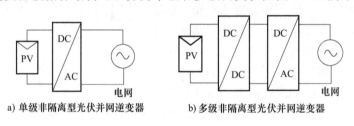

a) 单级非隔离型光伏并网逆变器   b) 多级非隔离型光伏并网逆变器

图 10-43　非隔离型光伏并网逆变器结构

（1）单级非隔离型并网逆变器结构

在图 10-43a 所示的单级非隔离型光伏并网逆变器系统中，光伏阵列通过逆变器直接耦合并网，因而逆变器工作在工频模式。另外，为了使直流侧电压达到能够直接并网逆变的电压等级，一般要求光伏阵列具有较高的输出电压，这便使得光伏组件乃至整个系统必须具有较高的绝缘等级，否则将容易出现漏电现象。

（2）多级非隔离型并网逆变器结构

在图 10-43b 所示的多级非隔离型光伏并网逆变器系统中，功率变换部分一般由 DC-DC 和 DC-AC 多级变换器级联组成。由于在该类拓扑中一般需采用高频变换技术，因此也称为高频非隔离型光伏并网逆变器。

需要注意的是：由于在非隔离型的光伏并网系统中，光伏阵列与公共电网是不隔离的，这将导致光伏组件与电网电压直接连接。而大面积的太阳电池组不可避免地与地之间存在较大的分布电容，因此，会产生太阳电池对地的共模漏电流。而且由于无工频隔离变压器，该系统容易向电网注入直流分量。

实际上，对于非隔离并网系统，只要采取适当措施，同样可保证主电路和控制电路运行的安全性；另外由于非隔离光伏并网逆变器具有体积小、质量轻、效率高、成本较低等优点，这使得该结构将成为今后主要的光伏并网逆变器结构。

10.2.2　光伏发电系统电磁干扰源和耦合路径

光伏直流功率变换器的拓扑结构如图 10-44 所示，高频变压器起着升压与隔离的作用，一次侧与二次侧电路视具体拓扑而定。由于光伏直流功率变换器工作频率较高，其在电路节点中会产生较大的 $\mathrm{d}u/\mathrm{d}t$ 与 $\mathrm{d}i/\mathrm{d}t$，会在其输入侧产生较大的高频噪声电流，如不对其限制，会通过光伏

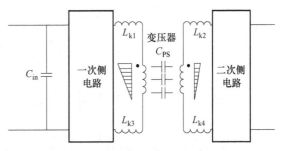

图 10-44　光伏直流功率变换器的拓扑结构

阵列（PV）侧较长的电缆对无线电通信环境造成干扰。光伏直流功率变换器传导干扰耦合机理示意图如图 10-45 所示，其中 C_{in}、ESL、ESR 分别为输入侧滤波电容以及其等效串联电感和等效串联电阻。

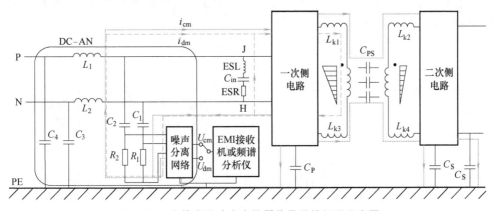

图 10-45　光伏直流功率变换器传导干扰机理示意图

1. 差模干扰源和耦合路径

光伏直流功率变换器其一次侧电路与二次侧电路一般为数量不同的功率开关管以及电感电容等无源元件。功率开关管具体数量视拓扑机构而定，其在正常工作时会以很快的速度通断，在节点 J、H 间形成高频电流 i_{switch}，如图 10-46 所示。若输入侧滤波电容 C_{in} 为理想的大容值电容，则其在高频下阻抗会远远小于直流人工网络（dc artificial network，DC-AN），i_{switch} 会全部通过 C_{in}，不流向 DC-AN。然而，实际使用的电容器具有杂散参数，其工作频率范围受其等效串联电感 ESL 决定，

致使电容器在转折频率 f_{LC} 后，阻抗增大。所以，会有部分高频电流 i_{switch} 流向直流母线 P、N，形成差模电流 i_{dm} 并被 DC-AN 拾取转化为差模电压 U_{dm}，所以，光伏直流功率变换器的差模干扰源为节点 J、H 间的高频电流 i_{switch}，耦合路径包括变压器一次侧，大的输入电容 C_{in}，其等效串联电感 ESL、等效串联电阻 ESR。

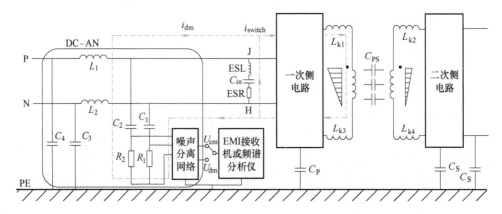

图 10-46　差模干扰源与耦合路径

2. 共模干扰源和耦合路径

共模电流 i_{cm} 定义为在 P 与 N 上同方向，并通过安全地线返回的噪声电流，其主要由相应电路节点上的高 $\mathrm{d}u/\mathrm{d}t$ 激励变换器对地杂散电容产生位移电流形成，如图 10-47 所示，其流通路径主要有两个。

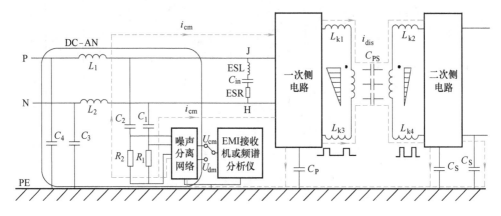

图 10-47　共模干扰源与耦合路径

（1）通过功率开关管对地杂散电容

在光伏直流功率变换器中，功率开关管工作时会持续产热，为了散热需求，一般将其金属极通过绝缘垫和导热硅脂与散热器相连。这样，功率开关管的金属极与散热器之间就存在着杂散电容，而散热器一般与变换器机壳相连，最终连接到安全地线上，所以，所有的功率开关管与安全地线之间存在着杂散电容 C_P、C_S。而功率开关管在正常工作时会在其两端产生高 $\mathrm{d}u/\mathrm{d}t$，激励 C_P、C_S 产生位移电流流向 PE，形成共模电流 i_cm。

（2）通过变压器一、二次侧绕组之间的杂散电容

光伏直流功率变换器正常工作时，变压器一、二次侧绕组间存在着 $\mathrm{d}u/\mathrm{d}t$，激励一、二次侧绕组间的杂散电容产生位移电流 i_dis，若变换器二次侧直流输出侧的地与 PE 相连，则 i_dis 就流向 PE 形成共模电流 i_cm，即使二次侧直流输出侧地不与 PE 直接相连，仍然存在着杂散电容为 i_dis 流向 PE 提供路径。

在实际的安装场地中，光伏阵列还存在对地的杂散电容，但一般容值在 nF 级，与功率开关管对地杂散电容和变压器一、二次侧绕组之间的杂散电容相比，容值很大，其阻抗可以忽略。

所以，光伏直流功率变换器的共模干扰源为功率开关管正常动作时产生的 $\mathrm{d}u/\mathrm{d}t$，耦合路径包括功率开关管对地杂散电容 C_P、C_S、变压器一、二次侧绕组之间的杂散电容 C_PS、输入电容 C_in、输出电容 C_out。

3. 光伏发电系统的漏电流分析

太阳电池板是光伏发电系统的主要元件之一，通过吸收太阳光，将太阳辐射的能量通过光电效应或者光化学反应直接或间接转换成电能。由于需要提供足够大的电压和电流，它由很多个发电主体（电池片）经过串联和并联组合而成。因此，太阳能电池板面积通常较大，这就导致其对地寄生电容不可忽视。太阳电池板内部电路与其外面起密封和支撑作用的铝合金边框之间会形成平面结构，继而产生寄生电容，如图 10-48 所示。

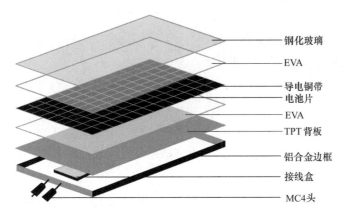

钢化玻璃
EVA
导电铜带
电池片
EVA
TPT 背板
铝合金边框
接线盒
MC4头

图 10-48　太阳能电池板结构

太阳电池板的外形、脏污程度以及内部结构等因素都会影响寄生电容的大小。在湿度较大的地区或是遭遇雨雪天气，电池板金属外壳非常容易吸附导电水膜，增大寄生电容的等效面积，从而增大电容值。

为了全面探究共模漏电流的产生原因，寻求漏电流抑制方法，建立了桥式逆变

拓扑漏电流的统一分析模型。考虑寄生参数的单相非隔离光伏并网逆变器电路如图 10-49 所示。

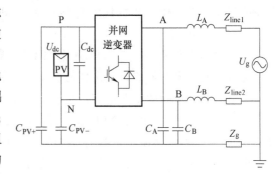

图 10-49 中，U_{dc} 是太阳电池板的输出电压；C_{dc} 是直流侧解耦电容；L_A 和 L_B 为交流侧滤波电感；Z_{line1}、Z_{line2} 是交流侧线路传输阻抗，C_A 和 C_B 分别是点 A 和点 B 的对地寄生电容，C_{PV+} 和 C_{PV-} 分别是太阳电池板正负端的对地寄生电

图 10-49　单相桥式逆变器的共模等效模型

容，其大小主要受电池板的成分、面积以及安装环境和方式等因素的影响；Z_g 是电网接地点与逆变器机壳接地点间的地阻抗。

逆变器工作过程中，AN 和 BN 之间的电压均在 U_{dc} 和 0 之间高频变换，因此可以用简单的方波信号源代替 AN 和 BN 两点之间的电路。该方波信号源的大小就是直流侧电压的大小，其频率则为逆变器的工作频率。简化后的电路模型如图 10-50 所示。

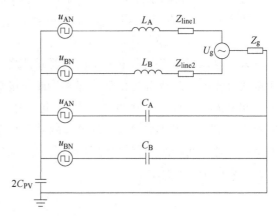

图 10-50　共模回路简化模型 1

逆变器输出端共模电压的定义为两输出端电压的平均值，而差模电压则是两输出端电压的差值，如式（10-19）和式（10-20）所示。

$$u_{cm} = \frac{u_{AN} + u_{BN}}{2} \tag{10-19}$$

$$u_{dm} = u_{AN} - u_{BN} \tag{10-20}$$

将 u_{AN} 和 u_{BN} 用共模电压和差模电压表示

$$u_{AN} = u_{cm} + \frac{u_{dm}}{2} \tag{10-21}$$

$$u_{BN} = u_{cm} - \frac{u_{dm}}{2} \tag{10-22}$$

由于电网电压频率较低，只有 50Hz，对高频共模回路的影响可以忽略不计。根据式（10-21）和式（10-22）对图 10-50 作进一步的简化，如图 10-51 所示。进一步化简图 10-51，如图 10-52 所示。

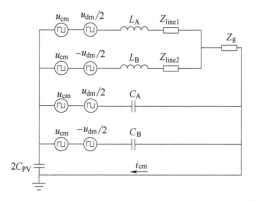

图 10-51　共模回路简化模型 2

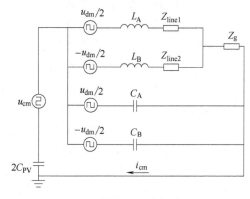

图 10-52　共模回路简化模型 3

为了便于计算共模电流 i_{cm}，根据叠加定理，首先分别计算每一个等效方波信号源作用时的共模电流，然后相加得到整个系统的共模漏电流。

将以上各漏电流分量相加，即可得到整个系统的漏电流：

$$i_{cm}=i_{cm1}+i_{cm2}+i_{cm3}+i_{cm4}+i_{cm5}=\frac{u_{cm}+\dfrac{u_{dm}}{2}\left[\dfrac{Z_1Z_2Z_3+Z_2Z_4(Z_1+Z_g)}{Z_1+Z_2+Z_g}\right]}{Z}\tag{10-23}$$

式中

$$Z_1=\frac{(Z_{L_A}+Z_{line1})(Z_{L_B}+Z_{line2})}{Z_{L_A}+Z_{line1}+Z_{L_B}+Z_{line2}}\tag{10-24}$$

$$Z_2=\frac{Z_{C_A}Z_{C_B}}{Z_{C_A}+Z_{C_B}}\tag{10-25}$$

$$Z_3=\frac{(Z_{L_A}+Z_{line1})-(Z_{L_B}+Z_{line2})}{Z_{L_A}+Z_{line1}+Z_{L_B}+Z_{line2}}\tag{10-26}$$

$$Z_4=\frac{Z_{C_B}-Z_{C_A}}{Z_{C_A}+Z_{C_B}}\tag{10-27}$$

$$Z=2Z_{C_{PV}}+\frac{Z_2(Z_1+Z_g)}{Z_2+Z_1+Z_g}\tag{10-28}$$

共模漏电流的表达式较为复杂，为了更直观地理解，我们可以将分子部分用一个电压源 u_m 替代，它是一个含有共模分量和差模分量的等效电压源，可以表达为

$$u_m=u_{cm}+\frac{u_{dm}}{2}\left[\frac{Z_1Z_2Z_3+Z_2Z_4(Z_1+Z_g)}{Z_2+Z_1+Z_g}\right]\tag{10-29}$$

因此，可以得到简化的共模等效电路，如图 10-53 所示。

根据上述分析以及图 10-53 给出的共模等效电路最简模型，可以总结出三种可以有效抑制共模漏电流的办法：

1）在电路参数对称的前提下，改变共模等效阻抗 Z 的大小，使电路在 u_{cm} 高频变化时呈现高阻抗状态。这样即使会产生共模漏电流，也能将其大小控制在允许的范围内。

2）在电路参数对称的前提下，差模电压对系统没有影响，只需维持共模电压 u_{cm} 恒定，这样光伏电池板的对地寄生电容上就没有电流流过，即实现了共模漏电流抑制。

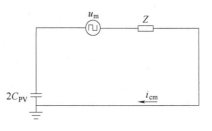

图 10-53 最终简化模型

3）如果电路参数不对称，需要通过匹配电路参数，维持等效电压源 u_m 恒定，原理与方法 2）相同，这种方式适合在半桥型逆变器结构中使用。但半桥型逆变器的直流电压利用率低，需要在前级加入升压电路，会降低系统效率，一般应用较少。

10.2.3　不同电路拓扑共模电压分析

1. 单相全桥拓扑

单相全桥逆变器及其共模电压的分析电路如图 10-54 所示。

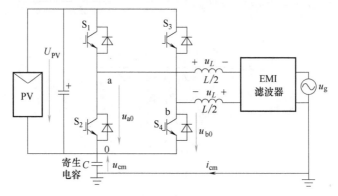

图 10-54　全桥逆变器及其共模电压分析

对于单相全桥拓扑，通常可以采用两种 PWM 调制策略来形成 PWM 开关序列，即单极性调制和双极性调制。不同的调制策略对共模电流的抑制效果相差很大，以下分别进行讨论。

（1）单极性调制

对于图 10-54 所示的单相全桥拓扑，若采用单极性调制，在电网电流正半周期，当 S_1、S_4 导通时，共模电压为

$$u_{cm} = 0.5(u_{a0} + u_{b0}) = 0.5(U_{PV} + 0) = 0.5U_{PV} \tag{10-30}$$

当 S_1 关断，S_2、S_4 导通时

$$u_{cm} = 0.5(u_{a0} + u_{b0}) = 0.5(0 + 0) = 0 \tag{10-31}$$

单极性调制的共模电压仿真波形如图 10-55 所示，$U_{PV}=400V$。从图中可看出，采用单极性调制的全桥拓扑产生的共模电压为幅值在 0 与 $U_{PV}/2$ 之间变化且频率为开关频率的 PWM 高频脉冲电压。此共模电压激励共模谐振回路产生共模电流，其数值达到数安培并随着开关频率的增大而线性增加。

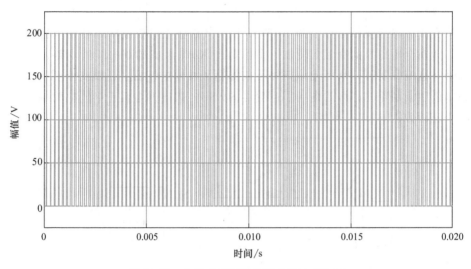

图 10-55　全桥单极性调制的共模电压波形

（2）双极性调制

若采用双极性调制，对于图 10-54 所示的单相全桥拓扑，当 S_1、S_4 导通时

$$u_{cm} = 0.5(u_{a0}+u_{b0}) = 0.5(U_{PV}+0) = 0.5U_{PV} \tag{10-32}$$

当 S_1、S_4 关断，而 S_2、S_3 导通时

$$u_{cm} = 0.5(u_{a0}+u_{b0}) = 0.5(0+U_{PV}) = 0.5U_{PV} \tag{10-33}$$

在开关过程中 $u_{cm} = 0.5U_{PV}$，由于稳态时，U_{PV} 近似不变，因而 u_{cm} 近似为定值，由此所激励的共模电流近似为零。可见，对于单相全桥并网逆变器而言，若采用双极性调制则能够有效地抑制共模电流，其共模电压的仿真波形如图 10-56 所示，$U_{PV}=400V$。

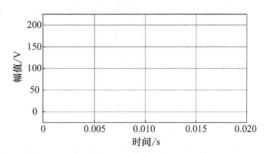

图 10-56　全桥双极性调制的共模电压波形

从图 10-56 所示的波形可看出，双极性调制的全桥拓扑的共模电压几乎是恒定不变的，由其激励产生的共模电流只是毫安级的。然而和单极性调制相比，双极性调制存在着明显的不足：在整个电网周期中，四个功率器件都以开关频率工作。因此，产生的开关损耗是单极性调制的 2 倍；另外，双极性调制交流侧的输出电压在 U_{PV} 和 $-U_{PV}$ 之间变化，产生的电流

纹波是单极性调制的 2 倍，这便增加了交流滤波电感上的损耗。

从全桥逆变器的共模电压分析中可看出，拓扑结构以及调制方法的不同所产生的共模电压存在差异。因此，在考虑电路效率条件下，可以改变调制策略或拓扑结构来抑制共模电流。以下分析几种能够抑制共模电流的实用拓扑结构。

2. 带交流旁路的全桥拓扑

带交流旁路的全桥拓扑如图 10-57 所示。该拓扑是对双极性调制的全桥拓扑的改进，即在全桥拓扑的交流侧增加一个由两个 IGBT 组成的双向续流支路，使得续流回路与直流侧断开，从而使该拓扑不仅抑制了共模电流而且还使交流侧的输出电压和单极性调制相同，因此提高了逆变器的效率。以电网电流正半周期为例，对共模电压进行分析。

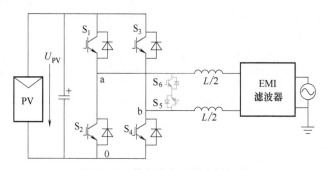

图 10-57　带交流旁路的全桥拓扑

在电网电流正半周期，S_5 始终导通而 S_6 始终关断。当 S_1、S_4 导通时

$$u_{cm} = 0.5(u_{a0} + u_{b0}) = 0.5(U_{PV} + 0) = 0.5U_{PV} \qquad (10\text{-}34)$$

当 S_1、S_4 关断时，电流经 S_5、S_6 的反并联二极管续流，此时

$$u_{cm} = 0.5(u_{a0} + u_{b0}) = 0.5(0.5U_{PV} + 0.5U_{PV}) = 0.5U_{PV} \qquad (10\text{-}35)$$

若 U_{PV} 不变则共模电压始终保持恒定。负半周期的换流过程及共模电压分析与正半周期类似。

和采用双极性调制的单相全桥拓扑相比，该拓扑中 H 桥上流过电流的调制开关的正向电压由 U_{PV} 降低为 $0.5U_{PV}$，从而降低了开关损耗。另一方面，由于增加了一个新的续流通路，该拓扑的交流侧输出电压和单极性调制的输出电压相同，从而有效地降低了输出电流的纹波，减小了滤波电感上的损耗。

3. 带直流旁路的全桥拓扑

图 10-57 所示拓扑是在单相全桥拓扑的交流侧增加功率开关器件，构成续流支路，也可以在直流母线上增加功率开关器件，以使续流回路与直流侧断开，其拓扑如图 10-58 所示。该拓扑由 6 个功率开关器件和两个二极管组成。其中，$S_1 \sim S_4$ 工作在电网频率，可忽略其开关损耗，而 S_5、S_6 以开关频率工作。

在电网电流正半周期时，S_1、S_4 保持导通，S_5、S_6 以开关频率调制。当 S_1、S_4、S_5、S_6 导通时，共模电压为

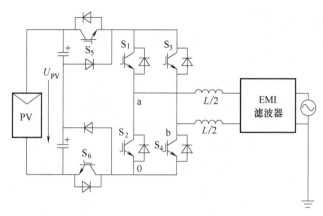

图 10-58　带直流旁路的全桥拓扑

$$u_{\mathrm{cm}}=0.5\,(u_{\mathrm{a}0}+u_{\mathrm{b}0})=0.5\,(U_{\mathrm{PV}}+0)=0.5U_{\mathrm{PV}} \qquad (10\text{-}36)$$

当 S_5、S_6 关断时，存在两条续流路径，分别为 S_1、S_3 的反并联二极管及 S_2 的反并联二极管、S_4，则

$$u_{\mathrm{cm}}=0.5\,(u_{\mathrm{a}0}+u_{\mathrm{b}0})=0.5\,(0.5U_{\mathrm{PV}}+0.5U_{\mathrm{PV}})=0.5U_{\mathrm{PV}} \qquad (10\text{-}37)$$

负半周期的换流过程及共模电压分析与正半周期类似。显然在开关过程中，若 U_{PV} 保持不变则共模电压恒定，调制开关 S_5、S_6 的正向电压为 $0.5U_{\mathrm{PV}}$，因而开关损耗得到降低，且交流侧输出电压与单极性调制的全桥拓扑相同，因而电流纹波小，降低了输出滤波电感上的损耗。

4. H5 拓扑

在图 10-58 所示的带直流旁路的全桥拓扑中，S_4、S_2 在电网电流的正负半周分别始终导通，而 S_6 始终以开关频率调制。若将 S_4、S_2 和 S_6 合并即 S_4、S_2 在电网电流的正负半周分别以开关频率进行调制，从而省略 S_6，得到图 10-59 所示的 H5 拓扑。

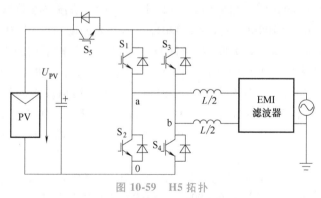

图 10-59　H5 拓扑

该拓扑中，S_1、S_3 在电网电流的正负半周各自导通，S_4、S_5 在电网正半周期以开关频率调制，而 S_2、S_5 在电网负半周期以开关频率调制。现以电网正半周期

为例对其共模电压进行分析。

在电网电流正半周期 S_1 始终导通，当正弦调制波大于三角载波时，S_5、S_4 导通，共模电压 u_{cm} 为

$$u_{cm} = 0.5(u_{a0}+u_{b0}) = 0.5(U_{PV}+0) = 0.5U_{PV} \tag{10-38}$$

当正弦调制波小于三角载波时 S_5、S_4 关断，电流经 S_3 的反并联二极管、S_1 续流。当 S_2、S_4、S_5 关断后，由于其关断阻抗很高，共模电流很小，阻断了寄生电容的放电，u_{a0}、u_{b0} 近似保持原寄生电容的充电电压 $0.5U_{PV}$，则

$$u_{cm} = 0.5(u_{a0}+u_{b0}) = 0.5(0.5U_{PV}+0.5U_{PV}) = 0.5U_{PV} \tag{10-39}$$

负半周期的换流过程及共模电压分析与正半周期类似。可见在开关过程中，若 U_{PV} 保持不变则共模电压恒定，且交流侧输出电压与单极性调制的全桥拓扑相同。

上述几种拓扑都能够抑制共模电流，但 H5 拓扑所需的功率器件最少，从而最大限度地降低了成本。

10.2.4　光伏发电系统电磁干扰抑制

下面以一种两级式微型逆变器为例，针对传导 EMI 干扰路径采取多种抑制措施进行传导 EMI 的抑制。

1. EMI 滤波器设计

微型逆变器的 EMI 滤波器拓扑如图 10-60 所示，其中共模电感 L_{CM} 和共模电容 C_y 组成了 CL 共模滤波器，差模电容 C_x、差模电感 L_{DM} 和差模电容 C_{x2} 组成了 π 型差模滤波器。

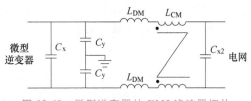

图 10-60　微型逆变器的 EMI 滤波器拓扑

在 35V 输入，满载并网输出的微型逆变器样机中，加入 EMI 滤波器前后的共模干扰和差模干扰频谱测试结果如图 10-61 所示，EMI 滤波器参数取值分别是 $C_x = C_{x2} = 0.015\mu F$，$C_y = 4700pF$，$L_{CM} = 3.3mH$，$L_{DM} = 30\mu H$。加入 EMI 滤波器后，共模干扰被大幅抑制，不过在 800kHz~8MHz 的频段内，共模干扰的准峰值和平均值依然超过准峰值限值和平均值限值。加入 EMI 滤波器后，差模干扰也得到一定程度的抑制，在 600kHz~30MHz 频段内，差模干扰的准峰值和平均值都在准峰值限值和平均值限值以下，不过在 150kHz~600kHz 频段内，在 220kHz、275kHz 等 55kHz 的倍数次频率附近，差模干扰的准峰值和平均值尖峰依然超过准峰值限值和平均值限值。

加入 EMI 滤波器后，微型逆变器的传导 EMI 频谱得到大幅改善，但依然超过限值要求，针对共模干扰频谱在 800kHz~8MHz 的频段内超过限值的情况，可以采用在正反激变换器的变压器一、二次侧地线之间加入 Y1 电容和在变压器一、二次侧绕组之间加入屏蔽层的方法来改善。

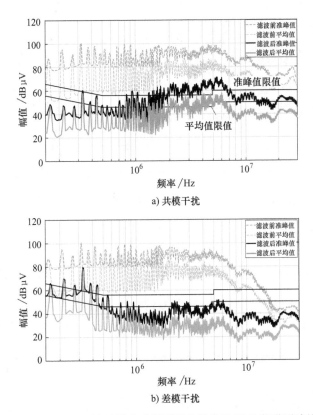

a) 共模干扰

b) 差模干扰

图 10-61　加入 EMI 滤波器前后微型逆变器传导 EMI 频谱测试结果

2. 变压器 Y 电容设计

在两级式微型逆变器中，有源箝位正反激变换器变压器一次侧的主功率开关管 Q_m 的漏源极电压 u_{dsm} 是前级正反激变换器共模干扰的噪声电压源之一，通过变压器一、二次侧绕组之间的寄生电容 C_{ps} 的耦合，产生了在变压器一、二次侧绕组之间流动的共模干扰电流，最终在 LISN 的测试电阻上形成共模干扰电压，为了将耦合到变压器二次侧的共模干扰电流旁路到变压器一次侧，可以在变压器一、二次侧地线之间加入 Y1 电容。加入变压器 Y1 电容 C_{Y1} 后有源箝位正反激变换器的传导 EMI 路径如图 10-62 所示。

在 35V 输入，满载并网输出的微型逆变器样机中，有源箝位正反激变换器变压器一、二次侧地线之间加入 Y1 电容 $C_{Y1}=2.2nF$ 前后的共模干扰和差模干扰频谱测试结果如图 10-63 所示。加入变压器 Y1 电容 C_{Y1} 后，在 500kHz～20MHz 频段内的共模干扰被大幅抑制，与理论分析的一致。差模干扰的改善程度较小，150～500kHz 频段内共模干扰和差模干扰的准峰值相比之前有较大增加。

3. 变压器屏蔽层设计

在变压器一、二次侧地线之间加入 Y1 电容可以旁路耦合到变压器二次侧的共

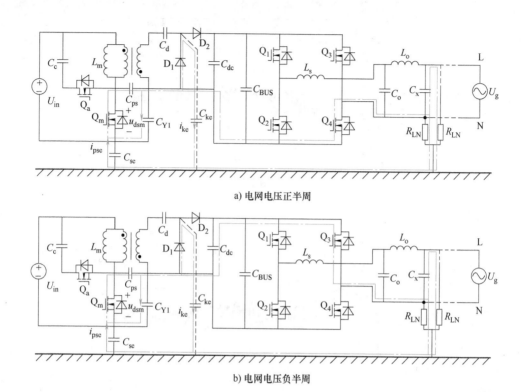

a) 电网电压正半周

b) 电网电压负半周

图 10-62　加入 C_{Y1} 后有源箝位正反激变换器的传导 EMI 路径

模干扰电流，起到共模干扰的抑制作用，但是 Y1 电容会增加微型逆变器输入和输出之间以及保护地线上的漏电流，影响设备的安全性。为了抑制耦合到变压器二次侧的共模电流，还可以在变压器一次侧绕组之间加入屏蔽层，再将屏蔽层接到变压器一次侧地线等冷点上。变压器加入屏蔽层后有源箝位正反激变换器的传导 EMI 路径如图 10-64 所示。

从图 10-64 可以看到，变压器加入屏蔽层后，可以旁路一部分耦合到变压器二次侧的共模干扰电流，使其回到变压器一次侧地线，起到和变压器 Y1 电容类似的作用。

在 35V 输入，满载并网输出的微型逆变器样机中，有源箝位正反激变换器变压器加入屏蔽层前后的共模干扰和差模干扰频谱测试结果如图 10-65 所示。变压器加入屏蔽层后，除了 300~550kHz 频段和 15~25MHz 频段，其他频段内的共模干扰都受到不同程度的抑制，实验结果与理论分析基本一致。当前测试结果中，共模干扰的准峰值与准峰值限值之间的裕度为 5.3dB，而共模干扰的平均值与平均值限值之间的裕度仅为 0.3dB。变压器加入屏蔽层后，差模干扰仅在 150~300kHz 频段内有所改善而其他频段内无明显改善。

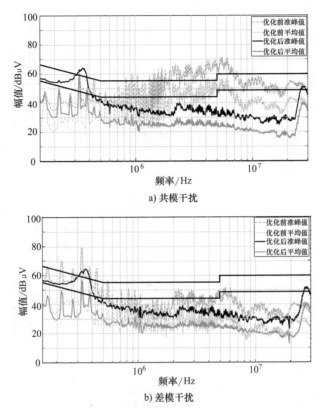

a) 共模干扰

b) 差模干扰

图 10-63 加入 C_{Y1} 前后微型逆变器传导 EMI 频谱测试结果

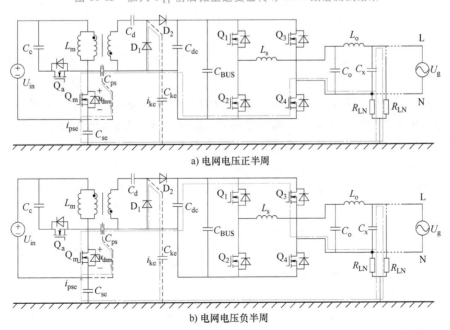

a) 电网电压正半周

b) 电网电压负半周

图 10-64 变压器加入屏蔽层后有源箝位正反激变换器的传导 EMI 路径

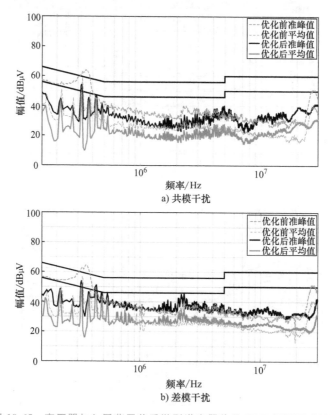

a) 共模干扰

b) 差模干扰

图 10-65　变压器加入屏蔽层前后微型逆变器传导 EMI 频谱测试结果

4. 输出电感分裂

在两级式微型逆变器中，单极性全桥逆变电路的输出滤波器采用的是非对称的 LCL 滤波器结构，N 线上的阻抗很小，为共模干扰电流提供了低阻抗通路，不利于共模干扰的抑制。因此，可以采用电感分裂的对称 LCL 滤波器结构。又因为基于临界电流模式的全桥逆变器中，输出电感的电感量比开关电感的电感量大，可以在共模电流传导路径上产生更大的阻抗，再综合考虑其他因素，采用输出电感分裂的 LCL 滤波器结构。输出电感分裂后微型逆变器的传导 EMI 路径如图 10-66 所示。

在 35V 输入，满载并网输出的微型逆变器样机中，单极性全桥逆变器 LCL 滤波电路中输出电感分裂前后的共模干扰和差模干扰频谱测试结果如图 10-67 所示。输出电感分裂后，200~400kHz 频段内的共模干扰和差模干扰均受到较大抑制，共模干扰的准峰值和平均值的裕度分别为 6.5dB 和 0.35dB，差模干扰的准峰值和平均值的裕度分别为 7.1dB 和 0.68dB。

5. 输出地线加入电感

为了进一步抑制共模干扰电流，可以在微型逆变器的输出地线加入电感，电感在传导发射规定限值的频率范围内对共模电流来说呈现高阻抗，一般出于安全考虑，

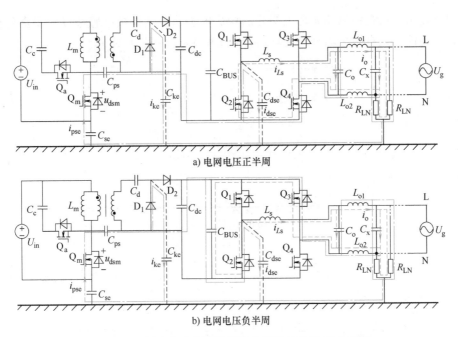

a) 电网电压正半周

b) 电网电压负半周

图 10-66 输出电感分裂后微型逆变器的传导 EMI 路径

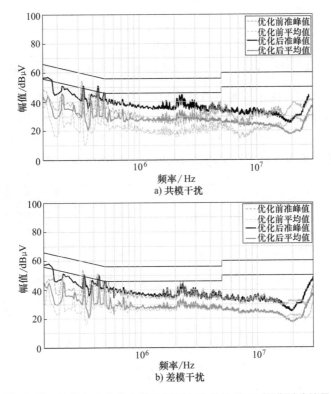

a) 共模干扰

b) 差模干扰

图 10-67 输出电感分裂前后微型逆变器传导 EMI 频谱测试结果

可以把输出地线在铁氧体磁环上绕几圈构成电感，避免焊接电感造成的安全隐患。在输出地线加入电感后微型逆变器的传导 EMI 路径如图 10-68 所示。

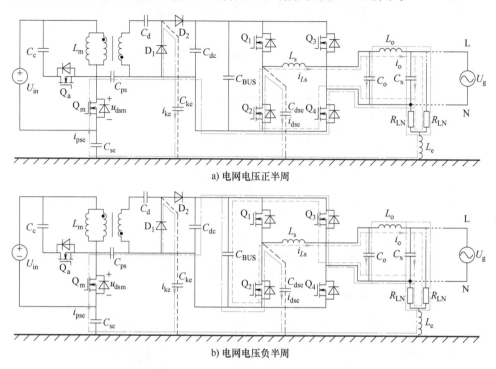

图 10-68　输出地线加入电感后微型逆变器的传导 EMI 路径

在 35V 输入，满载并网输出的微型逆变器样机中，输出地线加入磁环构成地线电感 $L_e = 50\mu H$ 前后的共模干扰和差模干扰频谱测试结果如图 10-69 所示。输出地线加入磁环后，200～400kHz 频段内的共模干扰和差模干扰均受到一定程度的抑制，共模干扰的准峰值和平均值的裕度分别为 10.65dB 和 2.5dB，差模干扰的准峰

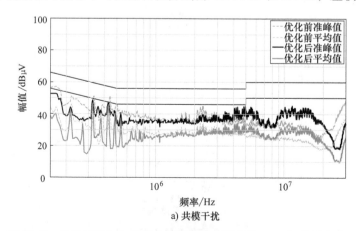

图 10-69　输出地线加入磁环前后微型逆变器传导 EMI 频谱测试结果

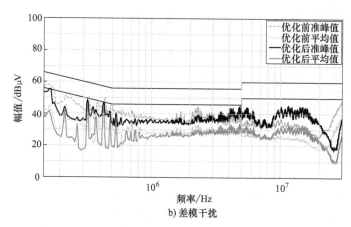

b) 差模干扰

图 10-69 输出地线加入磁环前后微型逆变器传导 EMI 频谱测试结果（续）

值和平均值的裕度分别为 9.7dB 和 3.4dB。

采用多种抑制方式对微型逆变器的传导 EMI 进行整改后，微型逆变器的传导 EMI 已经能够满足标准限值要求，实验结果也验证了所采用的传导 EMI 抑制方法的可行性和有效性。

参 考 文 献

[1] 钱照明，程肇基. 电力电子系统电磁兼容设计基础及干扰抑制技术 [M]. 杭州：浙江大学出版社，2000.

[2] 马伟明，孟进，张磊. 独立电力系统及其电力电子装置的电磁兼容 [M]. 北京：科学出版社，2007.

[3] 孟进，张磊，赵治华. 新型舰船系统电磁干扰分析、测量与防护 [M]. 北京：电子工业出版社，2020.

[4] 苏东林. 系统级电磁兼容性量化设计理论与方法 [M]. 北京：国防工业出版社，2015.

[5] 瞿敏. 电磁兼容设计与电磁干扰抑制技术 [M]. 2 版. 北京：中国电力出版社，2021.

[6] 陈洁. 电磁兼容设计与应用 [M]. 北京：机械工业出版社，2021.

[7] 熊蕊，等. 电磁兼容原理及应用 [M]. 北京：机械工业出版社，2013.

[8] 何宏. 电磁兼容原理与技术 [M]. 北京：清华大学出版社，2017.

[9] 闻映红，等. 电磁场与电磁兼容 [M]. 2 版. 北京：科学出版社，2019.

[10] 刘培国. 电磁兼容基础 [M]. 2 版. 北京：电子工业出版社，2015.

[11] DAVID A WESTON. 电磁兼容原理与应用：方法、分析、电路、测量 [M]. 杨自佑，等译. 北京：机械工业出版社，2020.

[12] CLAYTON R PAUL. 电磁兼容导论 [M]. 闻映红，等译. 北京：人民邮电出版社，2007.

[13] ZHANG B, WANG S. A Survey of EMI Research in Power Electronics Systems With Wide-Bandgap Semiconductor Devices [J]. IEEE Journal of Emerging and Selected Topics in Power Electronics, 2020, 8 (1): 626-643.

[14] SKOMAL E N. The Dimensions of Radio Noise [C]. 1969 IEEE Electromagnetic Compatibility Symposium Record, Asbury Park, NJ, USA, 1969.

[15] OSWALD N, ANTHONY P, MCNEILL N, et al. An Experimental Investigation of the Tradeoff between Switching Losses and EMI Generation With Hard-Switched All-Si, Si-SiC, and All-SiC Device Combinations [J]. IEEE Trans. on Power Electronics, 2014, 29 (5): 2393-2407.

[16] YUAN X, WALDER S, OSWALD N. EMI Generation Characteristics of SiC and Si Diodes: Influence of Reverse-Recovery Characteristics [J]. IEEE Trans. on Power Electronics, 2015, 30 (3): 1131-1136.

[17] 刘培国. 电磁兼容现场测量与分析技术 [M]. 北京：国防工业出版社，2013.

[18] 尚开明. 电磁兼容（EMC）设计与测试 [M]. 北京：电子工业出版社，2013.

[19] MONTROSE M, NAKAUCHI E. 电磁兼容的测试方法与技术 [M]. 游佰强，周建华，等译. 北京：机械工业出版社，2008.

[20] 全国无线电干扰标准化技术委员会. 电磁兼容标准实施指南 [M]. 修订版. 北京：中国标准出版社，2010.

[21] 郑军奇. EMC 电磁兼容设计与测试案例分析 [M]. 3 版. 北京：电子工业出版社，2018.

[22] 刘尚合. 静电放电及危害防护 [M]. 北京：北京邮电大学出版社，2004.

[23] 陈亚洲，万浩江，王晓嘉. 雷电回击电磁场建模与计算 [M]. 北京：国防工业出版社，2020.

[24] 贾科林. EMI 电源滤波器优化设计 [D]. 成都：电子科技大学，2008.

[25] 陈晨. 开关电源的 PCB 布局及 EMI 滤波器设计 [D]. 杭州：浙江大学，2012.

[26] 张宇. 考虑源阻抗影响的 EMI 滤波器优化设计 [D]. 武汉：华中科技大学，2014.

[27] CHEN H, QIAN Z, YANG S, et al. Finite-Element Modeling of Saturation Effect Excited by Differential-Mode Current in a Common-Mode Choke [J]. IEEE Trans. on Power Electronics, 2009, 24 (3): 873-877.

[28] CHEN H, WU J, ZHENG X. Elimination of Common-Mode Choke Saturation Caused by Self-Resonance of the EMI Filter in a Variable-Frequency Drive System [J]. IEEE Trans. on Electromagnetic Compatibility, 2019, 61 (4): 1226-1233.

[29] KACKI M, RYLKO M S, HAYES J G, et al. Magnetic material selection for EMI filters [C]. 2017 IEEE Energy Conversion Congress and Exposition (ECCE), Cincinnati, OH, USA, 2017: 2350-2356.

[30] 林苏斌, 陈为. 共模扼流圈磁芯磁场特性分析及其动态电感模型 [J]. 中国电机工程学报, 2015, 35 (21): 5614-5622.

[31] 杨超, 孟志平. 电磁屏蔽技术在医疗器械电磁兼容整改中的应用 [J]. 医疗装备, 2023, 36 (06): 37-41.

[32] 窦润田, 张献, 李永建, 等. 磁耦合谐振无线电能传输系统电磁屏蔽应用发展与研究综述 [J]. 中国电机工程学报, 2023, 43 (15): 6020-6040.

[33] 潘延明, 陈阳. 高压电机介质损耗因数试验的电极结构、原理及与内屏蔽技术的关系分析 [J]. 大电机技术, 2017 (03): 32-36.

[34] 邱伟峰, 马文强. 电缆屏蔽技术在EMC设计中的应用实例 [J]. 电子技术与软件工程, 2015 (04): 129-132.

[35] 张旭风. 电力系统二次设备EMI滤波及屏蔽技术的研究 [D]. 保定: 华北电力大学 (保定), 2010.

[36] 梁振光. 电磁兼容原理、技术及应用 [M]. 2版. 北京: 机械工业出版社, 2017.

[37] 何奇文. 地线的干扰与抑制 [J]. 河池学院学报 (自然科学版), 2006 (05): 123-125.

[38] 邵小桃. 电磁兼容与PCB设计 [M]. 北京: 清华大学出版社, 2016.

[39] RALPH MORRISON. 接地与屏蔽技术 (原书第四版) [M]. 陈志雨, 宋海峰, 等. 北京: 机械工业出版社, 2006.

[40] CHEN H, ZHAO H. Review on pulse-width modulation strategies for common-mode voltage reduction in three-phase voltage-source inverters [J]. IET Power Electronics, 2016, 9 (14): 2611-2620.

[41] 叶世泽. 基于在线测试的电机驱动系统电磁干扰建模研究 [D]. 杭州: 浙江大学, 2021.

[42] 许哲翔. 地铁牵引系统传导干扰建模及影响因素分析 [D]. 杭州: 浙江大学, 2021.

[43] 谢振德. 宝钢应用的抑制谐波措施简介 [J]. 电力电子技术, 1991 (1): 5.

[44] 赖哲人, 程肇基, 马筠虹. 三相电流型电力有源滤波器 [J]. 电杂志, 1993 (2): 7-11.

[45] PENG F Z, AKAGI H, NABAE A. A new approach to harmonic compensation in power systems [C]. Conference Record of the 1988 IEEE Industry Applications Society Annual Meeting, Pittsburgh, PA, USA, 1988: 874-880.

[46] PENG F Z, AKAGI H, NABAE A. A new approach to harmonic compensation in power systems-a combined system of shunt passive and series active filters [J]. IEEE Trans. on Industry Applications, 1990, 26 (6): 983-990.

[47] PENG F Z, AKAGI H, NABAE A. Compensation characteristics of the combined system of shunt passive and series active filters [J]. IEEE Trans. on Industry Applications, 1993, 29 (1): 144-152.

[48] PENG F Z, AKAGI H, NABAE A. Compensation characteristics of the combined system of shunt passive and series active filters [C]. Conference Record of the IEEE Industry Applications Society Annual Meeting, San Diego, CA, USA, 1989: 959-966.

[49] 陈国呈. PWM模式与电力电子变换技术 [M]. 北京: 中国电力出版社, 2016.

[50] GAMOUDI R, ELHAK CHARIAG D, SBITA L. A Review of Spread-Spectrum-Based PWM Techniques-A Novel Fast Digital Implementation [J]. IEEE Trans. on Power Electronics, 2018, 33 (12): 10292-10307.

[51] 翟丽. 新能源汽车电磁兼容性设计理论与方法 [M]. 北京: 机械工业出版社, 2021.

［52］ 黄悦华. 光伏发电技术［M］. 北京：机械工业出版社，2021.

［53］ 张兴. 太阳能光伏并网发电及其逆变控制［M］. 2 版. 北京：机械工业出版社，2018.

［54］ 李练兵. 光伏发电并网逆变技术［M］. 北京：化学工业出版社，2016.

［55］ 张忠彪. PWM 驱动电机系统传导干扰抑制方法研究［D］. 杭州：浙江大学，2020.

［56］ 闫勖. 变流器 EMI 滤波技术的研究［D］. 南昌：华东交通大学，2014.

［57］ 窦汝振，温旭辉，张琴，等. 减小异步电机驱动系统共模电压的空间矢量脉宽调制控制方法研究［J］. 中小型电机，2005（05）：30-33.

［58］ 金陵. 高频光伏直流功率变换器传导干扰分析与抑制［D］. 合肥：合肥工业大学，2021.

［59］ 黎国扬. 非隔离型光伏并网逆变器的漏电流抑制研究［D］. 成都：西南交通大学，2021.

［60］ 孙龙林. 单相非隔离型光伏并网逆变器的研究［D］. 合肥：合肥工业大学，2009.

［61］ 许亚坡. 高效光伏微型逆变器并网电流控制和传导 EMI 抑制研究［D］. 南京：南京航空航天大学，2017.

［62］ 谢小荣，刘华坤，贺静波，等. 电力系统新型振荡问题浅析［J］. 中国电机工程学报，2018，38（10）：2821-2828；3133.

［63］ 陈冬冬. 高性能模块化并联有源电力滤波器若干关键技术研究［D］. 杭州：浙江大学，2018.

［64］ 李燕青，陈志业，李鹏，等. 电力系统谐波抑制技术［J］. 华北电力大学学报，2001，28（4）：19-22.

［65］ 陈慢林. 并联型有源电力滤波器谐波检测及控制关键技术研究［D］. 武汉：华中科技大学，2019.

［66］ 王平. 雷电对建筑物和输电线路的电磁影响研究［D］. 北京：华北电力大学，2015.

［67］ 文武. 感应雷电磁干扰及其防护研究［D］. 武汉：武汉大学，2004.

［68］ 于建立. 地闪回击电场及架空线路感应耦合特性［D］. 武汉：武汉大学，2015.

［69］ 王泽忠，李云伟，徐迪，等. 变电站开关瞬态电磁场数值计算方法［J］. 中国电机工程学报，2009，29（28）：18-22.

［70］ 杨帆. 输变电设备工频电场的正、逆问题及电磁环境研究［D］. 重庆：重庆大学，2008.

［71］ 马海杰. 变电站电子设备关键端口电磁耦合特性与防护的研究［D］. 北京：华北电力大学，2015.

［72］ 魏卓，董朝阳，胡四全，等. 高压直流输电阀控设备抗电磁干扰分析与设计［J］. 电力电子技术，2015，49（12）：8-12.

［73］ 汤广福，庞辉，贺之渊. 先进交直流输电技术在中国的发展与应用［J］. 中国电机工程学报，2016，36（7）：1760-1770.

［74］ MA G M, CHENG R L, CHEN W J, et al. VFTO Measurement System Based on the Embedded Electrode in GIS Spacer［J］. IEEE Transactions on Power Delivery, 2012, 27（4）: 1998-2003.

［75］ SMAJIC J, HOLAUS W, KOSTOVIC J, et al. 3D Full-Maxwell Simulations of Very Fast Transients in GIS［J］. IEEE Transactions on Magnetics, 2011, 47（5）: 1514-1517.

［76］ RAO M M, THOMAS M J, SINGH B P. Electromagnetic Field Emission from Gas-to-Air Bushing in a GIS During Switching Operations［J］. IEEE Transactions on Electromagnetic Compatibility, 2007, 42（2）: 313-321.

［77］ ZHAN H, DUAN S, LI C, et al. A Novel Arc Model for Very Fast Transient Overvoltage Simulation in a 252-kV Gas-Insulated Switchgear［J］. IEEE Transactions on Plasma Science, 2014, 42（10）: 3423-3429.

［78］ ZHANG L, ZHANG Q, LIU S, et al. Insulation Characteristics of 1100 kV GIS under Very Fast Transient Overvoltage and Lightning Impulse［J］. IEEE Transactions on Dielectrics and Electrical Insulation, 2012, 19（3）: 1029-1036.

［79］ LIANG G, SUN H, ZHANG X, et al. Modeling of Transformer Windings Under Very Fast Transient Overvoltages［J］. IEEE Transactions on Electromagnetic Compatibility, 2006, 48（4）: 621-627.